市政施工专业技术人员职业资格培训教材

市政施工员
专业与实操

Shizheng Shigongyuan Zhuanye Yu Shicao

本书编写组 编

中国建材工业出版社

图书在版编目(CIP)数据

市政施工员专业与实操/《市政施工员专业与实操》编写组编.—北京：中国建材工业出版社，2015.1
市政施工专业技术人员职业资格培训教材
ISBN 978-7-5160-1096-9

Ⅰ.①市… Ⅱ.①市… Ⅲ.①市政工程－工程施工－职业培训－教材 Ⅳ.①TU99

中国版本图书馆CIP数据核字(2014)第310587号

市政施工员专业与实操
本书编写组　编

出版发行：	中国建材工业出版社
地　　址：	北京市海淀区三里河路1号
邮　　编：	100044
经　　销：	全国各地新华书店
印　　刷：	北京紫瑞利印刷有限公司
开　　本：	850mm×1168mm　1/32
印　　张：	20.5
字　　数：	571千字
版　　次：	2015年1月第1版
印　　次：	2015年1月第1次
定　　价：	56.00元

本社网址：www.jccbs.com.cn　　微信公众号：zgjcgycbs
本书如出现印装质量问题，由我社营销部负责调换。电话：(010)88386906
对本书内容有任何疑问及建议，请与本书责编联系。邮箱：dayi51@sina.com

内容提要

本书根据市政工程最新施工质量验收规范进行编写，全面系统阐述了市政工程施工员工作必备的专业基础和岗位实操知识。全书主要内容包括市政工程施工员岗位基本要求、市政工程常用材料、市政工程识图、市政工程计价基础、城市道路工程施工技术、市政桥梁工程施工技术、城市给水排水工程施工技术、城镇燃气输配工程施工技术、市政供热管网工程施工技术、垃圾处理施工技术、市政绿化工程施工技术、市政工程施工组织与进度管理、市政工程施工质量管理、市政工程施工成本管理、市政工程施工安全管理等。

本书内容翔实，充分体现了"专业与实操"的理念，具有较强的实用价值，既可作为市政工程施工员职业资格培训的教材，也可供市政工程施工现场其他技术及管理人员工作时参考。

市政施工员专业与实操

编写组

主　编：刘伟娜
副主编：韩艳方　陈爱连
参　编：张晓莲　卜永军　侯建芳　孙冬梅
　　　　刘彩霞　李红芳　孙　琳　赵艳娥
　　　　王　恪　屈明飞　许斌成　汪永涛
　　　　许云萍　刘　雨

职业资格是对从事某一职业所必备的学识、技术和能力的基本要求，反映了劳动者为适应职业劳动需要而运用特定的知识、技术和技能的能力。职业资格与学历文凭是不同的，学历文凭主要反映学生学习的经历，是文化理论知识水平的证明，而职业资格与职业劳动的具体要求密切结合，能更直接、更准确地反映特定职业的实际工作标准和操作规范，以及劳动者从事该职业所达到的实际工作能力水平。

职业资格证书是表明劳动者具有从事某一职业所必备的学识和技能的证明，是劳动者求职、任职、开业的资格凭证，是用人单位招聘、录用劳动者的主要依据。职业资格证书认证制度是劳动就业制度的一项重要内容，是指按照国家制定的职业技能标准或任职资格条件，通过政府认定的考核鉴定机构，对劳动者的技能水平或职业资格进行客观公正、科学规范的评价和鉴定，对合格者授予相应的国家职业资格证书的一种制度。

市政工程建设所包含的城市道路、桥梁、隧道、给排水、防洪堤坝、燃气、集中供热及绿化等设施是城市的重要基础设施，是城市必不可少的物质基础，是城市经济发展和实行对外开放的基本条件。国家的工业化都是以大力发展基础设施为前提，并伴随着市政工程的各个领域发展起来的。建设现代化的城市，必须有相应的基础设施，使之与各项事业的发展相适应，以创造良好的生活环境，提高城市的经济效益和社会效益。随着国民经济的快速发展和科技水平的不断提高，市政工程建设领域的技术也得到了迅速发展。在快速发展的科技时代，市政工程建设标准、功能设备、施工技术等在理论与实践方面也有了长足的发展，并日趋全面、丰富。

市政工程建设所涉及的学科领域相当广泛，这就要求市政工程建设从业人员必须熟练地掌握各学科基本理论和专业技术知识。只有具备了完善的专业知识，才能在市政工程建设领域进行相关的研究、规划、设计、施工等工作。同时，在国家经济建设迅速发展的带动下，市政工程建设已进入专业化的时代，市政工程建设规模也在不断扩大，建设速度正不断加快，复杂性也相继增加，因而，在市政工程建设行业的生产操作人员中实行职业资格证书制度具有十分重要的现实意义与作用，同时也是适应社会主义市场经济和国际形势的需要，是全面提高劳动者素质和企业竞争能力、实现市政工程建设行业长远发展的保证，是规范劳动管理、提高市政工程建设工程质量的有效途径。

为更好地促进市政工程建设行业的发展，广泛开展市政工程职业资格培训工作，全面提升市政工程施工企业专业技术与管理人员的素质，我们根据市政工程建设行业岗位与形势发展的需要，组织有关方面的专家学者，编写了本套《市政施工专业技术人员职业资格培训教材》。本套教材从专业岗位的需要出发，既重视理论知识的讲述，又注重实际工作能力的培养。本套教材包括《市政施工员专业与实操》《市政质量员专业与实操》《市政材料员专业与实操》《市政安全员专业与实操》《市政测量员专业与实操》《市政监理员专业与实操》《市政造价员专业与实操》《市政资料员专业与实操》等分册。

为配合和满足专业技术人员职业资格培训工作的需要，教材各分册均配有一定量的课后练习题和模拟试卷，从而方便学员课后复习参考和检验测评学习效果。

为保证教材内容的先进性和完整性，在教材编写过程中，我们参考了国内同行的部分著作，部分专家学者还对我们的编写工作提出了很多宝贵意见，在此我们一并表示衷心地感谢！由于编写时间仓促，加之编者水平所限，教材内容能否满足市政工程施工专业技术人员职业资格培训工作的需要，还望广大读者多提出宝贵意见，以利于修订完善。

编　者

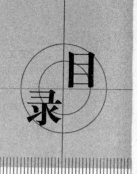

目录

上篇　专业基础知识

第一章　市政工程施工员岗位基本要求 (1)

第一节　市政施工员简介 (1)
一、市政施工员的地位与特征 (1)
二、市政施工员的权利与义务 (2)
三、市政施工员的工作任务 (3)

第二节　市政施工员职业能力标准 (5)
一、市政施工员的工作职责 (5)
二、市政施工员应具备的专业技能 (6)
三、市政施工员应具备的专业知识 (7)
四、市政施工员的职业素养 (8)

第三节　市政施工员现场施工主要工作 (9)
一、施工员在施工准备阶段的工作 (9)
二、施工员在施工过程中的工作 (14)
三、施工员在交工验收阶段的工作 (16)

第二章　市政工程常用材料 (18)

第一节　水泥混凝土路面材料 (18)

一、水泥 ………………………………………… (18)
　　二、石灰 ………………………………………… (21)
　　三、混凝土 ……………………………………… (24)
　　四、钢材 ………………………………………… (31)
　第二节　沥青混合料材料 ………………………… (35)
　　一、沥青混合料材料组成 ……………………… (35)
　　二、沥青混合料主要材料 ……………………… (35)
　　三、热拌沥青混合料主要类型 ………………… (41)

第三章　市政工程识图 ……………………………… (44)

　第一节　道路工程图识读 ………………………… (44)
　　一、道路工程平面图 …………………………… (44)
　　二、道路工程断面图 …………………………… (45)
　　三、道路交叉口工程图 ………………………… (53)
　　四、道路交通工程图 …………………………… (56)
　　五、路基、路面排水防护工程图 ……………… (60)
　第二节　市政桥涵工程图识读 …………………… (61)
　　一、桥涵结构图 ………………………………… (61)
　　二、桥涵视图 …………………………………… (66)
　　三、桥涵工程施工图识读 ……………………… (67)
　第三节　排水工程图识读 ………………………… (69)
　　一、给排水工程图分类 ………………………… (69)
　　二、给水管道工程施工图识读 ………………… (70)
　　三、排水管道工程施工图识读 ………………… (74)

第四章　市政工程计价基础 ………………………… (78)

　第一节　市政工程定额 …………………………… (78)

一、市政工程定额的概念 ……………………………… (78)
二、市政工程施工定额 …………………………………… (79)
三、市政工程预算定额 …………………………………… (79)
第二节 市政工程施工图预算 ……………………………… (82)
一、施工图预算的概念及作用 …………………………… (82)
二、施工图预算的编制 …………………………………… (83)
三、施工图预算审查 ……………………………………… (86)
第三节 市政工程施工定额 ………………………………… (89)
一、施工定额的内容 ……………………………………… (89)
二、施工预算的编制 ……………………………………… (91)
三、"两算"对比 …………………………………………… (97)
第四节 市政工程工程量清单计价 ………………………… (98)
一、2013版清单计价规范简介 …………………………… (98)
二、工程量清单及其编制 ………………………………… (100)
三、工程量清单计价及其编制 …………………………… (107)
四、合同价款变更与索赔处理 …………………………… (111)

中篇 市政工程施工技术

第五章 城市道路工程施工技术 ……………………… (132)

第一节 市政道路构成及分类 ……………………………… (132)
一、道路的分类 …………………………………………… (132)
二、道路的结构组成 ……………………………………… (133)
三、道路的线形组成 ……………………………………… (134)
第二节 道路工程施工准备与测量 ………………………… (135)
一、施工准备 ……………………………………………… (135)
二、施工测量 ……………………………………………… (136)

第三节　路基工程 …………………………………… (139)
　一、路基排水 ……………………………………… (139)
　二、土石方路基施工 ……………………………… (143)
　三、特殊土路基施工 ……………………………… (151)
　四、路肩施工与构筑物处理 ……………………… (156)
第四节　路面基层 …………………………………… (158)
　一、水泥稳定土类基层施工 ……………………… (158)
　二、石灰稳定土类基层施工 ……………………… (159)
　三、级配砂砾及级配砾石基层施工 ……………… (164)
　四、级配碎石及级配碎砾石基层施工 …………… (165)
　五、石灰、粉煤灰稳定砂砾基层施工 …………… (166)
第五节　水泥混凝土路面施工 ……………………… (167)
　一、模板与钢筋施工 ……………………………… (167)
　二、混凝土搅拌与运输 …………………………… (169)
　三、混凝土铺筑 …………………………………… (171)
　四、抹面施工 ……………………………………… (174)
　五、接缝施工 ……………………………………… (175)
　六、面层养护与填缝 ……………………………… (176)
第六节　沥青路面施工 ……………………………… (177)
　一、沥青混合料面层施工 ………………………… (177)
　二、沥青贯入式面层施工 ………………………… (182)
　三、沥青表面处治面层施工 ……………………… (184)
第七节　人行道铺筑 ………………………………… (186)
　一、基槽施工 ……………………………………… (186)
　二、基层施工 ……………………………………… (187)
　三、面层施工 ……………………………………… (188)
　四、相邻构筑物处理 ……………………………… (190)

第八节 道路附属构筑物施工 (191)
一、路缘石施工 (191)
二、雨水支管与雨水口 (193)
三、排水沟或截水沟施工 (196)
四、护坡及护栏 (197)
五、隔离墩与隔离栅 (198)
六、声屏障与防眩板 (199)

第六章 市政桥梁工程施工技术 (201)

第一节 市政桥梁工程组成及分类 (201)
一、桥梁的组成 (201)
二、桥梁的分类 (202)

第二节 桥梁工程施工准备与测量 (206)
一、施工准备 (206)
二、施工测量 (208)
三、施工放样 (210)

第三节 桥梁基础施工 (214)
一、明挖地基与基底处理 (215)
二、桩基础施工 (223)
三、沉井基础施工 (235)
四、地下连续墙基础施工 (246)

第四节 桥梁下部结构施工 (250)
一、钢筋工程施工 (250)
二、模板、支架和拱架工程施工 (260)
三、预应力混凝土工程施工 (266)
四、桥梁墩台施工 (275)
五、桥梁支座施工 (282)

第五节　桥梁上部结构施工 …………………………… (285)
　一、梁(板)桥施工 ………………………………………… (285)
　二、拱桥施工 ……………………………………………… (298)
　三、斜拉桥施工 …………………………………………… (309)

第六节　桥面系及附属工程施工 …………………… (314)
　一、桥面系施工 …………………………………………… (314)
　二、附属结构施工 ………………………………………… (319)

第七章　城市给水排水工程施工技术 …………… (323)

第一节　市政排水工程分类及构成 ………………… (323)
　一、城市给水系统分类与组成 …………………………… (323)
　二、城市排水系统分类与组成 …………………………… (325)

第二节　市政给水排水管道开槽施工 ……………… (327)
　一、管道安装 ……………………………………………… (327)
　二、城市污水管与雨水管 ………………………………… (334)
　三、管道附件安装 ………………………………………… (337)
　四、管道设备防腐 ………………………………………… (340)

第三节　市政给水排水管道不开槽施工 …………… (343)
　一、工作井施工 …………………………………………… (343)
　二、顶管施工 ……………………………………………… (345)
　三、盾构法施工 …………………………………………… (348)
　四、定向钻及夯管施工 …………………………………… (353)

第四节　管道附属构筑物施工 ……………………… (357)
　一、支墩 …………………………………………………… (357)
　二、雨水口 ………………………………………………… (357)
　三、井室 …………………………………………………… (358)

第五节　管道功能性试验 …………………………… (360)

一、压力管道水压试验 …………………………………… (360)

　　二、无压管道闭水与闭气试验 …………………………… (363)

　　三、给水管道冲洗与消毒 ………………………………… (366)

第八章　城镇燃气输配工程施工技术 …………………………… (370)

第一节　土方工程 ……………………………………………… (370)

　　一、开槽 …………………………………………………… (370)

　　二、管道地基处理 ………………………………………… (372)

　　三、土方回填 ……………………………………………… (374)

　　四、路面恢复 ……………………………………………… (376)

第二节　燃气管道施工及其附属设备安装 …………………… (377)

　　一、燃气管道穿越道路与铁路 …………………………… (377)

　　二、燃气管道穿、跨越河流 ……………………………… (381)

　　三、燃气管道附属设备安装 ……………………………… (388)

第三节　燃气场站安装 ………………………………………… (395)

　　一、燃气场站管道安装 …………………………………… (395)

　　二、燃气场站内机具安装 ………………………………… (401)

　　三、燃气储气罐安装 ……………………………………… (409)

第四节　燃气工程试验 ………………………………………… (422)

　　一、强度试验 ……………………………………………… (422)

　　二、严密性试验 …………………………………………… (423)

　　三、管道吹扫 ……………………………………………… (424)

第九章　市政供热管网工程施工技术 …………………………… (427)

第一节　土方工程 ……………………………………………… (427)

第二节　热力管道及其附件设备安装 ………………………… (429)

　　一、市政供热管道焊接 …………………………………… (429)

二、市政供热管道安装 …………………………………… (430)
三、供热管道附件设备安装 ……………………………… (434)
第三节 热力站安装 ………………………………………… (438)
一、热力站的分类 ………………………………………… (438)
二、热力站内管道安装 …………………………………… (439)
三、热力站内设备及附件安装 …………………………… (440)
第四节 热力管网试验、清洗、试运行 …………………… (444)
一、热力管网试验 ………………………………………… (444)
二、热力管网清洗 ………………………………………… (445)
三、热力管网试运行 ……………………………………… (446)

第十章 垃圾处理施工技术 ……………………………… (450)

第一节 生活垃圾填埋场填埋区防渗层施工技术 ………… (450)
一、泥质防水层施工 ……………………………………… (450)
二、土工合成材料膨润土垫(GCL)施工 ……………… (451)
三、聚乙烯(HDPE)膜防渗层施工技术 ……………… (452)
第二节 生活垃圾填埋场填埋区导排系统施工技术 ……… (453)
一、卵石粒料的运送和布料 ……………………………… (453)
二、摊铺导排层、收集渠码砌 …………………………… (454)
三、HDPE渗沥液收集花管连接 ………………………… (454)
第三节 垃圾填埋与环境保护技术 ………………………… (455)
一、垃圾填埋场选址与环境保护 ………………………… (455)
二、垃圾填埋场建设与环境保护 ………………………… (456)

第十一章 市政绿化工程施工技术 ……………………… (458)

第一节 栽植基础工程 ……………………………………… (458)
一、种植前土壤处理 ……………………………………… (458)

二、重盐碱、重黏土地土壤改良 ……………………… (459)

三、坡面绿化防护栽植基层工程 ……………………… (459)

第二节 栽植工程 ……………………………………… (460)

一、草坪种植 ……………………………………………… (460)

二、树木栽植 ……………………………………………… (467)

三、大树移植 ……………………………………………… (474)

四、种草格 ………………………………………………… (482)

第三节 施工期养护 …………………………………… (484)

一、相关规定 ……………………………………………… (484)

二、养护管理措施 ………………………………………… (485)

下篇 市政工程施工项目管理

第十二章 市政工程施工组织与进度管理 ………… (488)

第一节 市政工程施工组织设计 ……………………… (488)

一、施工组织设计的内容 ………………………………… (488)

二、施工方案 ……………………………………………… (491)

三、市政公用工程施工专项方案的编制与内容要求 …… (492)

四、施工保证措施 ………………………………………… (495)

第二节 市政工程进度管理 …………………………… (500)

一、进度管理的基本概念与任务 ………………………… (500)

二、施工进度管理程序、措施及方法 …………………… (500)

三、施工进度计划编制 …………………………………… (502)

四、施工进度计划实施 …………………………………… (505)

五、施工进度计划检查 …………………………………… (507)

六、施工进度计划调整 …………………………………… (508)

第十三章 市政工程施工质量管理 (510)

第一节 建设工程质量管理制度和责任体系 (510)
一、工程质量的概念 (510)
二、影响工程质量的因素 (510)
三、工程质量控制主体 (511)
四、工程参建各方的质量责任 (512)

第二节 市政工程施工质量控制 (516)
一、工程施工质量控制的依据 (516)
二、工程施工准备阶段的质量控制 (518)
三、工程施工过程质量控制 (523)

第三节 市政工程质量改进 (532)
一、基本规定 (532)
二、质量改进方法 (532)
三、质量预防与纠正措施 (533)

第十四章 市政工程施工成本管理 (535)

第一节 成本管理概论 (535)
一、成本的概念 (535)
二、成本管理的原则 (536)
三、成本管理的组织和职责 (537)

第二节 成本预测与成本决策 (539)
一、成本预测 (539)
二、成本决策 (542)

第三节 成本计划 (543)
一、成本计划的内容 (543)
二、成本计划的编制 (544)

第四节　成本控制 (549)
一、成本控制的程序 (549)
二、成本控制方案的实施 (551)

第五节　成本核算 (559)
一、成本核算的对象 (559)
二、成本核算的程序 (559)
三、成本核算的方法 (565)

第六节　成本分析 (568)
一、成本分析的原则 (568)
二、成本分析的内容 (569)
三、工程成本分析方法 (571)

第七节　成本考核 (578)
一、成本考核的原则 (578)
二、成本考核的内容 (578)
三、工程项目成本考核的实施 (579)

第十五章　市政工程施工安全管理 (583)

第一节　概述 (583)
一、安全管理基本要求 (583)
二、安全管理基本内容 (585)
三、安全控制方针与目标 (586)

第二节　市政工程安全控制措施 (587)
一、施工现场不安全因素 (587)
二、施工安全技术措施 (590)
三、安全教育制度 (591)
四、安全检查 (592)

第三节　施工安全事故管理 (595)

一、事故的定义与分类 …………………………………… (595)
二、安全事故处理程序 …………………………………… (597)
第四节 施工现场环境保护管理 ……………………………… (601)
一、环境管理 ……………………………………………… (601)
二、环境保护 ……………………………………………… (606)
三、环境卫生管理 ………………………………………… (609)

附录 《市政施工员专业与实操》模拟试卷 …………… (611)

参考文献 ……………………………………………………… (637)

上篇 专业基础知识

第一章 市政工程施工员岗位基本要求

第一节 市政施工员简介

一、市政施工员的地位与特征

1. 施工员的地位

施工员是施工现场生产一线的组织者和管理者,在市政工程施工过程中具有极其重要的地位,具体表现在以下几个方面:

(1)施工员是单位工程施工现场的管理中心,是施工现场动态管理的体现者,是单位工程生产要素合理投入和优化组合的组织者,对单位工程项目的施工负有直接责任。

(2)施工员是密切联系施工现场基层专业管理人员、劳务人员等各方面关系的纽带,需要指挥和协调好预算员、质量检查员、安全员、材料员等基层专业管理人员相互之间的关系。

(3)施工员是其分管工程施工现场对外联系的枢纽。

(4)施工员对分管工程施工生产和进度等进行控制,是单位施工现场的信息集散中心。

2. 施工员的特征

(1)施工员的工作场所在工地,施工员工作在施工第一线,工作对象是单位工程或分部分项工程。

(2)施工员从事的是基层专业管理工作,是技术管理和施工组织与管理的工作。工作有很强的专业性和技术性。

(3)施工员的工作繁杂,在基层中需要管理的工作很多,项目经理和项目经理部中的各部门以及有关部门方面的组织管理意图都要通过基层施工员来实现。

(4)施工员的工作任务具有明确的期限和目标。

(5)施工员的工作负担沉重,条件艰苦,生活紧张。

施工员与相关部门之间的关系

施工员的独特地位决定了其与相关部门之间存在着密切的关系,主要表现在以下几个方面:

(1)施工员与工程建设监理。监理单位与施工单位存在着监理与被监理的关系,所以施工员应积极配合现场监理人员在施工质量控制、施工进度控制、工程投资控制三方面所做的各种工作和检查,全面履行工程承包合同。

(2)施工员与设计单位。施工单位与设计单位之间存在着工作关系,设计单位应积极配合施工,负责交代设计意图,解释设计文件,及时解决施工中设计文件出现的问题,负责设计变更和修改预算,并参加工程竣工验收。同时,施工员在施工过程中发现了没有预料到的新情况,使工程或其中的任一部位在数量、质量和形式上发生了变化,应及时向上反映,由建设单位、设计单位和施工单位三方协商。

(3)施工员与劳务关系。施工员是施工现场劳动力动态管理的直接责任者,负责按计划要求向项目经理或劳务管理部门申请派遣劳务人员,并签订劳务合同;按计划分配劳务人员,并下达施工任务单或承包任务书;在施工中不断进行劳动力平衡、调整,并按合同支付劳务报酬。

二、市政施工员的权利与义务

1. 施工员的权利

(1)在分部分项、单位工程施工中,在行政管理上(如对劳动人员组合、人员调动、规章制度等)有权处理和决定,如发现问题,应及时请示和报告有关部门。

(2) 根据施工要求,对劳动力、施工机具和材料等,有权合理使用和调配。

(3) 对上级已批准的施工组织设计、施工方案和技术安全措施等文件,要求施工班组认真贯彻执行,未经有关人员同意,不得随意变动。

(4) 对不服从领导和指挥、违反劳动纪律和违反操作规程人员,经多次说服、教育不改者,有权停止其工作,并做出严肃处理。

(5) 发现不按施工程序施工,不能保证工程质量和安全生产的现象,有权加以制止,并提出改进意见和措施。

(6) 督促检查施工班组做好考勤日报,检查验收施工班组的施工任务书,及时发现问题并进行处理。

2. 施工员的义务

(1) 努力学习和认真贯彻市政工程施工方针政策和有关部门规定,学习好住房和城乡建设部等有关部门的技术标准、施工规范、操作规程和先进单位的施工经验,不断提高施工技术和施工管理水平。

(2) 牢固树立"百年大计,质量第一"的思想,以为用户服务和对国家、对人民负责的态度,坚持工程回访和质量回访制度,虚心听取用户的意见和建议。

(3) 对上级下达的各项经济技术指标,应积极、主动地组织施工人员完成任务。

(4) 正确树立经济效益和社会效益、环境效益统一的思想。

(5) 信守合同、协议,做到文明施工,保证工期,信誉第一,不留尾巴,工完场清。

(6) 主动、积极做好施工班组的思想政治工作,关心职工生活。

三、市政施工员的工作任务

1. 做好施工准备工作

(1) 现场准备。

1)现场"四通一平"(即水、电、道路、通信通畅,场地平整)的检验和试用。

2)进行现场抄平、测量放线工作并进行检验。

3)根据进度要求组织现场临时设施的搭建施工;安排好职工的住、食、行等后勤保障工作。

4)根据施工进度计划和施工平面图,合理组织材料、构件、半成品、机具继续进场,进行检验和试运转。

5)做好施工现场的安全、防汛、防火措施。

(2)技术准备。

1)调查搜集必要的原始资料。

2)熟悉或制订施工组织设计及有关技术经济文件对施工顺序、施工方法、技术措施、施工进度及现场施工总平面布置的要求;并清楚完成施工任务时的薄弱环节和关键工序。

熟悉有关合同、招标资料及有关现行消耗定额等,计算工程量,弄清人、财、物在施工中的需求消耗情况,了解和制订现场工资分配和奖励制度,签发工程任务单、限额领料单等。

(3)组织准备。

1)根据施工进度计划和劳动力需要量计划安排,分期分批组织劳动力的进场教育和各工种技术工人的配备等。

2)确定各工种工序在各施工段的搭接,流水、交叉作业的开工、完工时间。

3)全面安排好施工现场的一、二线,前、后台,施工生产和辅助作业,现场施工和场外协作之间的协调配合。

2. 实行有目标的组织协调控制

(1)检查班组作业前的各项准备工作。

(2)检查外部供应、专业施工等协作条件是否满足需要,检查进场材料和构件质量。

(3)检查工人班组的施工方法、施工操作、施工质量、施工进度以及节约、安全情况,发现问题,应立即纠正或采取补救措施解决。

(4)做好现场施工调度,解决现场劳动力、原材料、半成品、周转材料、工具、机械设备、运输车辆、安全设施、施工水电、季节施工、施工工艺技术及现场生活设施等出现的供需矛盾。

(5)监督施工中的自检、互检、交接检制度和工程隐检、预检的执行情况,督促做好分部分项工程的质量评定工作。

3. 进行工程施工技术交底

(1)施工任务交底。向工人班组重点交代清楚任务大小、工期要求、关键工序、交叉配合关系等。

(2)施工技术措施和操作要领交底。交代清楚与工程有关的技术规范、操作规程和重点施工部位、细部、节点的做法以及质量要求和技术措施。

(3)施工消耗定额和经济分配方式的交底。交代清楚各施工项目劳动工日、材料消耗、机械台班数量、经济分配和奖罚制度等。

(4)安全和文明施工交底。提出有关的防护措施和要求,明确责任。

4. 技术资料的记录和积累

(1)做好施工日志,隐蔽工程记录,填报工程完成量,办理预算外工料的签订。

(2)做好质量事故处理记录。

(3)做好混凝土砂浆试块试验结果,质量"三检"情况记录的积累工作,以便工程交工验收、决算和质量评定的进行。

第二节　市政施工员职业能力标准

一、市政施工员的工作职责

市政施工员的工作职责应符合表1-1的规定。

表 1-1 施工员的工作职责

项次	分类	主要工作职责
1	施工组织策划	(1)参与施工组织管理策划。 (2)参与制定管理制度
2	施工技术管理	(1)参与施工组织管理策划。 (2)参与制定管理制度。 (3)负责组织测量放线、参与技术复核
3	施工进度成本控制	(1)参与制定并调整施工进度计划、施工资源需求计划,编制施工作业计划。 (2)参与做好施工现场组织协调工作,合理调配生产资源;落实施工作业计划。 (3)参与现场经济技术签证、成本控制及成本核算。 (4)负责施工平面布置的动态管理
4	质量安全环境管理	(1)参与质量、环境与职业健康安全的预控。 (2)负责施工作业的质量、环境与职业健康安全过程控制,参与隐蔽、分项、分部和单位工程的质量验收。 (3)参与质量、环境与职业健康安全问题的调查,提出整改措施并监督落实
5	施工信息资料管理	(1)负责编写施工日志、施工记录等相关施工资料。 (2)负责汇总、整理和移交施工资料

二、市政施工员应具备的专业技能

市政施工员应具备表 1-2 规定的专业技能。

表 1-2 施工员应具备的专业技能

项次	分类	专业技能
1	施工组织策划	能够参与编制施工组织设计和专项施工方案

第一章 市政工程施工员岗位基本要求

续表

项次	分类	专业技能
2	施工技术管理	(1)能够识读施工图和其他工程设计、施工等文件。 (2)能够编写技术交底文件,并实施技术交底。 (3)能够正确使用测量仪器,进行施工测量
3	施工进度成本控制	(1)能够正确划分施工区段,合理确定施工顺序。 (2)能够进行资源平衡计算,参与编制施工进度计划及资源需求计划,控制调整计划。 (3)能够进行工程量计算及初步的工程计价
4	质量安全环境管理	(1)能够确定施工质量控制点,参与编制质量控制文件、实施质量交底。 (2)能够确定施工安全防范重点,参与编制职业健康安全与环境技术文件、实施安全和环境交底。 (3)能够识别、分析、处理施工质量缺陷和危险源。 (4)能够参与施工质量、职业健康安全与环境问题的调查分析
5	施工信息资料管理	(1)能够记录施工情况,编制相关工程技术资料。 (2)能够利用专业软件对工程信息资料进行处理

三、市政施工员应具备的专业知识

市政施工员应具备表 1-3 规定的专业知识。

表 1-3　　　　　　施工员应具备的专业知识

项次	分类	专业知识
1	通用知识	(1)熟悉国家工程建设相关法律法规。 (2)熟悉工程材料的基本知识。 (3)掌握施工图识读、绘制的基本知识。 (4)熟悉工程施工工艺和方法。 (5)熟悉工程项目管理的基本知识

续表

项次	分类	专业知识
2	基础知识	(1)熟悉相关专业的力学知识。 (2)熟悉建筑构造、建筑结构和建筑设备的基本知识。 (3)熟悉工程预算的基本知识。 (4)掌握计算机和相关资料信息管理软件的应用知识。 (5)熟悉施工测量的基本知识
3	岗位知识	(1)熟悉与本岗位相关的标准和管理规定。 (2)掌握施工组织设计及专项施工方案的内容和编制方法。 (3)掌握施工进度计划的编制方法。 (4)熟悉环境与职业健康安全管理的基本知识。 (5)熟悉工程质量管理的基本知识。 (6)熟悉工程成本管理的基本知识。 (7)了解常用施工机械机具的性能

四、市政施工员的职业素养

(1)施工员应以高度的责任感,根据技术人员的交底对工程建设的各个环节,做出周密、细致的安排,并合理组织好劳动力,精心实施作业程序,使施工有条不紊地进行,防止盲目施工和窝工。

(2)以对人民生命安全和国家财产极端负责的态度,时刻不忘安全和质量,严格检查和监督,把好关口。

(3)不违章指挥,不玩忽职守,施工做到安全、优质、低耗,对已竣工的工程要主动回访保修,坚持良好的施工后服务,信守合同,维护企业的信誉。

> 施工员长期工作在施工现场第一线,工作强度相当繁重,而且工作条件与生活条件也相对艰苦,因此,要求施工员必须具有强健的体格与充沛的精力,才能胜任其工作。

(4)施工员应严格按图施工,规范作业。不使用无合格证的产品和未经抽样检验的产品,不偷工减料,不在钢材用量、混凝土配合比、结构尺寸等方面做手脚，谋取非法利益。

(5)在施工过程中，时时处处要精打细算，降低能源和原材料的消耗，合理调度材料和劳动力，准确申报建筑材料的使用时间、型号、规格、数量，既保证供料及时，又不浪费材料。

(6)施工员应以实事求是、认真负责的态度准确签证，不多签或少签工程量和材料数量，不虚报冒领，不拖拖拉拉，完工即签证，并做好资料的收集和整理归档工作。

(7)做到施工不扰民，严格控制粉尘、施工垃圾和噪声对环境的污染，做到文明施工。

第三节 市政施工员现场施工主要工作

一、施工员在施工准备阶段的工作

施工准备是为保证施工生产正常进行而必须事先做好的工作。施工准备工作不仅在工程开工前要做好，而且要贯穿于整个施工过程。施工准备的基本任务就是为施工项目建立一切必要的施工条件，确保施工生产顺利进行，确保工程质量符合要求。施工准备阶段的质量控制就是指项目正式施工活动开始前，对各项准备工作及影响质量的各种因素和有关方面进行的质量控制。

1. 自然与技术经济条件调查

对施工项目所在的自然条件和技术经济条件的调查，是为选择施工技术与组织方案收集基础资料，并以此作为施工准备工作的依据。具体收集的资料包括：地形与环境条件，地质条件，地震级别，工程水文地质情况，气象条件以及当地水、电、能源供应条件，交通运输条件，材料供应条件等。

2. 施工技术准备控制

(1)施工方案管理规划。

1)选定施工方案后，制定施工进度过程中必须考虑施工顺序、施工流向,主要分部分项工程的施工方法、特殊项目的施工方法和技术措施能否保证工程质量。

2)制定施工方案时,必须进行技术经济比较,使工程项目满足符合性、有效性和可靠性要求,实现施工工期短、成本低、安全生产、效益好的经济目标。

(2)法律、法规、质量验收标准。质量控制体系建立的要求、标准、质量问题处理的要求、质量验收标准等,这些是进行质量控制的重要依据。

(3)测量资料。施工现场的原始基准点、基准线、参考标高及施工控制网等数据资料是施工测量控制的重要内容。

(4)研究与会审图纸及技术交底。通过研究和会审图纸,可以广泛听取使用人员、施工人员的正确意见,弥补设计上的不足,提高设计质量;可以使施工人员了解设计意图、技术要求、施工难点,为保证工程质量打好基础。技术交底是施工前的一项重要准备工作,目的是使参与施工的技术人员与工人了解承建工程的特点、技术要求、施工工艺及施工操作要点。

(5)施工组织设计与施工方案的编制。施工组织设计或施工方案,是指导施工的全面性技术经济文件,保证工程质量的各项技术措施是其中的重要内容。这个阶段的主要工作有以下几点:

1)签订承发包合同和总分包协议书。

2)根据建设单位和设计单位提供的设计图纸和有关技术资料,结合施工条件编制施工组织设计。

3)及时编制并提出劳动力和专业技术工种培训,以及施工机具、施工材料、仪器的需用计划。

4)认真编制场地平整、土石方工程、施工场区道路和排水工程的施工作业计划。

5)及时参加全部施工图纸的会审工作,对设计中的问题和有疑问之处应随时解决和弄清,要协助设计部门消除图纸差错。

6)属于国外引进工程项目,应认真参加与外商进行的各种技术谈判和引进设备的质量检验,以及包装运输质量的检查工作。

施工组织设计编制阶段,质量管理工作除上述几点外,还要着重制定好质量管理计划,编制切实可行的质量保证措施和各项工程质量的检验方法,并相应地准备好质量检验测试器具。质量管理人员要参加施工组织设计的会审,以及各项保证质量技术措施的制定工作。

3. 采购质量控制

采购质量控制主要包括对采购产品及其供方的控制,制订采购要求和验证采购产品。施工项目中的工程分包或劳务分包,也应符合规定的采购要求。

(1)物资采购要求。

1)采购物资应符合设计文件、标准、规范、相关法规及承包合同要求,如果项目部另有附加的质量要求,也应予以满足。

2)对于重要物资、大批量物资、新型材料以及对工程最终质量有重要影响的物资,可由企业主管部门对可供选用的供方进行逐个评价,并确定合格供方名单。

(2)分包服务要求。对各种分包服务选用的控制应根据其规模以及对其控制的复杂程度区别对待。分包应符合业主的要求,大多数分包必须进行招标,并接受企业、业主或监理监督,报业主或监理批准。一般通过分包合同,对分包服务进行动态控制。

4. 材料质量控制

对施工用材料质量控制的基本要求如下:

(1)掌握材料信息,优选供货厂家。

(2)合理组织材料供应,确保施工正常进行。

(3)合理地组织材料使用,减少材料的损失。

(4)加强材料检查验收,严把材料质量关。

1)对用于工程的主要材料,进场时必须具备正式的出厂合格证和材质化验单。如不具备或对检验证明有影响时,应补做检验。

2)工程中所有各种构件,必须具有厂家批号和出厂合格证。钢筋混凝土和预应力钢筋混凝土构件,均应按规定的方法进行抽样检验。由于运输、安装等原因出现的构件质量问题,应分析研究,经处理鉴定后方能使用。

3)凡标志不清或认为质量有问题的材料,对质量保证资料有怀疑或与合同规定不符的一般材料,由工程重要程度决定,应进行一定比例的试验;需要进行追踪检验,以控制和保证其质量的材料等,均应进行抽检。对于进口的材料设备和重要工程或关键施工部位所用的材料,则应进行全部检验。

4)材料质量抽样和检验的方法,应符合相关规定,要能反映该批材料的质量性能。对于重要构件或非匀质的材料,还应酌情增加采样的数量。

5)在现场配制的材料,如混凝土、砂浆、防水材料、防腐材料、绝缘材料、保温材料等的配合比,应先提出试配要求,经试配检验合格后才能使用。

6)对进口材料、设备应会同商检局检验,如核对凭证书发现问题,应取得供方和商检人员签署的商务记录,按期提出索赔。

7)高压电缆、电压绝缘材料要进行耐压试验。

(5)要重视材料的使用认证,以防错用或使用不合格的材料。

1)对主要装饰材料及建筑配件,应在订货前要求厂家提供样品或看样订货;主要设备订货时,要审核设备清单是否符合设计要求。

2)对材料性能、质量标准、适用范围和对施工要求必须充分了解,以便慎重选择和使用材料。

3)凡是用于重要结构、部位的材料,使用时必须仔细地核对、认证,检查其材料的品种、规格、型号、性能有无错误,是否适合工程特点和满足设计要求。

> 材料的选择和使用不当,均会严重影响工程质量或造成质量事故。为此,必须针对工程特点,根据材料的性能、质量标准、适用范围和对施工的要求等方面进行综合考虑,慎重地选择和使用材料。

4)新材料应用,必须通过试验和鉴定;代用材料必须通过计算和充分的论证,并应符合结构构造的要求。

5)材料认证不合格时,不允许用于工程中;有些不合格的材料,如过期、受潮的水泥是否降级使用,亦需结合工程的特点予以论证,但决不允许用于重要的工程或部位。

5. 施工机械设备

机械设备的选用,应着重从机械设备的选型、机械设备的主要性能参数和机械设备的使用与操作要求三方面予以控制。

(1)机械设备的选型。机械设备的选型,应本着因地制宜、因工程制宜,以及技术上先进、经济上合理、生产上适用、性能上可靠、使用上安全、操作方便和维修方便的原则,贯彻执行机械化、半机械化与改良工具相结合的方针,突出施工与机械相结合的特色,使其具有工程的适用性,保证工程质量的可靠性,以及使用操作的方便性和安全性。

(2)机械设备的主要性能参数。机械设备的主要性能参数是选择机械设备的依据,要能满足需要和保证质量的要求。

(3)机械设备的使用与操作要求。合理使用机械设备,正确地进行操作,是保证项目施工质量的重要环节。应贯彻"人机固定"原则,实行定机、定人、定岗位责任的"三定"制度。操作人员必须认真执行各项规章制度,严格遵守操作规程,防止出现安全质量事故。机械设备在使用中,要尽量避免发生故障,尤其是预防事故损坏(非正常损坏),即人为的损坏。

> **知识链接**
>
> **造成事故损坏的主要原因**
>
> 操作人员违反安全技术操作规程和保养规程;操作人员技术不熟练或麻痹大意;机械设备保养、维修不良;机械设备运输和保管不当;施工使用方法不合理和指挥错误;气候和作业条件的影响等。对于这些都必须采取措施,严加防范,随时以"五好"标准予以检查控制,即完成任务好、技术状况好、使用好、保养好和安全好。

6. 组织准备

组织准备包括建立项目组织机构、集结施工队伍、对施工队伍进行入场教育等。

7. 施工现场准备

施工现场准备包括控制网、水准点、标桩的测量,"五通一平",生产、生活临时设施等的准备,组织机具、材料进场,拟定有关试验、试制和技术进步项目计划,编制季节性施工措施,制定施工现场管理制度等。

二、施工员在施工过程中的工作

(一)施工工序的质量控制

工序质量的控制,就是对工序活动条件的质量管理和工序活动效果的质量管理,据此来达到整个施工过程的质量管理。在进行工序质量管理时要着重于以下几个方面的工作:

(1)确定工序质量控制工作计划。一方面要求对不同的工序活动制定专门的保证质量的技术措施,做出物料投入及活动顺序的专门规定;另一方面须规定质量控制工作流程、质量检验制度等。

(2)主动控制工序活动条件的质量。工序活动条件主要指影响质量的五大因素,即人、材料、机械设备、方法和环境。

(3)及时检验工序活动效果的质量。主要是实行班组自检、互检、上下道工序交接检,特别是对隐蔽工程和分项(部)工程的质量检验。

(4)设置工序质量控制点(工序管理点),实行重点控制。工序质量控制点是针对影响质量的关键部位或薄弱环节而确定的重点控制对象。正确设置控制点并严格实施是进行工序质量控制的重点。

工序质量控制主要包括两方面的控制,即对工序施工条件的控制和对工序施工效果的控制。

1. 工序施工条件的控制

工序施工条件是指从事工序活动的各种生产要素及生产环境条件。控制方法主要可以采取检查、测试、试验、跟踪监督等方法。控制依据是要坚持设计质量标准、材料质量标准、机械设备技术性能标准、操作规程等。控制方式对工序准备的各种生产要素及环境条件宜采用事前质量控制的模式(即预控)。

工序施工条件的控制包括以下两个方面：

(1)施工准备方面的控制。即在工序施工前,应对影响工序质量的因素或条件进行监控。要控制的内容一般包括,人的因素,如施工操作者和有关人员是否符合上岗要求;材料因素,如材料质量是否符合标准,能否使用;施工机械设备的条件,如其规格、性能、数量能否满足要求,质量有无保障;采用的施工方法及工艺是否恰当,产品质量有无保证;施工的环境条件是否良好等。这些因素或条件应当符合规定的要求或保持良好状态。

(2)施工过程中对工序活动条件的控制。对影响工序产品质量的各因素的控制不仅体现在开工前的施工准备中,而且还应当贯穿于整个施工过程中,包括各工序、各工种的质量保证与强制活动。在施工过程中,工序活动是在经过审查认可的施工准备的条件下展开的,要注意各因素或条件的变化,如果发现某种因素或条件向不利于工序质量方面变化,应及时予以控制或纠正。

2. 工序施工效果的控制

工序施工效果主要反映在工序产品的质量特征和特性指标方面。对工序施工效果控制就是控制工序产品的质量特征和特性指标是否达到设计要求和施工验收标准。工序施工效果质量控制一般属于事后质量控制,其控制的基本步骤包括实测、统计、分析、判断、认可或纠偏。

> 在各种因素中,投入施工的物料如材料、半成品等,以及施工操作或工艺是最活跃和易变化的因素,应予以特别的监督与控制,使它们的质量始终处于控制之中,符合标准及要求。

(1)实测。即采用必要的检测手段,对抽取的样品进行检验,测定其质量特性指标(例如混凝土的抗拉强度)。

(2)分析。即对检测所得数据进行整理、分析,找出规律。

(3)判断。根据对数据分析的结果,判断该工序产品是否达到了规定的质量标准,如果未达到,应找出原因。

(4)认可或纠偏。如发现质量不符合规定标准,应采取措施纠正,如果质量符合要求则予以确认。

(二)成品的质量保护

成品质量保护一般是指在施工过程中,某些分项工程已经完成,而其他一些分项工程还在施工;或者是在其分项工程施工过程中,某些部位已完成,而其他部位正在施工。在这种情况下,施工单位必须负责对已完成部分采取妥善措施予以保护,以免因成品缺乏保护或保护不善而造成损伤或污染,影响工程整体质量。

1. 合理安排施工顺序

合理地安排施工顺序,按正确的施工流程组织施工,是进行成品保护的有效途径之一。

2. 成品的保护措施

根据建筑产品特点的不同,可以分别对成品采取"防护"、"包裹"、"覆盖"、"封闭"等保护措施,以及合理安排施工顺序等来达到保护成品的目的。具体如下所述:

(1)防护。防护是针对被保护对象的特点采取各种防护的措施。

(2)包裹。包裹是将被保护物包裹起来,以防损伤或污染。

(3)覆盖。覆盖是用表面覆盖的办法防止堵塞或损伤。

(4)封闭。封闭是采取局部封闭的办法进行保护。

三、施工员在交工验收阶段的工作

1. 交工验收准备

工程接近尾声进行交工验收时,施工员应协同项目部相关人员进行自我验收,对不符合相关要求的应及时加以纠正。做好本专业相关工程竣工资料。

2. 竣工结算

工程交工后施工员应根据施工承包合同及补充协议,开、竣工报告书、设计施工图及竣工图、设计变更通知单、现场签证记录、甲乙方供料手续或有关规定、采用有关的工程定额、专用定额与工期相应的市场材料价格以及有关预结算文件等做好竣工结算,对工程中发生的签证要单独进行结算,对发现预算中有漏算或计算误差的应积极争取及时进行调整。将各分部工程编制成单项工程竣工综合结算书。积极配合工程审计人员进行工程量的审核工作,对审计中的不合理审核要主动争取。

3. 工程收尾

工程完成后,施工员及项目部其他管理人员对该工程的所有财产和物质进行清理,作为项目部成本核算的依据。对工程中分包的施工结算,根据施工合同、各原始预算、设计图纸交底及会审纪要、设计变更、施工签证、竣工图、施工中发生的其他费用,进行认真审核,并重新核定各单位工程和单位工程造价。工程结束后,施工员应认真总结,配合项目部经理及技术负责人进行项目部成本分析,计算节约或超支的数额并分析原因,吸取经验教训,以利于下一个工程施工造价的管理与控制。

▶ 复习思考题 ◀

1. 施工员在市政工程施工过程中占据什么样的地位?
2. 市政施工员的基本权利是什么?
3. 市政施工员的工作任务有哪些?
4. 市政施工员的主要工作职责有哪些?
5. 市政施工员应具备哪些专业技能?
6. 市政施工员应具备哪些专业知识?

第二章 市政工程常用材料

第一节 水泥混凝土路面材料

一、水泥

1. 通用硅酸盐水泥

通用硅酸盐水泥是以硅酸盐水泥熟料和适量的石膏及规定的混合材料制成的水硬性胶凝材料。

通用硅酸盐水泥按混合材料的品种和掺量分为硅酸盐水泥、普通硅酸盐水泥、矿渣硅酸盐水泥、火山灰质硅酸盐水泥、粉煤灰硅酸盐水泥和复合硅酸盐水泥。

(1) 强度等级。

1) 硅酸盐水泥的强度等级分为 42.5、42.5R、52.5、52.5R、62.5、62.5R 六个等级。

2) 普通硅酸盐水泥的强度等级分为 42.5、42.5R、52.5、52.5R 四个等级。

3) 矿渣硅酸盐水泥、火山灰质硅酸盐水泥、粉煤灰硅酸盐水泥、复合硅酸盐水泥的强度等级分为 32.5、32.5R、42.5、42.5R、52.5、52.5R 六个等级。

(2) 通用硅酸盐水泥的化学指标应符合表 2-1 的规定。

表2-1			通用硅酸盐水泥的化学指标				%
品 种	代 号	不溶物(质量分数)	烧失量(质量分数)	三氧化硫(质量分数)	氧化镁(质量分数)	氯离子(质量分数)
硅酸盐水泥	P·Ⅰ	≤0.75	≤3.0	≤3.5	≤5.0①	≤0.06③
	P·Ⅱ	≤1.50	≤3.5			
普通硅酸盐水泥	P·O	—	≤5.0			
矿渣硅酸盐水泥	P·S·A	—	—	≤4.0	≤6.0②	
	P·S·B	—	—		—	
火山灰质硅酸盐水泥	P·P	—	—	≤3.5	≤6.0②	
粉煤灰硅酸盐水泥	P·F	—	—			
复合硅酸盐水泥	P·C	—	—			

①如果水泥压蒸试验合格,测水泥中氯化镁的含量允许放宽至6.0%。
②如果水泥中氯化镁含量大于6%,需要进行水泥压蒸安定性试验并合格。
③当有更低要求时,该指标由买卖双方协商确定。

不合格水泥的判定

凡检验结果中,任何一项指标不符合下列技术要求的均为不合格品水泥。

(1)化学指标。水泥的化学指标应符合相关规定。

(2)凝结时间。硅酸盐水泥初凝不小于45min,终凝不大于390min;普通硅酸盐水泥、矿渣硅酸盐水泥、火山灰质硅酸盐水泥、粉煤灰硅酸盐水泥和复合硅酸盐水泥初凝不小于45min,终凝不大于600min。道路硅酸盐水泥初凝应不早于1.5h,终凝不得迟于10h。

(3)安定性。安定性应用沸煮法检验是否合格。

(4)强度。强度应符合《通用硅酸盐水泥》(GB 175—2007)的规定。

2. 道路硅酸盐水泥

道路硅酸盐水泥以适当成分的生料烧至部分熔融,所得以硅酸钙为主要组分和较多量铁铝酸钙的硅酸盐水泥熟料,与0～10%活性混合材料和适量石膏磨细制成的水硬性胶凝材料,简称道路水泥。道路水泥所用混合材料应符合《用于水泥和混凝土中的粉煤灰》(GB/T 1596)的一级粉煤灰、《用于水泥中的粒化高炉矿渣》(GB/T 203)的粒化高炉矿渣或符合《用于水泥中的粒化电炉磷渣》(GB/T 6645)的粒化电炉磷渣或符合《用于水泥中的钢渣》(YB/T 022)的钢渣。

(1)强度等级。道路硅酸盐水泥强度等级分为32.5、42.5、52.5三种,见表2-2。

表2-2　　　　　　　　道路水泥强度要求

强度等级	抗折强度/MPa		抗压强度/MPa	
	3d	28d	3d	28d
32.5	3.5	6.5	16.0	32.5
42.5	4.0	7.0	21.0	42.5
52.5	5.0	7.5	26.0	52.5

(2)道路水泥的技术要求:

1)氧化镁。道路水泥中氧化镁含量不得超过5.0%。

2)三氧化硫。道路水泥中三氧化硫含量不得超过3.5%。

3)烧失量。道路水泥中烧失量不得大于3.0%。

4)游离氧化钙。道路水泥熟料中的游离氧化钙,旋窑生产不得大于1.0%;立窑生产不得大于1.8%。

5)铝酸三钙。道路水泥熟料中铝酸三钙的含量不得大于5.0%。

6)铁铝酸四钙。道路水泥熟料中铁铝酸四钙的含量不得小于16.0%。

7)碱含量。如用户提出要求时,由供需双方商定。

8)细度。比表面积为300～450m^2/kg。

9)凝结时间。初凝不得早于1.5h,终凝不得迟于10h。

10)安定性。用沸煮法检验必须合格。

11)干缩率。28d干缩率不得大于0.10%。

12)耐磨性。28d磨损量不得大于3.0kg/m^2。

道路硅酸盐水泥抗撞击性能好,抗折强度高,用道路硅酸盐水泥配制的路面混凝土具有良好的施工性能和优良的耐久性。

道路硅酸盐水泥适用于不同等级的公路路面,特别是高等级、重交通公路路面工程,飞机场道面工程,城市道路路面工程及其他水泥混凝土面板工程。应用实践表明,其使用效果良好,能取得长远的经济和社会效益。

水泥的受潮处理

(1)水泥有松块、结粒情况,说明水泥开始受潮,应将松块、粒状物压成粉末并增加搅拌时间,经试验后根据实际强度等级使用。

(2)水泥已部分结成硬块,表明水泥已严重受潮,使用时应筛去硬块,并将松块压碎,用于抹面砂浆等。

(3)水泥结块坚硬,表明该水泥活性已丧失,不能按胶凝材料使用而只能重新粉磨后用作混合材料。

二、石灰

碳酸钙($CaCO_3$)为主要成分的石灰石,经 800~1000℃高温煅烧而成的块灰状气硬性胶凝材料叫石灰。它的主要成分是氧化钙(CaO)。

石灰是一种古老的工程材料,由于其原料来源广泛,生产工艺简单,成本低廉,所以至今被广泛用于工程建设中。

1. 石灰的性质

(1)保水性与可塑性好。熟化生成的氢氧化钙颗粒极其细小,比表面积(材料的总表面积与其质量的比值)很大,使得氢氧化钙颗粒表面吸附有一层较厚水膜,即石灰的保水性好。由于颗粒间的水膜较厚,颗粒间的滑移较宜进行,即可塑性好。这一性质常被用来改善砂浆的保水性,以克服水泥砂浆保水性差的缺点。

(2)凝结硬化慢、强度低。石灰的凝结硬化很慢,且硬化后的强度很低。

(3)耐水性差。潮湿环境中石灰浆体不会产生凝结硬化。硬化后的石灰浆体的主要成分为氢氧化钙,仅有少量的碳酸钙。由于氢氧化钙可微溶于水,所以石灰的耐水性很差,软化系数接近于零。

(4)干燥收缩大。氢氧化钙颗粒吸附大量的水分,在凝结硬化过程中不断蒸发,并产生很大的毛细管压力,使石灰浆体产生很大的收缩而开裂,因此石灰除粉刷外不宜单独使用。

2. 石灰的技术指标

(1)石灰岩经煅烧分解,放出二氧化碳气体,得到的产品即为生石灰。生石灰的技术要求见表2-3和表2-4。

表2-3　　　　　　　　　　建筑生石灰的化学成分

名称	(氧化钙+氧化镁)(CaO+MgO)	氧化镁(MgO)	二氧化碳(CO_2)	三氧化碳(CO_3)
CL 90-Q CL 90-QP	≥90	≤5	≤4	≤2
CL 85-Q CL 85-QP	≥85	≤5	≤7	≤2
CL 75-Q CL 75-QP	≥75	≤5	≤12	≤2
ML 82-Q ML 85-QP	≥85	>5	≤7	≤2
ML 80-Q ML 80-QP	≥85	>5	≤7	≤2

表2-4　　　　　　　　　　建筑生石灰的物理性质

名称	产浆量 $dm^3/10kg$	细度	
		0.2mm筛余量 %	90μm筛余量 %
CL 90-Q CL 90-QP	≥26 —	— ≤2	≤7

续表

名称	产浆量 dm³/10kg	细度	
		0.2mm 筛余量 %	90μm 筛余量 %
CL 85-Q CL 85-QP	≥26 —	— ≤2	≤7
CL 75-Q CL 75-QP	≥26 —	— ≤2	≤7
ML 82-Q ML 85-QP	— —	— ≤2	≤7
ML 80-Q ML 80-QP	— —	— ≤7	≤2

注:其他物理特性,根据用户要求,可按照《建筑石灰试验方法 第1部分:物理试验方法》(JC/T 478.1)进行测试。

(2)熟化后的石灰称为熟石灰,其成分以氢氧化钙为主。根据加水量的不同,石灰可被熟化成粉状的消石灰、浆状的石灰膏和液体状态的石灰乳。

消石灰的技术要求见表2-5和表2-6。

表2-5　　　　　　　　　建筑消石灰的化学成分

名称	(氧化钙+氧化镁)(CaO+MgO)	氧化镁(MgO)	三氧化硫(SO_3)
HCL 90 HCL 85 HCL 75	≥90 ≥85 ≥75	≤5	≤2
HML 85 HML 80	≥85 ≥80	>5	≤2

注:表中数值以试样扣除游离水和化学结合水后的干基不基准。

表 2-6　　　　　　　　　　建筑消石灰的物理性质

名称	游离水%	细度		安定性
		0.2mm 筛余量%	90μm 筛余量%	
HCL 90	≤2	≤2	≤7	合格
HCL 85				
HCL 75				
HML 85				
HML 80				

石灰的保管要求

(1) 磨细生石灰及质量要求严格的块灰,最好存放在地基干燥的仓库内。仓库门窗应密闭,屋面不得漏水,灰堆必须与墙壁距离 70mm。

(2) 生石灰露天存放时,存放期不宜过长,地基必须干燥、不积水,石灰应尽量堆高。为防止水分及空气渗入灰堆内部,可在灰堆表面洒水拍实,使表面结成硬壳,以防损失。

(3) 直接运到现场使用的生石灰,最好立即进行熟化,过淋处理后,存放在淋灰池内,并用草席等遮盖,冬季应注意防冻。

(4) 生石灰应与可燃物及有机物隔离保管,以免腐蚀或引起火灾。

三、混凝土

混凝土是市政工程建设的主要材料之一。广义的混凝土是指由胶凝材料、细集料(砂)、粗集料(石)和水按适当比例配制的混合物,经硬化而成的人造石材。但目前公路工程中使用最为广泛的还是普通混凝土。普通混凝土是由水泥、水、砂、石以及根据需要掺入各类外加剂与矿物混合材料组成的。

在普通混凝土中,砂、石起骨架作用,称为集料,它们在混凝土中起填充作用和抵抗混凝土在凝结硬化过程中的收缩作用。水泥与水形成水泥浆,包裹在集料表面并填充集料间的空隙。在硬化前,水泥浆起润滑作用,赋予拌合物一定的和易性,便于施工;水泥浆硬化后,则将集料胶结成一个坚实的整体,并具有一定的强度。

1. 混凝土拌合物的性能

混凝土的各组成材料按一定比例搅拌而制得的未凝固的混合材料称为混凝土拌合物。对混凝土拌合物的要求,主要是使运输、浇筑、捣实和表面处理等施工过程易于进行,减少离析,从而保证良好的浇筑质量,进而为保证混凝土的强度和耐久性创造必要的条件。

(1)和易性。混凝土拌合物的和易性是指混凝土在施工中是否易于操作,是否具有能使所浇筑的构件质量均匀、成型易于密实的性能。所谓和易性好,是指混凝土拌合物容易拌和,不易发生砂、石或水离析现象,浇模时填满模板的各个角落,易于捣实,分布均匀,与钢筋粘结牢固,不易产生蜂窝、麻面等不良现象。和易性是一项综合的技术性质,包括流动性、粘聚性和保水性等含义。

1)流动性。流动性是指混凝土拌合物在自重或施工机械振捣的作用下,能产生流动,并均匀密实地填满模板的性能。流动性的大小主要取决于单位用水量或水泥浆量的多少。单位用水量或水泥浆量多,混凝土拌合物的流动性大(反之则小),浇筑时易于填满模型。

2)粘聚性。粘聚性是指混凝土拌合物在施工过程中其组成材料之间的粘聚力。在运输、浇筑、捣实过程中不致产生分层、离析、泌水,而保持整体均匀的性质。混凝土拌合物是由密度不同,颗粒大小不一的固体材料和水组成的混合物,在外力作用下,各组成材料移动的倾向性不同,一旦配合比例不当,就会出现分层和离析现象,使硬化后的混凝土成分不均匀,甚至产生蜂窝、狗洞等工程质量事故。

3)保水性。保水性是指混凝土拌合物保持水分,不易产生泌水的性能。保水性差的拌合物在浇筑过程中,由于部分水分从混凝土内析出,形成渗水通道;浮在表面的水分,使上、下两混凝土浇筑层之间形成薄弱的夹层;部分水分还会停留在石子及钢筋的下面形成水囊或水膜,降低水泥浆与石子及钢筋的胶结力。这些都将影响混凝土的密实性,从而降低混凝土的强度和耐久性。

(2)坍落度。选择混凝土拌合物的坍落度,关系到混凝土的施工质量和水泥用量。坍落度大的混凝土,施工比较容易,但水泥用量较多;坍落度小的混凝土,能节约水泥,但施工较为困难。

> 影响混凝土拌合物和易性的因素很多,其中主要有水泥浆用量、水灰比、砂率、水泥品种与性质、集料的种类与特征、外加剂、施工时的温度和时间等。

选择的原则应是在保证施工质量的前提下,尽可能选用较小的坍落度。

选择混凝土拌合物的坍落度,要根据构件截面大小、运输距离、钢筋的疏密程度、浇筑和捣实方法以及气候因素决定。

当构件截面尺寸较小,或钢筋较密,或采用人工插捣时,坍落度可选大些;反之,当构件截面尺寸较大,或钢筋较疏,或采用振动器振捣时,坍落度可选择小些。混凝土拌合物浇筑时的坍落度宜按表2-7选用。

表2-7　　　　　　　　混凝土浇筑时的坍落度

结构种类	坍落度/mm
基础或地面等的垫层、无配筋的大体积结构(挡土墙、基础等)或配筋稀疏的结构	10~30
板、梁和大型及中型截面的柱子等	30~50
配筋密列的结构(薄壁、斗仓、筒仓、细柱等)	50~70
配筋特密的结构	70~90

采用泵送工艺的泵送混凝土拌合物的坍落度,应根据混凝土泵送高度,按表2-8选用,同时,应考虑在预计时间(运输、输送到浇筑现场所需要消耗的时间)内的坍落度损失。

表2-8　　　　　　　　混凝土入泵坍落度选用表

泵送高度/m	<30	30~60	60~100	>100
坍落度/mm	100~140	140~160	160~180	180~200

(3)拌合物的离析和泌水。

1)离析。拌合物的离析是指拌合物因各组成材料分离而造成不均匀和失去连续性的现象。其形式有两种:一种是集料从拌合物中分离;另一种是稀水泥浆从拌合物中淌出。虽然拌合物的离析是不可避免的,尤其是在粗集料最大粒径较大的混凝土中,但适当的配合比、掺外加剂可尽量使离析减小。

离析会使混凝土拌合物均匀性变差,硬化后混凝土的整体性、强度和耐久性降低。

2) 泌水。拌合物泌水是指拌合物在浇筑后到开始凝结期间,固体颗粒下沉,水上升,并在混凝土表面析出水的现象。泌水将造成如下后果:

①块体上层水多,水灰比增大,质量必然低于下层拌合物;引起块体质量不均匀,易于形成裂缝,降低了混凝土的使用性能。

②部分泌水挟带细颗粒一直上升到混凝土顶面,再沉淀下来的细微物质称为乳皮,使顶面形成疏松层,降低了混凝土之间的粘结力。

③部分泌水停留在石子下面或绕过石子上升,形成连通的孔道,水分蒸发后,这些孔道成为外界水分浸入混凝土内部的捷径,降低了混凝土的抗渗性和耐久性。

④部分泌水停留在水平钢筋下表面,形成薄弱的间隙层,降低了钢筋与混凝土的粘结力。

⑤由于泌水和其他一些原因,使混凝土在终凝以前产生少量的"沉陷"。

由此可见,泌水作用对于混凝土的质量有很不利的影响,必须尽可能减小混凝土的泌水。通常采用掺加适量混合料、外加剂,尽可能降低混凝土水灰比等有效措施来提高混凝土的保水性,从而减少泌水现象。

2. 混凝土的强度及耐久性

(1) 混凝土的强度。强度是混凝土最重要的力学性能,通常用混凝土强度来评定和控制混凝土的质量。混凝土的强度包括抗压强度、抗拉强度、抗折强度、抗剪强度和与钢筋的粘结强度等。其中抗压强度最大,抗拉强度最小,所以,一般讲的混凝土强度,是指抗压强度,在结构设计、施工、验收中均以抗压强度为依据。

混凝土抗压强度的大小是以强度等级来表示的。混凝土强度等级按立方体抗压强度标准值($f_{cu,k}$)划分。立方体抗压强度标准值系指按标准方法制作的边长为150mm的立方体试件,在标准环境中[温度(20±2)℃,相对湿度95%以上],经28d养护,采用标准的测试方法测得的抗压强度值,称为混凝土立方体试件抗压强度(单位:MPa)。当按集料最大粒径选用非标准尺寸的试件时,应将其抗压强度按表2-9系数换算成标准尺寸试件的抗压强度。

表2-9　　　　混凝土试件尺寸及强度的尺寸换算系数

集料最大粒径/mm	试件尺寸/mm	强度的尺寸换算系数
≤31.5	100×100×100	0.95
≤40	150×150×150	1.00
≤60	200×200×200	1.05

注:对强度等级为C60及以上的混凝土试件,其强度的尺寸换算系数可通过试验确定。

影响混凝土强度的因素

混凝土是由几种材料组合在一起的复合材料,需要经过一定的施工工艺才能达到一定强度。所以,影响混凝土强度的因素很多,但从混凝土的破坏情况分析,影响强度的主要因素是水泥强度、水灰比、集料的种类及性质、养护条件和龄期等。施工方法和施工质量也有较大的影响。

(1)水泥强度。在其他条件相同时,水泥强度等级越高,则混凝土的强度越高。

(2)水灰比。当采用的水泥品种及强度等级确定后,混凝土的强度则随水灰比的增大而有规律地降低。在一定范围内水灰比越大,混凝土的强度越低。

(3)集料的种类及性质。当其他条件相同时,碎石拌制的混凝土强度较卵石混凝土高,但砂、石中含有较多杂质时,拌制的混凝土强度较低。

(4)养护的湿度和温度。养护的湿度较大,有利于混凝土中水泥的水化作用,进而有利于混凝土强度的增长。同时水泥的水化作用,需一定的温度,在一定的温度范围内,温度越高,强度发展越快。

(5)养护龄期。混凝土在正常养护条件下,其强度随龄期增长的规律与水泥是一致的。混凝土强度在最初3~7d内增长较快,以后逐渐缓慢,28d后强度增长更慢,但增长过程可延续几十年。

（2）混凝土的耐久性。混凝土的耐久性包括混凝土在使用条件下经久耐用的性能，如抗渗性、抗冻性、抗侵蚀性及抗碳化性等，通称为混凝土的耐久性。

抗渗性是指混凝土抵抗液体在压力作用下渗透的性能。抗渗性是混凝土的一项重要性质，它除关系到混凝土的挡水作用外，还直接影响抗冻性和抗侵蚀性的强弱。当混凝土的抗渗性较差时，由于水分容易渗入内部，易于受到冰冻或侵蚀作用而破坏。抗渗性用抗渗等级（符号"P"）表示，抗渗等级是以 28d 龄期的抗渗标准试件，在标准试验方法下所能承受最大的水压力来确定的。抗渗等级分为 P2、P6、P8、P10、P12 等。相应表示混凝土能抵抗 0.2MPa、0.6MPa、0.8MPa、1.0MPa 及 1.2MPa 的水压力，并且不渗漏。抗渗等级等于或大于 P6 级的混凝土称为抗渗混凝土。

抗冻性是指混凝土在饱和水状态下，能经受多次冻融循环而不破坏，同时也不严重降低强度的性能。抗冻性用抗冻等级（符号"F"）表示。抗冻等级是以龄期 28d 的混凝土试件在吸水饱和后，承受反复冻融循环，以抗压强度下降不超过 25%，而且质量损失不超过 5% 时所能承受的最大冻融循环次数来确定，混凝土的抗冻等级分为：F25、F50、F100、F150、F200、F250、F300 等。抗冻等级等于或大于 F50 级的混凝土称为抗冻混凝土。

当工程所处的环境有侵蚀介质时，对混凝土必须提出抗侵蚀性的要求。混凝土的抗侵蚀性取决于水泥品种、混凝土的密实度以及孔隙特征。密实性好的，具有封闭孔隙的混凝土，侵蚀介质不易侵入，故抗侵蚀性能好。

混凝土的碳化作用是指空气中的二氧化碳与水泥石中的氢氧化钙作用，生成碳酸钙和水。

碳化作用对混凝土有不利的影响，首先是减弱对钢筋的保护作用，使钢筋表面的氧化膜被破坏而开始生锈；其次，碳化作用还会引起混凝土的收缩，使混凝土表面碳化层产生拉应力，可能产生微细裂缝，从而降低混凝土的抗折强度。

提高混凝土耐久性的措施

混凝土所处的环境和使用条件不同,对其耐久性的要求也不相同,提高混凝土耐久性的措施有以下几个方面:

(1)根据工程情况,合理选择水泥品种。

(2)适当控制水灰比及水泥用量。水灰比大小是决定混凝土密实度的主要因素,它不但影响混凝土的强度,而且也严重影响其耐久性,所以必须严格控制。

保证足够的水泥用量,同样可以起到提高混凝土密实度和耐久性的作用。

(3)选用质量良好、技术条件合格的砂、石集料,是保证混凝土耐久性的重要条件。

(4)掺用引气减水剂,对提高混凝土的抗渗性和抗冻性有良好作用。

(5)改善施工操作,保证施工质量。

3. 混凝土掺合料及外加剂

(1)混凝土掺合料。在混凝土拌合物制备时,为了节约水泥、改善混凝土性能、调节混凝土强度等级,而加入的天然的或者人造的矿物材料,统称为混凝土掺合料。用于混凝土中的掺合料可分为活性矿物掺合料和非活性矿物掺合料两大类。非活性矿物掺合料一般与水泥组分不起化学作用,或化学作用很小,如磨细石英砂、石灰石、硬矿渣之类材料。活性矿物掺合料虽然本身不硬化或硬化速度很慢,但能与水泥水化生成的 $Ca(OH)_2$ 生成具有水硬性的胶凝材料。如粒化高炉矿渣、火山灰质材料、粉煤灰、硅灰等。活性矿物掺合料依其来源可分为天然类、人工类和工业废料类,见表2-10。

表2-10　　　　　活性矿物掺合料的分类

类别	主 要 品 种
天然类	火山灰、凝灰岩、硅藻土、蛋白石质黏土、钙性黏土、黏土页岩
人工类	煅烧页岩或黏土
工业废料	粉煤灰、硅灰、沸石粉、水淬高炉矿渣粉、煅烧煤矸石

(2)混凝土外加剂。在拌制混凝土的过程中掺入的,能显著改善混凝土性能的物质称为外加剂。其掺量一般不大于水泥质量的5%(特殊情况除外)。混凝土外加剂的匀质性指标应符合表2-11的要求。

表2-11　　　　　　　　混凝土外加剂匀质性指标

项　目	指　标
含固量或含水量	(1)对液体外加剂,应在生产控制值相对量的3%之内。 (2)对固体外加剂,应在生产控制值相对量的5%之内

四、钢材

钢材是以铁为主要元素,含碳量一般在2%以下,并含有其他元素的材料。工程施工中各种型钢、钢板、钢筋和钢丝等,通称为钢材。

(一)钢材的力学性能

在钢筋混凝土结构中所使用的钢材是否符合标准,直接关系着工程的质量,因此,在使用前,必须对钢筋进行一系列的检查与试验,力学性能试验就是其中一个重要检验项目,是评估钢材能否满足设计要求,检验钢质及划分钢号的重要依据之一。力学性能是指钢材在外力作用下所表现出的各种性能。

1. 抗拉强度

钢材的抗拉强度包括:屈服强度、极限抗拉强度、疲劳强度。

(1)屈服强度。钢材在静载作用下,开始丧失对变形的抵抗能力,并产生大量塑性变形时的应力。如图2-1所示,在屈服阶段,锯齿形的最高点所对应的应力称为上屈服点($B_上$);最低点对应的应力称为下屈服点($B_下$)。因上屈服点不稳定,所以国标规定以下屈服点的应力作为钢材的屈服强度,用σ_s表示。

(2)极限抗拉强度。试件在屈服阶段后,由于试件内部组织结构发生变化,其抵抗塑性变形的能力又重新提高,称为强化阶级。对应于最高点C的应力称为抗拉强度σ_b。

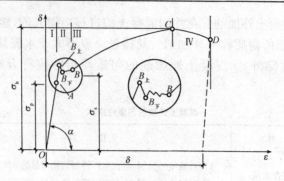

图 2-1 软钢受拉时的应力-应变图

工程上使用的钢材,不仅希望屈服强度高,还需要具有一定的屈强比 σ_s/σ_b。

屈强比越小,表示钢材受力超过屈服点工作时的可靠性越大,结构越安全。但如果屈强比过小,则表示钢材有效利用率太低,造成浪费。建筑结构钢的屈强比一般为 0.6~0.75。

2. 弹性模量

钢材在静荷载作用下,应力和应变成正比,这一阶段称为弹性阶段。在弹性阶段中,应力和应变的比值称为弹性模量,即 $E=\dfrac{\sigma}{\varepsilon}$,单位为 MPa。

工程中,弹性模量反映钢材刚度,E 值越大,其产生一定量弹性变形的应力值也越大。

3. 冲击韧性

冲击韧性是指钢材抵抗冲击荷载的能力。按规定,将钢材加工成 10mm×10mm×55mm 带有 V 形缺口的标准试件进行冲击试验。试件在冲击负荷作用下折断时所吸收的能量等于垂摆所做的功 W,冲击韧性值为 $a_k(\text{J/mm}^2)$。a_k 值越大,表示冲断钢材需消耗的能量越多,说明钢材的韧性越好。

4. 硬度

硬度是指在表面局部体积内,抵抗其他较硬物体压入产生塑性变形的能力。它是热处理工件质量检查的一项重要指标。测定硬度可用压入法。按照压头和压力的不同,测定钢材硬度常用的方法有布氏法、洛氏法和维氏法。相应的硬度试验指标有布氏硬度(HB)、洛氏硬度(HR)和维氏硬度(HV)。

(二)工艺性能

钢材在加工过程中所表现出来的性能称为钢材的工艺性能。良好的工艺性能可使钢材顺利通过各种加工,并保证钢材制品的质量不受影响。

1. 冷弯性能

钢材的冷弯性能是指钢材在常温下承受弯曲变形的能力。一般用弯曲角度 α 以及弯心直径 d 与钢材厚度或直径 a 的比值来表示。弯曲角度越大,而 d 与 a 的比值越小,表明冷弯性能越好,如图 2-2 所示。

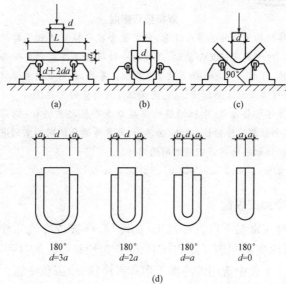

图 2-2　钢材冷弯试验
(a)试件安装;(b)弯曲 180°;(c)弯曲 90°;(d)规定弯心

2. 焊接性能

钢材的焊接性就是指钢材在焊接后反映其焊缝处联结的牢固程度和硬脆倾向大小的一种性能。在焊接中，由于高温作用和焊接后急剧冷却作用，焊缝及附近的过热区将发生晶体组织及结构变化，产生局部变形及内应力，使焊缝周围的钢材产生硬脆倾向，降低了焊接的质量。可焊性良好的钢材，焊缝处性质应与钢材尽可能相同，焊接才牢固可靠。

焊接性的好坏与钢的化学成分和含量有关。若钢材内硫的含量较高，则在焊接中易发生热脆，产生裂纹；含碳量小于 0.25% 的碳素钢具有良好的可焊性，含碳量超过 0.3% 的碳素钢，可焊性变差。对于高碳钢和合金钢，为改善焊接质量，一般需要采用预热和焊后处理，以保证质量。另外，正确的焊接工艺也是保证焊接质量的重要措施。

> **经验之谈**
>
> **焊接技巧把握**
>
> 焊接结构用钢的选择应注意，应首选含碳量较低的氧气转炉或平炉镇静钢。对于高碳钢及合金钢，焊接时一般可采用焊前预热及焊后热处理等措施，可以在一定程度上改善可焊性。另外，正确地选用焊接方法和焊接材料(焊条)，正确地操作，也是保证焊接质量的重要措施。
>
> 钢筋焊接要注意：冷拉钢筋的焊接应在冷拉之前进行；钢筋焊接之前，焊接部位应清除铁锈、熔渣、油污等，要尽量避免不同国家的进口钢筋之间或进口钢筋与国产钢筋之间的焊接。

(三)冷加工性能

将钢材在常温下进行冷加工(如冷拉、冷拔或冷轧)，使其产生塑性变形，从而提高屈服强度和硬度、降低塑性和韧性的过程，称为钢材的冷加工。工程中常用的冷加工形式有冷拉、冷拔和冷轧。

(1)冷拉。在常温下将热轧钢筋冷拉到超过其屈服强度进入强化阶段的某一应力值，然后卸荷至零，利用"冷拉时效"，使钢筋的强度得到提高，但其塑性有所下降。

第二章 市政工程常用材料

(2)冷拔。冷拔就是以强力拉拔的方式,使钢筋通过比它本身直径小的硬质合金拔丝模,成为直径比原来细的钢丝。冷拔后的钢筋的拉拔和抗压强度可同时得到较大的提高,但钢材的塑性降低很多,故不允许用冷加工钢筋作为预构件的吊环。

> 冷加工的主要目的是提高屈服强度、节约钢材。但冷加工往往导致塑性、韧性及弹性模量降低。

(3)冷轧。将低碳钢丝通过轧机,在钢丝表面轧制出呈一定规律分布的扎痕,形成断面形状规则的钢筋的工艺过程。

第二节 沥青混合料材料

一、沥青混合料材料组成

沥青混合料是一种复合材料,主要由沥青、粗集料、细集料、矿粉组成,有的还加入聚合物和木纤维素拌和而成,这些不同质量和数量的材料混合形成不同的结构,并具有不同的力学性质。沥青混合料是材料单一结构和相互联系结构的概念的总和,包括沥青结构、矿物骨架结构及沥青—矿粉分散系统结构等。

沥青混合料的力学强度,主要由矿物颗粒之间的内摩阻力和嵌挤力,以及沥青胶结料及其与矿料之间的粘结力所构成。

二、沥青混合料主要材料

1. 沥青

(1)我国行业标准《城镇道路工程施工与质量验收规范》(CJJ 1—2008)规定,城镇道路面层宜优先采用 A 级沥青,不宜使用煤沥青。B 级沥青可作为次干路及其以下道路面层使用。当缺乏所需强度等级的沥青时,可采用不同强度等级沥青掺配,掺配比应经试验确定。道路石油沥青的主要技术要求应符合表 2-12 的规定。

表2-42 道路石油沥青的主要技术要求

指标	单位	等级	160④	130④	110	90	70④	50④	30④	试验方法①
针入度(25℃,5s,100g)	0.1mm	—	140~200	120~140	100~120	80~100	60~80	40~60	20~40	T0604
适用的气候分区⑥	—	—	注④	注④	2-1 2-2 2-3	1-1 1-2 1-3 2-2 2-3	1-3 1-4 2-2 2-3	1-2 1-3 2-2 2-3	1-4	附录A注⑥
针入度指数PI②	—	A	\\ \\ \\ \\ \\ -1.5~+1.0 \\ \\ \\ \\ \\							T0604
		B	\\ \\ \\ \\ \\ -1.8~+1.0 \\ \\ \\ \\ \\							
软化点(R&B),≥	℃	A	38	40	43	45	45	49	55	T0606
		B	36	39	42	43	43	46	53	
		C	35	37	41	42	43	45	50	
60℃动力黏度②,≥	Pa·s	A	—	60	120	160	160	200	260	T0620
10℃延度②,≥	cm	A	50	50	40	45	30	20	15	T0605
			30	30	30	30	20	15	10	
		B					20	15	10	
							15	10	8	
15℃延度,≥	cm	A,B	80	50	40	45	20	15	10	
		C	80	80	60	100	40	80	50	
								30	20	
蜡含量(蒸馏法),≤	%	A	\\ \\ \\ \\ \\ 2.2 \\ \\ \\ \\ \\							T0615
		B	\\ \\ \\ \\ \\ 3.0 \\ \\ \\ \\ \\							
		C	\\ \\ \\ \\ \\ 4.5 \\ \\ \\ \\ \\							
闪点,≥	℃		230	230	230	245	245	260	260	T0611

续表

指标	单位	等级	沥青标号							试验方法①
			160④	130④	110	90	70③	50③	30④	
溶解度,≥	%		99.5							T0607
密度(15℃)	g/m³		实测记录							T0603
TFOT或RTFOT后⑥										
质量变化,≤	%		±0.8							T0610或T0609
残留针入度比(25℃),≥	%	A	48	54	55	57	61	63	65	T0604
		B	45	50	52	54	58	60	62	
		C	40	45	48	50	54	58	60	
残留延度(10℃),≥	cm	A	12	12	10	8	6	4	—	T0605
		B	10	10	8	6	4	2	—	
残留延度(15℃),≥	cm	C	40	35	30	20	15	10	—	T0605

① 按照国家现行标准《公路工程沥青及沥青混合料试验规程》JTJ 052规定的方法执行。用于种数试验求取PI时的5个温度的针入度关系的相关系数不得小于0.997。

② 经建设单位同意,表中PI值、60℃动力黏度、10℃延度可作为选择性指标,也可不作为施工质量检验指标。

③ 70号沥青可根据商提供要求提供针入度范围为60～70或70～80的沥青,50号沥青可要求提供针入度范围为40～50或50～60的沥青。

④ 30号沥青仅适用于沥青稳定基层。130号和160号沥青除寒冷地区可直接在次干路以下道路上直接应用外,通常用作乳化沥青,稀释沥青、改性沥青的基质沥青。

⑤ 老化试验以TFOT为准,也可以RTFOT代替。

⑥ 系指《公路沥青路面施工技术规范》JTJ F40附录A沥青路面使用性能气候分区。

(2)在高温条件下宜采用黏度较大的乳化沥青,寒冷条件下宜使用黏度较小的乳化沥青。

(3)液化石油沥青用于透层、粘层、封层及拌制冷拌沥青混合料。

(4)当使用改性沥青时,改性沥青的基质沥青应与改性剂有良好的配伍性。

沥青的选用

(1)道路石油沥青根据当前的沥青使用和生产水平,按技术性能分为A、B、C三个等级。A级沥青适用于各个等级的公路;B级沥青适用于调整公路、一级公路沥青下面层及以下的层次,二级及二级以下公路的各个层次;C级沥青适用于三级及三级以下公路的各个层次。

(2)乳化沥青适用于沥青表面处治路面、沥青贯入式路面、冷拌沥青混合料路面及修补裂缝,喷洒透层、粘层与封层等。乳化沥青类型根据集料品种及使用条件选择。阳离子乳化沥青可适用于各种集料品种,阴离子乳化沥青适用于碱性石料。

(3)液化石油沥青适用于透层、粘层及拌制冷拌沥青混合料。根据使用目的与场所,可选用快凝、中凝、慢凝的液体石油沥青。

2. 粗集料

沥青混合料的粗集料应符合工程设计规定的级配范围。集料对沥青的黏附性,城市快速路、主干路应大于或等于4级;次干路及以下道路应大于或等于3级。集料具有一定的破碎面颗粒含量,具有1个破碎面宜大于90%,2个及以上的宜大于80%。粗集料的质量技术要求应符合表2-13的规定。

表2-13　　　　　　沥青混合料用粗集料质量技术要求

指标		单位	城市快速路、主干路		其他等级道路	试验方法
			表面层	其他层次		
石料压碎值	≤	%	26	28	30	T0316
洛杉矶磨耗损失	≤	%	28	30	35	T0317

续表

指标		单位	城市快速路、主干路		其他等级道路	试验方法
			表面层	其他层次		
表观相对密度	≥	—	2.60	2.5	2.45	T0304
吸水率	≤	%	2.0	3.0	3.0	T0304
坚固性	≤	%	12	12	—	T0314
针片状颗粒含量(混合料)	≤	%	15	18	20	T0312
其中粒径大于9.5mm	≤		12	15		
其中粒径小于9.5mm	≤		18	20		
水洗法<0.075mm颗粒含量	≤	%	1	1	1	T0310
软石含量	≤	%	3	5	5	T0320

注:1. 坚固性试验可根据需要进行。
 2. 用于城市快速路、主干路时,多孔玄武岩的视密度可放宽至 2.45t/m³,吸水率可放宽至3%,但必须得到建设单位的批准,且不得用于SMA路面。
 3. 对S14 即 3~5 规格的粗集料,针片状颗粒含量可不予要求,小于 0.075mm 含量可放宽到3%。

3. 细集料

细集料应洁净、干燥、无风化、无杂质,热拌密级配沥青混合料中天然砂的含量不宜超过集料总量的20%,SMA 和 OGFC 不宜使用天然砂。细集料质量要求应符合表 2-14 的规定。

表 2-14　　　　　　　细集料质量要求

项目	单位	城市快速路、主干路	其他等级道路	试验方法
表观相对密度	—	≥2.50	≥2.45	T0328
坚固性(>0.3mm 部分)	%	≥12		T0340
含泥量(小于 0.075mm 的含量)	%	≤3	≤5	T0333

续表

项目	单位	城市快速路、主干路	其他等级道路	试验方法
砂当量	%	≥60	≥50	T0334
亚甲蓝值	g/kg	≤25	—	T0346
棱角性(流动时间)	s	≥30	—	T0345

注：坚固性试验可根据需要进行。

4. 矿粉

矿粉应用石灰岩等憎水性石料磨制。城市快速路与主干路的沥青面层不宜采用粉煤灰做填料。当次干路及以下道路用粉煤灰作填料时，其用量不应超过填料总量50%，粉煤灰的烧失量应小于12%。沥青混合料用矿粉质量要求见表2-15。

表2-15　　　　　沥青混合料用矿粉质量要求

项目	单位	城市快速路、主干路	其他等级道路	试验方法
表观密度	t/m³	≥2.50	≥2.45	T0352
含水量	%	≥1	≥1	T0103 烘干法
粒度范围				
<0.6mm	%	100	100	T0351
<0.15mm	%	90~100	90~100	T0351
<0.075mm	%	75~100	70~100	T0351
外观	—	无团粒结块		—
亲水系数	—	<1		T0353
塑性指数	%	<4		T0354
加热安定性	—	实测记录		T0355

5. 纤维稳定剂

纤维稳定剂应在250℃条件下不变质，不宜使用石棉纤维。木质素纤维技术要求应符合表2-16的规定。

表 2-16　　　　　　　　　木质素纤维技术要求

项目	单位	指标	试验方法
纤维长度	mm	≤6	水溶液用显微镜观测
灰分含量	%	18±5	高温 590～600℃燃烧后测定残留物
pH值	—	7.5±1.0	水溶液用 pH 试纸或 pH 计测定
吸油率	—	≥纤维质量的 5 倍	用煤油浸泡后放在筛上经振敲后称量
含水率（以质量计）	%	≤5	105℃烘箱烘 2h 后的冷却称量

三、热拌沥青混合料主要类型

1. 普通沥青混合料

普通沥青混合料也称 AC 型沥青混合料，适用于城市次干路、辅路或人行道等场所。

2. 改性沥青混合料

改性沥青混合料是指掺加橡胶、树脂、高分子聚合物、磨细的橡胶粉或其他填料等外掺剂，使沥青或沥青混合料的性能得以改善制成的沥青混合料。改性沥青混合料具有非常好的高温抗车辙能力、低温抗变形性能和水稳定性，且构造深度大，抗滑性能好，耐老化性能及耐久性等路面性能都有较大提高。

3. 沥青玛琋脂碎石混合料

沥青玛琋脂碎石混合料（Stone Mastic Asphalt，简称 SMA）是一种以沥青、矿粉及纤维稳定剂组成的沥青玛琋脂结合料，填充于间断级配的矿料骨架中，所形成的混合料，是当前国内外使用较多的一种抗变形能力强，耐久性较好的沥青面层混合料。

经验之谈

热拌沥青混合料类型选择的原则

沥青面层可由单层或双层或三层沥青混合料组成,各层混合料的组成设计应根据其层厚和层位、气温和降雨量等气候条件、交通量和交通组成等因素,选用适当的最大粒径及级配类型,并遵循以下原则:

(1)应综合考虑满足耐久性、抗车辙、抗裂、抗水损害能力、抗滑性等多方面的要求,根据施工机械、工程造价等实际情况按规范规定选用合适的类型。

(2)沥青面层的集料最大粒径宜从上至下逐渐增大,中粒式及细粒式用于上层,粗粒式只能用于中下层。砂粒式仅适用于通行非机动车及行人的路面工程。

(3)表面层沥青混合料的集料最大粒径不宜超过层厚的1/2,中下面层的集料最大粒径不宜超过层厚的2/3。高速公路的硬路肩沥青面层宜采用Ⅰ型沥青混凝土作表层。热拌热铺沥青混合料路面应采用机械化连续施工,以确保路面铺筑质量。

▶复习思考题◀

一、填空题

1. 通用硅酸盐水泥是以_____和_____及规定的混合材料制成的水硬性胶凝材料。

2. 混凝土的各组成材料按一定比例搅拌而制得的_____混合材料称为混凝土拌合物。

3. 拌合物的_____是指拌合物因各组成材料分离而造成不均匀和失去连续性的现象。

4. 当使用改性沥青时,改性沥青的基质沥青应与改性剂有良好的_____。

5. _____是当前国内外使用较多的一种抗变形能力强,耐久性较好的沥青面层混合料。

二、判断题

1. 硅酸盐水泥的强度等级分为 42.5、42.5R、52.5、52.5R、62.5、62.5R 六个等级。（ ）

2. 潮湿环境中石灰浆体会产生凝结硬化。（ ）

3. 钢材是以铁为主要元素，含碳量一般在 5% 以下，并含有其他元素的材料。（ ）

4. 钢材的抗拉强度包括：屈服强度、极限抗拉强度、疲劳强度、焊接性能。（ ）

5. 城镇道路面层宜优先采用 A 级沥青，不宜使用煤沥青。（ ）

三、简答题

1. 什么是通用硅酸盐水泥？按其混合材料的品种和掺量可分为哪几种？
2. 如何判断不合格水泥？
3. 道路硅酸盐水泥具有哪些特点？
4. 混凝土拌合物具有哪些基本性能？
5. 拌合物泌水会带来什么样的后果？
6. 钢材的力学性能主要体现在哪几个方面？
7. 热拌沥青混合料类型选择的基本原则是什么？

第三章　市政工程识图

第一节　道路工程图识读

一、道路工程平面图

道路工程平面图是绘有道路中心线的地形图，相当于三视图中的俯视图。其作用是表达新建路线的地理方位、平面形状、沿线两侧一定范围内的地形地物情况和附属建筑物的平面位置等。

1. 图线要求

平面图中常用的图线应符合下列规定：

(1) 设计路线应采用加粗粗实线表示，比较线应采用加粗粗虚线表示。

(2) 道路中线应采用细点画线表示。

(3) 中央分隔带边缘线应采用细实线表示。

(4) 路基边缘线应采用粗实线表示。

(5) 导线、边坡线、护坡道边缘线、边沟线、切线、引出线、原有道路边线等，应采用细实线表示。

(6) 用地界线应采用中粗点画线表示。

(7) 规划红线应采用粗双点画线表示。

(8) 图中原有管线应采用细实线表示，设计管线应采用粗实线表示，规划管线应采用虚线表示。

(9) 边沟水流方向应采用单边箭头表示。

(10) 水泥混凝土路面的胀缝应采用两条细实线表示，假缝应采用细虚线表示,其余应采用细实线表示。

2. 标注要求

(1)里程桩号的标注应在道路中线上从路线起点至终点,按从小到大、从左到右的顺序排列。

(2)平曲线特殊点如第一缓和曲线起点、圆曲线起点、圆曲线中点、第二缓和曲线终点、第二缓和曲线起点、圆曲线终点的位置,宜在曲线内侧用引出线的形式表示,并应标注点的名称和桩号。

> 公里桩宜标注在路线前进方向的左侧,用符号"○"表示;百米桩宜标注在路线前进方向的右侧,用垂直于路线的短线表示。也可在路线的同一侧,均采用垂直于路线的短线表示公里桩和百米桩。

(3)在图纸的适当位置,应列表标注平曲线要素:交点编号、交点位置、圆曲线半径、缓和曲线长度、切线长度、曲线总长度、外距等。高等级公路应列出导线点坐标表。

(4)缩图(示意图)中的主要构造物可按图3-1标注。

(5)图中的文字说明除"注"外,宜采用引出线的形式标注(图3-2)。

图3-1 构造物的标注　　　　图3-2 文字的标注

二、道路工程断面图

(一)道路工程横断面图

道路工程横断面图是垂直于道路中心线剖切而得到的断面图,相当于三视图中的左视图。路线横断面图的主要作用是表达道路与地形、道路各个组成部分之间的横向布置关系。路线横断面图包括路基横断面图、城市道路横断面图和路面结构图。其中,路基横断面图是进行道路横断面放样、估算路基填挖方工程量的主要依据;城市道路横断面图反映了机动车道与非机动车道的横断面布置形式;而路面结构图则是表达路面结构组成情况的主要图样。

1. 路面结构图

(1)当路面结构类型单一时,可在横断面图上,用竖直引出线标注材料层次及厚度,如图 3-3(a)所示。

(2)当路面结构类型较多时,可按各路段不同的结构类型分别绘制,并标注材料图例(或名称)及厚度,如图 3-3(b)所示。

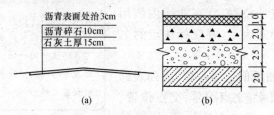

图 3-3 路面结构的标注
(a)标注材料图例;(b)标注厚度

2. 图样表示方法

(1)路面线、路肩线、边坡线、护坡线均应采用粗实线表示;路面厚度应采用中粗实线表示;原有地面线应采用细实线表示,设计或原有道路中线应采用细点画线表示(图 3-4)。

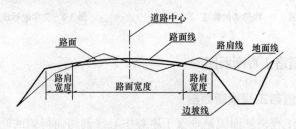

图 3-4 横断面图

(2)当道路分期修建、改建时,应在同一张图纸中示出规划、设计、原有道路横断面,并注明各道路中线之间的位置关系。规划道路中线应采用细双点画线表示。规划红线应采用粗双点画线表示。在设计横断面图上,应注明路侧方向(图3-5)。

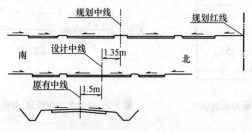

图 3-5 不同设计阶段横断面

(3)在路拱曲线大样图的垂直和水平方向上,应按不同比例绘制(图3-6)。

(4)当采用徒手绘制实物外形时,其轮廓应与实物外形相近。当采用计算机绘制此类实物时,可用数条间距相等的细实线组成与实物外形相近的图样(图3-7)。

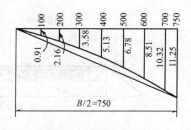

图 3-6 路拱曲线大样

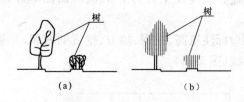

图 3-7 实物外形的绘制
(a)徒手绘制;(b)计算机绘制

(5)在同一张图纸上的路基横断面,应按桩号的顺序排列,并从图纸的左下方开始,先由下向上,再由左向右排列(图3-8)。

3. 图样标注

(1)横断面图中,管涵、管线的高程应根据设计要求标注。管涵、管线横断面应采用相应图例(图3-9)。

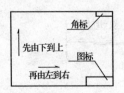

图3-8 横断面的排列顺序

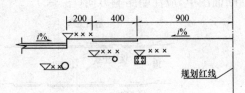

图3-9 横断面图中管涵、管线的标注

(2)道路的超高、加宽应在横断面图中示出(图3-10)。

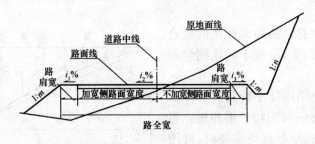

图3-10 道路超高、加宽的标注

(3)用于施工放样及土方计算的横断面图应在图样下方标注桩号。

图样右侧应标注填高、挖深、填方、挖方的面积,并采用中粗点画线示出征地界线(图3-11)。

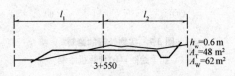

图3-11 横断面图中填挖方的标注

(4)当防护工程设施标注材料名称时,可不画材料图例,其断面阴影线可省略(图3-12)。

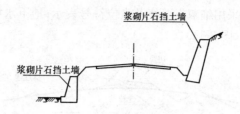

图 3-12　防护工程设施的标注

(二)道路工程纵断面图

道路工程纵断面图是顺着道路中心线剖切得到的展开断面图,相当于三视图中的主视图。其作用是表达路线的竖向形状、地面起伏、地质及沿线建筑物的概况等。

1. 图样表示方法

(1)纵断面图的图样应布置在图幅上部。测设数据应采用表格形式布置在图幅下部。高程标尺应布置在测设数据表的上方左侧(图 3-13)。

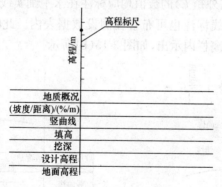

图 3-13　纵断面图的布置

测设数据表宜按图 3-13 的顺序排列。表格可根据不同设计阶段和不同道路等级的要求而增减。纵断面图中的距离与高程宜按不同比例绘制。

(2)道路设计线应采用粗实线表示;原地面线应采用细实线表示;

地下水位线应采用细双点画线及水位符号表示；地下水位测点可仅用水位符号表示(图3-14)。

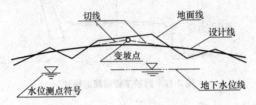

图3-14　道路设计线、原地面线、地下水位线的标注

(3)当路线坡度发生变化时,变坡点应用直径为2mm中粗线圆圈表示；切线应采用细虚线表示；竖曲线应采用粗实线表示。标注竖曲线的竖直细实线应对准变坡点所在桩号,线左侧标注桩号；线右侧标注变坡点高程。水平细实线两端应对准竖曲线的始、终点。两端的短竖直细实线在水平线之上为凹曲线；反之为凸曲线。竖曲线要素(半径R、切线长T、外矩E)的数值均应标注在水平细实线上方,如图3-15(a)所示。竖曲线标注也可布置在测设数据表内。此时,变坡点的位置应在坡度、距离栏内示出,如图3-15(b)所示。

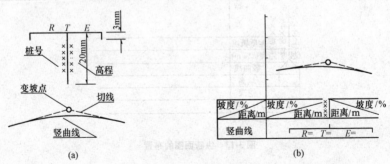

图3-15　竖曲线的标注
(a)标注在水平细实线上方；(b)标注在测设数据表内

(4)在测设数据表中的平曲线栏中,道路左、右转弯应分别用凹、凸折线表示。当不设缓和曲线段时,按图3-16(a)标注；当设缓和曲线

段时,按图3-16(b)标注。在曲线的一侧标注交点编号、桩号、偏角、半径、曲线长。

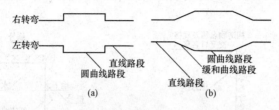

图 3-16 平曲线的标注
(a)不设缓和曲线时平曲线标注;(b)设缓和曲线时平曲线标注

2. 图例与标注

(1)当路线短链时,道路设计线应在相应桩号处断开,并按图3-17(a)标注。路线局部改线而发生长链时,利用已绘制的纵断面图,当高差较大时,宜按图3-17(b)标注;当高差较小时,宜按图3-17(c)标注。长链较长而不能利用原纵断面图时,应另绘制长链部分的纵断面图。

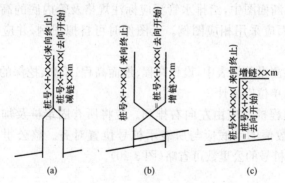

图 3-17 断链的标注
(a)路线短链;(b)高差较大;(c)高差较小

(2)道路沿线的构造物、交叉口,可在道路设计线的上方,用竖直引出线标注。竖直引出线应对准构造物或交叉口中心位置。线左侧标注桩号,水平线上方标注构造物名称、规格、交叉口名称(图3-18)。

(3)水准点宜按图 3-19 标注。竖直引出线应对准水准点桩号,线左侧标注桩号,水平线上方标注编号及高程;线下方标注水准点的位置。

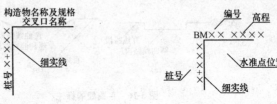

图 3-18 沿线构造物及交叉口标注　　图 3-19 水准点的标注

(4)在纵断面图中可根据需要绘制地质柱状图,并示出岩土图例或代号。各地层高程应与高程标尺对应。

探坑应按宽为 0.5cm、深为 1∶100 的比例绘制,在图样上标注高程及土壤类别图例。钻孔可按宽 0.2cm 绘制,仅标注编号及深度,深度过长时可采用折断线示出。

(5)纵断面图中,给排水管涵应标注规格及管内底的高程。地下管线横断面应采用相应图例。无图例时可自拟图例,并应在图纸中说明。

(6)在测设数据表中,设计高程、地面高程、填高、挖深的数值应对准其桩号,单位以米计。

(7)里程桩号应由左向右排列。应将所有固定桩及加桩桩号示出。桩号数值的字底应与所表示桩号位置对齐。整公里桩应标注"K",其余桩号的公里数可省略(图 3-20)。

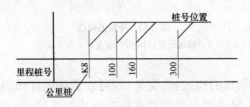

图 3-20 里程桩号的标注

三、道路交叉口工程图

道路交叉口是道路系统中的重要组成部分。道路交叉口根据交叉点的高度不同可以分为平面交叉口和立体交叉口两大类型。道路交叉口工程图是反映交叉口的交通状况、构造和排水设计的工程图样。因交叉口情况复杂,所以道路交叉口工程图一般除平、纵、横三个图样以外,还包括竖向设计图、交通组织图和鸟瞰图等。

1. 图样表示方法

(1)当交叉口改建(新旧道路衔接)及旧路面加铺新路面材料时,可采用图例表示不同贴补厚度及不同路面结构的范围(图 3-21)。

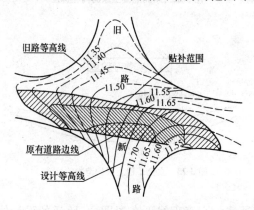

图 3-21 新旧路面的衔接

(2)水泥混凝土路面的设计高程数值应标注在板角处,并加注括号。在同一张图纸中,当设计高程的整数部分相同时,可省略整数部分,但应在图中说明(图 3-22)。

(3)在立交工程纵断面图中,机动车与非机动车的道路设计线均应采用粗实线绘制,其测设数据可在测设数据表中分别列出。

(4)在立交工程纵断面图中,上层构造物宜采用图例表示,并示出其底部高程,图例的长度为上层构造物底部全宽(图 3-23)。

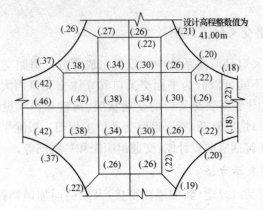

图 3-22 水泥混凝土路面高程标注

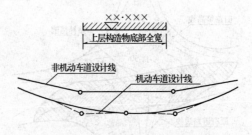

图 3-23 立交工程上层构造物的标注

(5)在互通式立交工程线形布置图中,匝道的设计线应采用粗实线表示,干道的道路中线应采用细点画线表示(图 3-24)。图中的交点、圆曲线半径、控制点位置、平曲线要素及匝道长度均应列表示出。

(6)在互通式立交工程纵断面图中,匝道端部的位置、桩号应采用竖直引出线标注,并在图中适当位置用中粗实线绘制线形示意图和标注各段的代号(图 3-25)。

(7)在简单立交工程纵断面图中,应标注低位道路的设计高程;其所在桩号用引出线标注。

当构造物中心与道路变坡点在同一桩号时,构造物应采用引出线标注(图 3-26)。

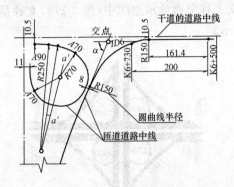

图 3-24 立交工程线形布置图

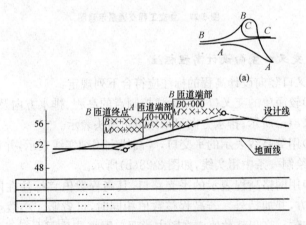

图 3-25 互通立交纵断面图匝道及线形示意

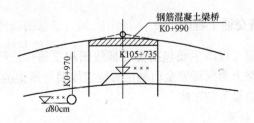

图 3-26 简单立交中低位道路及构造物标注

（8）在立交工程交通量示意图中（图3-27），交通量的流向应采用涂黑的箭头表示。

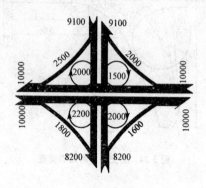

图3-27　立交工程交通量示意图

2. 交叉口竖向设计高程标注

交叉口竖向设计高程的标注应符合下列规定：

（1）较简单的交叉口可仅标注控制点的高程、排水方向及其坡度，如图3-28(a)所示；排水方向可采用单边箭头表示。

（2）用等高线表示的平交口，等高线宜用细实线表示，并每隔四条细实线绘制一条中粗实线，如图3-28(b)所示。

（3）用网格高程表示的平交路口，其高程数值宜标注在网格交点的右上方，并加括号。若高程整数值相同时，可省略。小数点前可不加"0"定位。高程整数值应在图中说明。网格应采用平行于设计道路中线的细实线绘制，如图3-28(c)所示。

四、道路交通工程图

道路交通工程图主要包括交通标线图和交通标志图。交通标线图是表达道路上为保证安全而制定的特定线型与图集的图样，是表达道路两侧标志设备的图样。

1. 交通标志

（1）交通岛应采用实线绘制。转角处应采用斑马线表示（图3-29）。

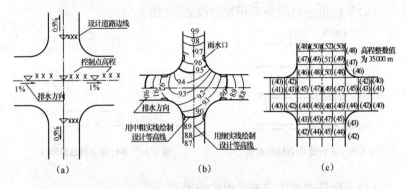

图 3-28 竖向设计高程的标注
(a)较简单的交叉口;(b)用等高线表示的平交口;(c)用网格高程表示的平交路口

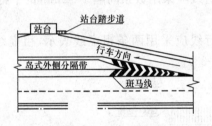

图 3-29 交通岛标志

(2)在路线或交叉口平面图中应表示出交通标志的位置。标志宜采用细实线绘制。标志的图号、图名,应采用现行的国家标准《道路交通标志和标线》(GB 5768)规定的图号、图名。

2. 交通标线

(1)交通标线应采用线宽为 1~2mm 的虚线或实线表示。

(2)车行道中心线的绘制应符合下列规定,其中 l 值可按制图比例取用。中心虚线应采用粗虚线绘制;中心单实线应采用粗实线绘制;中心双实线应采用两条平行的粗实线绘制,两线间净距为 1.5~2mm;中心虚、实线应采用一条粗实线和一条粗虚线绘制,两线间净距为 1.5~2mm(图 3-30)。

(3)车行道分界线应采用粗虚线表示(图 3-31)。

图 3-30 车行道中心线的画法

图 3-31 车行道分界线的画法

(4)车行道边缘线应采用粗实线表示。

(5)停止线应起于车行道中心线,止于路缘石边线(图 3-32)。

(6)人行横道线应采用数条间隔 1~2mm 的平行细实线表示(图 3-32)。

(7)减速让行线应采用两条粗虚线表示,粗虚线间净距宜采用 1.5~2mm(图 3-33)。

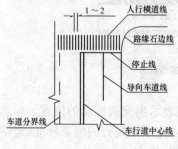

图 3-32 停止线位置

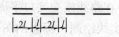

图 3-33 减速让行线的画法

(8)导流线应采用斑马线绘制。斑马线的线宽及间距宜采用 2~4mm。斑马线的图案,可采用平行式或折线式(图 3-34)。

(9)停车位标线应由中线与边线组成。中线采用一条粗虚线表示,边线采用两条粗虚线表示。中、边线倾斜的角度 α 值可按设计需要采用(图 3-35)。

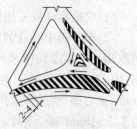

图 3-34 导流线的斑马线

(10)出口标线应采用指向匝道的黑粗双边箭头表示,如图 3-36(a)所示。入口标线应采用指向主干道的黑粗双边箭头表示,如图 3-36(b)所示。斑马线拐角尖的方向应与双边箭头的方向相反。

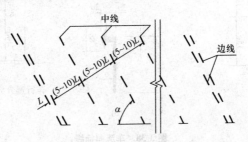

图 3-35 停车位标线

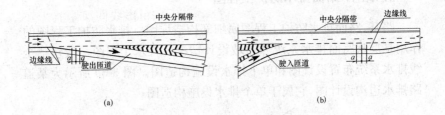

图 3-36 匝道出口、入口标线

(a)出口标线;(b)入口标线

(11)港式停靠站标线应由数条斑马线组成(图 3-37)。

图 3-37 港式停靠站

(12)车流向标线应采用黑粗双边箭头表示(图 3-38)。

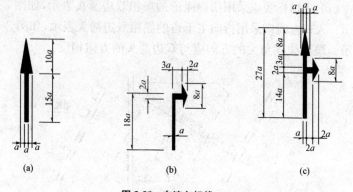

图 3-38 车流向标线
(a)直行线;(b)右转线;(c)直行加右转线

五、路基、路面排水防护工程图

路基、路面排水防护工程图属细部构造详图。排水防护工程图的作用是反映路面排水系统和边坡设计情况。排水工程图一般包括全线排水系统布置设计图和单个排水设施构造图。图 3-39 所示为某道路排水边沟设计图,它属于单个排水设施构造图。

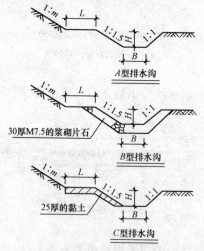

图 3-39 某道路排水边沟设计图

第二节 市政桥涵工程图识读

一、桥涵结构图

1. 砖石、混凝土结构

(1)砖石、混凝土结构图中的材料标注,可在图形中适当位置,用图例表示(图3-40)。

(2)边坡和锥坡的长短线引出端,应为边坡和锥坡的高端。坡度用比例标注,其标注应符合相关的规定(图3-41)。

> 当材料图例不便绘制时,可采用引出线标注材料名称及配合比。

(3)当绘制构造物的曲面时,可采用疏密不等的影线表示(图3-42)。

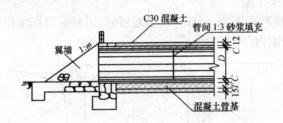

图3-40 砖石、混凝土结构的材料标注

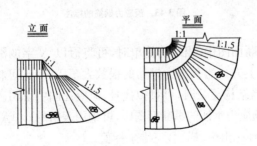

图3-41 边坡和锥坡的标注

2. 预应力混凝土结构

(1)预应力钢筋应采用粗实线或2mm直径以上的黑圆点表示。图形轮廓线应采用细实线表示。当预应力钢筋与普通钢筋在同一视图中出现时,普通钢筋应采用中粗实线表示。一般构造图中的图形轮廓线应采用中粗实线表示。

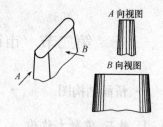

图 3-42 曲面的影线表示法

(2)在预应力钢筋布置图中,应标注预应力钢筋的数量、型号、长度、间距、编号。编号应以阿拉伯数字表示。编号格式应符合下列规定:

1)在横断面图中,宜将编号标注在与预应力钢筋断面对应的方格内[图 3-43(a)]。

2)在横断面图中,当标注位置足够时,可将编号标注在直径为4～8mm 的圆圈内[图 3-43(b)]。

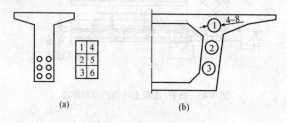

图 3-43 预应力钢筋的标注

3)在纵断面图中,当结构简单时,可将冠以 N 字的编号标注在预应力钢筋的上方。当预应力钢筋的根数大于 1 时,也可将数量标注在 N 字之前;当结构复杂时,可自拟代号,但应在图中说明。

(3)在预应力钢筋的纵断面图中,可采用表格的形式,以每隔 0.5～1mm 的间距,标出纵、横、竖三维坐标值。

(4)预应力钢筋在图中的几种表示方法应符合下列规定:

1)预应力钢筋的管道断面:○

2)预应力钢筋的锚固断面：⊕

3)预应力钢筋断面：＋

4)预应力钢筋的锚固侧面：⊢

5)预应力钢筋连接器的侧面：⇥⇤

预应力钢筋连接器断面：⊙

(5)对弯起的预应力钢筋应列表或直接在预应力钢筋大样图中标出弯起角度、弯曲半径切点的坐标(包括纵弯或既纵弯又平弯的钢筋)及预留的张拉长度(图3-44)。

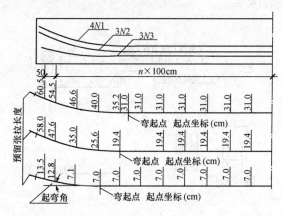

图3-44 预应力钢筋大样

3. 钢筋混凝土结构

(1)钢筋构造图应置于一般构造之后。当结构外形简单时,二者可绘于同一视图中。

(2)在一般构造图中,外轮廓线应以粗实线表示,钢筋构造图中的轮廓线应以细实线表示。钢筋应以粗实线的单线条或实心黑圆点表示。

(3)在钢筋构造图中,各种钢筋应标注数量、直径、长度、间距、编号,其编号应采用阿拉伯数字表示。

钢筋编号格式

当钢筋编号时,宜先编主、次部位的主筋,后编主、次部位的构造筋。编号格式应符合下列规定:

1)编号宜标注在引出线右侧的圆圈内,圆圈的直径为 4~8mm,如图 3-45(a)所示。

2)编号可标注在与钢筋断面图对应的方格内,如图 3-45(b)所示。

3)可将冠以 N 字的编号,标注在钢筋的侧面,根数标注在 N 字之前,如图 3-45(c)所示。

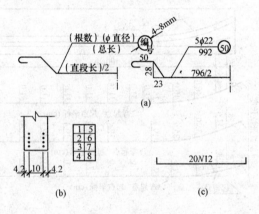

图 3-45 钢筋的标注

(4)钢筋大样应布置在钢筋构造图的同一张图纸上。钢筋大样的编号宜按图 3-45 标注。当钢筋加工形状简单时,也可将钢筋大样绘制在钢筋明细表内。

(5)钢筋末端的标准弯钩可分为 90°、135°、180°三种(图 3-46)。当采用标准弯钩时(标准弯钩即最小弯钩),钢筋直段长的标注可直接注于钢筋的侧面(图 3-45)。

(6)当钢筋直径大于 10mm 时,应修正钢筋的弯折长度。45°、90°的弯折修正值可按《道路工程制图标准》(GB 50162—1992)附录二采用。除标准弯折外,其他角度的弯折应在图中画出大样,并示出切线与圆弧的差值。

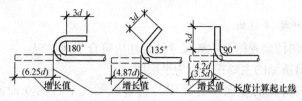

图 3-46 标准弯钩

(注:图中括号内数值为圆钢的增长值。)

(7)焊接的钢筋骨架可按图 3-47 标注。

(8)箍筋大样可不绘出弯钩[图 3-48(a)],当为扭转或抗震箍筋时,应在大样图的右上角,增绘两条倾斜 45°的斜短线[图 3-48(b)]。

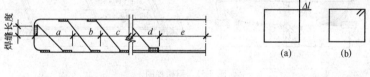

图 3-47 焊接钢筋骨架的标注　　　　图 3-48 箍筋大样

(9)在钢筋构造图中,当有指向阅图者弯折的钢筋时,应采用黑圆点表示;当有背向阅图者弯折的钢筋时,应采用"×"表示(图 3-49)。

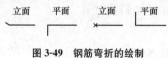

图 3-49 钢筋弯折的绘制

(10)当钢筋的规格、形状、间距完全相同时,可仅用两根钢筋表示,但应将钢筋的布置范围及钢筋的数量、直径、间距示出(图 3-50)。

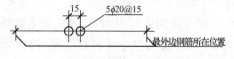

图 3-50 钢筋的简化标注

二、桥涵视图

1. 斜桥涵视图

(1)斜桥涵视图及主要尺寸的标注应符合下列规定：

1)斜桥涵的主要视图应为平面图。

2)斜桥涵的立面图宜采用与斜桥纵轴线平行的立面或纵断面表示。

3)各墩台里程桩号、桥涵跨径、耳墙长度均采用立面图中的斜投影尺寸,但墩台的宽度仍应采用正投影尺寸。

4)斜桥倾斜角 α,应采用斜桥平面纵轴线的法线与墩台平面支承轴线的夹角标注(图 3-51)。

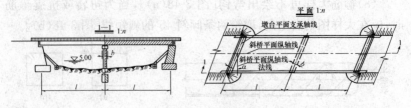

图 3-51 斜桥视图

(2)当绘制斜板桥的钢筋构造图时,可按需要的方向剖切。当倾斜角较大而使图面难以布置时,可按缩小后的倾斜角值绘制,但在计算尺寸时,仍应按实际的倾斜角计算。

2. 弯桥视图

(1)弯桥视图应符合下列规定：

1)当全桥在曲线范围内时,应以通过桥长中点的平曲线半径为对称线;立面或纵断面应垂直对称线,并以桥面中心线展开后进行绘制(图 3-52)。

2)当全桥仅一部分在曲线范围内时,其立面或纵断面应平行于平面图中的直线部分,并以桥面中心线展开绘制,展开后的桥墩或桥台间距应为跨径的长度。

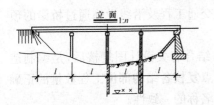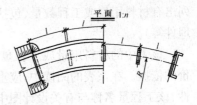

图 3-52 弯桥视图

3)在平面图中,应标注墩台中心线间的曲线或折线长度、平曲线半径及曲线坐标。曲线坐标可列表示出。

4)在立面和纵断面图中,可略去曲线超高投影线的绘制。

(2)弯桥横断面宜在展开后的立面图中切取,并应表示超高坡度。

3. 坡桥视图

(1)在坡桥立面图的桥面上应标注坡度。墩台顶、桥面等处,均应注明标高。竖曲线上的桥梁亦属坡桥,除应按坡桥标注外,还应标出竖曲线坐标表。

(2)斜坡桥的桥面四角标高值应在平面图中标注;立面图中可不标注桥面四角的标高。

三、桥涵工程施工图识读

1. 设计说明识读

阅读桥梁工程施工图应首先阅读设计说明,其目的在于:

(1)通过对设计说明的阅读,弄清桥(涵)的设计依据、设计标准、技术指标、桥(涵)位置处的自然、地理、气候、水文、地质等情况。

(2)通过对设计说明的阅读,了解桥(涵)的总体布置,采用的结构形式,所用的材料,施工方法、施工工艺的特定要求等。

2. 工程数量表识读

在特大、大桥及中桥的设计图纸中,列有工程数量表,在表中列有该桥的中心桩号、河流或桥名、交角、孔数和孔径、长度、结构类型、采用标准图时采用的标准图编号等;并分别按桥面系、上部、下部、基础列出有材料用量或工程数量(包括交通工程及沿线设施通过桥梁的预埋件等)。

该表中的材料用量或工程量,结合有关设计图复核后,是编制造价的依据。在该表的阅读中,应重点复核各结构部位工程数量的正确性、该工程量名称与有关设计图中名称的一致性。

3. 桥位平面图与桥型布置图识读

对于特大、大桥及复杂中桥应绘制桥位平面图,在该图中示出了地形,桥梁位置、里程桩号、直线或平曲线要素,桥长、桥宽,墩台形式、位置和尺寸,锥坡、调治构造物布置等。通过对桥位平面图的阅读,应对图示桥梁有一个较深的总体概念。

由于桥梁的结构形式很多,因此,通常要按照设计所取的结构形式,绘出桥型布置图。该图在一张图纸上绘有桥的立面(或纵断面)、平面、横断面;并在图中示出了河床断面、地质分界线、钻孔位置及编号、特征水位、冲刷深度、墩台高度及基础埋置深度、桥面纵坡以及各部尺寸和高程;弯桥或斜桥还示出有桥轴线半径、水流方向和斜交角;特大、大桥,该图中的下部各栏中还列出有里程桩号、设计高程、坡度、坡长、竖曲线要素、平曲线要素等。阅读桥型布置图时,要重点读懂和弄清桥梁的结构形式、组成、结构细部组成情况、工程量的计算情况等。

4. 桥梁细部设计图识读

在桥梁上部结构、下部结构、基础及桥面系等细部结构设计图中,详细绘制出了各细部结构的组成、构造并标示了尺寸等;如果是采用的标准图来作为细部结构的设计图,则在图册中对其细部结构可能没有一一绘制,但在桥型布置图中一定会注明标准图的名称及编号。在阅读和熟悉这部分图纸时,重点应读懂并弄清其结构的细部组成、构造、结构尺寸和工程量;并复核各相关图纸之间细部组成、构造、结构尺寸和工程量的一致性。

5. 调治构造物设计图识读

如果桥梁工程中布置有调治构造物,如导流堤、护岸等构造物,则在其设计图册中应绘制有平面布置图、立面图、横断面图等。在读图中应重点读懂并弄清调治构造物的布置情况、结构细部组成情况及工程量计算情况等。

6. 小桥、涵洞设计图识读

小桥、涵洞的设计图册中,通常有布置图、结构设计图和小桥、涵洞工程数量表、过水路面设计图和工程数量表等。

在小桥布置图中,绘出了立面(或纵断面)、平面、横断面、河床断面,标明了水位、地质概况、各部尺寸、高程和里程等。

在涵洞布置图中,绘出了设计涵洞处原地面线及涵洞纵向布置,斜涵尚绘制有平面和进出口的立面情况、地基土质情况、各部尺寸和高程等。

对结构设计图,采用标准图的,则可能未绘制结构设计图,但在平面布置图中则注明有标准图的名称及编号;进行特殊设计的,则绘制有结构设计图;对交通工程及沿线设施所需要的预埋件、预留孔及其位置等,在结构设计图中也予以标明。

图册中应列有小桥或涵洞工程数量表,在表中列有小桥或涵洞的中心桩号、交角(若为斜交)、孔数和孔径、桥长或涵长、结构类型;涵洞的进出口形式,小桥的墩台、基础形式;工程及材料数量等。

对设计有过水路面的,在设计图册中则有过水路面设计图和工程数量表。在过水路面设计图中,绘制有立面(或纵断面)、平面、横断面设计图;在工程数量表中,列出有起讫桩号、长度、宽度、结构类型、说明、采用标准图编号、工程及材料数量等。

在对小桥、涵洞设计图进行阅读和理解的过程中,应重点读懂并熟悉小桥、涵洞的特定布置、结构细部、材料或工程数量、施工要求等。

第三节 排水工程图识读

一、给排水工程图分类

1. 室外管道及附属设备图

管网总平面布置图是指为详细描述一个市区或一个厂(校)区或

一条街道的给水排水管道的布置情况,需要在该区的总平面图上画出各种管道的平面布置及其与区域性的给水排水管网、设施的连接等情况。有时为了表示管道的敷设深度还配以管道的纵剖面图等。管道的附属设备图是指管道上的阀门井、水表井、管道穿墙、排水管相交处的检查井等构造详图。

2. 室内给水排水工程图

室内给水排水工程图主要包括给水和排水工程平面图,给水排水工程系统图,设备安装详图和其他详图。室内给水、排水管道平面布置图主要是表明室内给水排水设备和给水、排水、热水等管道的平面布置图样。为了说明管道空间联系情况和相对位置,通常还把室内管网画成轴测图。它与平面布置图一起是室内给水排水工程图的重要图样。

3. 水处理工艺设备图

水处理工艺设备图主要包括水厂、污水处理厂等各种水处理的构筑物(如澄清池、过滤池等)的全套施工图。另外,还包括各种水处理设备构筑物,如沉淀池、过滤池、曝气池、消化池等全套图样。

二、给水管道工程施工图识读

给水管道工程施工图的识读是保证工程施工质量的前提,一般给水管道施工图包括平面图、纵剖面图、大样图和节点详图四种。

1. 平面图

管道平面图主要表现的是管道在平面上的相对位置以及管道敷设地带一定范围内的地形、地物和地貌情况,如图3-53所示。识读时应注意以下内容:

(1)图纸比例、说明和图例。

(2)管道施工地带道路的宽度、长度、中心线坐标、折点坐标及路面上的障碍物情况。

(3)管道的管径、长度、节点号、桩号、转弯处坐标、中心线的方位角、管道与道路中心线或永久性地物间的相对距离以及管道穿越障碍

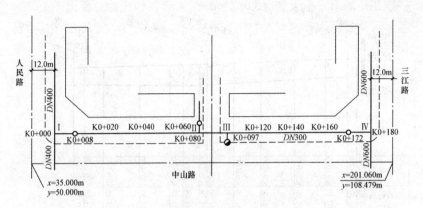

图 3-53 管道平面图

物的坐标等。

(4) 与本管道相交、相近或平行的其他管道的位置及相互关系。

(5) 附属构筑物的平面位置。

(6) 主要材料明细表。

2. 纵剖面图

纵剖面图主要表现管道的埋设情况,如图 3-54 所示。识读时应注意以下内容:

(1) 图纸横向比例、纵向比例、说明和图例。

(2) 管道沿线的原地面标高和设计地面标高。

(3) 管道的管中心标高和埋设深度。

(4) 管道的敷设坡度、水平距离和桩号。

(5) 管径、管材和基础。

(6) 附属构筑物的位置、其他管线的位置及交叉处的管底标高。

(7) 施工地段名称。

3. 大样图

大样图主要是指阀门井、消火栓井、排气阀井、泄水井、支墩等的施工详图,一般由平面图和剖面图组成。如图 3-55 所示为泄水阀井大样图。识读时应注意以下内容:

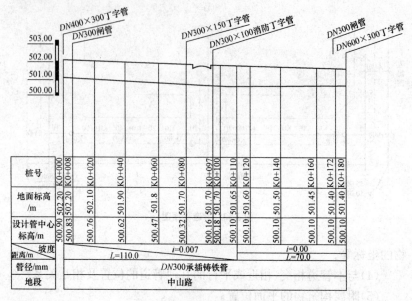

图 3-54 纵剖面图

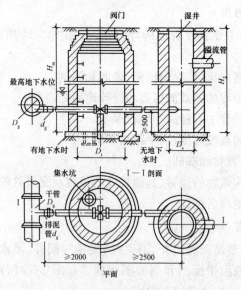

图 3-55 泄水阀井

(1)图纸比例、说明和图例。
(2)井的平面尺寸、竖向尺寸、井壁厚度。
(3)井的组砌材料、强度等级、基础做法、井盖材料及大小。
(4)管件的名称、规格、数量及其连接方式。
(5)管道穿越井壁的位置及穿越处的构造。
(6)支墩的大小、形状及组砌材料。

4. 节点详图

节点详图主要表现管网节点处各管件间的组合、连接情况,以保证管件组合经济合理、水流通畅,如图3-56所示。识读时应注意以下内容:

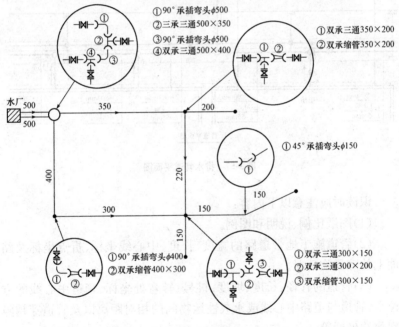

图3-56 节点详图

(1)管网节点处所需的各种管件的名称、规格、数量。
(2)管件间的连接方式。

三、排水管道工程施工图识读

排水管道工程施工图识读是保证工程施工质量的前提，一般排水管道施工图包括平面图、纵剖面图、大样图三种。

1. 平面图

管道平面图主要表现的是管道在平面上的相对位置以及管道敷设地带一定范围内的地形、地物和地貌情况，如图3-57所示。

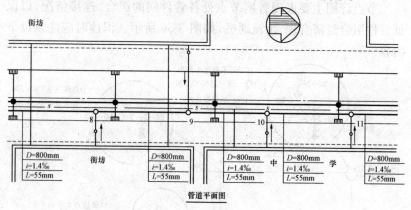

图3-57 排水管道平面图

识读时应注意以下内容：

（1）图纸比例、说明和图例。

（2）管道施工地带道路的宽度、长度、中心线坐标、折点坐标及路面上的障碍物情况。

（3）管道的管径、长度、坡度、桩号、转弯处坐标、管道中心线的方位角、管道与道路中心线或永久性地物间的相对距离以及管道穿越障碍物的坐标等。

（4）与本管道相交、相近或平行的其他管道的位置及相互关系。

（5）附属构筑物的平面位置。

（6）主要材料明细表。

2. 纵剖面图

纵剖面图主要表现管道的埋设情况,如图 3-58 所示。识读时应注意以下内容:

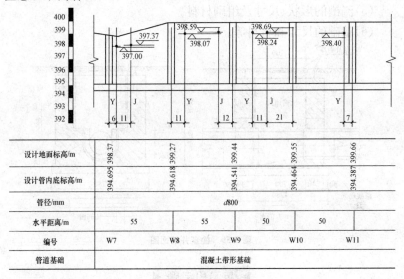

图 3-58 管道纵剖面图

(1)图纸横向比例、纵向比例、说明和图例。
(2)管道沿线的原地面标高和设计地面标高。
(3)管道的管内底标高和埋设深度。
(4)管道的敷设坡度、水平距离和桩号。
(5)管径、管材和基础。
(6)附属构筑物的位置、其他管线的位置及交叉处的管内底标高。
(7)施工地段名称。

3. 大样图

大样图主要是指检查井、雨水口、倒虹管等的施工详图,一般由平面图和剖面图组成。图 3-59 所示为某砖砌矩形检查井的剖面图(平面图略)。识读时应注意以下内容:

(1)图纸比例、说明和图例。

(2)井的平面尺寸、竖向尺寸、井壁厚度。
(3)井的组砌材料、强度等级、基础做法、井盖材料及大小。
(4)管道穿越井壁的位置及穿越处的构造。
(5)流槽的形状、尺寸及组砌材料。
(6)基础的尺寸和材料等。

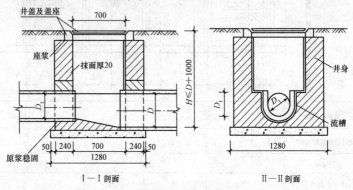

图 3-59 检查井剖面图

◆复习思考题◆

一、填空题

1. 水泥混凝土路面的胀缝应采用_____表示,假缝应采用细虚线表示,其余应采用细实线表示。

2. 在图纸的适当位置,应列表标注平曲线要素,高等级公路应列出_____。

3. 当路面结构类型较多时,可按各路段不同的_____分别绘制,并标注材料图例(或名称)及厚度。

4. 道路交叉口根据交叉点的高度不同可以分为_____、_____两大类型。

二、判断题

1. 在路拱曲线大样图的垂直和水平方向上,应按不同比例绘制。
(   )

2. 在互通式立交工程线形布置图中,匝道的设计线应采用细实线

表示。（　　）

3. 钢筋构造图应置于一般构造之后。即使结构外形简单，二者也不可绘于同一视图中。（　　）

4. 当全桥仅一部分在曲线范围内时，其立面或纵断面应平行于平面图中的直线部分。（　　）

三、简答题

1. 绘制道路工程平面图有何作用？
2. 道路工程图样表示方法有哪些？
3. 道路交通工程图主要包括哪些？
4. 预应力钢筋在图中有哪几种表示方法？
5. 给水管道纵剖面图主要表现管道的埋设情况，识读时应注意哪些问题？

第四章 市政工程计价基础

第一节 市政工程定额

一、市政工程定额的概念

定额就是规定的额度或限额,是一种标准。它反映的是在一定的社会生产力发展水平的条件下,完成工程产品与各种生产消耗之间特定的数量关系。

市政工程定额是指在正常施工条件下,以及在合理的劳动组织、合理地使用材料和机械的条件下,完成单位合格产品所必需消耗的各种资源的数量标准,是生产建设产品消耗资源的限额规定。实行定额的最终目的,是为了在建筑安装活动中,力求用最少的人力、物力和财力,生产出更多、更符合社会需要的产品,即取得最好的经济效果。

> **知识链接**
>
> **市政工程定额的作用**
> (1)定额是国家对工程建设进行宏观调控和管理的手段。
> (2)定额具有节约社会劳动和提高劳动生产效率的作用。
> (3)定额有利于建筑市场公平竞争。
> (4)定额是完成规定计量单位分项工程计价所需的人工、材料、机械台班的消耗量标准。
> (5)定额是编制施工图预算、招标控制价(标底)、投标报价的依据。
> (6)定额有利于完善信息系统。

二、市政工程施工定额

施工定额是以同一性质的施工过程或工序为测定对象,确定建筑安装工人在正常施工条件下,为完成单位合格产品所需劳动、机械、材料、消耗的数量标准。市政工程施工定额是施工企业直接用于市政工程施工管理的一种定额,由劳动定额、材料消耗定额和机械台班定额三部分组成。

施工定额是市政工程施工企业进行科学管理的基础。其作用体现在以下几点:

(1)施工定额是施工企业编制施工预算,进行工料分析和"两算对比"的基础。

(2)施工定额是编制施工组织设计、施工企业设计和确定人工、材料及机械台班需要量计划的基础。

(3)施工定额是施工企业向工作班(组)签发任务单、限额领料的依据。

(4)施工定额是组织工人班(组)开展劳动竞赛、实行内部经济核算、承发包、计取劳动报酬和奖励工作的依据。

(5)施工定额是编制预算定额和企业补充定额的基础。

三、市政工程预算定额

(一)市政工程预算定额的概念

预算定额是确定一定计量单位的分项工程或结构构件所必需的人工(工日)、材料、机械(台班)以及资金合理消耗的量、价合一的计价标准。

预算定额是市政工程建设中一项重要的技术经济文件,它的各项指标反映了完成单位分项工程消耗的活劳动和物化劳动的数量限额,这种限额最终决定着单位工程的成本和造价。

> **知识链接**
>
> **目前使用的市政工程预算定额**
>
> 　　市政工程预算定额主要有全国统一使用的市政工程预算定额,如《全国统一市政工程预算定额》,也有各省、直辖市、自治区地方市政工程预算定额,如《上海市市政工程预算定额》。

(二)市政工程预算定额的作用

(1)预算定额是编制单位估价表和施工图预算,合理确定工程造价的基本依据。

(2)预算定额是国家对基本建设进行计划管理和认真贯彻执行"厉行节约"方针的重要工具之一。

(3)预算定额是市政工程竣工决算的依据。

(4)预算定额是市政工程施工企业进行经济核算与编制施工作业计划的依据。

(5)预算定额是编制概算定额与概算指标的基础资料。

(6)预算定额是编制招标标底(招标控制价)、投标报价的依据。

(7)预算定额是编制施工组织设计的依据。

(三)市政工程预算定额的内容

现行市政工程预算定额是《全国统一市政工程预算定额》,由原建设部组织修订,自1991年10月1日起实行。《全国统一市政工程预算定额》,共一至八册,即GYD—301—1999～GYD—308—1999。为适应城市地铁工程建设的需要,组织制定了《全国统一市政工程预算定额》第九册《地铁工程》(GYD—309—2001),自2001年12月5日施行。

《全国统一市政工程预算定额》共有九册及附录组成。

第一册《通用项目》

第二册《道路工程》

第三册《桥涵工程》

第四册《隧道工程》
第五册《给水工程》
第六册《排水工程》
第七册《燃气与集中供热工程》
第八册《路灯工程》
第九册《地铁工程》

《全国统一市政工程预算定额》每个分册中一般由目录、总说明、分部工程说明和分项工程说明、工程量计算规则、分项工程定额表和有关附录等组成。

1. 总说明

总说明是综合说明编制预算定额的指导思想、原则、依据、适用范围和作用,以及定额有关问题的说明和使用方法。

总说明主要说明以下几个方面:

(1)本定额的功能。

(2)本定额的适用范围。

(3)本定额编制时反映的社会水平。

(4)本定额依据的标准、规范及资料。

(5)关于人工工日消耗量。

(6)关于材料消耗量。

(7)关于施工机械台班消耗量。

(8)本定额提供的人工单价、材料预算价格、机械台班价格以北京市价格为基础。

(9)本定额施工用水、电是按现场有水、电考虑的。

(10)本定额的工作内容已说明了主要的施工工序。

(11)本定额适用于海拔 2000m 以下,地震烈度七度以下地区。

(12)本定额与其他全国统一工程预算定额的关系。

(13)本定额中用"(   )"表示的消耗量,均未计入基价。

(14)本定额中著有"×××以内"或"×××以下"者均包括×××本身,"×××以外"或"×××以上"者,则不包括×××本身。

2. 分部工程说明

分部工程说明主要说明该分部的工程内容和该分部所包括的工程项目的工作内容及主要施工过程、工程量计算方法和规定,计量单位、尺寸的起止范围,应扣除、应增加的部分,以及计算附表等。

3. 分项工程说明

分项工程说明列在定额项目表的表头上方,说明该分项工程主要工序内容及使用说明。

4. 工程量计算规则

工程量计算,直接影响到单位造价数据是否正确、合理。造价的正确与否,将直接影响到设计方案的经济指标比较,也将直接影响建设单位对施工选择的决策。因此,工程量计算是市政工程中一项重要的经济指标。

工程量计算规则是否统一,直接影响市政工程造价的大小,十分重要。因此,必须熟悉预算定额工程量计算规则的内容和各种计算规定等。

5. 定额项目表

定额项目表是预算定额的主要构成部分。它包括分项工程名称、计算单位、定额编号、预算单位、分项工程人工费、材料费、机械费及人工、材料、机械台班消耗指标。有些定额项目表下面列有附注,对当设计与定额不符时,如何进行调整及对有关问题的说明进行了解释。

6. 附录

附录是定额的有机组成部分,一般包括机械台班预算价格表,各种砂浆、混凝土的配合比以及各种材料名称规格表等,供编制预算与材料换算用,也可作为编制施工计划的参考,是定额应用的重要补充资料。

第二节 市政工程施工图预算

一、施工图预算的概念及作用

施工图预算是指在施工图设计阶段,根据施工图纸、基础定额、市

第四章 市政工程计价基础

场价格及各项取费标准等资料,计算和确定工程预算造价的经济文件。

市政工程施工图预算的作用主要体现在以下几个方面:

(1)施工图预算是市政工程实行招标、投标的重要依据。

(2)施工图预算是签订建设工程施工合同的重要依据。

(3)施工图预算是办理工程财务拨款、工程贷款和工程结算的依据。

(4)施工图预算是市政工程施工单位进行人工和材料准备、编制施工进度计划、控制工程成本的依据。

(5)施工图预算是落实或调整年度进度计划和投资计划的依据。

(6)施工图预算是施工企业降低工程成本、实行经济核算的依据。

二、施工图预算的编制

(一)单价法编制施工图预算

单价法是用事先编制好的分项工程的单位估价表来编制施工图预算的方法。单价法又分为工料单价法和综合单价法。

1. 工料单价法

工料单价法以分部分项工程量的单价为直接费,直接费以人工、材料、机械的消耗量及其相应价格与措施费确定。间接费、利润、税金按照有关规定另行计算。其计算公式为:

$$单位工程施工图预算直接费 = \sum (工程量 \times 预算定额单价)$$

(1)搜集各种依据资料。各种编制依据资料包括施工图纸、施工组织设计施工方案、现行市政工程预算定额、费用定额、统一的工程量计算规则和工程所在地区的材料、人工、机械台班预算价格与调价规定等。

(2)熟悉施工图纸和定额。只有对施工图和预算定额有全面详细的了解,才能全面准确地计算出工程量,进而合理地编制出施工图预算造价。

(3)计算工程量。

1)根据工程内容和定额项目,列出分项工程目录。

2)根据计算顺序和计算规划列出计算式。

3)根据图纸上的设计尺寸及有关数据,代入计算式进行计算。

4)对计算结果进行整理,使之与定额中要求的计量单位保持一致,并予以核对。

(4)套用预算定额基价。工程量计算完并核对无误后,用所得到的分部分项工程量套用单位估价表中相应的定额基价,相乘后相加汇总,可求出单位工程的直接费。

> **经验之谈**
>
> **套用单价时需注意的问题**
>
> (1)分项工程的名称、规格、计量单位必须与预算定额工料单价或单位计价表中所列内容完全一致。避免因重套、漏套或错套工料单价而导致偏差现象的发生。
>
> (2)进行局部换算或调整时,换算指定额中已计价的主要材料品种不同而进行的换算,一般不调量;调整指施工工艺条件不同而对人工、机械的数量增减,一般调量不换价。
>
> (3)当施工图纸的某些设计要求与定额单价的特征相差甚远,既不能直接套用也不能换算调整时,必须编制补充单位估价表或补充定额。

(5)编制工料分析表。根据各分部分项工程项目实物工程量和预算定额中项目所列的用工及材料数量,计算各分部分项工程所需人工及材料数据,汇总后算出该单位工程所需各类人工、材料的数量。

(6)计算并汇总造价。按照规定的费用项目、费率及计费基础,分别计算出其他直接费、现场经费、间接费、计划利润和税金,并汇总求出单位工程造价。

(7)复核。单位工程预算编制后,应对工程量计算公式和结果、套用定额基价、各项费用的取费费率及计算基础和计算结果、材料和人工预算价格及其价格调整等方面进行全面复核,以便及时发现差错,提高预算的准确性。

(8)填写封面、编制说明。封面应标明工程编号、工程名称、工程量、预算总造价和单方造价、编制单位名称、负责人和编制日期以及审核单位的名称、负责人和审核日期等。编制说明主要应标明预算所包括的工程内容范围、依据的图纸编号、承包企业的等级和承包方式、有关部门现行的调价文件号、套用单价需要补充说明的问题及其他需说明的问题等。

2. 综合单价法

综合单价法是以分部分项工程量的单价为全费用单价。全费用单价需要综合计算完成分部分项工程所发生的直接费、间接费、利润和税金。其计算公式为:

$$单位工程造价 = \sum (工程量 \times 综合单价)$$

综合单价法编制施工图预算的步骤如下:

(1)准备资料,熟悉施工图纸。
(2)划分项目,按统一规定计算工程量。
(3)计算人工、材料和机械数量。
(4)套综合单价,计算各分项工程造价。
(5)汇总得分部工程造价。
(6)各分部工程造价汇总得单位工程造价。
(7)复核。
(8)填写封面、编写说明。

(二)实物法编制施工图预算

实物法是把各分项工程数量分别乘以预算定额中人工、材料及机械消耗定额,求出该工程所消耗的人工、各种材料及施工机械台班消耗数量,再乘以当时当地人工、各材料及施工机械台班单价,汇总得出该工程直接费。这种方法适应市场经济条件下编制施工图预算的需要,所以在实践中应当努力实现这种方法的普遍应用。

实物法编制施工图预算,其中直接工程费的计算公式为:

单位工程施工图预算直接费 $= \sum$(工程量×人工预算定额用量×当地当时人工单价) $+ \sum$(工程量×材料预算定额用量×当地当时人工单价) $+ \sum$(工程量×施工机械台班预算定额用量×当地当时人工单价)

实物法与单价法开始与结尾部分的步骤是相同的,而有所区别的主要是中间三个步骤。下面重点对这三个步骤进行说明。

(1)工程量计算后,套用预算人工、材料、机械定额用量。按施工图预算各分项子目名称、所用材料、施工方法等条件和定额编号,在预算定额中查出各分项工程的各种工、料、机的定额消耗量,并填入分析表中各相应分项工程的栏内。这个定额消耗量标准,是由工程造价主管部门按照定额管理分工进行统一制定,并根据技术发展适时地补充修改。预算分析表中内容有工程名称、序号、定额编号、分项工程名称、计量单位、工程量、劳动力、各种材料、各种施工机械的耗用台班数量等。

(2)求出各分项工程人工、材料、机械台班消耗数量并汇总单位工程所需各类人工工日、材料和机械台班的消耗量。各分项工程人工、材料、机械台班消耗数量由分项工程的工程量分别乘以预算人工定额用量、材料定额用量和机械台班定额用量而得出,然后汇总便可得出单位工程各类人工、材料和机械台班的消耗量。

(3)按当地、当时的各类人工、各种材料和各种机械台班的市场单价分别乘以相应的人工、材料、机械台班消耗数量,并汇总得出单位工程的人工费、材料费和机械使用费。

与单价法编制施工图预算相比,用实物法编制施工图预算,是采用工程所在地的当时人工、材料、机械台班价格,较好地反映了实际价格水平,工程造价的准确性高。

三、施工图预算审查

审查施工图预算主要是审查工程量的计算、定额的套用和换算、补充定额、其他费用及执行定额中的有关问题等。重点应放在有无错项、漏项,工程量计算和预算单价套用是否正确,各项取费标准是否符合现行规定等方面。

> **知识链接**
>
> **施工图预算编制涉及的依据**
>
> (1)施工图纸及其说明。
>
> (2)经批准的初步设计概算书,为工程投资的最高限价,不得任意突破。
>
> (3)经有关部门批准颁布并执行的市政工程预算定额、单位估价表、机械台班费用定额、设备材料预算价格、间接费定额以及有关费用规定的文件。
>
> (4)经批准的施工组织设计和施工方案及技术措施等。
>
> (5)有关标准定型图集、建筑材料手册及预算手册。
>
> (6)国务院有关部门颁发的专用定额和地区规定的其他各类建设费用取费标准。
>
> (7)招投标文件和工程承包合同或协议书。
>
> (8)市政工程预算编制办法及动态管理办法。

1. 审查工程量

对市政工程施工图预算中的工程量的审查,可根据设计或施工单位编制的工程量计算表,并对照施工图纸尺寸进行审查。主要审查其中的工程量是否存在重复计算、错误和漏算。正确地审查工程量,要求审查人员必须熟悉设计施工图纸、工程内容、定额说明、附注及工程量计算规则。

2. 审查定额或单价的套用

预算定额或单价套用的审查重点,主要是审查预算中所列各分项工程单价是否与预算定额的预算单价相符,其名称、规格、计量单位和所包括的工程内容是否与预算定额一致,有单价换算时应审查换算的分项工程是否符合定额规定及换算是否正确,对补充定额和单位计价表的使用应审查补充定额是否符合编制原则、单位计价表计算是否正确。

3. 审查补充定额

审查补充定额，主要是审查人工、材料和机械消耗量的取定是否合理，审查人工、材料、机械的预算单价是否与现行预算定额单位估价表中人工、材料、机械预算价格相符合。不能直接以市场价格进入补充定额的单位估价表，市场价格与预算价格的差额，应在税前调整。凡是应用补充定额单价或换算单价编制预算时，都应附上补充定额和换算单价的分析资料，一次性的补充定额。

4. 审查其他有关费用

各地其他有关费用包括的内容有所不同，审查时应注意是否符合当地规定和定额要求，具体要求如下：

(1)是否按本项目的工程性质计取费用、有无高套取费标准。

(2)间接费的计取基础是否符合规定。

(3)预算外调增的材料差价是否计取间接费；直接费或人工费增减后，有关费用是否做了相应调整。

(4)有无将不需安装的设备计取在安装工程的间接费中。

(5)有无巧立名目、乱摊费用的情况。

经验之谈

施工图预算审查的步骤

(1)做好审查前的准备工作。

1)熟悉施工图纸。施工图是编审预算分项数量的重要依据，必须全面熟悉了解，核对所有图纸，清点无误后，依次识读。

2)了解预算包括的范围。根据预算编制说明，了解预算包括的工程内容，如配套设施、室外管线、道路以及会审图纸后的设计变更等。

3)弄清编制预算采用的单位工程估价表。任何单位估价表或预算定额都有一定的适用范围，应根据工程性质，搜集熟悉相应的单价、定额资料。

(2)确定审查方法，按相应内容审查。由于工程规模、繁简程度不同，施工企业情况也不同，所编工程预算繁简和质量也不同，因此需针对情况选择相应的审查方法进行审核。

第四章　市政工程计价基础

> (3)编制调整预算及修正。综合整理审查资料，并与编制单位交换意见，定案后编制调整预算。审查后，需要进行增加或减少的，经与编制单位协调，统一意见后，进行相应的修正。

第三节　市政工程施工定额

一、施工定额的内容

施工定额是以同一性质的施工过程或工序为测定对象，确定建筑安装工人在正常施工条件下，为完成单位合格产品所需劳动、机械、材料消耗的数量标准。建筑安装企业定额一般称为施工定额。施工定额由劳动定额、材料消耗量定额和机械台班定额组成。

1. 劳动定额

劳动定额也称人工定额，它是施工定额的主要组成部分，表示建筑工人劳动生产率的一个指标。劳动定额由于表现形式不同，可分为时间定额和产量定额两种。

(1)时间定额。时间定额也称为工时定额，是指某工种、某技术等级的工人小组或个人在一定的生产技术和生产组织条件下，完成单位合格产品所必需消耗的工作时间。主要包括准备与结束工作时间、基本工作时间、辅助工作时间、不可避免的中断时间、工人必需的休息时间。

时间定额以"工日"为单位，每一工日工作时间按现行制度规定为8h。其计算公式为：

$$单位产品时间定额 = \frac{完成一定数量的产品所需消耗的作业时间}{完成合格产品的数量}$$

$$单位产品时间定额 = \frac{1}{每工产量}$$

$$单位产品时间定额 = \frac{小组成员工日数总和}{台班产量}$$

(2)产量定额。产量定额是指在一定的生产技术和生产组织条件下,某工种、某技术等级的工人小组或个人在单位工日内完成合格产品的数量。产量定额的单位是以单位时间内生产的产品计算单位表示,如 m^2(工日)。其计算公式为:

$$单位时间产量定额 = \frac{完成合格产品的数量}{完成一定数量的产品所需消耗的作业时间}$$

$$每工日产量 = \frac{1}{个人完成单位产品的时间定额}$$

$$小组台班产品 = \frac{小组成员工日数总和}{小组完成单位产品的时间定额}$$

从以上公式可以看出,时间定额与产量定额互为倒数关系。

2. 材料消耗定额

材料消耗定额是指在节约与合理使用材料的条件下,生产单位产品所必需消耗合格材料、构件或配件的数量标准。其计算公式为:

$$材料总用量 = \frac{净用量}{1 - 损耗率}$$

或

$$材料总用量 = 净用量 \times (1 + 损耗率)$$

式中　净用量——构成产品实体的消耗量;

损耗率——损耗量与总用量的比值,其中损耗量为施工中不可避免的施工损耗。

3. 机械台班消耗定额

机械台班消耗定额是指在正常施工条件下,合理地劳动组合和使用机械,完成单位合格产品或某项工作必需的机械台班消耗标准。按反映机械台班消耗方式的不同,机械台班消耗定额也分为时间定额和产量定额两种形式。

(1)机械时间定额就是完成单位合格产品所必需消耗机械的工作时间标准。机械消耗的时间定额以某台机械一个工作班(8h)为一个台班进行计量。其计算公式为:

$$单位产品机械时间定额(台班) = \frac{1}{台班产量}$$

或

$$\text{单位产品机械时间定额(台班)} = \frac{\text{小组成员台班数总和}}{\text{台班产量}}$$

(2)机械产量定额表现为机械在单位时间内所必须完成合格产品的数量标准。其计算公式为：

> 机械的时间定额与产量定额也互为倒数关系。

$$\text{台班产量} = \frac{1}{\text{单位产品机械时间定额(台班)}}$$

或

$$\text{台班产量} = \frac{\text{小组成员台班数总和}}{\text{单位产品机械时间定额(台班)}}$$

二、施工预算的编制

(一)劳动定额的编制

1. 分析基础资料，拟定编制方案

(1)影响工时消耗因素的确定。

技术因素：包括完成产品的类别；材料、构配件的种类和型号等级；机械和机具的种类、型号与尺寸；产品质量等。

组织因素：包括操作方法和施工的管理与组织；工作地点的组织；人员组成和分工；工资与奖励制度；原材料和构配件的质量及供应的组织；气候条件等。

(2)计时观察资料的整理。对每次计时观察的资料进行整理之后，要对整个施工过程的观察资料进行系统的分析研究和整理。

> 如果在计时观察时不能取得足够的资料，也可采用工时规范或经验数据来确定。如有现行的工时规范，可以直接利用工时规范中规定的辅助和准备与结束工作时间的百分比来计算。

整理观察资料的方法大多是采用平均修正法。平均修正法是一种在对测时数列进行修正的基础上，求出平均值的方法。修正测时数列，就是剔除或修正那些偏高、偏低的可疑数值。目的是保证不受那些偶然性因素的影响。

(3)日常积累资料的整理和分析。日常积累的资料主要有四类:第一类是现行定额的执行情况及存在问题的资料;第二类是企业和现场补充定额资料,如因现行定额漏项而编制的补充定额资料,因解决采用新技术、新结构、新材料和新机械而产生的定额缺项所编制的补充定额资料;第三类是已采用的新工艺和新的操作方法的资料;第四类是现行的施工技术规范、操作规程、安全规程和质量标准等。

(4)拟定定额的编制方案。编制方案的内容包括:

1)提出对拟编定额的定额水平总的设想。

2)拟定定额分章、分节、分项的目录。

3)选择产品和人工、材料、机械的计量单位。

4)设计定额表格的形式和内容。

2. 确定正常的施工条件

(1)拟定工作地点的组织:工作地点是工人施工活动场所。拟定工作地点的组织时,要特别注意使人在操作时不受妨碍,所使用的工具和材料应按使用顺序放置于工人最便于取用的地方,以减少疲劳和提高工作效率,工作地点应保持清洁和秩序井然。

(2)拟定工作组成:拟定工作组成就是将工作过程按照劳动分工的可能划分为若干工序,以便合理使用技术工人。可以采用两种基本方法:一种是把工作过程中个别简单的工序,划分给技术熟练程度较低的工人去完成;另一种是分出若干个技术程度较低的工人,去帮助技术程度较高的工人工作。采用后一种方法就把个人完成的工作过程,变成小组完成的工作过程。

(3)拟定施工人员编制:拟定施工人员编制即确定小组人数、技术工人的配备,以及劳动的分工和协作。原则是使每个工人都能充分发挥作用,均衡地担负工作。

3. 确定劳动定额消耗量的方法

时间定额是在拟定基本工作时间、辅助工作时间、不可避免中断时间、准备与结束的工作时间,以及休息时间的基础上制定的。

(1)拟定基本工作时间:基本工作时间在必需消耗的工作时间中

占的比重最大。在确定基本工作时间时,必须细致、精确。基本工作时间消耗一般应根据计时观察资料来确定。其做法是,首先确定工作过程每一组成部分的工时消耗,然后综合出工作过程的工时消耗。如果组成部分的产品计量单位和工作过程的产品计量单位不符,就需先求出不同计量单位的换算系数,进行产品计量单位的换算,然后相加,求得工作过程的工时消耗。

(2)拟定辅助工作时间和准备与结束工作时间:辅助工作和准备与结束工作时间的确定方法与基本工作时间相同。但是,如果这两项工作时间在整个工作班工作时间消耗中所占比重不超过5%~6%,则可归纳为一项,以工作过程的计量单位表示,确定出工作过程的工时消耗。

(3)拟定不可避免的中断时间:在确定不可避免中断时间的定额时,必须注意由工艺特点所引起的不可避免中断才可列入工作过程的时间定额。

不可避免中断时间也需要根据测时资料通过整理分析获得,也可以根据经验数据或工时规范,以占工作日的百分比表示此项工时消耗的时间定额。

(4)拟定休息时间:休息时间应根据工作班作息制度、经验资料、计时观察资料,以及对工作的疲劳程度作全面分析来确定。同时,应考虑尽可能利用不可避免中断时间作为休息时间。

从事不同工种、不同工作的工人,疲劳程度有很大差别。为了合理确定休息时间,往往要对从事各种工作的工人进行观察、测定,以及进行生理和心理方面的测试,以便确定其疲劳程度。国内外往往按工作轻重和工作条件好坏,将各种工作划分为不同的级别。如我国某地区工时规范将体力劳动分为六类:最沉重、沉重、较重、中等、较轻、轻微。

(5)拟定定额时间:确定的基本工作时间、辅助工作时间、准备与结束工作时间、不可避免中断时间和休息时间之和,就是劳动定额的时间定额。根据时间定额可计算出产量定额,时间定额和产量定额互成倒数。

利用工时规范,可以计算劳动定额的时间定额。其计算公式为:

作业时间＝基本工作时间＋辅助工作时间

规范时间＝准备与结束工作时间＋不可避免的中断时间
　　　　　＋休息时间

工序作业时间＝基本工作时间＋辅助工作时间
　　　　　　＝基本工作时间／[1－辅助时间(%)]

$$定额时间 = \frac{作业时间}{1-规范时间(\%)}$$

(二)材料消耗定额的制定方法

材料消耗定额必须在充分研究材料消耗规律的基础上制定。科学的材料消耗定额应当是材料消耗规律的正确反映。材料消耗定额是通过施工生产过程中对材料消耗进行观测、试验以及根据技术资料的统计与计算等方法制定的。

1. 观测法

观测法也称现场测定法，是在合理使用材料的条件下，在施工现场按一定程序对完成合格产品的材料耗用量进行测定，通过分析、整理，最后得出一定的施工过程单位产品的材料消耗定额。

利用现场测定法主要是编制材料损耗定额，也可以提供编制材料净用量定额的数据。其优点是能通过现场观察、测定，取得产品产量和材料消耗的情况，为编制材料定额提供技术根据。

2. 试验法

试验法是指在材料试验室中进行试验和测定数据。例如：以各种原材料为变量因素，求得不同强度等级混凝土的配合比，从而计算出每立方米混凝土的各种材料耗用量。

利用试验法主要是编制材料净用量定额。通过试验，能够对材料的结构、化学成分和物理性能以及按强度等级控制的混凝土、砂浆配比做出科学的结论，为编制材料消耗定额提供有技术根据的、比较精确的计算数据。

3. 统计法

统计法是指通过对现场进料、用料的大量统计资料进行分析计算,获得材料消耗的数据。这种方法由于不能分清材料消耗的性质,因而不能作为确定材料净用量定额和材料损耗定额的精确依据。

对积累的各分部分项工程结算的产品所耗用材料的统计分析,是根据各分部分项工程拨付材料数量、剩余材料数量及总共完成产品数量来进行计算的。

4. 理论计算法

理论计算法是根据施工图,运用一定的数学公式,直接计算材料耗用量。计算法只能计算出单位产品的材料净用量,材料的损耗量仍要在现场通过实测取得。采用这种方法必须对工程结构、图纸要求、材料特性和规格、施工及验收规范、施工方法等先进行了解和研究。计算法适宜于不易产生损耗,且容易确定废料的材料,如木材、钢材、砖瓦、预制构件等材料。因为这些材料根据施工图纸和技术资料从理论上都可以计算出来,不可避免的损耗也有一定的规律可找。

(三)机械台班使用定额的编制

1. 确定正常的施工条件

拟定机械工作正常条件,主要是拟定工作地点的合理组织和合理的工人编制。

工作地点的合理组织,就是对施工地点机械和材料的放置位置、工人从事操作的场所,做出科学合理的平面布置和空间安排。它要求施工机械和操纵机械的工人在最小范围内移动,但又不阻碍机械运转和工人操作;应使机械的开关和操纵装置尽可能集中地装置在操纵工人的近旁,以节省工作时间和减轻劳动强度;应最大限度发挥机械的效能,减少工人的手工操作。

拟定合理的工人编制,就是根据施工机械的性能和设计能力,工人的专业分工和劳动工效,合理确定操纵机械的工人和直接参加机械化施工过程的工人的编制人数。

拟定合理的工人编制,应要求保持机械的正常生产率和工人正常的劳动工效。

2. 确定机械 1h 纯工作正常生产率

确定机械正常生产率时,必须首先确定出机械纯工作 1h 的正常生产率。

机械纯工作时间,就是指机械的必需消耗时间。机械 1h 纯工作正常生产率,就是在正常施工组织条件下,具有必需的知识和技能的技术工人操纵机械 1h 的生产率。

机械 1h 纯工作正常生产率的确定

根据机械工作特点的不同,机械 1h 纯工作正常生产率的确定方法,也有所不同。对于循环动作机械,确定机械纯工作 1h 正常生产率的计算公式如下:

$$\text{机械一次循环的正常延续时间} = \sum \left(\text{循环各组成部分正常延续时间} \right) - \text{交叠时间}$$

$$\text{机械纯工作 1h 循环次数} = \frac{60 \times 60(s)}{\text{一次循环的正常延续时间}}$$

$$\text{机械纯工作 1h 正常生产率} = \text{机械纯工作 1h 正常循环次数} \times \text{一次循环生产的产品数量}$$

从公式中可以看到,计算循环机械纯工作 1h 正常生产率的步骤是:根据现场观察资料和机械说明书确定各循环组成部分的延续时间;将各循环组成部分的延续时间相加,减去各组成部分之间的交叠时间,求出循环过程的正常延续时间;计算机械纯工作 1h 的正常循环次数;计算循环机械纯工作 1h 的正常生产率。

对于连续动作机械,确定机械纯工作 1h 正常生产率要根据机械的类型和结构特征,以及工作过程的特点来进行。其计算公式如下:

$$\text{连续动作机械纯工作 1h 正常生产率} = \frac{\text{工作时间内生产的产品数量}}{\text{工作时间(h)}}$$

工作时间内的产品数量和工作时间的消耗,要通过多次现场观察和机械说明书来取得数据。

对于同一机械进行作业属于不同的工作过程,如挖掘机所挖土壤的类别不同,碎石机所破碎的石块硬度和粒径不同,均需分别确定其纯工作 1h 的正常生产率。

3. 确定施工机械的正常利用系数

确定施工机械的正常利用系数,是指机械在工作班内对工作时间的利用率。机械的利用系数和机械在工作班内的工作状况有着密切的关系。所以,要确定机械的正常利用系数,首先要拟定机械工作班的正常工作状况,保证合理利用工时。

确定机械正常利用系数,要计算工作班正常状况下准备与结束工作,机械启动、机械维护等工作所必需消耗的时间,以及机械有效工作的开始与结束时间,从而进一步计算出机械在工作班内的纯工作时间和机械正常利用系数。机械正常利用系数的计算公式如下:

$$\frac{\text{机械正常}}{\text{利用系数}} = \frac{\text{机械在一个工作班内纯工作时间}}{\text{一个工作班延续时间}(8\text{h})}$$

4. 计算施工机械台班定额

计算施工机械定额是编制机械定额工作的最后一步。在确定了机械工作正常条件、机械 1h 纯工作正常生产率和机械正常利用系数之后,采用下列公式计算施工机械的产量定额:

$$\frac{\text{施工机械台}}{\text{班产量定额}} = \frac{\text{机械 1h 纯工作}}{\text{正常生产率}} \times \text{工作班纯工作时间}$$

或

$$\frac{\text{施工机械台}}{\text{班产量定额}} = \frac{\text{机械 1h 纯工}}{\text{作正常生产率}} \times \text{工作班延续时间} \times \frac{\text{机械正常}}{\text{利用系数}}$$

$$\text{施工机械时间定额} = \frac{1}{\text{机械台班产量定额指标}}$$

三、"两算"对比

"两算"对比是指施工预算和施工图预算对比。施工图预算确定的是工程预算成本,施工预算确定的是工程计划成本,它们是从不同角度计算的两本经济账。"两算"对比以施工预算所包括的项目为准,对比内容包括主要项目工程量、用工数及主要材料消耗量,但具体内容应结合各项目的实际情况而定。"两算"对比可采用实物量对比法和实物金额对比法。

1. 实物量对比法

实物量是指分项工程中所消耗的人工、材料和机械台班消耗的实物数量。对比是将"两算"中相同项目所需要的人工、材料和机械台班消耗量进行比较,或以分部工程及单位工程为对象,将"两算"的人工、材料汇总数量相比较。因"两算"各自的项目划分不完全一致,为使两者具有可比性,通常需要经过项目合并、换算之后才能进行对比。由于预算定额项目的综合性较施工定额项目大,故一般是合并施工预算项目的实物量,使其与预算定额项目相对应,然后进行对比。

2. 实物金额对比法

实物金额是指分项工程所消耗的人工、材料和机械台班的金额费用。由于施工预算只能反映完成项目所消耗的实物量,并不反映其价值,为使施工预算与施工图预算进行金额对比,就需要将施工预算中的人工、材料和机械台班的数量乘以各自的单价,汇总成人工费、材料费和机械台班使用费,然后与施工图预算的人工费、材料费和机械台班使用费相比较。

第四节 市政工程工程量清单计价

一、2013版清单计价规范简介

2012年12月25日,住房和城乡建设部发布了《建设工程工程量清单计价规范》(GB 50500—2013)(以下简称"13计价规范")和《房屋建筑与装饰工程工程量计算规范》(GB 50854—2013)、《仿古建筑工程工程量计算规范》(GB 50855—2013)、《通用安装工程工程量计算规范》(GB 50856—2013)、《市政工程工程量计算规范》(GB 50857—2013)、《园林绿化工程工程量计算规范》(GB 50858—2013)、《矿山工程工程量计算规范》(GB 50859—2013)、《构筑物工程工程量计算规范》(GB 50860—2013)、《城市轨道交通工程工程量计算规范》(GB

第四章 市政工程计价基础

50861—2013)、《爆破工程工程量计算规范》(GB 50862—2013)等9本计量规范(以下简称"13工程计量规范"),全部10本规范于2013年7月1日起实施。

"13计价规范"及"13工程计量规范"是在《建设工程工程量清单计价规范》(GB 50500—2008)(以下简称"08计价规范")基础上,以原建设部发布的工程基础定额、消耗量定额、预算定额以及各省、自治区、直辖市或行业建设主管部门发布的工程计价定额为参考,以工程计价相关的国家或行业的技术标准、规范、规程为依据,收集近年来新的施工技术、工艺和新材料的项目资料,经过整理,在全国广泛征求意见后编制而成。

"13计价规范"共设置16章、54节、329条,各章名称为:总则、术语、一般规定、工程量清单编制、招标控制价、投标报价、合同价款约定、工程计量、合同价款调整、合同价款期中支付、竣工结算与支付、合同解除的价款结算与支付、合同价款争议的解决、工程造价鉴定、工程计价资料与档案和工程计价表格。相比"08计价规范"而言,分别增加了11章、37节、192条。

"13计价规范"适用于建设工程发承包及实施阶段的招标工程量清单、招标控制价、投标报价的编制,工程合同价款的约定,竣工结算的办理以及施工过程中的工程计量、合同价款支付、施工索赔与现场签证、合同价款调整和合同价款争议的解决等计价活动。相对于"08计价规范","13计价规范"将"建设工程工程量清单计价活动"修改为"建设工程发承包及实施阶段的计价活动",从而对清单计价规范的适用范围进一步进行了明确,表明了不分何种计价方式,建设工程发承包及实施阶段的计价活动必须执行"13计价规范"。之所以规定"建设工程发承包及实施阶段的计价活动",主要是因为工程建设具有周期长、金额大、不确定因素多的特点,从而决定了建设工程计价具有分阶段计价的特点,建设工程决策阶段、设计阶段的计价要求与发承包及实施阶段人计价要求是有区别的,这就避免了因理解上的歧义而发生纠纷。

"13计价规范"规定:"建设工程发承包及实施阶段的工程造价应

由分部分项工程费、措施项目费、其他项目费、规费和税金组成"。这说明了不论采用什么计价方式,建设工程发承包及实施阶段的工程造价均由这五部分组成,这五部分也称之为建筑安装工程费。

二、工程量清单及其编制

工程量清单是表示建设工程的分部分项工程项目、措施项目、其他项目的名称和相应数量以及规费、税金项目等内容的明细清单。由招标人按照《市政工程工程量计算规范》(GB 50857—2013)附录中的编码、项目名称、计量单位和工程量计算规则进行编制。在建设工程发承包及实施过程的不同阶段,又可分别称为"招标工程量清单"、"已标价工程量清单"等。

(一) 分部分项工程量清单编制

分部分项工程是分部工程与分项工程的总称。分部工程是单位工程的组成部分,系按结构部位及施工特点或施工任务将单位工程划分为若干分部工程。

分部分项工程项目清单必须载明项目编码、项目名称、项目特征、计量单位和工程量,这5个要件在分部分项工程项目清单的组成中缺一不可。分部分项工程项目清单必须根据各专业工程计量规范规定的五要件进行编制。分部分项工程和单价措施项目清单与计价表不只是编制招标工程量清单的表式,也是编制招标控制价、投标价和竣工结算的最基本用表。

1. 项目编码的确定

项目编码是指分项工程和措施项目工程量清单项目名称的阿拉伯数字标识的顺序码。工程量清单项目编码应采用十二位阿拉伯数字表示,一至九位应按《市政工程工程量计算规范》(GB 50857—2013)附录规定设置,十至十二位应根据拟建工程的工程量清单项目名称设置,同一招标工程的项目编码不得有重码。

2. 项目名称的确定

分部分项工程清单的项目名称应按《市政工程工程量计算规范》

(GB 50857—2013)附录的项目名称结合拟建工程的实际确定。

3. 项目特征描述

项目特征是表征构成分部分项工程项目、措施项目自身价值的本质特征,是对体现分部分项工程量清单、措施项目清单值的特有属性和本质特征的描述。分部分项工程清单的项目特征应按《市政工程工程量计算规范》(GB 50854—2013)附录中规定的项目特征,结合拟建工程项目的实际特征予以描述。

4. 计量单位的确定

分部分项工程量清单的计量单位应按《市政工程工程量计算规范》(GB 50857—2013)附录中规定的计量单位确定。规范中的计量单位均为基本单位,与定额中所采用的基本单位扩大一定的倍数不同。

5. 工程数量确定

分部分项工程量清单中所列工程量应按《市政工程工程量计算规范》(GB 50857—2013)附录中规定的工程量计算规则计算。

6. 工作内容

工作内容是指为了完成分部分项工程项目或措施项目所需要发生的具体施工作业内容。"13 工程计量规范"附录中给出的是一个清单项目所可能发生的工作内容,在确定综合单价时需要根据清单项目特征中的要求,或根据工程具体情况,或根据常规施工方案,从中选择其具体的施工作业内容。

> **特别提示**
>
> **工作内容与项目特征的区别**
>
> 工作内容不同于项目特征,在清单编制时不需要描述。项目特征体现的是清单项目质量或特性的要求或标准,工作内容体现的是完成一个合格的清单项目需要具体做的施工作业,对于一项明确了项目特征的分部分项工程项目或措施项目,工作内容确定了其工程成本。

7. 补充项目

随着工程建设中新材料、新技术、新工艺等的不断涌现,《市政工程工程量计算规范》(GB 50857—2013)附录所列的工程量清单项目不可能包含所有项目。在编制工程量清单时,当出现规范附录中未包括的清单项目时,编制人应作补充,并报省级或行业工程造价管理机构备案,省级或行业工程造价管理机构应汇总报住房和城乡建设部标准定额研究所。

> **知识链接**
>
> **工程量清单补充项目的内容及编码要求**
>
> 工程量清单项目的补充应涵盖项目编码、项目名称、项目描述、计量单位、工程量计算规则以及包含的工作内容,按《市政工程工程量计算规范》(GB 50857—2013)附录中相同的列表方式表述。
>
> 补充项目的编码由专业工程代码(工程量计算规范代码)与B和三位阿拉伯数字组成,并应从××B001起顺序编制,同一招标工程的项目不得重码。

(二)措施项目清单编制

措施项目清单应根据拟建工程的实际情况列项。措施项目清单的编制需考虑多种因素,除工程本身的因素外,还涉及水文、气象、环境、安全等因素。由于影响措施项目设置的因素太多,计量规范不可能将施工中可能出现的措施项目一一列出。在编制措施项目清单时,因工程情况不同,出现计量规范附录中未列的措施项目,可根据工程的具体情况对措施项目清单作补充。

措施项目费用的发生与使用时间、施工方法或两个以上的工序相关,并大都与实际完成的实体工程量的大小关系不大,如安全文明施工、夜间施工,非夜间施工照明、二次搬运、冬雨季施工、地上地下设施、建筑物的临时保护设施、已完工程及设备保护等。

(三)其他项目清单编制

其他项目清单应按照:①暂列金额;②暂估价,包括材料暂估单

第四章 市政工程计价基础

价、工程设备暂估单价、专业工程暂估价；③计日工；④总承包服务费列项。出现上述未列项目，应根据工程实际情况补充。

1. 暂列金额

暂列金额是招标人在工程量清单中暂定并包括在合同价款中的一笔款项。清单计价规范中明确规定暂列金额用于施工合同签订时尚未确定或者不可预见的所需材料、设备、服务的采购，施工中可能发生的工程变更、合同约定调整因素出现时的工程价款调整以及发生的索赔、现场签证确认等的费用。

不管采用何种合同形式，其理想的标准是，一份合同的价格就是其最终的竣工结算价格，或者至少两者应尽可能接近。我国规定对政府投资工程实行概算管理，经项目审批部门批复的设计概算是工程投资控制的刚性指标，即使商业性开发项目也有成本的预先控制问题，否则，无法相对准确地预测投资的收益和科学合理地进行投资控制。但工程建设自身的特性决定了工程的设计需要根据工程进展不断地进行优化和调整，业主需求可能会随工程建设进展而出现变化，工程建设过程还会存在一些不能预见、不能确定的因素。消化这些因素必然会影响合同价格的调整，暂列金额正是因应这类不可避免的价格调整而设立，以便达到合理确定和有效控制工程造价的目标。

> **特别提示**
>
> **暂列金额处理**
>
> 暂列金额列入合同价格不等于就属于承包人所有了，即使是总价包干合同，也不等于列入合同价格的所有金额就属于承包人，是否属于承包人应得金额取决于具体的合同约定，只有按照合同约定程序实际发生后，才能成为承包人的应得金额，纳入合同结算价款中。扣除实际发生金额后的暂列金额余额仍属于发包人所有。设立暂列金额并不能保证合同结算价格就不会再出现超过合同价格的情况，是否超出合同价格完全取决于工程量清单编制人暂列金额预测的准确性，以及工程建设过程是否出现了其他事先未预测到的事件。

2. 暂估价

暂估价是指招标阶段直至签订合同协议时，招标人在招标文件中提供的用于支付必然要发生但暂时不能确定价格的材料以及专业工程的金额。暂估价类似于 FIDIC 合同条款中的 Prine Cost Items，在招标阶段预见肯定要发生，只是因为标准不明确或者需要由专业承包人完成，暂时无法确定价格。暂估价数量和拟用项目应当结合工程量清单中的"暂估价表"予以补充说明。

为方便合同管理，需要纳入分部分项工程项目清单综合单价中的暂估价应只是材料、工程设备费，以方便投标人组价。

专业工程的暂估价应是综合暂估价，包括除规费和税金以外的管理费、利润等。总承包招标时，专业工程设计深度往往是不够的，一般需要交由专业设计人设计，出于提高可建造性考虑，国际上惯例，一般由专业承包人负责设计，以发挥其专业技能和专业施工经验的优势。这类专业工程交由专业分包人完成是国际工程的良好实践，目前在我国工程建设领域也已经比较普遍。公开透明、合理地确定这类暂估价的实际开支金额的最佳途径就是通过施工总承包人与工程建设项目招标人共同组织招标。

暂估价中的材料、工程设备暂估单价应根据工程造价信息或参照市场价格估算，列出明细表；专业工程暂估价应分不同专业，按有关计价规定估算，列出明细表。

3. 计日工

计日工是为了解决现场发生的零星工作的计价而设立的。国际上常见的标准合同条款中，大多数都设立了计日工计价机制。计日工对完成零星工作所消耗的人工工时、材料数量、施工机械台班进行计量，并按照计日工表中填报的适用项目的单价进行计价支付。计日工适用的所谓零星工作一般是指合同约定之外或者因变更而产生的、工程量清单中没有相应项目的额外工作，尤其是那些时间不允许事先商定价格的额外工作。

编制工程量清单时，"项目名称"、"计量单位"、"暂估数量"由招标人填写；编制招标控制价时，人工、材料、机械台班单价由招标人按有关计价规定填写并计算合价；编制投标报价时，人工、材料、机械台班单价由投标人自主确定，按已给暂估数量计算合价计入投标总价中。

4. 总承包服务费

总承包服务费是为了解决招标人在法律、法规允许的条件下进行专业工程发包以及自行供应材料、工程设备，并需要总承包人对发包的专业工程提供协调和配合服务，对甲供材料、工程设备提供收、发和保管服务以及进行施工现场管理时发生并向总承包人支付的费用。招标人应预计该项费用，并按投标人的投标报价向投标人支付该项费用。

总承包服务费应列出服务项目及其内容等。编制招标工程量清单时，招标人应将拟定进行专业分包的专业工程、自行采购的材料设备等决定清楚，填写项目名称、服务内容，以便投标人决定报价；编制招标控制价时，招标人按有关计价规定计价；编制投标报价时，由投标人根据工程量清单中的总承包服务内容，自主决定报价；办理竣工结算时，发承包双方应按承包人已标价工程量清单中的报价计算，如发承包双方确定调整的，按调整后的金额计算。

（四）规费、税金项目清单编制

根据住房和城乡建设部、财政部印发的《建筑安装工程费用项目组成》的规定，规费包括工程排污费、社会保险费（养老保险、失业保险、医疗保险、工伤保险、生育保险）、住房公积金。规费作为政府和有关权力部门规定必须缴纳的费用，编制人对《建筑安装工程费用项目组成》未包括的规费项目，在编制规费项目清单时应根据省级政府或省级有关权力部门的规定列项。目前我国税法规定应计入建筑安装工程造价的税种包括营业税、城市建设维护税、教育费附加和地方教育附加。如国家税法发生变化，税务部门依据职权增加了税种，应对税金项目清单进行补充。

（五）材料和机械设备项目清单编制

1. 发包人提供材料和机械设备

《建设工程质量管理条例》第 14 条规定："按照合同约定，由建设单位采购建筑材料、建筑构配件和设备的，建设单位应当保证建筑材料、建筑构配件和设备符合设计文件和合同要求"；《中华人民共和国合同法》第 283 条规定："发包人未按照约定的时间和要求提供原材料、设备、场地、资金、技术资料的，承包人可以顺延工程日期，并有权要求赔偿停工、窝工等损失"。"13 计价规范"根据上述法律条文对发包人提供材料和机械设备的情况进行了如下约定：

（1）发包人提供的材料和工程设备（以下简称甲供材料）应在招标文件中按照规定填写《发包人提供材料和工程设备一览表》，写明甲供材料的名称、规格、数量、单价、交货方式、交货地点等。

承包人投标时，甲供材料价格应计入相应项目的综合单价中，签约后，发包人应按合同约定扣除甲供材料款，不予支付。

（2）承包人应根据合同工程进度计划的安排，向发包人提交甲供材料交货的日期计划。发包人应按计划提供。

（3）发包人提供的甲供材料如规格、数量或质量不符合合同要求，或由于发包人原因发生交货日期延误、交货地点及交货方式变更等情况的，发包人应承担由此增加的费用和（或）工期延误，并应向承包人支付合理利润。

（4）发承包双方对甲供材料的数量发生争议不能达成一致的，应按照相关工程的计价定额同类项目规定的材料消耗量计算。

（5）若发包人要求承包人采购已在招标文件中确定为甲供材料的，材料价格应由发承包双方根据市场调查确定，并应另行签订补充协议。

2. 承包人提供材料和工程设备

《建设工程质量管理条例》第 29 条规定："施工单位必须按照工程设计要求、施工技术标准和合同约定，对建筑材料、建筑构配件、设备和商品混凝土进行检验，检验应当有书面记录和专人签字；未经检验

或者检验不合格的,不得使用"。"13 计价规范"根据此法律条文对承包人提供材料和机械设备的情况进行了如下约定:

(1)除合同约定的发包人提供的甲供材料外,合同工程所需的材料和工程设备应由承包人提供,承包人提供的材料和工程设备均应由承包人负责采购、运输和保管。

(2)承包人应按合同约定将采购材料和工程设备的供货人及品种、规格、数量和供货时间等提交发包人确认,并负责提供材料和工程设备的质量证明文件,满足合同约定的质量标准。

(3)对承包人提供的材料和工程设备经检测不符合合同约定的质量标准,发包人应立即要求承包人更换,由此增加的费用和(或)工期延误应由承包人承担。对发包人要求检测承包人已具有合格证明的材料、工程设备,但经检测证明该项材料、工程设备符合合同约定的质量标准,发包人应承担由此增加的费用和(或)工期延误,并向承包人支付合理利润。

三、工程量清单计价及其编制

(一)招标控制价的编制

1. 招标控制价的编制

(1)招标控制价是招标人根据国家或地方建设主管部门颁发的有关计价依据,按设计施工图纸,采用工程量清单计价方式或施工图预算计价方式编制的对招标工程限定的最高工程造价。

(2)招标控制价应由具有编制能力的招标人或受其委托的具有相应资质的工程造价咨询人编制。一个工程项目只能编制一个招标控制价。工程造价咨询人不得同时接受招标人和投标人对同一工程的招标控制价和投标报价的编制。

(3)招标控制价应根据各专业预算定额、地方工程造价管理机构发布的工程造价信息和信息参考,结合招标文件中的工程量清单及有关要求、建设工程设计文件及相关资料、施工现场情况、工程特点及施工的常规做法以及与建设工程项目有关的标准、规范、技术资料编制。

特别提示

费用计算

人工、材料、机械台班价格应按照规定计算,不得低于市场价格;安全文明施工措施费、企业管理费、规费、利润、税金应按照各专业预算基价的规定计算;风险费用应包括招标文件中要求投标人承担的内容及其范围和幅度。

(4)招标控制价应在招标文件中公布,公布的内容包括总价、各专业工程价格、风险费用内容及其范围和幅度的相关计算说明。

(5)招标人应在招标控制价公布的同时,将招标控制价资料报送地方招标监督管理部门。报送的招标控制价资料应包括工程项目总价、各专业工程价格、各专业分部分项工程单价与合价、各专业措施项目单价与合价等。同时,还应提供相应的电子文档。

(6)招标控制价未按照相关规定编制造成投标人无法正常投标报价的,投标人应在开标前5d向地方招标监督管理部门提出复核申请。

(7)地方招标监督管理部门会同工程造价管理机构受理投标人的复核申请,经复核确有错误的,责成招标人修改并重新公布。情节严重的,作为不良信息记入企业及个人信用档案。

2. 投诉与处理

(1)投标人经复核认为招标人公布的招标控制价未按照"13 计价规范"的规定进行编制的,应在招标控制价公布后5d内向招投标监督机构和工程造价管理机构投诉。

(2)投诉人投诉时,应当提交由单位盖章和法定代表人或其委托人签名或盖章的书面投诉书。投诉书应包括下列内容:

1)投诉人与被投诉人的名称、地址及有效联系方式。
2)投诉的招标工程名称、具体事项及理由。
3)投诉依据及有关证明材料。
4)相关的请求及主张。

(3)投诉人不得进行虚假、恶意投诉,阻碍招投标活动的正常

第四章 市政工程计价基础

进行。

(4)工程造价管理机构在接到投诉书后应在2个工作日内进行审查,对有下列情况之一的,不予受理:

1)投诉人不是所投诉招标工程招标文件的收受人。

2)投诉书提交的时间不符合上述第(1)条规定的。

3)投诉书不符合上述第(2)条规定的。

4)投诉事项已进入行政复议或行政诉讼程序的。

(5)工程造价管理机构应在不迟于结束审查的次日将是否受理投诉的决定书面通知投诉人、被投诉人以及负责该工程招投标监督的招投标管理机构。

(6)工程造价管理机构受理投诉后,应立即对招标控制价进行复查,组织投诉人、被投诉人或其委托的招标控制价编制人等单位人员对投诉问题逐一核对。有关当事人应当予以配合,并应保证所提供资料的真实性。

(7)工程造价管理机构应当在受理投诉的10d内完成复查,特殊情况下可适当延长,并做出书面结论通知投诉人、被投诉人及负责该工程招投标监督的招投标管理机构。

(8)当招标控制价复查结论与原公布的招标控制价误差大于±3%时,应当责成招标人改正。

(9)招标人根据招标控制价复查结论需要重新公布招标控制价的,其最终公布的时间至招标文件要求提交投标文件截止时间不足15d的,应相应延长投标文件的截止时间。

(二)投标报价的编制

投标报价是指建筑施工企业根据招标文件及有关计算工程造价的资料,分别计算单项工程价格、分部工程造价及工程总造价。在工程总造价的基础上,再考虑投标策略以及各种影响工程造价的因素,然后提出投标报价。

1. 收集整理计价依据

计价依据包括:①工程计价方式;②执行预算基价及计价文件;

③招标文件要求；④材料、设备计价方法及采购、运输、保管市场价格；⑤工程量清单。

> **经验之谈**
>
> **对施工企业的要求**
>
> 施工企业要认真做好这些计算投标报价的基础工作，编制企业定额、工时单价、机械台班单价等；针对具体工程收集材料市场供应情况及价格，做到准确及时，才能保证计算出的工程造价具有较强的竞争力并能获得利润。

2. 熟悉招标文件要求

在计算工程造价前，应熟悉施工图纸和招标文件，了解设计意图，同时还要了解并掌握工程现场情况，然后对招标单位提供的工程量清单进行审核。工程量的审核视招标单位是否允许对工程量清单内所列工程量的误差进行调整来决定审核办法。如果允许调整，就要详细审核工程量清单内所列各工程项目的工程量，对有较大误差的，通过招标单位答疑会提出调整意见，取得招标单位同意后进行调整。只对主要项目或工程量大的项目进行审核，发现这些项目有较大误差时，可以利用调整这些项目单价的办法解决，工程量确定后进行工程造价的计算。

3. 密切配合共同确定

投标报价是投标的关键性工作，通常应在投标单位的决策人支持下，由预算部门负责，与有关业务部门配合进行。

(1) 校核或计算工程量清单。工程量清单是计算标价的重要依据。在招标文件中应提供工程量清单，投标单位在投标作价前应进行核对。核对的内容包括：清单项目是否齐全；有无漏项或重复；工程量是否正确；工程做法及用料是否与图纸相符等。核对可采用重点抽查的办法进行，即选择工程量较大、造价较高的项目抽查若干项，按图详细计算。一般项目则粗略估算其是否基本合理。

(2)考虑不可预见因素。在工程施工过程中经常出现一些不可预见的因素，诸如材料价格的变化，基础施工遇到意外情况以及其他意外事故造成停工、窝工等，都会影响工程造价。因此，在投标报价时应对这些因素予以适当考虑，酌加一定的系数，以不可预见费的名目列为标价的组成部分。

编制报价时应注意标书的说明和规范的要求，应根据说明和规范的要求编制计算综合单价及投标总报价。

四、合同价款变更与索赔处理

(一)合同价款变更调整

当发生法律法规变化；工程变更，项目特征不符，工程量清单缺项，工程量偏差，计日工，物价变化，暂估价，不可抗力，提前竣工(赶工补偿)，误期赔偿，索赔，现场签证，暂列金额，发承包双方约定的其他调整事项时，发承包双方应当按照合同约定调整合同价款。

1. 法律法规变化

(1)工程建设过程中，发承包双方都是国家法律、法规、规章及政策的执行者。因此，在发承包双方履行合同的过程中，当国家的法律、法规、规章及政策发生变化，国家或省级、行业建设主管部门或其授权的工程造价管理机构据此发布工程造价调整文件，工程价款应当进行调整。"13计价规范"中规定："招标工程以投标截止日前28d、非招标工程以合同签订前28d为基准日，其后因国家的法律、法规、规章和政策发生变化引起工程造价增减变化的，发承包双方应按照省级或行业建设主管部门或其授权的工程造价管理机构据此发布的规定调整合同价款"。

(2)因承包人原因导致工期延误的，按上述第(1)条规定的调整时间，在合同工程原定竣工时间之后，合同价款调增的不予调整，合同价款调减的予以调整。这就说明由于承包人原因导致工期延误，将按不利于承包人的原则调整合同价款。

2. 工程变更

建设工程施工合同实施过程中，如果合同签订时所依赖的承包范围、设计标准、施工条件等发生变化，则必须在新的承包范围、新的设计标准或新的施工条件等前提下对发承包双方的权利和义务进行重新分配，从而建立新的平衡，追求新的公平和合理。由于施工条件变化和发包人要求变化等原因，往往会发生合同约定的工程材料性质和品种、建筑物结构形式、施工工艺和方法等的变动，此时必须变更才能维护合同的公平。

(1) 因工程变更引起已标价工程量清单项目或其工程数量发生变化时，应按照下列规定调整：

1) 已标价工程量清单中有适用于变更工程项目的，应采用该项目的单价；但当工程变更导致该清单项目的工程数量发生变化，且工程量偏差超过15%时，该项目单价应按照"13计价规范"的规定调整。

2) 已标价工程量清单中没有适用但有类似于变更工程项目的，可在合理范围内参照类似项目的单价。

3) 已标价工程量清单中没有适用也没有类似于变更工程项目的，应由承包人根据变更工程资料、计量规则和计价办法、工程造价管理机构发布的信息价格和承包人报价浮动率提出变更工程项目的单价，并应报发包人确认后调整。承包人报价浮动率可按下列公式计算：

招标工程：

$$承包人报价浮动率 L = (1 - 中标价/招标控制价) \times 100\%$$

非招标工程：

$$承包人报价浮动率 L = (1 - 报价/施工图预算) \times 100\%$$

4) 已标价工程量清单中没有适用也没有类似于变更工程项目，且工程造价管理机构发布的信息价格缺价的，应由承包人根据变更工程资料、计量规则、计价办法和通过市场调查等取得有合法依据的市场价格提出变更工程项目的单价，并应报发包人确认后调整。

(2) 工程变更引起施工方案改变并使措施项目发生变化时，承包人提出调整措施项目费的，应事先将拟实施的方案提交发包人确认，并应详细说明与原方案措施项目相比的变化情况。

第四章　市政工程计价基础

> **知识链接**
>
> **措施项目费调整**
>
> 拟实施的方案经发承包双方确认后执行,并应按照下列规定调整措施项目费:
>
> (1)安全文明施工费应按照实际发生变化的措施项目依据规定计算。
>
> (2)采用单价计算的措施项目费,应按照实际发生变化的措施项目,按规定确定单价。
>
> (3)按总价(或系数)计算的措施项目费,按照实际发生变化的措施项目调整,但应考虑承包人报价浮动因素,即调整金额按照实际调整金额乘以规定的承包人报价浮动率计算。
>
> 如果承包人未事先将拟实施的方案提交给发包人确认,则应视为工程变更不引起措施项目费的调整或承包人放弃调整措施项目费的权利。

(3)当发包人提出的工程变更因非承包人原因删减了合同中的某项原定工作或工程,致使承包人发生的费用或(和)得到的收益不能被包括在其他已支付或应支付的项目中,也未被包含在任何替代的工作或工程中时,承包人有权提出并应得到合理的费用及利润补偿。

3. 项目特征不符

工程量清单的项目特征是确定一个清单项目综合单价不可缺少的主要依据。对工程量清单项目的特征描述具有十分重要的意义:①项目特征是区分清单项目的依据;②项目特征是确定综合单价的前提;③项目特征是履行合同义务的基础。因此,如果工程量清单项目特征的描述不清甚至漏项、错误,从而引起在施工过程中的更改,都会引起分歧,导致纠纷。

因此,在编制工程量清单时,必须对项目特征进行准确而且全面的描述,准确地描述工程量清单的项目特征对于准确地确定工程量清单项目的综合单价具有决定性的作用。

"13计价规范"中对清单项目特征描述及项目特征发生变化后重新确定综合单价的有关要求进行了如下约定:

(1)发包人在招标工程量清单中对项目特征的描述,应被认为是准确的和全面的,并且与实际施工要求相符合。承包人应按照发包人提供的招标工程量清单,根据项目特征描述的内容及有关要求实施合同工程,直到项目被改变为止。

(2)承包人应按照发包人提供的设计图纸实施合同工程,若在合同履行期间出现设计图纸(含设计变更)与招标工程量清单任一项目的特征描述不符,且该变化引起该项目工程造价增减变化的,应按照实际施工的项目特征,按"13计价规范"中的有关规定重新确定相应工程量清单项目的综合单价,并调整合同价款。

4. 工程量清单缺项

导致工程量清单缺项的原因主要包括:①设计变更;②施工条件改变;③工程量清单编制错误。工程量清单的增减变化必然使合同价款发生增减变化。

(1)合同履行期间,由于招标工程量清单中缺项,新增分部分项工程清单项目的,应按照前述"2. 工程变更"中的第(1)条的有关规定确定单价,并调整合同价款。

(2)新增分部分项工程清单项目后,引起措施项目发生变化的,应按照前述"2. 工程变更"中的第(2)条的有关规定,在承包人提交的实施方案被发包人批准后调整合同价款。

(3)由于招标工程量清单中措施项目缺项,承包人应将新增措施项目实施方案提交发包人批准后,按照前述"2. 工程变更"中的第(1)、(2)条的有关规定调整合同价款。

5. 工程量偏差

施工过程中,由于施工条件、地质水文、工程变更等变化以及招标工程量清单编制人专业水平的差异,往往会造成实际工程量与招标工程量清单出现偏差,工程量偏差过大,对综合成本的分摊带来影响。如突然增加太多,仍按原综合单价计价,对发包人不公平;如突然减少太多,仍按原综合单价计价,对承包人不公平。并且,这给有经验的承包人的不平衡报价打开了大门。为维护合同的公平,"13计价规范"中进行了如下规定:

第四章 市政工程计价基础

(1)合同履行期间,当应予计算的实际工程量与招标工程量清单出现偏差,且符合下述第(2)、(3)条规定时,发承包双方应调整合同价款。

(2)对于任一招标工程量清单项目,当因工程量偏差和前述"2.工程变更"中规定的工程变更等原因导致工程量偏差超过15%时,可进行调整。当工程量增加15%以上时,增加部分的工程量的综合单价应予调低;当工程量减少15%以上时,减少后剩余部分的工程量的综合单价应予调高。调整后的某一分部分项工程费结算价可参照以下公式计算:

1)当 $Q_1 > 1.15Q_0$ 时:

$$S = 1.15Q_0 \times P_0 + (Q_1 - 1.15Q_0) \times P_1$$

2)当 $Q_1 < 0.85Q_0$ 时:

$$S = Q_1 \times P_1$$

式中 S——调整后的某一分部分项工程费结算价;

Q_1——最终完成的工程量;

Q_0——招标工程量清单中列出的工程量;

P_1——按照最终完成工程量重新调整后的综合单价;

P_0——承包人在工程量清单中填报的综合单价。

由上述两式可以看出,计算调整后的某一分部分项工程费结算价的关键是确定新的综合单价 P_1。确定的方法,一是发承包双方协商确定;二是与招标控制价相连系,当工程量偏差项目出现承包人在工程量清单中填报的综合单价与发包人招标控制价相应清单项目的综合单价偏差超过15%时,工程量偏差项目综合单价的调整可参考以下公式确定:

1)当 $P_0 < P_2 \times (1-L) \times (1-15\%)$ 时,该类项目的综合单价 P_1 按 $P_2 \times (1-L) \times (1-15\%)$ 进行调整。

2)当 $P_0 > P_2 \times (1+15\%)$ 时,该类项目的综合单价 P_1 按 $P_2 \times (1+15\%)$ 进行调整。

3)当 $P_0 > P_2 \times (1-L) \times (1-15\%)$ 或 $P_0 < P_2 \times (1+15\%)$ 时,可不进行调整。

以上各式中　　P_0——承包人在工程量清单中填报的综合单价；

　　　　　　P_2——发包人招标控制价相应项目的综合单价；

　　　　　　L——承包人报价浮动率。

(3)如果工程量出现变化引起相关措施项目相应发生变化时，按系数或单一总价方式计价的，工程量增加的措施项目费调增，工程量减少的措施项目费调减；反之，如未引起相关措施项目发生变化，则不予调整。

6. 计日工

(1)发包人通知承包人以计日工方式实施的零星工作，承包人应予执行。

(2)采用计日工计价的任何一项变更工作，在该项变更的实施过程中，承包人应按合同约定提交下列报表和有关凭证给发包人复核：

1)工作名称、内容和数量。

2)投入该工作所有人员的姓名、工种、级别和耗用工时。

3)投入该工作的材料名称、类别和数量。

4)投入该工作的施工设备型号、台数和耗用台时。

5)发包人要求提交的其他资料和凭证。

(3)任一计日工项目持续进行时，承包人应在该项工作实施结束后的24小时内向发包人提交有计日工记录汇总的现场签证报告一式三份。发包人在收到承包人提交现场签证报告后的2d内予以确认并将其中一份返还给承包人，作为计日工计价和支付的依据。发包人逾期未确认也未提出修改意见的，应视为承包人提交的现场签证报告已被发包人认可。

(4)任一计日工项目实施结束后，承包人应按照确认的计日工现场签证报告核实该类项目的工程数量，并应根据核实的工程数量和承包人已标价工程量清单中的计日工单价计算，提出应付价款；已标价工程量清单中没有该类计日工单价的，由发承包双方按前述"2.工程变更"中的相关规定商定计日工单价计算。

(5)每个支付期末，承包人应按规定向发包人提交本期间所有计日工记录的签证汇总表，并应说明本期间自己认为有权得到的计日工金额，调整合同价款，列入进度款支付。

7. 物价变化

(1)物价变化合同价款调整方法。

1)价格指数调整价格差额。

①价格调整公式。因人工、材料和设备等价格波动影响合同价格时，根据投标函附录中的价格指数和权重表约定的数据，按以下公式计算差额并调整合同价格：

$$\Delta P = P_0 \left[A + \left(B_1 \times \frac{F_{t1}}{F_{01}} + B_2 \times \frac{F_{t2}}{F_{02}} + B_3 \times \frac{F_{t3}}{F_{03}} + \cdots + B_n \times \frac{F_{tn}}{F_{0n}} \right) - 1 \right]$$

式中　　ΔP——需调整的价格差额；

P_0——约定的付款证书中承包人应得到的已完成工程量的金额。此项金额应不包括价格调整、不计质量保证金的扣留和支付、预付款的支付和扣回。约定的变更及其他金额已按现行价格计价的，也不计在内；

A——定值权重（即不调部分的权重）；

B_1、B_2、B_3…B_n——各可调因子的变值权重（即可调部分的权重），为各可调因子在投标函投标总报价中所占的比例；

F_{t1}、F_{t2}、F_{t3}…F_{tn}——各可调因子的现行价格指数，指约定的付款证书相关周期最后一天的前42d的各可调因子的价格指数；

F_{01}、F_{02}、F_{03}…F_{0n}——各可调因子的基本价格指数，指基准日期的各可调因子的价格指数。

以上价格调整公式中的各可调因子、定值和变值权重，以及基本价格指数及其来源在投标函附录价格指数和权重表中约定。价格指数应首先采用有关部门提供的价格指数，缺乏上述价格指数时，可采用有关部门提供的价格代替。

②暂时确定调整差额。在计算调整差额时得不到现行价格指数的，可暂用上一次价格指数计算，并在以后的付款中再按实际价格指

数进行调整。

③权重的调整。约定的变更导致原定合同中的权重不合理时,由监理人与承包人和发包人协商后进行调整。

④承包人工期延误后的价格调整。由于承包人原因未在约定的工期内竣工的,则对原约定竣工日期后继续施工的工程,在使用第①条的价格调整公式时,应采用原约定竣工日期与实际竣工日期的两个价格指数中较低的一个作为现行价格指数。

⑤若人工因素已作为可调因子包括在变值权重内,则不再对其进行单项调整。

2)造价信息调整价格差额。

①施工期内,因人工、材料和工程设备、施工机械台班价格波动影响合同价格时,人工、机械使用费按照国家或省、自治区、直辖市建设行政管理部门、行业建设管理部门或其授权的工程造价管理机构发布的人工成本信息、机械台班单价或机械使用费系数进行调整;需要进行价格调整的材料,其单价和采购数应由发包人复核,发包人确认需调整的材料单价及数量,作为调整合同价款差额的依据。

②人工单价发生变化且该变化因省级或行业建设主管部门发布的人工费调整文件所致时,承包双方应按省级或行业建设主管部门或其授权的工程造价管理机构发布的人工成本文件调整合同价款。人工费调整时应以调整文件的时间为界限进行。

③材料、工程设备价格变化按照发包人提供的《承包人提供主要材料和工程设备一览表(适用于造价信息差额调整法)》,由发承包双方约定的风险范围按规定调整合同价款。

④施工机械台班单价或施工机械使用费发生变化超过省级或行业建设主管部门或其授权的工程造价管理机构规定的范围时,按其规定调整合同价款。

(2)物价变化合同价款调整要求。

1)合同履行期间,因人工、材料、工程设备、机械台班价格波动影响合同价款时,应根据合同约定,按上述"(1)"中介绍的方法之一调整合同价款。

> **知识链接**
>
> 合同价款调整规定
>
> 1)承包人投标报价中材料单价低于基准单价:施工期间材料单价涨幅以基准单价为基础超过合同约定的风险幅度值,或材料单价跌幅以投标报价为基础超过合同约定的风险幅度值时,其超过部分按实调整。
>
> 2)承包人投标报价中材料单价高于基准单价:施工期间材料单价跌幅以基准单价为基础超过合同约定的风险幅度值,或材料单价涨幅以投标报价为基础超过合同约定的风险幅度值时,其超过部分按实调整。
>
> 3)承包人投标报价中材料单价等于基准单价:施工期间材料单价涨、跌幅以基准单价为基础超过合同约定的风险幅度值时,其超过部分按实调整。
>
> 4)承包人应在采购材料前将采购数量和新的材料单价报送发包人核对,确认用于本合同工程时,发包人应确认采购材料的数量和单价。发包人在收到承包人报送的确认资料后3个工作日不予答复的视为已经认可,作为调整合同价款的依据。如果承包人未报经发包人核对即自行采购材料,再报发包人确认调整合同价款的,如发包人不同意,则不作调整。

2)承包人采购材料和工程设备的,应在合同中约定主要材料、工程设备价格变化的范围或幅度;当没有约定,且材料、工程设备单价变化超过5%时,超过部分的价格应按照上述"(1)"中介绍的方法计算调整材料、工程设备费。

3)发生合同工程工期延误的,应按照下列规定确定合同履行期的价格调整:

①因非承包人原因导致工期延误的,计划进度日期后续工程的价格,应采用计划进度日期与实际进度日期两者的较高者。

②因承包人原因导致工期延误的,计划进度日期后续工程的价格,应采用计划进度日期与实际进度日期两者的较低者。

4)发包人供应材料和工程设备的,不适用上述第1)和第2)条规定,应由发包人按照实际变化调整,列入合同工程的工程造价内。

8. 暂估价

(1)按照《工程建设项目货物招标投标办法》(国家发改委、建设部等七部委 27 号令)第五条规定:"以暂估价形式包括在总承包范围内的货物达到国家规定规模标准的,应当由总承包中标人和工程建设项目招标人共同依法组织招标"。

若发包人在招标工程量清单中给定暂估价的材料、工程设备属于依法必须招标的,应由发承包双方以招标的方式选择供应商,确定价格,并应以此为依据取代暂估价,调整合同价款。

(2)发包人在招标工程量清单中给定暂估价的材料、工程设备不属于依法必须招标的,应由承包人按照合同约定采购,经发包人确认单价后取代暂估价,调整合同价款。暂估材料或工程设备的单价确定后,在综合单价中只应取代暂估单价,不应再在综合单价中涉及企业管理费或利润等其他费用的变动。

(3)发包人在工程量清单中给定暂估价的专业工程不属于依法必须招标的,应按照前述"2.工程变更"中的相关规定确定专业工程价款,并应以此为依据取代专业工程暂估价,调整合同价款。

(4)发包人在招标工程量清单中给定暂估价的专业工程,依法必须招标的,应当由发承包双方依法组织招标选择专业分包人,并接受有管辖权的建设工程招标投标管理机构的监督,还应符合下列要求:

1)除合同另有约定外,承包人不参加投标的专业工程发包招标,应由承包人作为招标人,但拟定的招标文件、评标工作、评标结果应报送发包人批准。与组织招标工作有关的费用应当被认为已经包括在承包人的签约合同价(投标总报价)中。

2)承包人参加投标的专业工程发包招标,应由发包人作为招标人,与组织招标工作有关的费用由发包人承担。同等条件下,应优先选择承包人中标。

3)应以专业工程发包中标价为依据取代专业工程暂估价,调整合同价款。

9. 不可抗力

因不可抗力事件导致的人员伤亡、财产损失及其费用增加，发承包双方应分别承担并调整合同价款和工期；不可抗力解除后复工的，若不能按期竣工，应合理延长工期。发包人要求赶工的，赶工费用应由发包人承担。

> **经验之谈**
>
> **发生不可抗力事件发承包双方承担责任的原则**
>
> (1) 合同工程本身的损害、因工程损害导致第三方人员伤亡和财产损失以及运至施工场地用于施工的材料和待安装的设备的损害，应由发包人承担。
>
> (2) 发包人、承包人人员伤亡应由其所在单位负责，并应承担相应费用。
>
> (3) 承包人的施工机械设备损坏及停工损失，应由承包人承担。
>
> (4) 停工期间，承包人应发包人要求留在施工场地的必要的管理人员及保卫人员的费用应由发包人承担。
>
> (5) 工程所需清理、修复费用，应由发包人承担。

10. 提前竣工（赶工补偿）

《建设工程质量管理条例》第十条规定："建设工程发包单位不得迫使承包方以低于成本的价格竞标，不得任意压缩合理工期"。因此为了保证工程质量，承包人除根据标准规范、施工图纸进行施工外，还应当按照科学合理的施工组织设计，按部就班地进行施工作业。

(1) 招标人应依据相关工程的工期定额合理计算工期，压缩的工期天数不得超过定额工期的20%，超过者，应在招标文件中明示增加赶工费用。赶工费用主要包括：①人工费的增加，如新增加投入人工的报酬，不经济使用人工的补贴等；②材料费的增加，如可能造成不经济使用材料而损耗过大，材料运输费的增加等；③机械费的增加，例如可能增加机械设备投入，不经济地使用机械等。

(2) 发包人要求合同工程提前竣工的，应征得承包人同意后与承包人商定采取加快工程进度的措施,并应修订合同工程进度计划。发包人应承担承包人由此增加的提前竣工(赶工补偿)费用,除合同另有约定外,提前竣工补偿的金额可为合同价款的 5%。

(3)发承包双方应在合同中约定提前竣工每日历天应补偿额度,此项费用应作为增加合同价款列入竣工结算文件中,应与结算款一并支付。

11. 误期赔偿

(1)如果承包人未按照合同约定施工,导致实际进度迟于计划进度的,承包人应加快进度,实现合同工期。即使承包人采取了赶工措施,赶工费用仍应由承包人承担。如合同工程仍然误期,承包人应赔偿发包人由此造成的损失,并按照合同约定向发包人支付误期赔偿费,除合同另有约定外,误期赔偿可为合同价款的 5%。即使承包人支付误期赔偿费,也不能免除承包人按照合同约定应承担的任何责任和应履行的任何义务。

(2)发承包双方应在合同中约定误期赔偿费,并应明确每日历天应赔额度。误期赔偿费应列入竣工结算文件中,并应在结算款中扣除。

(3)在工程竣工之前,合同工程内的某单项(位)工程已通过了竣工验收,且该单项(位)工程接收证书中表明的竣工日期并未延误,而是合同工程的其他部分产生了工期延误时,误期赔偿费应按照已颁发工程接收证书的单项(位)工程造价占合同价款的比例幅度予以扣减。

12. 索赔

(1)当合同一方向另一方提出索赔时,应有正当的索赔理由和有效证据,并应符合合同的相关约定。

(2)根据合同约定,承包人认为非承包人原因发生的事件造成了承包人的损失,应按下列程序向发包人提出索赔:

1)承包人应在知道或应当知道索赔事件发生后 28d 内,向发包人提交索赔意向通知书,说明发生索赔事件的事由。承包人逾期未发出

第四章 市政工程计价基础

索赔意向通知书的丧失索赔的权利。

2)承包人应在发出索赔意向通知书后28d内,向发包人正式提交索赔通知书。

3)索赔事件具有连续影响的,承包人应继续提交延续索赔通知,说明连续影响的实际情况和记录。

4)在资料事件影响结束后的28d内,承包人应向发包人提交最终索赔通知书,说明最终索赔要求,并应附必要的记录和证明材料。

(3)承包人索赔应按下列程序处理:

1)发包人收到承包人的索赔通知书后,应及时查验承包人的记录和证明材料。

2)发包人应在收到索赔知识书或有关索赔的进一步证明材料后的28d内,将索赔处理结果答复承包人,如果发包人逾期未做出答复,视为承包人索赔要求已被发包人认可。

3)承包人接受索赔处理结果的,索赔款项应作为增加合同价款,在当期进度款中进行支付;承包人不接受索赔处理结果的,应按合同约定的争议解决方式办理。

(4)承包人要求赔偿时,可以选择下列一项或几项方式获得赔偿:

1)延长工期。

2)要求发包人支付实际发生的额外费用。

3)要求发包人支付合理的预期利润。

4)要求发包人按合同的约定支付违约金。

(5)当承包人的费用索赔与工期索赔要求相关联时,发包人在做出费用索赔的批准决定时,应结合工程延期,综合做出费用赔偿和工程延期的决定。

(6)发承包双方在按合同约定办理竣工结算后,应被认为承包人已无权再提出竣工结算前所发生的任何索赔。承包人在提交的最终结清申请中,只限于提出竣工结算后的索赔,提出索赔的期限应自发承包双方最终结清时终止。

(7)根据合同约定,发包人认为由于承包人的原因造成发包人的损失,宜按承包人索赔的程序进行索赔。

(8)发包人要求赔偿时,可以选择下列一项或几项方式获得赔偿:
1)延长质量缺陷修复期限。
2)要求承包人支付实际发生的额外费用。
3)要求承包人按合同的约定支付违约金。
(9)承包人应付给发包人的索赔金额可从拟支付给承包人的合同价款中扣除,或由承包人以其他方式支付给发包人。

13. 现场签证

由于施工生产的特殊性,施工过程中往往会出现一些与合同工程或合同约定不一致或未约定的事项,这时就需要发承包双方用书面形式记录下来,这就是现场签证。签证有多种情形,一是发包人的口头指令,需要承包人将其提出,由发包人转换成书面签证;二是发包人的书面通知如涉及工程实施,需要承包人就完成此通知需要的人工、材料、机械设备等内容向发包人提出,取得发包人的签证确认;三是合同工程招标工程量清单中已有,但施工中发现与其不符,需承包人及时向发包人提出签证确认,以便调整合同价款;四是由于发包人原因未按合同约定提供场地、材料、设备或停水、停电等造成承包人停工,需承包人及时向发包人提出签证确认,以便计算索赔费用;五是合同中约定材料、设备等价格,由于市场发生变化,需承包人向发包人提出采纳数量及其单价,以便发包人核对后取得发包人的签证确认;六是其他由于施工条件、合同条件变化需现场签证的事项等。

(1)承包人应发包人要求完成合同以外的零星项目、非承包人责任事件等工作的,发包人应及时以书面形式向承包人发出指令,并应提供所需的相关资料;承包人在收到指令后,应及时向发包人提出现场签证要求。

(2)承包人应在收到发包人指令后的 7d 内向发包人提交现场签证报告,发包人应在收到现场签证报告后的 48h 内对报告内容进行核实,予以确认或提出修改意见。发包人在收到承包人现场签证报告后的 48h 内未确认也未提出修改意见的,应视为承包人提交的现场签证报告已被发包人认可。

(3)现场签证的工作如已有相应的计日工单价,现场签证中应列明完成该类项目所需的人工、材料、工程设备和施工机械台班的数量。

如现场签证的工作没有相应的计日工单价,应在现场签证报告中列明完成该签证工作所需的人工、材料设备和施工机械台班的数量及单价。

(4)合同工程发生现场签证事项,未经发包人签证确认,承包人便擅自施工的,除非征得发包人书面同意,否则发生的费用应由承包人承担。

(5)按照财政部、原建设部印发的《建设工程价款结算办法》(财建[2004]369号)第十五条的规定:"发包人和承包人要加强施工现场的造价控制,及时对工程合同外的事项如实纪录并履行书面手续。凡由发、承包双方授权的现场代表签字的现场签证以及发承包双方协商确定的索赔等费用,应在工程竣工结算中如实办理,不得因发、承包双方现场代表的中途变更改变其有效性"。"13计价规范"规定:"现场签证工作完成后的7d内,承包人应按照现场签证内容计算价款,报送发包人确认后,作为增加合同价款,与进度款同期支付"。此举可避免发包方变相拖延工程款以及发包人以现场代表变更而不承认某些索赔或签证的事件发生。

(6)在施工过程中,当发现合同工程内容因场地条件、地质水文、发包人要求等不一致时,承包人应提供所需的相关资料,并提交发包人签证认可,作为合同价款调整的依据。

14. 暂列金额

(1)已签约合同价中的暂列金额应由发包人掌握使用。

(2)暂列金额虽然列入合同价款,但并不属于承包人所有,也并不必然发生。只有按照合同约定实际发生后,才能成为承包人的应得金额,纳入工程合同结算价款中,发包人按照前述相关规定与要求进行支付后,暂列金额余额仍归发包人所有。

(二)索赔处理

1. 发出索赔意向通知

索赔事件发生后,承包商应在合同规定的时间内,及时向发包人或工程师书面提出索赔意向通知,亦即向发包人或工程师就某一个或若干个索赔事件表示索赔愿望、要求或声明保留索赔的权利。

我国建设工程施工合同条件规定:承包商应在索赔事件发生后的28d内,将其索赔意向通知工程师。反之如果承包商没有在合同规定的期限内提出索赔意向或通知,承包商则会丧失在索赔中的主动和有利地位,发包人和工程师也有权拒绝承包商的索赔要求,这是索赔成立的有效和必备条件之一。

2. 准备索赔资料

监理工程师和发包人一般都会对承包商的索赔提出一些质疑,要求承包商做出解释或出具有力的证明材料。主要包括:

(1)施工日志。应指定有关人员现场记录施工中发生的各种情况,包括天气、出工人数、设备数量及使用情况、进度情况、质量情况、安全情况、监理工程师在现场有什么指示、进行了什么试验、有无特殊干扰施工的情况、遇到了什么不利的现场条件、多少人员参观了现场等。这种现场记录和日志有利于及时发现和正确分析索赔,可能成为索赔的重要证明材料。

(2)来往信件。对与监理工程师、发包人和有关政府部门、银行、保险公司的来往信函,必须认真保存,并注明发送和收到的详细时间。

(3)气象资料。在分析进度安排和施工条件时,天气是应考虑的重要因素之一,因此,要保存一份真实、完整、详细的天气情况记录,包括气温、风力、湿度、降雨量、暴风雪、冰雹等。

(4)备忘录。承包商对监理工程师和发包人的口头指示和电话应随时用书面记录,并签字给予书面确认。事件发生和持续过程中的重要情况也都应有记录。

(5)会议纪要。承包商、发包人和监理工程师举行会议时要做好详细记录,对其主要问题形成会议纪要,并由会议各方签字确认。

(6)工程照片和工程声像资料。这些资料都是反映工程客观情况的真实写照,也是法律承认的有效证据,对重要工程部位应拍摄有关资料并妥善保存。

(7)工程进度计划。承包人编制的经监理工程师或发包人批准同意的所有工程总进度、年进度、季进度、月进度计划都必须妥善保管,任何有关工期延误的索赔中,进度计划都是非常重要的证据。

(8)工程核算资料。所有人工、材料、机械设备使用台账,工程成本分析资料,会计报表,财务报表,货币汇率,现金流量,物价指数,收付款票据,都应分类装订成册,这些都是进行索赔费用计算的基础。

(9)工程报告。包括工程试验报告、检查报告、施工报告、进度报告、特别事件报告等。

(10)工程图纸。工程师和发包人签发的各种图纸,包括设计图、施工图、竣工图及其相应的修改图,承包商应注意对照检查和妥善保存。对于设计变更索赔,原设计图和修改图的差异是索赔最有力的证据。

(11)招投标阶段有关现场考察资料,各种原始单据(工资单、材料设备采购单),各种法规文件,证书证明等,都应积累保存,它们都有可能是某项索赔的有力证据。

3. 编写索赔报告

索赔报告是承包商在合同规定的时间内向监理工程师提交的要求发包人给予一定经济补偿和延长工期的正式书面报告。索赔报告的水平与质量如何,直接关系到索赔的成败与否。

在实际承包工程中,索赔报告通常包括三个部分:

第一部分:承包商或其授权人致发包人或工程师的信。信中简要介绍索赔的事项、理由和要求,说明随函所附的索赔报告正文及证明材料情况等。

第二部分:索赔报告正文。针对不同格式的索赔报告,其形式可能不同,但实质性的内容相似,一般主要包括:

①题目。简要地说明针对什么提出索赔。

②索赔事件陈述。叙述事件的起因,事件经过,事件过程中双方的活动,事件的结果,重点叙述我方按合同所采取的行为,对方不符合合同的行为。

③理由。总结上述事件,同时引用合同条文或合同变更和补充协

议条文,证明对方行为违反合同或对方的要求超过合同规定,造成了该项事件,有责任对此造成的损失做出赔偿。

④影响。简要说明事件对承包商施工过程的影响,而这些影响与上述事件有直接的因果关系。重点围绕由于上述事件原因造成的成本增加和工期延长。

⑤结论。对上述事件的索赔问题做出最后总结,提出具体索赔要求,包括工期索赔和费用索赔。

第三部分:附件。该报告中所列举事实、理由、影响的证明文件和各种计算基础、计算依据的证明文件。

4. 递交索赔报告

索赔意向通知提交后的28d内,或工程师可能同意的其他合理时间,承包人应递送正式的索赔报告。

如果索赔事件的影响持续存在,28d内还不能算出索赔额和工期展延天数时,承包人应按工程师合理要求的时间间隔(一般为28d),定期陆续报出每一个时间段内的索赔证据资料和索赔要求。在该项索赔事件的影响结束后的28d内,报出最终详细报告,提出索赔论证资料和累计索赔额。

5. 索赔审查

索赔的审查,是当事双方在承包合同基础上,逐步分清在某些索赔事件中的权利和责任以使其数量化的过程。

(1)工程师审核承包人的索赔申请。接到承包人的索赔意向通知后,工程师应建立自己的索赔档案,密切关注事件的影响,检查承包人的同期记录时,随时就记录内容提出不同意见或希望应予以增加的记录项目。

(2)判定索赔成立的原则。工程师判定承包人索赔成立的条件为:

1)与合同相对照,事件已造成了承包人施工成本的额外支出或总工期延误。

2)造成费用增加或工期延误的原因,按合同约定不属于承包人应承担的责任,包括行为责任和风险责任。

3)承包人按合同规定的程序提交了索赔意向通知和索赔报告。

上述三个条件没有先后主次之分,应当同时具备。只有工程师认定索赔成立后,才处理应给予承包人的补偿额。

(3)审查索赔报告。

1)事态调查。通过对合同实施的跟踪、分析了解事件经过、前因后果,掌握事件详细情况。

2)损害事件原因分析。即分析索赔事件是由何种原因引起,责任应由谁来承担。在实际工作中,损害事件的责任有时是多方面原因造成,故必须进行责任分解,划分责任范围,按责任大小承担损失。

3)分析索赔理由。主要依据合同文件判明索赔事件是否属于未履行合同规定义务或未正确履行合同义务导致,是否在合同规定的赔偿范围之内。只有符合合同规定的索赔要求才有合法性,才能成立。

4)实际损失分析。即分析索赔事件的影响,主要表现为工期的延长和费用的增加。如果索赔事件不造成损失,则无索赔可言。损失调查的重点是分析、对比实际和计划的施工进度,工程成本和费用方面的资料,在此基础上核算索赔值。

5)证据资料分析。主要分析证据资料的有效性、合理性、正确性,这也是索赔要求有效的前提条件。如果在索赔报告中提不出证明其索赔理由、索赔事件的影响、索赔值的计算等方面的详细资料,索赔要求是不能成立的。如果工程师认为承包人提出的证据不能足以说明其要求的合理性时,可以要求承包人进一步提交索赔的证据资料。

6. 索赔解决

从递交索赔文件到索赔结束是索赔解决的过程。工程师经过对索赔文件的评审,与承包商进行较充分的讨论后,应提出对索赔处理决定的初步意见,并参加发包人和承包商之间的索赔谈判,根据谈判达成索赔最后处理的一致意见。

如果索赔在发包人和承包商之间未能通过谈判得以解决,可将有争议的问题进一步提交工程师决定。如果一方对工程师的决定不满意，双方可寻求其他友好解决方式，如中间人调解、争议评审团评议等。友好解决无效，一方可将争端提交仲裁或诉讼。

▶ 复习思考题 ◀

一、填空题

1. 市政工程施工定额是施工企业直接用于市政工程施工管理的一种定额，由_____、_____、_____三部分组成。
2. 施工图预算是指在施工图设计阶段，根据施工图纸、_____、市场价格及各项取费标准等资料，计算和确定工程预算造价的经济文件。
3. 综合单价法是以_____的单价为全费用单价。
4. 按反映机械台班消耗方式的不同，机械台班消耗定额分为_____、_____两种形式。
5. 工程量清单是表示建设工程的_____等内容的明细清单。

二、判断题

1. 施工定额是市政工程建设中一项重要的技术经济文件，它的各项指标反映了完成单位分项工程消耗的活劳动和物化劳动的数量限额。（　　）
2. 综合单价法以分部分项工程量的单价为直接费，直接费以人工、材料、机械的消耗量及其相应价格与措施费确定。（　　）
3. 凡是应用补充定额单价或换算单价编制预算时，都应附上补充定额和换算单价的分析资料，一次性的补充定额。（　　）

三、简答题

1. 什么是市政工程定额？
2. 市政工程预算定额有何作用？
3. 实物法与单价法的编制步骤有何不同？
4. 什么是时间定额？如何计算？
5. 如何编制劳动定额？
6. 确定劳动定额消耗量的方法有哪些？

第四章 市政工程计价基础

7. "两算"对比的常用方法有哪些?
8. 如何编制招标工程量清单?
9. 什么情况下应进行合同价款变更调整?
10. 索赔处理的基本程序是什么?

中篇 市政工程施工技术

第五章 城市道路工程施工技术

第一节 市政道路构成及分类

一、道路的分类

道路是一种主要承受汽车荷载反复作用的带状工程结构物。道路根据它们不同的组成和功能特点可分为公路、城市道路、厂矿道路、林区道路及乡村道路等。根据服务对象的不同，各类道路的平纵横线形也有较大差别。

(1)公路：连接城市、乡村和工矿基地等主要供汽车行驶，具有一定技术和设施的道路。

(2)城市道路：在城市范围内供车辆和行人通行，具有一定技术和设施的道路。

(3)林区道路：修建在林区，供各种林业运输工具通行的道路。

(4)乡村道路：修建在农村、农场，供行人和农业运输工具通行的道路。

(5)厂矿道路：为工厂、矿山运输车通行服务的道路。

> **知识链接**
>
> **城市道路的分类**
>
> 城市道路的功能是综合性的，按照城市道路在道路系统中的地位、交通功能以及沿街建筑的服务功能等来划分城市道路，一般将其划分为快速路、主干路、次干路、支路。

1. 快速路

快速路是指为较快车速、较长距离而设置的道路,一般为汽车专用路。

(1)当快速路设有双向车道时,中间应设中央分隔带用以分隔双向交通。

(2)当有自行车通行时,应加设两侧分隔带。

(3)快速路的进出口应采取全控制或部分控制。

(4)快速路与高速公路、快速路、主干路相交时,都必须采用立体交叉。

(5)与次干路相交时,可近期采用平面交叉,但应为将来建立立体交叉留有余地。

(6)与支路相交,在过路行人较集中地点应设置人行天桥或地道。

2. 主干路

主干路是构成道路网的骨架,是连接城市各主要分区的交通干道,即全布性的干道。主干路一般均为三幅路或四幅路,主干路的两侧不宜设置吸引大量车流、人流的公共建筑物的进出口。

3. 次干路

次干路是城镇的交通干路,另兼有服务功能,次干路与主干路构成城镇的道路系统,并建立支路与主干路之间的交通联系,因此,起广泛连接城镇各部分与集散交通的作用。

4. 支路

支路是联系次干路之间的道路,一般指居住区道路与连通路。支路是用作居住区内部的主要道路,也可用作居住区及街坊外围的道路,主要作用为供区域内部交通使用,除满足工业、商业、文教等区域特点的使用要求外,还应满足群众的使用要求,在支路上很少有过境车辆交通。

二、道路的结构组成

道路是交通工程的一种主要构筑物。道路的基本结构组成包括:路基、路面、桥梁、涵洞、隧道、排水工程、防护工程、交通安全工程及沿线附属设施等。

(1)路基:路基是支撑路面结构的基础,与路面共同承受行车荷载的作用,同时,承受气候变化和各种自然灾害的侵蚀和影响。路基结构按照与所处地面相对位置的不同可以分为填方路基、挖方路基和半填半挖路基三种断面形式。

(2)路面:路面是铺筑在道路路基上与车轮直接接触的结构层,承受和传递车轮荷载,承受磨耗,经受自然气候和侵蚀的影响。对路面的基本要求是具有足够的强度、稳定性、平整度、抗滑性能等。路面结构一般由面层、基层、底基层与垫层组成。

(3)桥涵:桥涵是道路跨越水域、沟谷和其他障碍物时修建的构造物。其中单孔跨径小于5m或多孔跨径之和小于8m称为涵洞,大于这一规定数值则称为桥梁。

(4)隧道:隧道是指建造在山岭、江河、海峡和城市地面下,供车辆通过的工程构造物。按所处位置可分为山岭隧道、水底隧道和城市隧道。

(5)排水工程:排水工程是为了排除地面水和地下水而设置的构造物。常见的排水设施包括边沟、排水沟、截水沟、急流槽、盲沟等,有效的排水系统是减少道路病害、保证道路正常运营的重要部分。

(6)防护工程:防护工程是为了加固路基边坡、确保路基稳定而修建的构造物。防护工程包含路基防护、坡面防护、支挡构造物三大类。常见的防护形式有砌石挡土墙、砌石护坡、草皮护坡等,防护工程对保证公路使用耐久性、提高投资效益均具有重要意义。

(7)交通安全工程及沿线设施:交通安全工程及沿线设施是指道路沿线设置的交通安全、养护管理等设施。道路交通工程主要包括交通标线、护栏、监控系统、收费系统、通信系统以及配套的服务设施、房屋建筑等。它们是保证道路功能、保障安全行驶的配套设施。

三、道路的线形组成

道路路线是指道路沿长度方向的行车道中心线。道路路线的线形,由于地形、地物和地质条件的限制,在平面上有转折,纵断面上有起伏。

在转折点和起伏变化点处为满足车辆行驶的舒适、安全和一定速度的要求,必须用一定半径的曲线连接,故路线在平面和纵面上都是由直线和曲线两大部分组成。平面上的曲线称为平曲线,而纵断面上的曲线称为竖曲线。在平面上是由直线和平曲线段组成,在纵面上是由平坡和上、下坡段及竖曲线组成。因此,从整体上来看,道路路线是一条空间曲线。

第二节 道路工程施工准备与测量

一、施工准备

开工前约请设计人进行现场测量交底,熟悉设计图纸和现场情况、恢复中线、加设施工控制桩、增设施工水准点、纵横断面的加密与复测、工程用地测量等。

(1)熟悉设计图纸和现场情况。道路设计图纸主要有路线平面图,纵、横断面图,标准横断面图和附属构筑物图等。接到施工任务后,测量人员首先要熟悉道路设计图纸。熟悉道路的中线位置和各种的附属构筑物的位置,掌握有关的施测数据及其相互关系。并要认真校核各部位尺寸,发现问题及时处理,以确保工程质量和进度。

熟悉图纸的同时还应熟悉现场。熟悉施工现场时,除了解工程及地形的情况外,应在实地找出中线桩、水准点的位置,必要时应实测校核,以便及时发现被碰动破坏的桩点,并避免用错点位。

(2)恢复中线。为保证工程施工中线位置准确可靠,在施工前根据原定线的条件进行复核,并将丢失的交点桩和里程桩等恢复校正好。对于部分改线地段,则应重新定线并测绘相应的纵、横断面图。恢复中线时,一般应将附属构筑物(如涵洞、挡土墙、检修井等)的位置一并定出。

(3)加设施工控制桩。经校正恢复的中线位置桩,在施工中往往要被挖掉或掩盖,很难保留。

> **特别提示**
>
> **恢复中线测量的精度要求**
>
> 测设时应以附近控制点为准,并用相邻控制点进行校核,控制点与测设点间距不宜大于100m,用光电测距仪时,可放大至200m。道路中线位置的偏差应控制在每100m不应大于5mm。道路工程施工中线桩的间距,直线宜为10～20m,曲线宜为10m,遇有特殊要求时,应适当加密,包括中线的起(终)点、折点、交点、平(纵)曲线的起终点及中点、整百米桩、施工分界点等。

因此,为了在施工中准确控制工程的中线位置,应在施工前根据施工现场的条件和可能,选择不受施工干扰、便于使用、易于保存桩位的地方,测设施工控制桩。

(4)增设施工水准点。为了在施工中引测高程方便,应在原有水准点之间加设临时施工水准点,其间距一般为100～300m。对加密的施工水准点,应设置在稳固、可靠、使用方便的地方。其引测精度应根据工程的性质、要求不同而不同。引测的方法按照水准测量的方法进行。

(5)纵、横断面的加密与复测。当工程设计定测后至施工前一般时间较长时,线路有挖土、堆土等变化,同时为了核实土方工程量,也需核实纵、横断面资料,因此,一般在施工前要对纵、横断面进行加密与复测。

(6)工程用地测量。工程用地是指工程在施工和使用中所占用的土地。工程用地测量的任务是根据设计图上确定的用地界线,按桩号和用地范围,在实地上标定出工程用地边界桩,并绘制工程用地平面图,也可以利用设计平面图圈绘。另外,还应编制用地划界表并附文字说明,作为向当地政府及有关单位申请征用或租用土地、办理拆迁、补偿的依据。

二、施工测量

1. 路基边桩测设

路基边桩测设就是将每一个横断面的路基两侧的边坡线与地面

的交点,用木桩标定在实地上,作为路基施工的依据。常用的有以下几种方法:

(1)图解法。直接在路基设计的横断面图上,按比例量取中桩至边桩的距离,然后到实地用皮尺量得其位置。在填挖量不大时常采用此法。

(2)解析法。它是根据路基填挖高度、路基宽度、边坡率计算路基中桩至边桩的距离,分平坦地面和倾斜地面两种情况。

2. 路面施工测设

路面施工是道路施工的最后一个环节,也是最重要的一个环节。因此,对路面施工放样的精度要求要比路基施工阶段放样的精度高。为了保证精度,便于测量,通常在路面施工中将线路两侧的导线点和水准点引测到路基上,一般设置在不易被破坏的桥梁、通道的桥台上或涵洞的压顶石上。路面放线的步骤如下:

(1)路槽的放样。在铺筑路面时,首先应进行路槽的放样,在已恢复的路线中线的百米桩和加桩上,从最近的水准点出发,进行路线水准测量,测出各桩的路基标高,并与设计标高相比较,看是否在规范规定的容许范围内;然后在路线中线上每隔10m设立高程桩,用放样已知点的方法使各桩顶高程等于铺筑的路面标高。如图5-1所示,用皮尺由高程桩沿横断面方向向左右各量出等于路槽宽度一半的长度,定出路槽边桩,使桩顶的高程亦等于铺筑后的路面标高。在上述这些桩的旁边挖一小坑,在坑中钉桩,使桩顶符合路槽横向坡度后槽底的高程,以指导路槽的开挖。

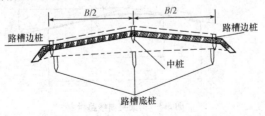

图 5-1 路槽放样

(2) 路拱放样。路面各结构层的放样方法都是先恢复中线,再量取道路宽度确定控制边线,放样高程控制各结构层的标高。对于水泥混凝土路面或者中间有分隔带的沥青路面,路拱按直线形式放样。对于没有中间分隔带的沥青路面,路拱有以下形式:

1) 抛物线路拱(图 5-2)。

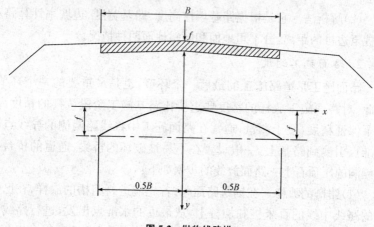

图 5-2　抛物线路拱

2) 斜面夹曲线路拱(图 5-3)。中间部分可用抛物线或圆曲线连接。

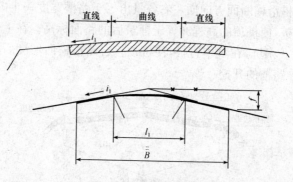

图 5-3　斜面夹曲线路拱

拱高 f 可按下式计算:

$$f=\left(\frac{B}{2}-\frac{l_1}{4}\right)i_1=\left(B-\frac{l_1}{2}\right)\frac{i_1}{2}$$

式中　l——曲线段的水平距离(m)；

　　　B——路面宽度(m)；

　　　i——路拱坡度(%)。

3. 道牙与人行道的放线

道牙是为了行人和交通安全，将人行道与路面分开的一种设置，又称侧石。人行道一般高出路面 8~20cm。

道牙的放线，一般和路面放线同时进行，也可与人行道放线同时进行。道牙与人行道测量放线方法如图 5-4 所示。

根据边线控制桩，测设出路面边线挂线桩，即道牙的内侧线；由边线控制桩的高程引测出路面面层设计高程，标注在边线挂线桩上。然后根据设计图纸要求，求出道牙的顶面

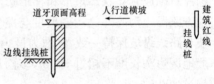

图 5-4　道牙与人行道测量放线

高程。最后由各桩号分段将道牙顶面高程挂线，安砌道牙。再以道牙为准，按照人行道铺设宽度设置人行道外缘挂线桩。再根据人行道宽度和设计横坡，推算人行道外缘设计高程，然后用水准测量方法将设计高程引测到人行道外缘挂线桩上，并做出标志。用线绳与道牙连接，即为人行道铺装顶面控制线。

第三节　路基工程

一、路基排水

路基施工前，应先做好截水沟、排水沟等排水及防渗设施。排水沟的出口应通至桥涵进出口处；排、截水沟挖出的废方应堆置在沟与路堑坡顶一侧，并予以夯实。

(一) 地表水排除

路基地表排水设施包括边沟、截水沟、排水沟、急流槽、拦水带、蒸发池等。施工排水设施应做到位置、断面、尺寸、坡度准确，所用材料符合设计文件及规范要求。

1. 边沟排水

(1) 边沟设置。边沟设置在挖方路段的边坡坡脚和填土高度小于边沟深度的填方边坡坡脚，用以汇集和排除降落在坡面和路面上的地表水。边沟断面一般为梯形，边沟内侧坡度按土质类型取 $1:1.0\sim1:1.5$。在较浅的岩石挖方路段，可采用矩形边沟，其内侧沟壁用浆砌片石砌成直立状。矩形和梯形边沟的底宽和深度不应小于 0.4m。挖方路段边沟的外侧沟壁坡度与路堑下部边坡坡度相同。边沟的纵坡与路线纵坡保持一致，纵坡为最小值时应缩短边沟出水口间距。一般地区边沟长度不超过 500m，多雨地区不超过 300m，三角形边沟不超过 200m。

(2) 边沟施工。边沟施工时，其平面位置、断面尺寸、坡度、标高及所用材料应符合设计文件和施工技术规范要求。修筑的边沟应线形美观，直线顺直，曲线圆滑，无突然转弯等现象，纵坡顺适，沟底平整，排水畅通，无冲刷和阻水现象，表面平整美观。

特别提示

土质边沟处理

土质边沟纵坡大于 3% 时，应采用浆砌片石、裁砌片石、水泥混凝土预制块等进行加固。采用浆砌片石铺砌时，片石应坚固稳定，砂浆配合比符合设计要求，砌筑时片石间应咬扣紧密，砌缝砂浆饱满、密实，勾缝应平顺，无脱落且缝宽一致，沟身无漏水现象。采用干砌片石铺筑时，应选用有平整面的片石，砌筑时片石间应咬扣紧密、错缝，砌缝用小石子嵌紧，禁止贴砌、叠砌和浮塞。采用抹面加固土质边沟时，抹面应平整压光。

---

2. 截水沟排水

(1) 截水沟设置。截水沟应设置在路堑边坡顶 5m 以上或路堤坡脚2m以外,并结合地形和地质条件顺等高线合理布置,使拦截的坡面水顺畅地流向自然沟谷或排水渠道。截水沟长度以200~500m为宜。一般采用梯形断面,沟壁坡度为1:1.0~1:1.5,断面尺寸可按设计径流量计算确定,但底宽和沟深不宜小于0.5m。

(2)截水沟施工。截水沟的施工要求与边沟基本相同。在地质不良、土质松软、透水性较大、裂缝多及沟底纵坡较大的地段,为防止水流下渗和冲刷,应对截水沟及其出水口进行严密的防渗处理和加固。

3. 排水沟排水

(1)排水沟设置。深挖路堑或高填路堤设边坡平台时,若坡面径流量大,可设置平台排水沟,以减小坡面冲刷。排水沟的断面形式和尺寸以及施工要求等与截水沟基本相同。

(2)排水沟排水方式。由边沟出水口、路面拦水堤或开口式缘石泄水口通过路堤边坡上的急流槽排放到坡脚的水流,应汇集到路堤坡脚外1~2m处的排水沟内,再排到桥涵或自然水道中。

4. 急流槽排水

(1)急流槽设置。在路堤、路堑坡面或从坡面平台上向下竖向排水,或者在截水沟和排水沟纵坡较大时,应设急流槽。构筑急流槽后使水流与涵洞进出口之间形成一个过渡段,可减轻水流的冲刷。

(2)急流槽施工。急流槽可由浆砌片石或水泥混凝土铺筑成矩形或梯形断面。浆砌片石急流槽的底厚为0.2~0.4m,施工时做成粗糙面,壁厚0.3~0.4m,底宽至少0.25m,槽顶与两侧斜坡面齐平,槽底每隔5m设一凸榫,嵌入坡面土体内0.3~0.5m,以防止槽身顺坡面下滑。

5. 跌水排水

(1)跌水设置。在陡坡或深沟地段的排水沟,为避免其出口下游的桥涵、自然水道或农田受到冲刷,可设置跌水。

(2)跌水施工。跌水可带消力池,也可不带,按坡度和坡长不同可设成单级或多级跌水。不带消力池的跌水,台阶高度为0.3~0.4m,高度与长度之比,应与原地面坡度吻合。带消力池的跌水,单级跌水墙的高度为1m左右,消力槛的高度宜为0.5m,消力池台面设2%~

3%的外倾纵坡,消力槛顶宽不宜小于0.4m,槛底设泄水孔。跌水的槽身结构与急流槽相同。

(二)地下水排除

1. 排水沟与盲沟排水

(1)排水沟与盲沟设置。当地下水位较高,潜水层埋藏不深时,可采用排水沟或盲沟截流地下水及降低地下水位,沟底宜埋入不透水层内。沟壁最下一排渗水孔(或裂缝)的底部宜高出沟底不小于0.2m。排水沟或盲沟设在路基旁侧时,宜沿路线方向布置,设在低洼地带或天然谷处时,宜顺山坡的沟谷走向布置。

(2)排水沟与盲沟施工。排水沟或盲沟采用混凝土浇筑或浆砌片石砌筑时,应在沟壁与含水地层接触面的高度处,设置一排或多排向沟中倾斜的渗水孔。沟壁外侧应填以粗粒透水材料或土工合成材料作反滤层。沿沟槽每隔10~15m或当沟槽通过软硬岩层分界处时应设置伸缩缝或沉降缝。

> 排水沟可兼排地表水;在寒冷地区不宜用于排除地下水。

2. 渗沟排水

(1)渗沟设置。渗沟用于降低地下水位或拦截地下水,设置在地面以下。渗沟的各部位尺寸应根据埋设位置和排水需要确定,宜采用槽形断面,最小底宽0.6m,沟深大于3m时最小底宽1.0m。渗沟内部用坚硬的碎、卵石或片石等透水性材料填充。沟顶和沟底应设封闭层,用干砌片石层封闭顶部,并用砂浆勾缝;底部用浆砌片石作封闭层,出水口采用浆砌片石端墙式结构。渗沟应尽量布置成与渗流方向垂直。

(2)渗沟沟壁应设置反滤层和防渗层。沟底挖至不透水层形成完整渗沟时,迎水面一侧设反滤层,背水面一侧设防渗层。沟底设在含水层内时则形成不完整渗沟,两侧沟壁均设置反滤层,反滤层可用砂砾石、渗水土工织物或无砂混凝土板等。防渗层采用夯实黏土、浆砌片石或土工薄膜等防渗材料。

(3)渗沟施工。渗沟分为填石渗沟、管式渗沟和洞式渗沟三种,这三种结构形式渗沟的位置、断面形式和尺寸应符合设计,材料质量要求等均应严格按设计和上述构造要求精心施工。渗沟采用矩形断面时,施工应从下游向上游开挖,并随挖随支撑,以防坍塌。填筑反滤层时,各层间用隔板隔开,同时填筑,至一定高度后向上抽出隔板,继续分层填筑至要求高度为止。渗沟顶部用单层干砌片石覆盖,表面用水泥砂浆勾缝,再在上面用厚度不小于 0.50m 的土夯填到与地面齐平。

二、土石方路基施工

(一)土方路基施工

1. 土方路基开挖

土方开挖应根据地面坡度、开挖断面、纵向长度及出土方向等因素结合土方调配,选用安全、经济的开挖方案。

(1)横挖法。以路堑整个横断面的宽度和深度,从一端或两端逐渐向前开挖的方式称为横挖法,如图 5-5 所示。本法适用于短而深的路堑。

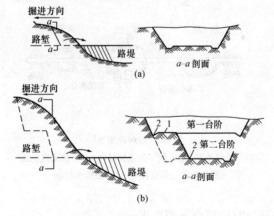

图 5-5 横向全宽挖掘法
(a)一层横向全宽挖掘法;(b)多层横向全宽挖掘法
1—第一台阶运土道;2—临时排水沟

1)用人力按横挖法挖路堑时,可在不同高度分几个台阶开挖,其深度视工作与安全而定,一般宜为 1.5~2.0m。无论自两端一次横挖到路基标高或分台阶横挖,均应设单独的运土通道及临时排水沟。

2)用机械按横挖法挖路堑且弃土(或以挖作填)运距较远时,宜用挖掘机配合自卸汽车进行。每层台阶高度可增加到 3~4m,其余要求与人力开挖路堑相同。

3)路堑横挖法也可用推土机进行。若弃土或以挖作填运距超过推土机的经济运距时,可用推土机推土堆积,再用装载机配合自卸汽车运土。

4)机械开挖路堑时,边坡应配以平地机或人工分层修刮平整。

(2)纵挖法。纵挖法分为分层纵挖法、通道纵挖法和分段纵挖法,如图 5-6 所示。较长路堑开挖可采用分层纵挖法;路堑较长、较深,两端地面纵坡较小时可采用通道纵挖法进行开挖;路堑过长,弃土运距过远的傍山路堑,其一侧堑壁不厚的路堑可采用分段纵挖法。

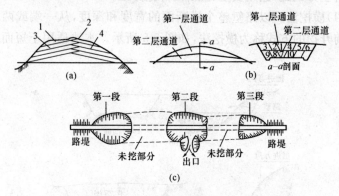

图 5-6 纵向挖掘法
(a)分层纵挖法(图中数字为挖掘顺序);(b)通道纵挖法
(图中数字为拓宽顺序);(c)分段纵挖法

纵挖法开挖时应符合下列要求:

1)当采用分层纵挖法挖掘的路堑长度较短(不超过 100m),开挖深度不大于 3m,地面坡度较陡时,宜采用推土机作业。

2)推土机作业时每一铲挖地段的长度应能满足一次铲切达到满载的要求,一般为5~10m,铲挖宜在下坡时进行;对普通土下坡坡度宜为10%~18%,不得大于30%;对于松土下坡坡度不宜小于10%,不得大于15%;傍山卸土的运行道应设有向内稍低的横坡,但应同时留有向外排水的通道。

3)当采用分层纵挖法挖掘的路堑长度较长(超过100m)时,宜采用铲运机作业。

4)对于拖式铲运机和铲运推土机,其铲斗容积为4~8m³的适宜运距为100~400m;容积为9~12m³的适宜运距为100~700m。自行式铲运机适宜运距可照上述运距加倍。铲运机在路基上的作业距离不宜小于100m。

有条件时宜配备一台推土机(或使用铲运推土机)配合铲运机作业。

5)铲运机运土道,单道宽度不应小于4m,双道宽度不应小于8m;重载上坡纵坡不宜大于8%,空驶上坡,纵坡不得大于50%;弯道应尽可能平缓,避免急弯;路面表层应在回驶时刮平,重载弯道处路面应保持平整。

6)铲运机作业面的长度和宽度应能使铲斗易于达到满载。

在地形起伏的工地,应充分利用下坡铲装;取土应沿其工作面有计划地均匀进行,不得局部过度取土而造成坑洼积水。

7)铲运机卸土场的大小应满足分层铺卸的需要,并留有回转余地。填方卸土应边走边卸,防止成堆,行走路线外侧边缘至填方边缘的距离不宜小于20cm。

(3)混合式开挖法。当路线纵向长度和挖深都很大时,宜采用混合式开挖法,即将横挖法与通道纵挖法混合使用。先沿路堑纵向挖通道,然后沿横向坡面挖掘,以增加开挖坡面,如图5-7所示。每一坡面应设一个施工小组或一台机械作业。

2. 土方路基回填

(1)填方前应将地面积水、积雪(冰)和冻土层、生活垃圾等清除干净。

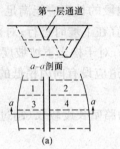

图 5-7 混合挖掘法
(a)横面和平面;(b)平面纵横通道示意图
(箭头表示运土与排水方向,数字表示工作面号数)

知识链接

混合式开挖要求

(1)开挖土方不得乱挖超挖。超挖数量不予计量及支付,路床面发生超挖,承包人还需自费回填并压实。严禁掏洞取土。在不影响边坡稳定的情况下,采用爆破施工时,应经过设计审批。

(2)注意边坡稳定,及时设置必要的支挡工程。开挖时必须按横断面自上而下,依照设计边坡逐层进行,防止因开挖不当导致塌方;在地质不良拟设支挡构造物的地段,应考虑在分段开挖的同时,分段修建支挡构造物,以保证安全。

(3)有效地扩大工作面,以利于提高生产效率,保证施工安全。

(4)开挖中,对适用的土、砂、石等材料,在经济合理的情况下,应尽量用作混凝土集料、路面材料、填方填料及施工砌筑料等。路基开挖所产生的利用料,既不应随意废弃,也不得重复结算利用料的开采费用。

(2)填方材料的强度(CBR)值应符合设计要求,其最小强度值应符合表 5-1 规定。不应使用淤泥、沼泽土、泥炭土、冻土、有机土以及含生活垃圾的土做路基填料。对液限大于 50%、塑性指数大于 26,可溶盐含量大于 5%、700℃有机质烧失量大于 8%的土,未经技术处理不得用作路基填料。

表 5-1 路基填料强度(CBR)的最小值

填方类型	路床顶面以下深度 /cm	最小强度(%)	
		城市快速路、主干路	其他等级道路
路床	0~30	8.0	6.0
路基	30~80	5.0	4.0
路基	80~150	4.0	3.0
路基	>150	3.0	2.0

(3)填方中使用房渣土、工业废渣等需经过试验,确认可靠并经建设单位、设计单位同意后方可使用。

(4)路基填方高度应按设计标高增加预沉量值。预沉量应根据工程性质、填方高度、填料种类、压实系数和地基情况与建设单位、监理工程师、设计单位共同商定确认。

(5)不同性质的土应分类、分层填筑,不得混填,填土中大于10cm的土块应打碎或剔除。

(6)填土应分层进行。下层填土验收合格后,方可进行上层填筑。路基填土宽度每侧应比设计规定宽50cm。

(7)路基填筑中宜做成双向横坡,一般土质填筑横坡宜为2%~3%,透水性小的土类填筑横坡宜为4%。

(8)透水性较大的土壤边坡不宜被透水性较小的土壤所覆盖。

(9)受潮湿及冻融影响较小的土壤应填在路基的上部。

(10)在路基宽度内,每层虚铺厚度应视压实机具的功能确定。人工夯实虚铺厚度应小于20cm。

(11)路基填土中断时,应对已填路基表面土层压实并进行维护。

(12)原地面横向坡度在1:10~1:5时,应先翻松表土再进行填土;原地面横向坡度陡于1:5时应做成台阶形,每级台阶宽度不得小于1m,台阶顶面应向内倾斜;在沙土地段可不作台阶,但应翻松表层土。

> **经验总结**
>
> **路基填筑每层虚铺厚度**
>
> | | |
> |---|---|
> | 羊足碾(6~8t) | 虚铺厚度应小于或等于0.50m |
> | 振动压路机(10~12t) | 虚铺厚度应小于或等于0.40m |
> | 8~12t压路机 | 虚铺厚度应小于或等于0.20~0.25m |
> | 12~15t压路机 | 虚铺厚度应小于或等于0.25~0.30m |
> | 动力打夯机 | 虚铺厚度应小于或等于0.20~0.25m |
> | 人工打夯 | 虚铺厚度应小于或等于0.20m |

3. 土方路基压实

(1)压实厚度。压实机具作用在土层上时,其压力传递的深度有一定限度,深于此限度的土,受压实作用而变形的量很小,此深度称作极限深度。根据理论分析和试验测定,它为施压面直径的3.0~3.5倍。对厚度小于极限深度的土层进行多次压实后,可发现在土层上部一定厚度范围内,密实度沿深度大致均匀地分布。对这一部分土层厚度称为有效深度。

土基是分层压实的。在确定每层厚度时,应考虑机具的极限深度。同时,更应考虑如何选择一合适的层厚,使整个土层达到要求的密实度,而所耗费的压实功能又最少。这种压实层厚称作最佳厚度。

一般情况下,最佳层厚可选择为有效深度;要求压实度高时,宜取小于有效深度的数值。

有效深度取决于施压面的最小尺寸、单位压力和土层的湿度。一般情况,黏性土的有效深度约为施压面最小尺寸的2倍;非黏性土的则比黏性土的大20%。

(2)压实次数。压实机具重复作用下,初次作用的压实变形大,随后压实变形随作用次数的增加而迅速降低。

从经济观点来看,每增加一次压实,就多消耗一倍压实功能。而最初几次压实作用的经济效果要比以后几次高得多。压实土层厚时,为达到要求密实度,往往需要压实很多遍,这就显得很不经济。因此,可采用"薄层少滚"的办法,也即减薄层厚,仅用少数几遍就达到要求压实度。这种方法可收到很经济的效果。

(3)压实土层湿度。在最佳含水量时压实土基,可以用最低的压实功能消耗达到最佳的压实效果,此时所得土基的水稳定性最佳。因此,压实时控制土层湿度为最佳值是很重要的。

最佳含水量是个相对值,它是土质、压实机具和压实功的函数。试验室所得到的最佳值,只是相应于标准压实法这种压实方法和压实功能的。因而,在施工时应按所选定的压实方法,通过实地试验确定相应的最佳含水量。

施工时,土的天然湿度不可能总是恰好等于最佳值。这时,必须采取措施,或者改变土的天然湿度,或者改变压实方法,迫使压实工作能经济有效地进行。干旱地区,土的天然湿度往往低于最佳值,而铺筑时土层中的水分又极易蒸发。在压实这种土基时,可加水润湿到最佳值。但这种地区往往是缺水的,加水的措施显得不现实或过于昂贵。这种情况下,可改变压实方法:采用较重的压实机具,减薄压实层厚,缩短摊铺与碾压的间隔时间(包括缩短工作段长度),挖取地表下较湿的土层作填料等。

> **特别提示**
>
> **路基压实处理**
>
> 当管道位于路基范围内时,其沟槽的回填土压实度应符合现行国家标准《给水排水管道工程施工及验收规范》(GB 50268—2008)的相关规定,且管顶以上50cm范围内不得用压路机压实。当管道结构顶面至路床的覆土厚度不大于50cm时,应对管道结构进行加固。当管道结构顶面至路床的覆土厚度在50~80cm时,路基压实过程中应对管道结构采取保护或加固措施。

(二)石方路基施工

1. 石方路基开挖

石方路基开挖方法有纵向开挖法、横向开挖法和综合开挖法三种。纵向开挖法适用于路堑拉槽、旧路降坡地段,根据不同的开挖深度和爆破条件,可采用台阶形分层爆破或全面爆破;横向开挖法适用于半挖半填路基和旧路拓宽,可沿路基横断方向,从挖填交界处,向高边坡一侧开挖;综合开挖法适用于深长路堑,采用纵向开挖法的同时,可在横断方向开挖一个或数个横向通道,再转向两端纵向开挖。

石方路基开挖时应符合下列要求:

(1)接近设计坡面部分的开挖,采用爆破施工时,应采用预裂光面爆破,以保护边坡稳定和整齐。爆破后的悬凸危石、碎裂块体,应及时清除整修。

(2)沟槽、附属结构物基坑的开挖,宜采用控制爆破,以保持岩石的整体性;在风化岩层上,应做防护处理。

(3)路基和基坑完工后,应按设计要求,对标高、纵横坡度和边坡进行检查,做好边坡基底的整修工作,碎裂块体应全部清除。超挖回填部分,应严格控制填料的质量,以防渗水软化。

> **知识链接**
>
> **爆破法施工石方的规定**
>
> 采用爆破法施工石方必须符合现行国家标准《爆破安全规程》(GB 6722)的相关规定,并应符合下列规定:
>
> (1)施工前,应进行爆破设计,编制爆破设计书或说明书,制定专项施工方案,规定相应的安全技术措施,经市、区政府主管部门批准。
>
> (2)在市区、居民稠密区,宜使用静音爆破,严禁使用扬弃爆破。
>
> (3)爆破工程应按批准的时间进行爆破,在起爆前必须完成对爆破影响区内的房屋、构筑物和设备的安全防护、交通管制与疏导,安全警戒且施爆区内人、畜等已撤至安全地带,指挥与操作系统人员就位。
>
> (4)起爆前爆破人员必须确认装药与导爆、起爆系统安装正确有效。

2. 石方路基回填

(1)填筑路段石料不足时,可在路基外部填石、内部填土,或下部填石,上部填土。土、石上下结合面应设置反滤层。

(2)边坡应选用坚硬而不易风化的石料填筑。外层应叠砌,叠砌宽度不宜小于1.0m。

(3)山坡填筑路堤,当地面横坡陡于1:2时,可采用石砌护肩、护脚、护墙或设置挡土墙加固边坡。

(4)基底处理同土质路基。

(5)石质路堤的填筑应先做好支挡结构;叠砌边坡应与填筑交错进行。

1)石块应分层找平,不得任意抛填。每层铺填厚度宜为30～40cm,大石块间空隙应用小石块填满铺平。

2)路床顶以下1.5m的路堤必须分层填筑,并配合人工整理,将石块大面向下安放稳固,挤靠紧密,再用小石块回填缝隙。

每层铺填厚度不宜大于30cm,填石最大粒径不得大于层厚的0.7倍。

3)石质路堤的压实宜选用重型振动式压路机。路床顶的压实标准是12～15t压路机的碾压轮迹不应大于5mm。

(6)管线沟槽的胸腔和管顶上30cm范围内,用5cm以下的土夹石料回填压实,路床顶以下30cm内的沟槽顶部可采用片石铺砌,并以细料嵌缝,整平压实。

三、特殊土路基施工

特殊土路基一般包括软土路基、湿陷性黄土路基、盐渍土路基、膨胀土路基及冻土路基。

1. 软土路基施工

(1)置换土施工应符合下列要求:

1)填筑前,应排除地表水,清除腐殖土、淤泥。

2)填料宜采用透水性土。处于常水位以下部分的填土,不得使用非透水性土壤。

> 软土路基施工应列入地基固结期。应按设计要求进行预压,预压期内除补填因加固沉降引起的补填土方外,严禁其他作业。

3)填土应由路中心向两侧按要求分层填筑并压实,层厚宜为15cm。

4)分段填筑时,接茬应按分层做成台阶形状,台阶宽不宜小于2m。

(2)当软土层厚度小于3.0m,且位于水下或为含水量极高的淤泥时,可使用抛石挤淤,并应符合下列要求:

1)应使用不易风化石料,石料中尺寸小于30cm粒径的含量不得超过20%。

2)抛填方向应根据道路横断面下卧软土地层坡度而定。坡度平坦时自地基中部渐次向两侧扩展;坡度陡于1:10时,自高侧向低侧抛填,并在低侧边部多抛投,使低侧边部约有2m宽的平台顶面。

3)抛石露出水面或软土面后,应用较小石块填平、碾压密实,再铺设反滤层填土压实。

(3)采用砂垫层置换时,砂垫层应宽出路基边脚0.5~1.0m,两侧以片石护砌。

(4)采用反压护道时,护道宜与路基同时填筑。当分别填筑时,必须在路基达到临界高度前将反压护道施工完成。压实度应符合设计规定,且不应低于最大干密度的90%。

(5)采用土工材料处理软土路基应符合下列要求:

1)土工材料应由耐高温、耐腐蚀、抗老化、不易断裂的聚合物材料制成。其抗拉强度、顶破强度、负荷延伸率等均应符合设计及有关产品质量标准的要求。

2)土工材料铺设前,应对基面压实整平。宜在原地基上铺设一层30~50cm厚的砂垫层。铺设土工材料后,运、铺料等施工机具不得在其上直接行走。

3)每压实层的压实度、平整度经检验合格后,方可于其上铺设土工材料。土工材料应完好,发生破损应及时修补或更换。

4)铺设土工材料时,应将其沿垂直于路轴线展开,并视填土层厚度选用符合要求的锚固钉固定、拉直,不得出现扭曲、折皱等现象。土工材料纵向搭接宽度不应小于30cm,采用锚接时其搭接宽度不得小于 15cm；采用胶结时胶结宽度不得小于 5cm，其胶结强度不得低于土工材料的抗拉强度。相邻土工材料横向搭接宽度不应小于 30cm。

5) 路基边坡留置的回卷土工材料，其长度不应小于 2m。

6) 土工材料铺设完后，应立即铺筑上层填料，其间隔时间不应超过 48h。

7) 双层土工材料上、下层接缝应错开，错缝距离不应小于 50cm。

(6) 采用袋装砂井排水应符合下列要求：

1) 宜采用含泥量小于 3% 的粗砂或中砂作填料。砂袋的渗透系数应大于所用砂的渗透系数。

2) 砂袋存放使用中不应长期暴晒。

3) 砂袋安装应垂直入井，不应扭曲、缩颈、断割或磨损，砂袋在孔口外的长度应能顺直伸入砂垫层不小于 30cm。

4) 袋装砂井的井距、井深、井径等应符合设计要求。

(7) 采用塑料排水板应符合下列要求：

1) 塑料排水板应具有耐腐性、柔韧性，其强度与排水性能应符合设计要求。

2) 塑料排水板贮存与使用中不得长期暴晒，并应采取保护滤膜措施。

3) 塑料排水板敷设应直顺，深度符合设计规定，超过孔口长度应伸入砂垫层不小于 50cm。

(8) 采用砂桩处理软土地基应符合下列要求：

1) 砂宜采用含泥量小于 3% 的粗砂或中砂。

2) 应根据成桩方法选定填砂的含水量。

3) 砂桩应砂体连续、密实。

4) 桩长、桩距、桩径、填砂量应符合设计规定。

(9) 采用碎石桩处理软土地基应符合下列要求：

1) 宜选用含泥砂量小于 10%、粒径 19～63mm 的碎石或砾石作桩料。

2) 应进行成桩试验，确定控制水压、电流和振冲器的振留时间等参数。

3)应分层加入碎石(砾石)料,观察振实挤密效果,防止断桩、缩颈。

4)桩距、桩长、灌石量等应符合设计规定。

(10)采用粉喷桩加固土桩处理软土地基应符合下列要求:

1)石灰应采用磨细Ⅰ级钙质石灰(最大粒径小于2.36mm、氧化钙含量大于80%),宜选用SiO_2和Al_2O_3含量大于70%,烧失量小于10%的粉煤灰、普通或矿渣硅酸盐水泥。

2)工艺性成桩试验桩数不宜少于5根,以获取钻进速度、提升速度、搅拌、喷气压力与单位时间喷入量等参数。

3)柱距、桩长、桩径、承载力等应符合设计规定。

(11)施工中,施工单位应按设计与施工方案要求记录各项控制观测数值,并与设计单位、监理单位及时沟通反馈有关工程信息以指导施工。路堤完工后,应观测沉降值与位移至符合设计规定并稳定后,方可进行后续施工。

2. 湿陷性黄土路基施工

(1)用换填法处理路基时应符合下列要求:

1)换填材料可选用黄土、其他黏性土或石灰土,其填筑压实要求同土方路基。

采用石灰土换填时,消石灰与土的质量配合比,宜为石灰:土为9:91(二八灰土)或12:88(三七灰土)。

2)换填宽度应宽出路基坡脚0.5~1.0m。

3)填筑用土中大于10cm的土块必须打碎,并应在接近土的最佳含水量时碾压密实。

(2)强夯处理路基时应符合下列要求:

1)夯实施工前,必须查明场地范围内的地下管线等构筑物的位置及标高,严禁在其上方采用强夯施工,靠近其施工必须采取保护措施。

2)施工前应按设计要求在现场选点进行试夯,通过试夯确定施工参数,

> 路基内的地下排水构筑物与地面排水沟渠必须采取防渗措施。施工中应详探道路范围内的陷穴,当发现设计有遗漏时,应及时报建设单位、设计单位,进行补充设计。

如夯锤质量、落距、夯点布置、夯击次数和夯击遍数等。

3) 地基处理范围不宜小于路基坡脚外 3m。

4) 应划定作业区,并应设专人指挥施工。

5) 施工过程中,应设专人对夯击参数进行监测和记录。当参数变异时,应及时采取措施处理。

(3) 路堤边坡应整平夯实,并应采取防止路面水冲刷措施。

3. 盐渍土路基施工

(1) 过盐渍土、强盐渍土不应作路基填料。弱盐渍土可用于城市快速路、主干路路床 1.5m 以下范围填土,也可用于次干路及其他道路路床 0.8m 以下填土。

(2) 施工中应对填料的含盐量及其均匀性加强监控,路床以下每 1000m³ 填料、路床部分每 500m³ 填料至少应做一组试件(每组取 3 个土样),不足上列数量时,也应做一组试件。

(3) 用石膏土作填料时,应先破坏其蜂窝状结构。石膏含量可不限制,但应控制压实度。

(4) 地表为过盐渍土、强盐渍土时,路基填筑前应按设计要求将其挖除,土层过厚时,应设隔离层,并宜设在距离路床下 0.8m 处。

(5) 盐渍土路基应分层填筑、夯实,每层虚铺厚度不宜大于 20cm。

(6) 盐渍土路堤施工前应测定其基底(包括护坡道)表土的含盐量、含水量和地下水位,分别按设计规定进行处理。

4. 膨胀土路基施工

(1) 施工应避开雨期,且保持良好的路基排水条件。

(2) 应采取分段施工。各道工序应紧密衔接,连续施工,逐段完成。

(3) 路堑开挖应符合下列要求:

1) 边坡应预留 30~50cm 厚土层,路堑挖完后应立即按设计要求进行削坡与封闭边坡。

2) 路床应比设计标高超挖 30cm,并应及时采用粒料或非膨胀土等换填、压实。

(4) 路基填方应符合下列要求：
1) 施工前应按规定做试验段。
2) 路床顶面 30cm 范围内应换填非膨胀土或经改性处理的膨胀土。当填方路基填土高度小于 1m 时，应对原地表 30cm 内的膨胀土挖除，进行换填。
3) 强膨胀土不得作路基填料。中等膨胀土应经改性处理方可使用，但膨胀总率不得超过 0.7%。
4) 施工中应根据膨胀土自由膨胀率，选用适宜的碾压机具，碾压时应保持最佳含水量；压实土层松铺厚度不得大于 30cm；土块粒径不得大于 5cm，且粒径大于 2.5cm 的土块量应小于 40%。
(5) 在路堤与路堑交界地段，应采用台阶方式搭接，每阶宽度不得小于 2m，并碾压密实。
(6) 路基完成施工后应及时进行基层施工。

5. 冻土路基施工

(1) 路基范围内的各种地下管线基础应设置于冻土层以下。
(2) 填方地段路堤应预留沉降量，在修筑路面结构之前，路基沉降应已基本稳定。
(3) 路基受冰冻影响部位，应选用水稳定性和抗冻稳定性均较好的粗粒土，碾压时的含水量偏差应控制在最佳含水量允许偏差范围内。
(4) 当路基位于永久冻土的富冰冻土、饱冰冻土或含冰层地段时，必须保持路基及周围的冻土处于冻结状态，且应避免施工时破坏土基热流平衡。排水沟与路基坡脚距离不应小于 2m。
(5) 冻土区土层为冻融活动层，设计无地基处理要求时，应报请设计部门进行补充设计。

四、路肩施工与构筑物处理

1. 路肩施工

(1) 路肩石可以在铺筑路面基层后，沿路面边线刨槽、打基础安

第五章 城市道路工程施工技术

装;也可以在修建路面基层时,在基础部位加宽路面基层作为基础;也可以利用路面基层施工中基层两侧宽出的多余部分作为基础,厚度及标高应符合设计要求。

要求路肩不得有积水现象。如为防止路肩边坡冲刷,也可将路肩做成反坡,使雨水延纵向汇集一处通过水簸箕排出路外。

(2)路面中线校正后,在路面边缘与侧石交界处放出路肩石线,直线部位10米桩,曲线部位5~10米桩,路口及分隔带等圆弧1~5米桩,也可以用皮尺画圆并在桩上标明路肩石顶面高程。

(3)刨槽施工时,按要求宽度向外刨槽,一般为30cm,靠近路面一侧比线位宽出少许,一般不大于5cm,太宽容易造成回填夯实不好及路边塌陷。为保证基础厚度,刨槽深度可比设计加深1~2cm,槽底应修理平整。若在路面基层加宽处安装路肩石,则将基层平整即可,免去刨槽工序。

2. 构筑物处理

(1)路基范围内存在既有地下管线等构筑物时,施工应符合下列规定:

1)施工前,应根据管线等构筑物顶部与路床的高差,结合构筑物结构状况,分析、评估其受施工影响程度,采取相应的保护措施。

2)构筑物拆改或加固保护处理措施完成后,应由建设单位、管理单位参加进行隐蔽验收,确认符合要求、形成文件后,方可进行下一工序施工。

3)施工中,应保持构筑物的临时加固设施处于有效工作状态。

4)对构筑物的永久性加固,应在达到规定强度后,方可承受施工荷载。

(2)新建管线等构筑物间或新建管线与既有管线、构筑物间有矛盾时,应报请建设单位,由管线管理单位、设计单位确定处理措施,并形成文件,据以施工。

(3)沟槽回填土施工应符合下列规定:

1)回填土应保证涵洞(管)、地下构筑物结构安全和外部防水层及保护层不受破坏。

2) 预制涵洞的现浇混凝土基础强度及预制件装配接缝的水泥砂浆强度达 5MPa 后,方可进行回填。砌体涵洞应在砌体砂浆强度达到 5MPa,且预制盖板安装后进行回填;现浇钢筋混凝土涵洞,其胸腔回填土宜在混凝土强度达到设计强度 70% 后进行,顶板以上填土应在达到设计强度后进行。

3) 涵洞两侧应同时回填,两侧填土高差不得大于 30cm。

4) 对有防水层的涵洞靠防水层部位应回填细粒土,填土中不得含有碎石、碎砖及大于 10cm 的硬块。

5) 土壤最佳含水量和最大干密度应经试验确定。

6) 回填过程不得劈槽取土,严禁掏洞取土。

第四节　路面基层

一、水泥稳定土类基层施工

1. 拌制

(1) 城镇道路中使用水泥稳定土类材料,宜采用搅拌厂集中拌制。

(2) 集中搅拌水泥稳定土类材料应符合下列规定:

1) 集料应过筛,级配应符合设计要求。

2) 混合料配合比应符合要求,计量准确;含水量应符合施工要求,并搅拌均匀。

3) 搅拌厂应向现场提供产品合格证及水泥用量、粒料级配、混合料配合比、R_7 强度标准值。

4) 水泥稳定土类材料运输时,应采取措施防止水分损失。

2. 摊铺

(1) 施工前应通过试验确定压实系数。水泥土的压实系数宜为 1.53～1.58;水泥稳定砂砾的压实系数宜为 1.30～1.35。

(2) 宜采用专用摊铺机械摊铺。

(3)水泥稳定土类材料自搅拌至摊铺完成,不应超过 3h。应按当班施工长度计算用料量。

(4)分层摊铺时,应在下层养护 7d 后,方可摊铺上层材料。

3. 碾压

(1)应在含水量等于或略大于最佳含水量时进行。

(2)宜采用 12~18t 压路机作初步稳定碾压,混合料初步稳定后用大于 18t 的压路机碾压,压至表面平整、无明显轮迹,且达到要求的压实度。

(3)水泥稳定土类材料,宜在水泥初凝前碾压成活。

(4)当使用振动压路机时,应符合环境保护和周围建筑物及地下管线、构筑物的安全要求。

4. 接缝

(1)纵向接缝宜设在路中线处。接缝应做成阶梯形,梯级宽不应小于 1/2 层厚。

(2)横向接缝应尽量减少。

5. 养护

(1)基层宜采用洒水养护,保持湿润。采用乳化沥青养护,应在其上撒布适量石屑。

(2)养护期间应封闭交通。

(3)常温下成活后应经 7d 养护,方可在其上铺筑面层。

二、石灰稳定土类基层施工

(一)路拌法施工

1. 施工测量

(1)在土基或老路面上铺筑石灰土层必须进行恢复中线测量,敷设适当桩距的中线桩并在路面边缘外设指示桩。

(2)进行水平测量,把路面中心设计标高引至指示桩上。

2. 整理下承层

(1)已完工多日的土基、底基层和老路面。

水泥稳定土类材料配合比设计

(1)试配时水泥掺量宜按表5-2选取。

表5-2　　　　水泥稳定土类材料试配水泥掺量

土壤、粒料种类	结构部位	水泥掺量(%)				
		1	2	3	4	5
塑性指数小于12的细粒土	基层	5	7	8	9	11
	底基层	4	5	6	7	9
其他细粒土	基层	8	10	12	14	16
	底基层	6	8	9	10	12
中粒土、粗粒土	基层①	3	4	5	6	7
	底基层	3	4	5	6	7

① 当强度要求较高时,水泥用量可增加1%。

(2)当采用厂拌法生产时,水泥掺量应比试验剂量增加0.5%,水泥最小掺量对粗粒土、中粒土应为3%,对细粒土应为4%。

(3)水泥稳定土类材料7d抗压强度:对城市快速路、主干路基层为3~4MPa,对底基层为1.5~2.5MPa;对其他等级道路基层为2.5~3MPa,底基层为1.5~2.0MPa。

1)当石灰土用作底基层时,要整理土基;当石灰土用作基层时,要整理底基层;当石灰土用作老路面的加强层时,要整理老路面。下承层表面应平整、坚实,具有规定的路拱,没有任何松散的材料和软弱地点。

2)下承层的平整度和压实度应符合设计的规定。

3)土基必须用12~15t三轮压路机进行碾压检验(压3~4遍)。在碾压过程中如发现土过干,表层松散,应适当洒水;如土过湿发生"弹簧"现象,应采取挖开晾晒、换土、戗石灰等措施进行处理。

4)底基层或老路面上的低洼和坑洞应仔细填补及压实,达到平整。老路面上的壅包、辙槽和严重裂缝或松散处应刨除整修。

5)逐一断面检查下承层高程是否符合设计要求。
(2)新完成的底基层或土基。
1)新完成的底基层或土基必须按规定进行验收。
2)凡验收不合格的路段,必须采取措施使其达到标准后,方能在其上铺筑石灰土层。

3. 石灰土拌制

(1)所用土应预先打碎、过筛(20mm 方孔),集中堆放、集中拌和。

(2)应按需要量将土和石灰按配合比要求,进行掺配。掺配时土应保持适宜的含水量,掺配后过筛(20mm 方孔),至颜色均匀一致为止。

(3)作业人员应佩戴劳动保护用品,现场应采取防扬尘措施。

4. 石灰土摊铺

(1)路床应湿润。

(2)压实系数应经试验确定。现场人工摊铺时,压实系数宜为 1.65～1.70。

(3)石灰土宜采用机械摊铺。每次摊铺长度宜为一个碾压段。

(4)摊铺掺有粗集料的石灰土时,粗集料应均匀。

5. 找平

(1)两段灰土衔接处需重叠拌和,如用犁耙拌和应距拌和转弯处 10～15m,不找平,后一段施工时,将前一段留下部分,一起再进行拌和。如用稳定土拌合机拌和,两个工作段的搭接部分亦需采用对接形式,前一段拌和后留 2m 以上,不进行找平。

> 找平工作应在路拱不偏、横坡适宜的基础上进行,在全宽范围内应只刮不垫。为避免重皮现象,如遇有个别低洼处,应先用平地机镐齿豁松再进行填垫,以利结合,严禁贴补找平,造成重皮。

(2)找平前应先对排压好的石灰土的线位、高程、宽度、厚度及拌和质量进行检查,认为可以满足找平要求时再开始找平。

(3)在找平工作中为使横坡符合要求,应采用每隔 20m 于路中和路边插杆的办法,帮助平地机司机掌握中线及边线位置,避免出现偏拱现象。应每隔20m给出每一个断面的各点高程(路面宽小于9m的3个点,9～15m的5个点,大于15m的7个点),撒石灰做出标志。并应将高程及横坡告知司机,指示司机进行找平工作。

(4)在直线段,找平工作用平地机先自路中下铲进行"初平"工作。在平曲线段,平地机由内侧向外侧进行"初平"工作。

(5)"初平"后必须用平地机将找平段全部排压一遍。

(6)排压以后进行找"细平"工作,使标高、横坡、厚度都符合要求。找平过程中,如发现有外露石块、砖头等要用锹清除,并刨松回填石灰土,碾压整平。

(7)找平时间应尽量提前,给碾压工序留出碾压时间,当拌和完成,当日又不能找平时,应严格控制交通。凡不能有效控制交通的地段,于转天找平前应重新翻开合耕,排压后进行找平工作。

(8)找平时刮到路边以外的石灰土混合料如需调用时,应适当加水,土块含量超出规定的应过筛以后再使用,路边石灰土放置一周以上的不宜再使用。

(9)正在施工的与已完成的两段石灰土衔接处,找平时易出凸包,要多铲几遍达到平顺。桥头路面施工中尤须注意石灰土层的高程与平整度。

6. 碾压

(1)铺好的石灰土应当天碾压成活。

(2)碾压时的含水量宜在最佳含水量的允许偏差范围内。

(3)直线和不设超高的平曲线段,应由两侧向中心碾压;设超高的平曲线段,应由内侧向外侧碾压。

(4)初压时,碾速宜为20～30m/min,灰土初步稳定后,碾速宜为30～40m/min。

(5)人工摊铺时,宜先用6～8t压路机碾压,灰土初步稳定,找补整形后,方可用重型压路机碾压。

(6)当采用碎石嵌丁封层时,嵌丁石料应在石灰土底层压实度达到85%时撒铺,然后继续碾压,使其嵌入底层,并保持表面有棱角外露。

7. 接缝

纵向接缝宜设在路中线处。接缝应做成阶梯形,梯级宽不应小于1/2层厚。横向接缝应尽量减少。

8. 养护

(1)石灰土成活后应立即洒水(或覆盖)养护,保持湿润,直至上层结构施工为止。

(2)石灰土碾压成活后可采取喷洒沥青透层油养护,并宜在其含水量为10%左右时进行。

(3)石灰土养护期应封闭交通。

(二)中心站集中拌合(厂拌)法施工

石灰稳定土可以在中心站用多种机械集中拌和,如强制式拌合机、双转轴桨叶式拌合机等,集中拌和有利于保证配料的准确性和拌和的均匀性。

1. 备料

土块要粉碎,最大尺寸不应大于15mm。集料的最大粒径和级配都应符合要求,必要时,应先筛除集料中不符合要求的颗粒。配料应准确,在潮湿多雨地区施工时,还应采取措施保护集料,特别是细集料(含土)和石灰免遭雨淋。

2. 拌制

(1)在城镇人口密集区,应使用厂拌石灰土,不得使用路拌石灰土。

(2)厂拌石灰土应符合下列规定:

1)石灰土搅拌前,应先筛除集料中不符合要求的颗粒,使集料的级配和最大粒径符合要求。

2)宜采用强制式搅拌机进行搅拌。配合比应准确,搅拌应均匀;含水量宜略大于最佳值;石灰土应过筛(20mm方孔)。

3)应根据土和石灰的含水量变化、集料的颗粒组成变化,及时调整搅拌用水量。

4)拌成的石灰土应及时运送到铺筑现场。运输中应采取防止水分蒸发和防扬尘措施。

5)搅拌厂应向现场提供石灰土配合比、R_7 强度标准值及石灰中活性氧化物含量的资料。

3. 运输

已拌成的混合料应尽快运送到铺筑现场。如运距远、气温高,则车上的混合料应加以覆盖,以防水分过多蒸发。

4. 其他工序

厂拌法施工中摊铺、碾压、接缝处理及养护参照上述"路拌法施工"的相关内容。

三、级配砂砾及级配砾石基层施工

级配砂砾及级配砾石可作为城市次干路及其以下道路基层。

1. 摊铺

(1)压实系数应通过试验段确定。每层摊铺虚厚不宜超过 30cm。

(2)砂砾应摊铺均匀一致,发生粗、细集料集中或离析现象时,应及时翻拌均匀。

(3)摊铺长度至少为一个碾压段 30~50m。

2. 碾压成活

(1)碾压前应洒水,洒水量应使全部砂砾湿润,且不导致其层下翻浆。砂石基层不同厚度、不同季节洒水量参考见表 5-3。

表 5-3　　　　砂石基层不同厚度、不同季节洒水量参考

厚度/cm	季节	
	春秋季/(kg/m²)	夏季/(kg/m²)
10	6~8	8~12
15	9~12	12~16
20	12~16	16~20
25	15~20	20~28

注:1. 天然级配砂石含水量未计入,施工时应扣除天然含水量。
　　2. 一般天然级配砂砾含水量约 7% 左右。
　　3. 天然级配砂砾石最佳含水量为 5%~9%。

(2)碾压过程中应保持砂砾湿润。

(3)碾压时应自路边向路中倒轴碾压。采用12t以上压路机进行,初始碾速宜为25~30m/min;砂砾初步稳定后,碾速宜控制在30~40m/min。碾压至轮迹不应大于5mm,砂石表面应平整、坚实,无松散和粗、细集料集中等现象。

(4)上层铺筑前,不得开放交通。

(5)在冬期施工应根据施工时的最低温度,可泼洒防冻剂,随泼洒随碾压。当泼洒盐水时,其浓度冰点的系数见表5-4。

表5-4　　　　　　　　不同浓度盐水溶液的冰点

溶液密度/(g/cm³) 15℃	食盐含量/g		冰点/℃
	在100g溶液内	在100g水内	
1.04	5.6	5.9	-3.5
1.06	8.3	9.0	-5.0
1.09	12.02	14.0	-8.5
1.10	13.6	15.7	-10.0
1.14	18.8	23.1	-15.0
1.17	22.4	29.0	-20.0

注:溶液浓度应用比重计控制。

四、级配碎石及级配碎砾石基层施工

1. 摊铺

(1)宜采用机械摊铺符合级配要求的厂拌级配碎石或级配碎砾石。

(2)压实系数应通过试验段确定,人工摊铺宜为1.40~1.50;机械摊铺宜为1.25~1.35。

(3)摊铺碎石每层应按虚厚一次铺齐,颗粒分布应均匀,厚度一致,不得多次找补。

(4)已摊平的碎石,碾压前应断绝交通,保持摊铺层清洁。

2. 碾压

(1) 碾压前和碾压中应适量洒水。

(2) 碾压中对有过碾现象的部位,应进行换填处理。

(3) 除上述(1)、(2)的规定外,碾压施工应遵循本节"二、石灰稳定土类基层施工"中碾压的相关规定。

3. 成活

(1) 碎石压实后及成活中应适量洒水。

(2) 视压实碎石的缝隙情况撒布嵌缝料。

(3) 宜采用12t以上的压路机碾压成活,碾压至缝隙嵌挤应密实,稳定坚实,表面平整,轮迹小于5mm。

(4) 未铺装上层前,对已成活的碎石基层应保持养护,不得开放交通。

五、石灰、粉煤灰稳定砂砾基层施工

1. 混合料拌制

混合料应由搅拌厂集中拌制且应符合下列规定:

(1) 宜采用强制式搅拌机拌制,并应符合下列要求:

1) 搅拌时应先将石灰、粉煤灰搅拌均匀,再加入砂砾(碎石)和水搅拌均匀。混合料含水量宜略大于最佳含水量。

2) 拌制石灰粉煤灰砂砾均应做延迟时间试验,以确定混合料在贮存场存放时间及现场完成作业时间。

3) 混合料含水量应视气候条件适当调整。

(2) 搅拌厂应向现场提供产品合格证及石灰活性氧化物含量、粒料级配、混合料配合比及R_7强度标准值的资料。

(3) 运送混合料应覆盖,防止遗撒、扬尘。

2. 摊铺

(1) 混合料在摊铺前其含水量宜在最佳含水量的允许偏差范围内。

(2) 混合料每层最大压实厚度应为20cm,且不宜小于10cm。

(3)摊铺中发生粗、细集料离析时,应及时翻拌均匀。

(4)除上述要求外,摊铺施工应参照本节"二、石灰稳定土类基层施工"中的相关内容。

3. 碾压

碾压成活施工参照本节"二、石灰稳定土类基层施工"中的相关内容。

4. 养护

(1)混合料基层,应在潮湿状态下养护。养护期视季节而定,常温下不宜少于7d。

(2)采用洒水养护时,应及时洒水,保持混合料湿润;采用喷洒沥青乳液养护时,应及时在乳液面撒嵌丁料。

(3)养护期间宜封闭交通。需通行的机动车辆应限速,严禁履带车辆通行。

第五节 水泥混凝土路面施工

水泥混凝土路面是指以水泥混凝土板作为面层,下设基层、垫层所组成的路面结构,又称为刚性路面。

一、模板与钢筋施工

1. 模板安装

(1)支模前应核对路面标高、面板分块、胀缝和构造物位置。

(2)模板应安装稳固、顺直、平整,无扭曲,相邻模板连接应紧密平顺,不应错位。

(3)严禁在基层上挖槽嵌入模板。

(4)使用轨道摊铺机应采用专用钢制轨模。

(5)模板安装完毕,应进行检验,合格后方可使用。其安装质量应符合表5-5的规定。

表 5-5 模板安装允许偏差

检测项目	施工方式 允许偏差			检验频率		检验方法
	三辊轴机组	轨道摊铺机	小型机具	范围	点数	
中线偏位/mm	≤10	≤5	≤15	100m	2	用经纬仪、钢尺量
宽度/mm	≤10	≤5	≤15	20m	1	用钢尺量
顶面高程/mm	±5	±5	±10	20m	1	用水准仪测量
横坡(%)	±0.10	±0.10	±0.20	20m	1	用钢尺量
相邻板高差/mm	≤1	≤1	≤2	每缝	1	用水平尺、塞尺量
模板接缝宽度/mm	≤3	≤2	≤3	每缝	1	用钢尺量
侧面垂直度/mm	≤3	≤2	≤4	20m	1	用水平尺、卡尺量
纵向顺直度/mm	≤3	≤2	≤4	40m	1	用20m线和钢尺量
顶面平整度/mm	≤1.5	≤1	≤2	每两缝间	1	用3m直尺、塞尺量

2. 钢筋安装

(1)钢筋安装前应检查其原材料品种、规格与加工质量,确认符合设计规定。

(2)钢筋网、角隅钢筋等安装应牢固、位置准确。钢筋安装后应进行检查,合格后方可使用。

(3)传力杆安装应牢固、位置准确。胀缝传力杆应与胀缝板、提缝板一起安装。

(4)钢筋加工允许偏差应符合表 5-6 的规定。

表 5-6 钢筋加工允许偏差

项目	焊接钢筋网及骨架允许偏差/mm	绑扎钢筋网及骨架允许偏差/mm	检验频率		检验方法
			范围	点数	
钢筋网的长度与宽度	±10	±10	每检验批	抽查10%	用钢尺量
钢筋网眼尺寸	±10	±20			用钢尺量
钢筋骨架宽度及高度	±5	±5			用钢尺量
钢筋骨架的长度	±10	±10			用钢尺量

(5)钢筋安装允许偏差应符合表5-7的规定。

表5-7　　　　　　　　　钢筋安装允许偏差

项目		允许偏差/mm	检验频率		检验方法
			范围	点数	
受力钢筋	排距	±5	每检验批	抽查10%	用钢尺量
	间距	±10			用钢尺量
钢筋弯起点位置		20			用钢尺量
箍筋、横向钢筋间距	绑扎钢筋网及钢筋骨架	±20			用钢尺量
	焊接钢筋网及钢筋骨架	±10			
钢筋预埋位置	中心线位置	±5			用钢尺量
	水平高差	±3			
钢筋保护层	距表面	±3			用钢尺量
	距底面	±5			

3. 模板拆除

混凝土抗压强度达8.0MPa及以上方可拆模。当缺乏强度实测数据时,侧模允许最早拆模时间宜符合表5-8的规定。

表5-8　　　　　混凝土侧模的允许最早拆模时间　　　　　　　　　h

昼夜平均气温	-5℃	0℃	5℃	10℃	15℃	20℃	25℃	≥30℃
硅酸盐水泥、R型水泥	240	120	60	36	34	28	24	18
道路、普通硅酸盐水泥	360	168	72	48	36	30	24	18
矿渣硅酸盐水泥	—	—	120	60	50	45	36	24

注:允许最早拆侧模时间从混凝土面板经整成形后开始计算。

二、混凝土搅拌与运输

1. 混凝土搅拌

(1)面层用混凝土宜选具备资质、混凝土质量稳定的搅拌站供应。

(2)现场自行设立搅拌站应符合下列规定:

1)搅拌站应具备供水、供电、排水、运输道路和分仓堆放砂石料及搭建水泥仓的条件。

2)搅拌站管理、生产和运输能力,应满足浇筑作业需要。

3)搅拌站宜设有计算机控制数据信息采集系统。搅拌设备配料计量偏差应符合表5-9的规定。

表5-9　　　　　搅拌设备配料的计量允许偏差　　　　　　　　　%

材料名称	水泥	掺合料	钢纤维	砂	粗集料	水	外加剂
城市快速路、主干路每盘	±1	±1	±2	±2	±2	±1	±1
城市快速路、主干路累计每车	±1	±1	±1	±2	±2	±1	±1
其他等级道路	±2	±2	±2	±3	±3	±2	±2

(3)混凝土搅拌应符合下列规定:

1)混凝土的搅拌时间应按配合比要求与施工对其工作性要求经试拌确定最佳搅拌时间。每盘最长总搅拌时间宜为80~120s。

2)外加剂宜稀释成溶液,均匀加入进行搅拌。

3)混凝土应搅拌均匀,出仓温度应符合施工要求。

4)搅拌钢纤维混凝土,除应满足上述要求外,还应符合下列要求:

①当钢纤维体积率较高,搅拌物较干时,搅拌设备一次搅拌量不宜大于其额定搅拌量的80%。

②钢纤维混凝土的投料次序、方法和搅拌时间,应以搅拌过程中钢纤维不产生结团和满足使用要求为前提,通过试拌确定。

③钢纤维混凝土严禁用人工搅拌。

2. 混凝土运输

(1)施工中应根据运距、混凝土搅拌能力、摊铺能力确定运输车辆的数量与配置。

(2)不同摊铺工艺的混凝土搅拌物从搅拌机出料到运输、铺筑完毕的允许最长时间应符合表 5-10 的规定。

表 5-10　　混凝土拌合物出料到运输、铺筑完毕允许最长时间　　　　　　　h

施工气温①/℃	到运输完毕允许最长时间		到铺筑完毕允许最长时间	
	滑模、轨道	三辊轴、小机具	滑模、轨道	三辊轴、小机具
5~9	2.0	1.5	2.5	2.0
10~19	1.5	1.0	2.0	1.5
20~29	1.0	0.75	1.5	1.25
30~35	0.75	0.5	1.25	1.0

① 施工时间的日间平均气温，使用缓凝剂延长凝结时间后，本表数值可增加 0.25~0.5h。

三、混凝土铺筑

1. 铺筑前检查

(1) 基层或砂垫层表面、模板位置、高程等符合设计要求。模板支撑接缝严密、模内洁净、隔离剂涂刷均匀。

(2) 钢筋、预埋胀缝板的位置正确，传力杆等安装符合要求。

(3) 混凝土搅拌、运输与摊铺设备，状况良好。

2. 三辊轴机组铺筑

(1) 三辊轴机组铺筑混凝土面层时，辊轴直径应与摊铺层厚度匹配，且必须同时配备一台安装插入式振捣器组的排式振捣机，振捣器的直径宜为 50~100mm，间距不应大于其有效作用半径的 1.5 倍，且不得大于 50cm。

(2) 当面层铺装厚度小于 15cm 时，可采用振捣梁。其振捣频率宜为 50~100Hz，振捣加速度宜为 4~5g（g 为重力加速度）。

(3) 当一次摊铺双车道面层时，应配备纵缝拉杆插入机，并配有插入深度控制和拉杆间距调整装置。

(4) 铺筑作业应符合下列要求：

1)卸料应均匀,布料应与摊铺速度相适应。
2)设有接缝拉杆的混凝土面层,应在面层施工中及时安设拉杆。
3)三辊轴整平机分段整平的作业单元长度宜为 20~30m,振捣机振实与三辊轴整平工序之间的时间间隔不宜超过 15min。
4)在一个作业单元长度内,应采用前进振动、后退静滚方式作业,最佳滚压遍数应经过试铺确定。

3. 轨道摊铺机铺筑

(1)采用轨道摊铺机铺筑时,最小摊铺宽度不宜小于 3.75m。
(2)应根据设计车道数按表 5-11 的技术参数选择摊铺机。

表 5-11　　　　　　　　轨道摊铺机的基本技术参数

项目	发动机功率 /kW	最大摊铺宽度 /m	摊铺厚度 /mm	摊铺速度 /(m/min)	整机质量 /t
三车道轨道摊铺机	33~45	11.75~18.3	250~600	1~3	13~38
双车道轨道摊铺机	15~33	7.5~9.0	250~600	1~3	7~13
单车道轨道摊铺机	8~22	3.5~4.5	250~450	1~4	≤7

(3)坍落度宜控制在 20~40mm。不同坍落度时的松铺系数 K 可参考表 5-12 确定,并按此计算出松铺高度。

表 5-12　　　　　松铺系数 K 与坍落度 S_L 的关系

坍落度 S_L/mm	5	10	20	30	40	50	60
松铺系数 K	1.30	1.25	1.22	1.19	1.17	1.15	1.12

(4)当施工钢筋混凝土面层时,宜选用两台箱型轨道摊铺机分两层两次布料。下层混凝土的布料长度应根据钢筋网片长度和混凝土凝结时间确定,且不宜超过 20m。

(5)振实作业应符合下列要求:
1)轨道摊铺机应配备振捣器组,当面板厚度超过 150mm、坍落度小于 30mm 时,必须插入振捣。

2)轨道摊铺机应配备振动梁或振动板对混凝土表面进行振捣和修整。使用振动板振动提浆饰面时,提浆厚度宜控制在(4±1)mm。

(6)面层表面整平时,应及时清除余料,用抹平板完成表面整修。

4. 人工小型机具铺筑

(1)混凝土松铺系数宜控制在 1.10～1.25。

(2)摊铺厚度达到混凝土板厚的 2/3 时,应拔出模内钢钎,并填实钎洞。

(3)混凝土面层分两次摊铺时,上层混凝土的摊铺应在下层混凝土初凝前完成,且下层厚度宜为总厚的 3/5。

(4)混凝土摊铺应与钢筋网、传力杆及边缘角隅钢筋的安放相配合。

(5)一块混凝土板应一次连续浇筑完毕。

(6)混凝土使用插入式振捣器振捣时,不应过振,且振动时间不宜少于 30s,移动间距不宜大于 50cm。使用平板振捣器振捣时应重叠 10～20cm,振捣器行进速度应均匀一致。

(7)真空脱水作业应符合下列要求:

1)真空脱水应在面层混凝土振捣后、抹面前进行。

2)开机后应逐渐升高真空度,当达到要求的真空度,开始正常出水后,真空度应保持稳定,最大真空度不宜超过 0.085MPa,待达到规定脱水时间和脱水量时,应逐渐减小真空度。

3)真空系统安装与吸水垫放置位置,应便于混凝土摊铺与面层脱水,不得出现未经吸水的脱空部位。

4)混凝土试件,应与吸水作业同条件制作、同条件养护。

5)真空吸水作业后,应重新压实整平,并拉毛、压痕或刻痕。

(8)成活应符合下列要求:

1)现场应采取防风、防晒等措施;抹面拉毛等应在跳板上进行,抹面时严禁在板面上洒水、撒水泥粉。

2)采用机械抹面时,真空吸水完成后即可进行。先用带有浮动圆盘的重型抹面机粗抹,再用带有振动圆盘的轻型抹面机或人工细抹一遍。

> **经验之谈**
>
> **铺筑要点**
>
> (1)混凝土直接倾卸入模时,应保持砂垫层的坚实、平整。
>
> (2)摊铺混凝土时,应考虑混凝土振捣后的沉落,一般应高出模板2~2.5cm,同时在模板顶面加一条临时木挡板,以防高出模板的混合料在振捣时外溢。用U形铁夹子将挡板卡紧在木模板顶上,随摊铺混凝土向前移动。
>
> (3)摊铺厚度达到混凝土板厚的2/3时,即可拔出模内铁橛,并填实橛洞。
>
> (4)施工双层式路面时,上层混凝土的摊铺应在下层混凝土初凝前完成。
>
> (5)摊铺加筋混凝土时,应与传力杆及边缘钢筋的安放工作紧密配合。
>
> (6)一块混凝土板必须一次连续浇筑完毕。
>
> (7)如在铺筑混凝土过程中遇雨时,应及时架好防雨罩,操作人员可在罩内继续操作。

四、抹面施工

(1)机械抹面先用质量不小于75kg带有浮动圆盘的重型抹面机粗抹一遍,几分钟后再用带有激动圆盘的轻型抹面机或人工用抹子光抹一遍。

(2)第一遍抹面工作是在全幅振捣夯振实整平后,紧跟进行。先用手拉夯拉搓一遍,再用长塑料抹子用力揉压平整,达到去高填低,揉压出灰浆使其均匀分布在混凝土表面。

(3)第二遍抹面工作须接着进行,使用短塑料抹子进一步找平混凝土板面,使表面均匀一致,如发现缝板偏移或倾斜等情况时,要及时挂线找直修整好。

(4)防风与防晒措施:当第二遍抹面后,如遇风吹日晒易使板面干缩,应及时用苫布覆盖。

第五章 城市道路工程施工技术

(5)第三遍抹面工作,是在第二遍抹面后,间隔一定时间,以排出混凝土出现的泌水,间隔时间视气温情况而定,常温为2～3h,最后一次抹面要求细致,消灭砂眼,使混凝土板面符合平整度要求。抹面后使用大排笔沿横坡方向轻轻拉毛,最后再将伸缩缝提缝板提出,边角处及所有接缝用"L"形抹子修饰平整,用小排笔轻轻刷扫达到板面一致。

(6)如采用电动抹子抹面,须在第二遍抹面后,且混凝土将初凝能上人时进行。使用电动抹子时要端平,抹面完成后用塑料抹子将振出的灰浆抹平。

(7)伸缩缝提缝板提出的时间,应在混凝土初凝前后(夏季一般为30～40min),注意不要碰坏边角,缝要全部贯通,缝内灰浆要清除干净。

(8)雨后应及时检查新浇筑的混凝土面层,对因雨受损伤处迅速做补救处理。

(9)抹面后沿横坡方向用棕刷拉毛,或采用机具压纹,压纹深度一般为1～3mm,其上口稍宽于下口。

五、接缝施工

1. 横缝施工

(1)胀缝间距应符合设计规定,缝宽宜为20mm。在与结构物衔接处、道路交叉和填挖土方变化处,应设胀缝。

(2)胀缝上部的预留填缝空隙,宜用提缝板留置。提缝板应直顺,与胀缝板密合、垂直于面层。

(3)缩缝应垂直板面,宽度宜为4～6mm。切缝深度:设传力杆时,不应小于面层厚的1/3,且不得小于70mm;不设传力杆时不应小于面层厚的1/4,且不应小于60mm。

(4)机切缝时,宜在水泥混凝土强度达到设计强度的25%～30%时进行。

2. 纵缝施工

纵缝是指当一次铺筑路面宽度小于路面和硬路肩总宽度时,纵向设置的施工缝,如图 5-8 所示。

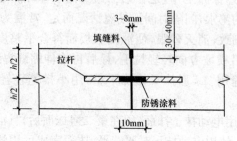

图 5-8 纵向施工缝

纵缝施工应符合以下要求:

(1)平缝施工应在模板上设计的孔位放置拉杆,并在缝壁一侧涂刷隔离剂。拉杆应采用螺纹钢筋,顶面的缝槽以切缝机切成,用填料填满,并将表面的粘浆等杂物清理干净,以保持纵缝的顺直和美观。

(2)假缝施工应先将拉杆采用门形式固定在基层上,或用拉杆置放机在施工时置入。顶面的缝槽以切缝机切成,使混凝土在收缩时能从此缝向下规则开裂,施工时应防止切缝深度不足而引起不规则裂缝。

六、面层养护与填缝

1. 面层养护

(1)水泥混凝土面层成活后,应及时养护。可选用保湿法和塑料薄膜覆盖等方法养护。气温较高时,养护期不宜少于 14d;低温时,养护期不宜少于 21d。

(2)昼夜温差大的地区,应采取保温、保湿的养护措施。

(3)养护期间应封闭交通,不应堆放重物;养护终结,应及时清除面层养护材料。

> 在面层混凝土弯拉强度达到设计强度,且填缝完成前,不得开放交通。

(4)混凝土板在达到设计强度的

40%以后,方可允许行人通行。

2. 填缝

混凝土板养护期满后应及时填缝,缝内遗留的砂石、灰浆等杂物,应剔除干净,并应按设计要求选择填缝料,根据填料品种制定工艺技术措施。

浇筑填缝料必须在缝槽干燥状态下进行,填缝料应与混凝土缝壁黏附紧密,不渗水。填缝料的充满度应根据施工季节而定,常温施工应与路面平,冬期施工,宜略低于板面。

第六节 沥青路面施工

沥青混合料面层是指用沥青作结合料铺筑的路面结构。由于使用了粘结力较强的沥青材料,集料间的粘结力大大增强,因而提高了沥青混合料的强度和稳定性,使面层的行驶质量和耐久性都得到提高。与水泥混合料面层相比,沥青混合料面层具有表面平整、无接缝、行车平稳、振动小、噪声低、施工期短、养护方便等优点。

一、沥青混合料面层施工

1. 混合料拌和与运输

(1)拌和。应试拌根据室内配合比进行试拌,通过试拌确定施工质量控制指标。试拌基本程序如下:

1)对间歇式拌合设备,应确定每盘热料仓的配合比;对连续式拌合设备,应确定各种矿料送料口的大小及沥青、矿料的进料速度。

2)沥青混合料应按设计沥青用量进行试拌,取样做马歇尔试验,以验证设计沥青用量的合理性,或做适当的调整。

3)确定适宜的拌合时间。应根据具体情况经试拌确定,以沥青均匀裹

> 拌和后的混合料应均匀一致,无花白、离析和结团成块等现象。沥青混合料出厂时应逐车检测沥青混合料的质量、温度,记录出厂时间,签发运料单。

覆集料为度。

4)确定适宜的拌和与出厂温度。石油沥青的加热温度宜为130～160℃,不宜超过6h。沥青混合料的出厂温度宜控制在130～160℃。

试拌结束后根据配料单进料,严格控制各种材料用量及其加热温度。烘干集料的残余含水量不得大于1%。每天开机前几盘集料应提高加热温度,并干拌几锅集料废弃,再正式加热沥青拌合料。

间歇式拌合机的每盘生产周期宜大于45s(其中干拌时间不少于5～10s)。

(2)运输。混合料运输应符合以下要求:

1)热拌沥青混合料宜采用吨位较大的运料车运输,但不得超载、急刹车、急弯掉头等以免损伤下卧层。

2)沥青混合料用自卸汽车运至工地,底板及车壁应涂一薄层油水(柴油:水为1:3)混合液,但不得有余液积聚在车厢底部。

3)运输过程中应覆盖,至摊铺地点时的沥青混合料温度不宜低于130℃。已经结块和雨淋的混合料不得摊铺。

2. 混合料摊铺

混合料摊铺一般有人工摊铺和机械摊铺两种。

(1)人工摊铺。在当路面狭窄或曲线、加宽部分等不能采用摊铺机摊铺的地段,可用人工摊铺混合料。人工摊铺混合料应符合下列要求:

1)应将沥青混合料卸在铁板上,摊铺时应扣锹布料,不得扬锹远甩。边摊铺边用刮板整平,刮平时应轻重一致,控制次数,防止集料离析。

2)摊铺过程中不得中途停顿,并及时碾压。如果不能及时碾压,应立即停止摊铺,并对卸下的沥青混合料覆盖毡布。

(2)机械摊铺。机械摊铺应注意以下问题:

1)机械摊铺可采用两台或更多台摊铺机前后错开10～20m,呈梯队方式同步摊铺,两幅之间应有30～60mm宽度的搭接,并躲开车道轮迹带,上下层的搭接位置宜错开200mm以上。

2)机械摊铺应提前0.5～1h预热熨平板,使其温度不低于100℃,

熨平板加宽连接应调节至摊铺的混合料没有明显的离析痕迹为止。为提高路面的初始压实度，应正确使用熨平板的夯锤压实和振捣装置。

3）摊铺机的螺旋送料器应保持稳定的速度均衡地转动，两侧应保持有不少于送料器 2/3 高度的混合料，以减少在摊铺过程中混合料的离析。

4）摊铺机应采用自动找平方式，下面层或基层宜采用钢丝绳引导的高程控制方式，上面层宜采用平衡梁或雪橇式摊铺厚度控制方式，中面层根据情况选用合适的找平方法。

5）沥青混合料的松铺系数和厚度应根据摊铺机的类型、混合料的品种取值。并每天在开铺后 5~15m 范围内进行实测，以便准确控制摊铺厚度和横坡。

6）沥青混合料的摊铺温度应满足表 5-13 的规定。

表 5-13　　　　　　　　沥青混合料的摊铺温度

下卧层的表面温度/℃	相应于下列不同摊铺层厚度的最低摊铺温度/℃					
	普通沥青混合料			改性沥青混合料		
	<50mm	50~80mm	>80mm	<50mm	50~80mm	>80mm
<5	不允许	不允许	140	不允许	不允许	不允许
5~10	—	140	135	不允许	不允许	不允许
10~15	145	138	132	165	155	150
15~20	140	135	130	158	150	145
20~25	138	132	128	153	147	143
25~30	132	130	126	147	145	141
>30	130	125	124	145	140	139

7）摊铺机摊铺过程中，应均匀、缓慢、连续不间断地摊铺，不得随意变换速度和中途停顿，以免出现混合料离析导致平整度降低。沥青混凝土、沥青碎石摊铺速度宜控制在 2~6m/min 的范围内，改性沥青混合料及 SMA 混合料速度宜为 1~3m/min。发现混合料出现明显的离析、波浪、裂缝和拖痕时，应分析原因，予以消除。

> **特别提示**
>
> **摊铺机的摊铺带宽度**
>
> 摊铺机的摊铺带宽度应尽可能达到摊铺机的最大摊铺宽度,这样可减少摊铺次数和纵向接缝,提高摊铺质量和摊铺效益。确定摊铺宽度时,最小摊铺宽度不应小于摊铺机的标准摊铺宽度,并使上下摊铺层的纵向接缝错位 30cm 以上。

3. 混合料碾压

压实是保证沥青混合料使用性能的最重要的一道工序。压实应控制混合料的压实厚度、速度、温度、遍数、压实方式等。

(1)压实厚度。沥青混合料最大厚度不宜大于 100mm,沥青碎石层厚度不宜大于 120mm,当采用大功率压路机并通过试验验证时厚度允许增大到 150mm。

(2)压实速度。压路机应慢而均匀地碾压,注意不应突然改变碾压路线和方向,以免导致混合料推移。碾压的速度应符合表 5-14 规定。

表 5-14　　　　　　　　压路机碾压速度

压路机类型	初压		复压		终压	
	适宜	最大	适宜	最大	适宜	最大
钢筒式压路机	2~3	4	3~5	6	3~6	6
轮胎压路机	2~3	4	3~5	6	4~6	8
振动压路机	2~3 静压或振动	3 静压或振动	3~4.5 振动	5 振动	3~6 静压	6 静压

(3)压实温度。碾压温度应根据混合料的种类、温度、层厚等确定,同时应满足规范的规定。在不产生推移、裂缝的前提下,应尽可能在高的温度下进行碾压。

(4)碾压程序。碾压一般分为初压、复压和终压,见表 5-15。

表 5-15　　　　　　　　　碾压的工序及方法

工序	方式方法
初压	初压时用 6～8t 双轮压路机或 6～10t 振动压路机（关闭振动装置即静压）压 2 遍，温度为 110～130℃。初压后检查平整度和路拱，必要时应予以修整。若碾压时出现推移、横向裂纹等，应检查原因，进行处理
复压	复压采用 10～12t 三轮压路机、10t 振动压路机或相应的轮胎压路机碾压 4～6 遍，直至稳定和无明显轮迹。复压温度为 90～110℃
终压	终压时用 6～8t 振动压路机（关闭振动装置）压 2～4 遍，终压温度为 70～90℃

碾压时应注意以下问题：

1）碾压时，应由路两边向路中心压，三轮压路机每次重叠宜为后轮宽的 1/2，双轮压路机第 1 次重叠宜为 30cm。

2）碾压过程中，每完成一遍重叠碾压，压路机应向摊铺机靠近一些，以保证正常的碾压温度。

3）在平缓路段，驱动轮靠近摊铺机，以减少波纹或热裂缝。碾压中，要确保滚轮湿润，可间歇喷水，但不可使混合料表面冷却。

> 碾压过程中碾压轮应保持清洁，可对钢轮涂刷隔离剂或防粘剂，严禁刷柴油。当采用向碾压轮喷水（可添加少量表面活性剂）方式时，必须严格控制喷水量应成雾状，不得漫流。

4）每碾压一遍的尾端，宜稍微转向，以减小压痕。压路机不得在新铺混合料上转向、掉头、移位或刹车，碾压后的路面在冷却前，不得停放任何机械，并防止矿料、杂物、油料撒落在新铺路面上，直至路面冷却后才能开放交通。

4. 混合料接缝施工

沥青路面施工必须接缝紧密，连接平顺，不得产生明显的接缝离析，应注意以下几点：

（1）上下层的纵缝应错开 150mm（热接缝）或 300～400mm（冷接缝）以上。相邻两幅及上下层横向接缝均应错位 1m 以上。纵缝碾压一般使用两台压路机进行梯队式作业。

（2）当分成两半幅施工形成冷接缝时，应先在压实路上行走，只压新铺的 10～15cm，随后将压实轮再向新铺路面移动，直至将纵缝压平压实。

（3）横缝应与路中线垂直。表面层以下可采用自然碾压的斜接缝，沥青层较厚时也可采用阶梯形接缝。

（4）斜接缝的搭接长度与层厚有关，一般为 0.4～0.8m。搭接处应撒少量沥青补上细料，搭接平整，充分压实。阶梯形接缝的台阶经铣刨而成，并撒粘层沥青，搭接长度不宜小于 3m。

（5）平接缝宜趁尚未冷却时用凿岩机或人工垂直刨除端部层厚不足的部分，使工作缝成直角连接。切割时留下的泥水应冲洗干净，待干燥后涂刷粘层油。铺筑新混合料接头应使接茬软化，压路机先横向碾压，再纵向碾压成为一体，以便充分压实，连接平顺。

二、沥青贯入式面层施工

1. 准备工作

施工前，基层应清扫干净。需要安装路缘石时，应在安装后进行施工。

对于主层集料的施工可采用碎石摊铺机，使用钢筒式压路机碾压。乳化沥青贯入式路面必须浇撒透层或粘层沥青。当沥青贯入式面层厚度小于或等于 5cm 时，也应浇撒透层或粘层沥青。

2. 铺撒集料

铺撒集料时应避免颗粒大小不均匀，并应检查松铺厚度。撒布后严禁车辆在铺好的集料层上通行。

3. 碾压

铺撒集料后严禁车辆在铺好的层上通行。主层集料撒布后，应采用 6.8t 钢筒式压路机进行初压，速度为 2km/h。碾压应由路两侧边缘向中心进行，轮迹应重叠约 30cm，接着应从另一侧以同样方法压至路中心，以此为碾压一遍。碾压的同时，检验路拱和纵向坡度，必要时做调整。碾压一遍后，检验路拱和纵向坡度，如不符合要求，先调整找

第五章　城市道路工程施工技术

平再压,至集料无显著推移为止。然后用重型的钢筒压路机(如10~12t压路机)机行碾压,每次轮迹重叠1/2左右,需4~6遍,直至主层集料稳定并无显著轮迹为止。

4. 浇撒沥青及嵌缝料

主层集料碾压完毕后,应立即浇撒第一层沥青。浇撒温度应根据施工气温及沥青强度等级选择。石油沥青宜为130~170℃,煤沥青宜为80~120℃。若采用乳化沥青贯入时,应先撒布一部分上一层嵌缝料,再浇撒主层沥青。乳化沥青在常温下撒布,但气温较低须加快破乳时,乳液温度不得超过60℃。

沥青撒布要均匀,不得有空白和积聚现象,应根据选用的撒布方式控制单位面积的沥青用量。沥青撒布长度应与集料撒布机的能力相配合,两者间隔时间不宜过长。

主层沥青浇撒后,应立即均匀撒布第一层嵌缝料,不足处应找补。当使用乳化沥青时,石料撒布必须在破乳前完成。

嵌缝料扫匀后应立即用8~12t钢筒式压路机进行碾压,轮迹重叠1/2左右,碾压4~6遍,直至稳定为止。碾压时,应随压随扫,使嵌缝料均匀嵌入。当气温较高,碾压发生推移现象时,应立即停止,待气温稍低时再碾压。

> **施工心得**
>
> **沥青或乳化沥青的浇洒温度**
>
> 沥青或乳化沥青的浇洒温度应根据沥青强度等级及气温情况选择。采用乳化沥青时,应在碾压稳定后的主集料上先撒布一部分嵌缝料,当需要加快破乳速度时,可将乳液加温,乳液温度不得超过60℃。每层沥青完成浇洒后,应立即撒布相应的嵌缝料,嵌缝料应撒布均匀。使用乳化沥青时,嵌缝料撒布应在乳液破乳前完成。

5. 第二、三层施工

第二、三层沥青与填缝料的施工基本与第一层类似。当浇撒第二层沥青,撒布第二层嵌缝料并碾压完成后,再进行第三层施工,当撒布完封层材料后,最后碾压,宜采用6～8t压路机碾压2～4遍,再开放交通。要协调和处理好各道工序,当天已开工的路段当天完成,并应注意保持施工现场的整洁和干净。

6. 养护

施工后应进行初期养护。当有泛油时,应补撒嵌缝料,并应与最后一层石料规格相同,扫匀并将浮料扫除。

三、沥青表面处治面层施工

1. 基层清理

沥青表面处治施工应在路缘石安装后进行,基层必须清扫干净不得含有泥土等杂质污染基层。施工前,应检查撒布车的性能,进行试撒,确定喷撒速度和撒油量。

表面处治施工前,应将基层清扫干净,使基层的矿料大部分外露,并保持干燥。对坑槽、不平整、强度不足的路段,应修补、平整和补强。

施工前,先检查沥青撒布车的油泵系统、输油管道、油量表、保温设备等,并将一定数量的沥青装入油罐,进行试撒,确定施工所需的喷撒速度和油量。每次喷撒前要保持喷油嘴干净,管道畅通,喷油嘴的角度一致,并与撒油管成15°～25°的夹角,撒油管的高度应保证同一地点接收两个或三个喷油嘴喷撒的沥青,不得出现花白条。集料撒布机在使用前先检查传动的液压调整系统,并进行试撒布,来确定撒布各种规格集料时应控制的下料间隙和行驶速度。

2. 浇撒沥青及撒布集料

当透层沥青充分渗透,或清扫干净完已作透层或封层的基层后,就可按试撒沥青速度浇撒第一层沥青。要求如下:

(1)石油沥青的撒布温度需控制在130～170℃,使用煤沥青时控制在80～120℃,乳化沥青需在适宜的温度下施工,但乳液的加热温度最高不得超过60%。

(2)沥青的浇撒速度应与石料撒布机的能力相匹配。

(3)当洒布沥青后发现空白、缺边时,要立即进行人工补撒,沥青积聚时应予刮除。

(4)在每段接槎处,可用铁板或建筑纸等横铺在本段起撒点前及终点后,长度为1～1.5m。

(5)如需分数幅浇撒时,纵向搭接宽度宜为10～15cm,浇撒第二、三层沥青的搭接缝应错开。

第一层集料在浇撒主层沥青后应立即进行撒布,按规定用量一次撒足,不宜在主层沥青全部撒布完成后进行。局部集料过多或过少时,应采用人工方法,清扫多余集料或适当找补。使用乳化沥青时,集料的撒布应在乳液破乳前完成。前后幅搭接处,应暂留宽10～15cm不撒石料,待后幅浇撒沥青后一起撒布集料。

3. 碾压

撒布第一层集料后,应立即用6～8t钢筒式压路机进行碾压,碾压应由路两侧边缘向中心进行,碾压时轮迹应重叠约30cm,碾压3～4遍,时速不应超过2km/h。

第二、三层的施工方法和要求与第一层基本相同,但可采用8～10t的压路机进行碾压。

碾压结束后即可开放交通,但应限制车速不超过20km/h,并使整个路面宽度都均匀碾压。对局部泛油、松散、麻面等现象,应及时修整处理。

4. 养护

乳化沥青表面处治要等破乳水分蒸发并基本成型后方可通车,其他沥青表面处治在碾压结束后即可开放交通。应限制行车速度不超过20km/h,并设专人指挥交通,使路面全宽均匀碾压。如发现局部有泛油现象时,可在泛油处补撒与最后一层撒布集料相同的缝料并打扫均匀,浮料应扫除。

沥青表面处治施工后,需在路侧另备5～10mm碎石或3～5mm石屑、粗砂或小砾石$2～3m^3/1000m^2$作为初期养护用料。

封层和微表处

封层是指为封闭表面空隙、防止水分浸入面层或基层而铺筑的沥青混合料薄层。其中铺筑在面层表面的为上封层,铺筑在面层下面的为下封层。

微表处是指采用适当级配的石屑或砂、填料(水泥、石灰、粉煤灰、石粉等)与聚合物改性乳化沥青、外掺剂和水按一定比例拌和而成的流动状态的沥青混合料,将其均匀地摊铺在面层上形成的沥青封层。

第七节 人行道铺筑

一、基槽施工

(1)标高按设计图纸实地放线在人行道两侧直线段。一般为10m一桩,曲线段酌情加密,并在桩橛上划出面层设计标高,或在建筑物上划出"红平"。若人行道外侧已按高程埋设侧石,则以侧石顶高为标准,按设计横坡放线。

(2)挖基槽挂线或用测量仪器按设计结构形式和槽底标高刨挖土方(如新建道路,可将路肩填至人行道槽底,不必反开挖)。接近成活时,应适当预留虚高。全部土方必须出槽,经清理找平后,用平碾碾压或用夯具夯实槽底,直至达到压实度要求,轻型击实≥95%。槽底弹软地区可按石灰稳定土基层处理。

在挖基槽时,必须事先了解地下管线的敷设情况,并向施工小组严格交底,以免施工误毁。

雨期施工,必须做好排水措施,防止泡槽。

(3)炉渣垫层施工。铺煤渣按设计标高、结构层厚度加虚铺系数(1.5~1.6)将煤渣摊铺于合格的槽底上,大于5cm的渣要打碎,细粉末不要集中一处,煤渣中小于0.2mm的颗粒不宜大于20%。

(4)洒水碾压。洒水碾压根据不同季节情况,洒水湿润炉渣,水分要合适,然后用平碾碾压或用夯夯实。成活后拉线检查标高、横坡度。在修建上层结构以前,应控制交通,以免人踩踢散。

二、基层施工

(1)配料。煤渣、石灰、土按换算的体积配料,分层摊铺或分堆堆放,然后拌和。

> 拌和过程中,必须随拌和随均匀洒水,不允许只最后闷水。将混合料抓捏成团从约1m高处落下即散为符合要求的含水量。

(2)拌和。土过25mm方筛,煤渣大于5cm的块要随时打碎,未消解的石灰应随时剔除。按体积比摊铺或按斗量配,先拌一遍,然后洒水拌和不少于两遍至均匀为止。

(3)摊铺。将拌好的混合料按松铺厚度均匀摊开。

(4)找平。挂线应用测量仪器,按设计标高、横坡度平整基层表面及路型,此时应考虑好预留虚高。如有土路肩或绿带相邻,应进行必要的土方培边。成活后如含水量偏小或表面干燥,应适量洒水。

(5)碾压。含水量检验合格后(最佳含水量±2%),始可进行压实工作。采用人力夯时,必须一环扣一环,如图5-9所示。采用蛙式夯具时,应逐步前进,相邻行要重叠5~10cm。采用平碾时,应一档压活,错半轴压2~3遍,至压实度符合要求(轻型击实≥98%)。对井周和建筑物边缘碾压不到之处,应用人力夯或火力夯辅助压实。

图 5-9 人力夯扣环示意图

(6)养护。碾压或夯实成活达到要求压实度后,挂线检验高程、横坡度和平整度,应有不少于一周的洒水养护,保持基层表面经常湿润。

三、面层施工

1. 料石与预制砌块铺砌人行道面层施工

(1)复测标高。按设计图纸复核放线,用测量仪器打方格,并以对角线检验方正,然后在桩橛上标注该点面层设计标高。

(2)水泥砖装卸。预制块方砖的规格为 5cm×24.8cm×24.8cm 及 7cm×24.8cm×24.8cm,装运花砖时要注意强度和外观质量,要求颜色一致、无裂缝、不缺楞角。要轻装轻卸以免损坏。卸车前应先确定卸车地点和数量,尽量减少小搬运。砖间缝隙为 2mm,用经纬仪钢尺测量放线,打方格(一般边长 1~2m)时要把缝宽计算在内。

(3)拌制砂浆。采用 1∶3 石灰砂浆或 1∶3 水泥砂浆,石灰粗砂要过筛,配合比(体积比)要准确,砂浆的和易性要好。

(4)修整基层。挂线或用测量仪器检查基层竣工高程,对≤$2m^2$ 的凹凸不平处,当低处≤1cm 时,可填 1∶3 石灰砂浆或 1∶3 水泥砂浆;当低处>1cm 时,应将基层刨去 5cm,用基层的同样混合料填平拍实,填补前应把坑槽修理平整干净,表面适当湿润,高处应铲平,但如铲后厚度小于设计厚度 90% 时,应进行返修。

(5)铺筑砂浆。于清理干净的基层上洒水一遍使之湿润,然后铺筑砂浆,厚度为 2cm,用刮板找平。铺砂浆应随砌砖同时进行。

(6)铺砌水泥砖。

1)按桩橛高程,在方格内由第一行砖位纵横挂线绷紧,按线与标准缝宽砌第一行样板砖,然后纵线不动,横线平移,依次照样板砖砌筑。

2)直线段纵线应向远处延伸,以保持纵缝直顺。曲线段砖间可夹水泥砂浆楔形缝成扇形状也可按直线段顺延铺筑,然后在边缘处用 1∶3 水泥砂浆补齐并刻缝。

3)砌筑时,砖要轻放,用木锤轻击砖的中心。砖如不平,应拿起砖

第五章 城市道路工程施工技术

平垫砂浆重新铺筑,不准向砖底塞灰或支垫硬料,必须使砖平铺在满实的砂浆上稳定无动摇、无任何空隙。

4) 砌筑时砖与侧石应衔接紧密,如有空隙,应甩在临近建筑一边,在侧石边缘与井边有空隙处可用水泥砂浆填满镶边,并刻缝与花砖相仿以保美观。

> 在铺筑整个过程中,班组应设专人不断地检查缝距、缝的顺直度、宽窄均匀度以及花砖平整度,发现有不平整的预制块,应及时进行更换。

(7) 灌缝扫墁。用1:3(体积比)水泥细砂干浆灌缝,可分多次灌入,第一次灌满后浇水沉实,再进行第二次灌满、墁平并适当加水,直至缝隙饱满。

(8) 养护。水泥砖灌缝后洒水养护。

2. 沥青混合料铺筑人行道面层施工

(1) 准备工作。清除表面松散颗粒及杂物,覆盖侧石及建筑物防止污染,喷洒乳化沥青或煤沥青透层油。次要道路人行道也可不用透层油。不用透层时,应清除浮土杂物,喷水湿润,用平碾或冷火轴压平一遍。与面层接触的侧石、井壁、墙边等部位应涂刷粘层油一道,以利于结合。

(2) 铺筑面层。检查到达工地的沥青混凝土种类、温度及拌和质量等,冬季运输沥青混凝土必须苫盖保温。

> 沥青混凝土铺装层厚不应小于3cm,沥青石屑、沥青砂铺装层厚不应小于2cm。

人工摊铺时应计算用量,分段卸料,卸料应卸在钢板上,虚铺系数为1.2~1.3。上料时应注意扣铣操作,摊铺时不要踩在新铺混合料上,注意轻拉慢推,搂平时注意粗细均匀,不使大料集中。

(3) 碾压。用平碾(宽度不足处用火轴)纵向错半轴碾压,并随时用3m直尺检查平整度,不平处和粗麻处应及时修整或筛补,趁热压实。碾压不到处应用热夯或热烙铁拍平,或用振动夯板夯实。

(4) 接槎。油面接槎应采用立槎涂油热料温边方法。

(5) 低温施工。低温施工应适当采取喷油皮铺热砂措施,以保护人行道面越冬,防止掉渣。

四、相邻构筑物处理

1. 树穴

(1)无论何种人行道,均按设计间隔及尺寸留出树穴或绿带。

(2)树穴与侧石要方正衔接,树带要与侧石平行。

(3)树穴边缘应按设计用水泥混凝土预制件、水泥混凝土缘石或红砖围成,四面应成90°角,树穴缘石顶面应与人行道面齐平。

(4)常用树穴尺寸为 75cm×75cm、75cm×100cm、100cm×100cm、125cm×125cm、150cm×150cm 等。

(5)树穴尺寸应包括护缘在内。

(6)人行横道线、公共汽车站处不设树穴。

2. 绿带

(1)按设计间隔尺寸留出人行断口。

(2)绿带与人行道面层衔接处应埋设水泥混凝土缘石、水泥砖(可利用花砖)或红砖。

(3)人行横道线范围、公共汽车停车站、路口转角等处绿带一般应断开,并铺筑人行道面。

3. 电杆穴

水泥混凝土电杆不留穴。铺筑沥青人行道面或现场浇筑水泥混凝土道面时,应与电杆铺齐,铺筑水泥砖或连锁砌块道面时,应用1∶3(体积比)水泥砂浆补齐。

4. 各种检查井

(1)按设计标高、纵坡、横坡,调正各种检查井的井圈高程。

(2)残缺不全、跳动的井盖、井圈应更换。

5. 侧缘石

侧缘石如有倾斜、下沉短缺、损坏者,应扶正、调整、更新。

6. 相邻房屋

(1)面层高于门口时,应调整设计横坡度至零,或降低便道留出缺口。

(2)如相邻房屋地基与人行道高低落差较大时,应考虑增设踏步或挡土墙。

第八节　道路附属构筑物施工

一、路缘石施工

1. 测量放线

(1)柔性路面侧、缘石应在路面基层完成后,未铺筑沥青面层前施工;水泥混凝土路面,应在路面完成后施工。

(2)侧、缘石可以在铺筑路面基层后,沿路面边线刨槽、打基础安装;也可在修建路面基层时,在基础部位加宽路面基层作为基础;也可利用路面基层施工中基层两侧自然宽出的多余部分作为基础,基础厚度及标高应符合设计要求。

(3)测量放线。路面中线校核后,在路面边缘与侧石交界处放出侧缘石线,直线部位10m桩;曲线部位5~10m;路口及分隔带、安全岛等圆弧,1~5m也可用皮尺画圆并在桩上标明侧、缘石顶面标高。

2. 刨槽与处理

(1)人工刨槽,按桩的位置拉小线或打白灰线,以线为准,按要求宽度向外刨槽,一般为一平铣宽(约30cm)。靠近路面一侧,比线位宽出少许(水泥混凝土路面刨至路面边缘),一般不大于5cm,不要太宽以免回填夯实不好,造成路边塌陷。刨槽深度可比设计加深1~2cm,以保证基础厚度,槽底要修理平整。

(2)机械刨槽,使用侧、缘石刨槽机,刀具宽度应较侧、缘石宽出1~2cm,按线准确开槽,深度可比设计加深1~2cm,以保证基础厚度,槽底应

> 如在路面基层加宽部分安装侧缘石,则将基层平整即可,免去刨槽工序。

修理平整。

(3)铺筑石灰土基层侧缘石下石灰土基础通常在修建路面基层时加宽基层,一起完成。如不能一起完成而需另外刨槽修筑石灰土基础时,则必须用3∶7(体积比)石灰土铺筑夯实,厚度至少15cm,压实度要求≥95%(轻型击实)。

3. 安装侧缘石

(1)安装侧石前应按侧石顶面宽度误差的分类分段铺砌,以达到美观。安装时先拌制1∶3(体积比)石灰砂浆铺底,砂浆厚度1~2cm,缘石可不用石灰砂浆铺底,可用松散过筛的石灰土代替找平基础。

> 出入口转角侧石,分隔带端及交通岛圆弧侧石,半径太小,预制弧形侧石,难以适用时,工地应用薄板,就地支模,现场浇制,水泥混凝土强度等级不低于C30,并应泼水养护不少于7d。

(2)按桩橛线及侧、缘石顶面测量标高拉线绷紧(水泥混凝土路面侧石,可靠板边安装,必要处适当调整),按线码砌侧缘石。需事先算好路口间的侧石块数,切忌中间用断侧石加楔,曲线处侧、缘石应注意外形圆滑,相邻侧石间缝隙用0.8cm厚木条或塑料条掌握。缘石不留缝,侧石铺砌长度不能用整数侧石除尽时,剩余部分可用调整缝宽的办法解决,但缝宽应不大于1cm。不得以必须断侧石时,应将断头磨平。

侧石要安正,切忌前倾后仰,侧石顶线应顺直圆滑平顺,无凹进凸出前后高低错牙现象。缘石线要求顺直圆滑、顶面平整,符合标高要求。

4. 还填石灰土

(1)侧石安装前,应按侧石宽度误差的分类分段砌筑,使顶面宽度统一达到美观。安装后,按线调整顺直圆滑,侧石里侧用长木板大铁橛背紧,外侧后背用2∶8(体积比)石灰土,也可利用修建路面基层时剩余石灰土(含灰量要求12%,如含灰量、含水量过小,要加灰加水,拌和均匀)回填夯实,里侧缝用2∶8(体积比)石灰土夯填。侧缘石两侧同时分层回填,在回填夯实过程中,要不断调整侧缘石线,使之最后达

第五章　城市道路工程施工技术

到顺直圆滑和平整的要求,夯实后拆除两面铁楔及木板。夯实灰土,外侧宽度不小于30cm,里侧与路面基层接上。

夯实工具,可用小型夯实机具夯实,每层厚度不大于15cm。如侧石里侧缝隙太小,可用铺底砂浆填实;如侧石埋入路面基层太浅,夯填后背时易使侧石倾斜,此时靠路一侧可用1:3石灰炉渣(体积比)加水拌和拍实成三角形,使侧石临时稳固。

设计采用混凝土后戗,应按设计要求的强度等级、现场浇筑捣实,要求表面平整。

(2)缘石安装后,人工刨槽的槽外一侧沟槽用2:8(体积比)石灰土分层填实,宽度不小于30cm,层厚不超过15cm,也可利用路面基层剩余的路拌石灰土(要求同前)填实。外侧经夯实后与路缘石顶面齐平,内侧用上述同样材料分层夯实,夯实后要比缘石顶面低一个路面层厚度,待油面铺筑后与缘石顶面齐平。夯实工具,可用洋镐头、铁扁夯等。灰土含水量不足时,应加水夯实。在夯实两侧石灰土过程中,要不断调整缘石线型,保证顺直圆滑。

机械刨槽时,两侧用过筛2:8(体积比)石灰土夯实或石灰土浆灌填密实。

5. 勾缝

路面完工后,安排侧石勾缝。勾缝前必须再行挂线,调整侧石至顺直、圆滑、平整,方可进行勾缝。先把侧石缝内的土及杂物剔除干净,并用水润湿,然后用1:2.5(体积比)水泥砂浆灌缝填实勾平,用弯面压子压成凹形。砂浆初凝后,用软扫帚扫除多余灰浆,并应适当泼水养护,且不少于3d,最后达到整齐美观,并不得在路面上拌制砂浆。

二、雨水支管与雨水口

(一)雨水支管施工

1. 挖槽

(1)测量人员按设计图上的雨水支管位置、管底高度定出中心线桩楔并标记高程。根据开槽宽度,撒开槽灰线,槽底宽一般采用管径外皮之外每边各加宽 3.0cm。

(2)根据道路结构厚度和支管覆土要求,确定在路槽或一步灰土完成后反开槽,开槽原则是能在路槽开槽就不在一步灰土反开槽,以免影响结构层整体强度。

(3)挖至槽底基础表面设计高程后挂中心线,检查宽度和高程是否平顺,修理合格后再按基础宽度与深度要求,立楂挖土直至槽底作成基础土模,清底至合格高程即可打混凝土基础。

2. 四合一法施工

四合一法施工即基础、铺管、八字混凝土、抹箍同时施工。

(1)基础:浇筑强度为 C10 水泥混凝土基础,将混凝土表面做成弧形并进行捣固,混凝土表面要高出弧形槽 1～2cm,靠管口部位应铺适量 1:2 水泥砂浆,以便稳管时挤浆使管口与下一个管口粘结严密,以防接口漏水。

(2)铺管。

1)在管子外皮一侧挂边线,以控制下管高程顺直度与坡度,要洗刷管子保持湿润。

2)将管子稳在混凝土基础表面,轻轻揉动至设计高程,注意保持对口和中心位置的准确。雨水支管必须顺直,不得错口,管子间留缝最大不准超过 1cm,灰浆如挤入管内用弧形刷刮除,如出现基础铺灰过低或揉管时下沉过多,应将管子撬起一头或起出管子,铺垫混凝土及砂浆,且重新揉至设计高程。

3)支管接入检查井一端,如果预埋支管位置不准时,按正确位置、高程在检查井上凿好孔洞拆除预埋管,堵密实不合格空洞,支管接入检查井后,支管口应与检查井内壁齐平,不得有探头和缩口现象,用砂浆堵严管周缝隙,并用砂浆将管口与检查井内壁抹严、抹平、压光,检查井外壁与管子周围的衔接处。应用水泥砂浆抹严。

4)靠近收水井一端在尚未安收水井时,应用干砖暂时将管口塞堵,以免灌进泥土。

(3)八字混凝土:当管子稳好捣固后按要求角度抹出八字。

(4)抹箍:管座八字混凝土灌好后,立即用 1:2 水泥砂浆抹箍。

1)抹箍的材料规格,水泥用强度等级 42.5 级以上水泥,砂用中砂,含泥量不大于 5%。

2)接口工序是保证质量的关键,不能有丝毫马虎。抹箍前先将管口洗刷干净,保持湿润,砂浆应随拌随用。

3)抹箍时先用砂浆填管缝压实略低于管外皮,如砂浆挤入管内用弧形刷随时刷净,然后刷水泥素浆一层宽 8~10cm。再抹管箍压实,并用管箍弧形抹子赶光压实。

4)为保证管箍和管基座八字连接一体,在接口管座八字顶部预留小坑,当抹完八字混凝土立即抹箍,管箍灰浆要挤入坑内,使砂浆与管壁粘结牢固,如图 5-10 所示。

5)管箍抹完初凝后,应盖草袋洒水养护,注意勿损坏管箍。

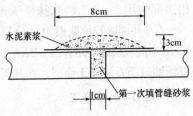

图 5-10 水泥砂浆接口

3. 包管加固

凡支管上覆土不足 40cm,需上大碾碾压者,应作 360°包管加固。在第一天浇筑基础下管,用砂浆填管缝压实略低于管外皮并做好平管箍后,于次日按设计要求打水泥混凝土包管,水泥混凝土必须插捣振实,注意养护期内的养护,完工后支管内要清理干净。

4. 支管沟槽回填

(1)回填应在管座混凝土强度达到 50%以上方可进行。

(2)回填应在管子两侧同时进行。

(3)雨水支管回填要用 8%灰土预拌回填,管顶 40cm 范围内用人工夯实,压实度要与道路结构层相同。

5. 升降检查井

城市道路在路内有雨污水等各种检查井,在道路施工中,为了保护原有检查井井身强度,一般不准采用砍掉井筒的施工方法。

(1)开槽前用竹竿等物逐个在井位插上明显标记,堆土时要离开检查井 0.6~1.0m 距离,不准推土机正对井筒直推,以免将井筒挤坏。井周土方采取人工挖除,井周填石灰土基层时,要采用火力夯分层夯实。

(2)凡升降检查井取下井圈后,按要求高程升降井筒,如升降量较大,要考虑重新收口,使检查井结构符合设计要求。

(3)井顶高程按测量高程在顺路方向井两侧各2m,垂直路线方向井每侧各1m,挂十字线稳好井圈、井盖。

(4)检查井升降完毕后,立即将井子内里抹砂浆面,在井内与管头相接部位用1:2.5砂浆抹平压光,最后把井内泥土杂物清除干净。

(5)井周除按原路面设计分层夯实外,在基层部位距检查井外墙皮30cm中间,浇筑一圈厚20~22cm的C30混凝土加固。顶面在路面之下,以便铺筑沥青混凝土面层。在井圈外仍用基层材料回填,注意夯实。

(二)雨水口施工

(1)雨水口位置应符合设计规定,且满足路面排水要求。当设计规定位置不能满足路面排水要求时,应在施工前办理变更设计。

> 雨水支管与既有雨水干线连接时,宜避开雨期。施工中,需进入检查井时,必须采取防缺氧、防有毒和有害气体的安全措施。

(2)雨水口基底应坚实,现浇混凝土基础应振捣密实,强度符合设计要求。

(3)砌筑雨水口应符合下列规定:
1)雨水管端面应露出井内壁,其露出长度不应大于2cm。
2)雨水口井壁,应表面平整,砌筑砂浆应饱满,勾缝应平顺。
3)雨水管穿井墙处,管顶应砌砖券。
4)井底应采用水泥砂浆抹出雨水口泛水坡。

(4)雨水支管与雨水口四周回填应密实。处于道路基层内的雨水支管应做360°混凝土包封,且在包封混凝土达至设计强度75%前不得放行交通。

三、排水沟或截水沟施工

1. 施工放线

根据路基有关参数,用全站仪及钢卷尺等测量工具测出路基边沟和排水沟的位置中轴线,并测出相应标高,并根据所交底结果,用白灰或线绳拉出排水沟的轮廓线,算出相应的开挖深度。

2. 基槽开挖

根据已拉出的轮廓线,开挖基槽,开挖时严格按照交底标高开挖到设计标高。

3. 清底报验

基层开挖后,应进行自检,合格后报请监理工程师进行检验,合格后方可进行排水沟的砌筑。

4. 排水沟与截水沟砌筑

(1)排水沟与截水沟砌筑前应用水湿润,并清除表面泥土、水锈等污垢。

(2)砌筑时各层砌块应安放稳固,砂浆应饱满,粘结牢固,不得直接贴靠或脱空。

(3)砌筑上层砌块时,应尽量避免振动下层砌块,砌筑工作中断后恢复砌筑时,已砌筑的砌层表面应予以清扫和湿润。

(4)在砌筑过程中,要注意留缝,不允许出现通缝、瞎缝现象,并保持缝宽在2~5cm之间。

5. 勾缝养护

沟体砌筑完毕后,应进行勾缝施工,缝宽2~5cm,勾缝时砂浆必须饱满,勾缝完成后必须洒水养护,养护时间为3~7d。

四、护坡及护栏

1. 护坡施工

(1)施工准备。施工前应准备施工所用材料及机具,进行坡面的平整,放线定位并对水下施工的水深及流速进行测定。

(2)护坡砌筑。砌筑护坡前,应按设计断面进行削坡。砌筑护坡块石时,应认真挂线,自下而上,错缝竖砌,大块封边,表面平整,注意美观,并不得破坏保护层。

(3) 养护。全部护坡施工完成后，进行坡顶、坡脚和上下游两侧接头的回填处理，同时进行护面混凝土的养护。一般养护期为 7d，要求在此期间护坡表面处于润湿状态。

2. 护栏装设

(1) 护栏应由有资质的工厂加工。护栏的材质、规格形式及防腐处理应符合设计要求。加工件表面不得有剥落、气泡、裂纹、疤痕、擦伤等缺陷。

(2) 护栏立柱应埋置于坚实的基础内，埋设位置应准确，深度应符合设计规定。

(3) 护栏的栏板、波形梁应与道路竖曲线相协调。

(4) 护栏的波形梁的起、讫点和道口处应按设计要求进行端头处理。

五、隔离墩与隔离栅

1. 隔离墩

(1) 隔离墩宜由有资质的生产厂供货。现场预制时宜采用钢模板，拼装严密、牢固，混凝土拆模时的强度不得低于设计强度的 75%。

(2) 隔离墩吊装时，其强度应符合设计规定，设计无规定时不应低于设计强度的 75%。

(3) 安装必须稳固，坐浆饱满；当采用焊接连接时，焊缝应符合设计要求。

2. 隔离栅

(1) 隔离网、隔离栅板应由有资质的工厂加工，其材质、规格形式及防腐处理均应符合设计要求。

(2) 固定隔离栅的混凝土柱宜采用预制件。金属柱和连接件规格、尺寸、材质应符合设计规定，并应做防腐处理。

(3) 隔离栅立柱应与基础连接牢固，位置应准确。

(4) 立柱基础混凝土达到设计强度 75% 后，方可安装隔离栅板、隔离网片。隔离栅板、隔离网片应与立柱连接牢固，框架、网面平整，无明显凹凸现象。

六、声屏障与防眩板

1. 声屏障

(1)声屏障所用材质与单体构件的结构形式、外形尺寸、隔声性能应符合设计要求。

(2)砌体声屏障施工应符合下列规定：

1)施工中的临时预留洞净宽度不应大于1m。

2)当砌体声屏障处于潮湿或有化学侵蚀介质环境中时，砌体中的钢筋应采取防腐措施。

(3)金属声屏障施工应符合下列规定：

1)焊接必须符合设计要求和国家现行有关标准的规定。焊接不应有裂缝、夹渣、未熔合和未填满弧坑等缺陷。

2)屏体与基础的连接应牢固。

3)采用钢化玻璃屏障时，其力学性能指标应符合设计要求。屏障与金属框架应镶嵌牢固、严密。

2. 防眩板

(1)防眩板的材质、规格、防腐处理、几何尺寸及遮光角应符合设计要求。

(2)防眩板应由有资质的工厂加工，镀锌量应符合设计要求。防眩板表面应色泽均匀，不得有气泡、裂纹、疤痕、端面分层等缺陷。

(3)防眩板安装应位置准确，焊接或拴接应牢固。

(4)防眩板与护栏配合设置时，混凝土护栏上预埋连接件的间距宜为50cm。

(5)路段与桥梁上防眩设施衔接应直顺。

(6)施工中不得损伤防眩板的金属镀层，出现损伤应在24h之内进行修补。

▶ 复习思考题 ◀

一、填空题

1. 道路根据它们不同的组成和功能特点可分为_____、_____、_____、_____、_____等。
2. 道路的基本结构组成包括_____、_____、_____、_____、_____、_____、_____等。
3. 路基施工前,应先做好_____。
4. 深挖路堑或高填路堤设边坡平台时,若坡面径流量大,可设置_____,以减小坡面冲刷。
5. 雨水支管回填要用_____预拌回填,管顶40cm范围内用人工夯实。

二、判断题

1. 在陡坡或深沟地段的排水沟,为避免其出口下游的桥涵、自然水道或农田受到冲刷,可设置急流槽。( )
2. 土工材料铺设完后,应立即铺筑上层填料,其间隔时间不应超过24h。( )
3. 钢纤维混凝土严禁用人工搅拌。( )
4. 一块混凝土板可多次连续浇筑。( )

三、简答题

1. 路基边沟排水时如何设置边沟?
2. 土方路基开挖方法有哪几种?
3. 水泥稳定土类基层初步稳定碾压宜如何选择压路机?
4. 石灰稳定土施工的方法有哪几种?
5. 水泥混凝土面层接缝施工的方法有哪些?
6. 水泥混凝土面层的养护要求有哪些?
7. 沥青表面处治面层施工时,基层应达到什么要求?
8. 如何进行料石与预制砌块铺砌人行道面层施工?
9. 路缘石施工刨槽有哪几种方法?
10. 如何进行护坡砌筑?

第六章 市政桥梁工程施工技术

第一节 市政桥梁工程组成及分类

一、桥梁的组成

桥梁由上部结构、下部结构、支座和附属设施四个基本部分组成。一座梁式桥的概貌,如图6-1所示。

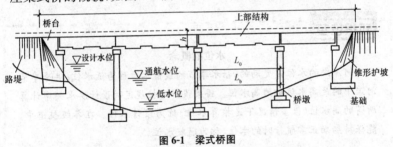

图6-1 梁式桥图

1. 上部结构

上部结构是在线路中断时跨越障碍的主要承重结构,是桥梁支座以上跨越桥孔的总称。当跨越幅度越大时,上部结构的构造也就越复杂,施工难度也相应增加。

2. 下部结构

下部结构包括桥墩、桥台和基础。

桥墩和桥台是支撑上部结构并将其传来的恒载和车辆等活载再传至基础的结构物。通常设置在桥两端的称为桥台,设置在桥中间部分的称为桥墩。桥台除了上述作用外，还与路堤相衔接，并抵御路堤土压力，防止路堤填土的坍落。单孔桥只有两端的桥台，而没有中间桥墩。

桥墩和桥台底部的奠基部分，称为基础。基础承担了从桥墩和桥台传来的全部荷载，这些荷载包括竖向荷载以及地震力、船舶撞击墩身等引起的水平荷载，由于基础往往深埋于水下地基中，在桥梁施工中是难度较大的一个部分，也是确保桥梁安全的关键之一。

3. 支座

支座是设在墩（台）顶用于支承上部结构的传力装置，它不仅要传递很大的荷载，并且要保证上部结构能按设计要求产生一定的变形。

4. 附属设施

桥梁的基本附属设施，包括桥面系、伸缩缝、桥梁与路堤衔接处的桥头搭板和锥形护坡等。

知识链接

水位的概念

河流中的水位是变动的，枯水季节的最低水位称为低水位；洪峰季节河流中的最高水位称为高水位。桥梁设计中按规定的设计洪水频率计算所得的高水位（很多情况下是推算水位）称为设计水位。在各级航道中，能保持船舶正常航行时的水位，称为通航水位。

二、桥梁的分类

1. 按桥梁的受力体系划分

按桥梁的受力体系，可以划分为梁式桥、拱桥、刚架桥、吊桥和组合体系桥等。其具体划分情况和要求如下：

（1）梁式桥。梁式桥包括梁桥和板桥，主要承重构件是梁（板），在竖向荷载作用下承受弯矩而无水平推力，墩台也仅承受竖向压力，如图 6-2 所示。

第六章 市政桥梁工程施工技术

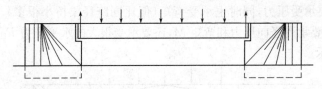

图 6-2 梁式桥

实腹式和空腹式是梁式桥体系的两种形式。实腹式梁的截面形式多为 T 形、工字形和箱形等;空腹式梁指主要由拉杆、压杆、拉压杆以及连接件组成的桁架式桥跨结构,如图 6-3 所示。

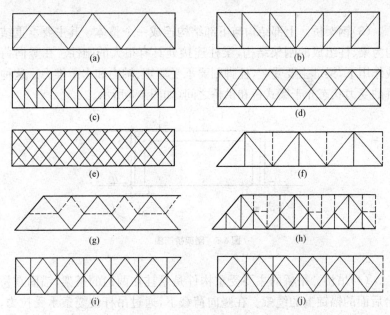

图 6-3 梁式桥桁架形式

(a)三角形桁架(华伦式);(b)斜杆形桁架(柏式);(c)K 形桁架;
(d)菱形桁架(双三角形);(e)多重腹杆桁架;(f)带竖杆的三角形桁架;
(g)带辅助支撑(虚缘)的三角形桁架;(h)带副桁架及辅助支撑的三角形桁架;
(i)带竖杆的菱形桁架;(j)常用于连接系的菱形桁架

(2)拱桥。拱桥的主要承重构件是拱圈或拱肋。在竖向荷载作用下,主要承受压力,同时也承受弯矩(但比同跨径梁桥小很多)。墩台则不仅要承受竖向压力和弯矩 M,还要承受很大的水平推力 F_H,如图6-4 所示。

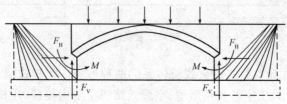

图 6-4 拱桥

(3)钢架桥。上部结构与下部结构连成一个整体。其主要承重结构为梁、柱组成的刚架结构,梁柱连接处具有很大的刚性。在竖向荷载作用下,梁部主要受弯,柱脚则要承受弯矩、轴力和水平推力。这种桥的受力状态介于梁式桥和拱桥之间,如图 6-5 所示。

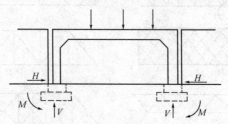

图 6-5 刚架桥简图

(4)吊桥。吊桥的主要受重构件是悬挂在两边的搭架、锚固在桥台后面的锚锭上的缆索。在竖向荷载下,通过吊杆使缆索承受拉力,而塔架则要承受竖向力的作用,同时承受很大的水平拉力和弯矩。

(5)组合体系桥。根据结构的受力特点,承重结构采用两种基本结构体系或一种基本体系与某些构件(塔、柱、斜索等)组合在一起的桥梁称为组合体系桥。组合体系种类很多,但一般都是利用梁、拱、吊三者的不同组合,上吊下撑以形成新的结构。在两种结构系统中,梁经常是其中一种,与梁组合的,则可以是拱、缆或塔、斜索等。

2. 按桥梁全长和跨径不同划分

按桥梁全长和跨径不同,可以划分为特大桥、大桥、中桥和小桥,其分标准见表6-1。

表6-1　　　　　　　　城市桥梁按总长或跨径分类

桥梁分类	多孔跨径总长 L_d/m	单孔跨径总长 L_b/m
特大桥	$L_d \geqslant 500$	$L_b \geqslant 100$
大桥	$100 \leqslant L_d < 500$	$40 \leqslant L_b < 100$
中桥	$30 \leqslant L_d < 100$	$20 \leqslant L_b < 40$
小桥	$8 \leqslant L_d < 30$	$5 \leqslant L_b < 20$

注:多孔跨径总长,仅作为划分特大、大、中、小桥的一个指标。

拓展阅读

系杆拱桥与斜拉桥

(1)系杆拱桥。系杆拱桥是梁和拱组合而成的,如图6-6所示,其中梁和拱都是主要承重构件。

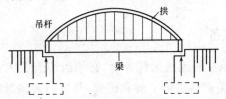

图6-6　系杆拱桥简图

(2)斜拉桥。斜拉桥是梁和缆索组成的,如图6-7所示是一种由主梁与斜缆相组合的组合体系。悬挂在塔柱上的斜缆将主梁吊住,使主梁像多点弹性支承的连续梁一样工作,这样既发挥了高强材料的作用,又显著减小了主梁截面,使结构自重减轻,从而能跨越更大的空间。

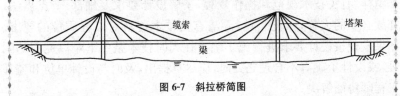

图6-7　斜拉桥简图

3. 按用途、材质等不同划分

(1)按用途不同,可以划分为公路桥、铁路桥、公铁两用桥、农桥、人行桥、水运桥、管线桥。

(2)按照主要承重结构所用的材料不同,可以划分为圬工桥、钢筋混凝土桥、预应力混凝土桥、钢桥、钢—混凝土组合桥和木桥等。

(3)按跨越障碍的性质,可以划分为跨河桥、立交桥、高架桥和栈桥。高架桥一般是指跨越深沟峡谷以替代高路基的桥梁以及在城市中跨越道路的桥梁。

(4)按桥跨结构的平面布置,可以划分为正交桥、斜交桥和弯桥。

(5)按上部结构的行车道位置,可以划分为上承式桥、中承式桥和下承式桥。

第二节 桥梁工程施工准备与测量

一、施工准备

施工单位承接桥涵施工任务后,必须组织有关人员对设计文件、图样及其他有关资料进行了解和研究,并进行现场勘察与核对,必要时进行补充调查。

(1)熟悉审查施工图样、有关技术规范和操作规程。为使参与施工的工程技术人员充分地了解和掌握设计意图、结构和构造特点以及技术质量要求,能够按照设计要求顺利地进行施工,在收到拟建桥梁工程的设计图纸和有关技术文件后,应尽快组织技术人员熟悉审查施工图样、有关技术规范和操作规程,了解设计要求及细部、节点做法,并放必要的大样,做配料单,弄清有关技术资料对工程质量的要求。如果发现按设计要求进行施工确有在当时技术条件下难以克服的困难,或设计上确有不合理之处时,应尽早提出,及时与设计单位和监理工程师协商解决。

(2)调查搜集必要的原始资料。尽可能地搜集有关原始数据资

第六章 市政桥梁工程施工技术

料,对于正确选择施工方案,制定技术措施,合理安排施工顺序、施工进度计划等具有重要意义,桥梁工程相关原始数据资料主要包括:自然条件资料和技术经济条件资料。

(3)施工前设计技术交底。施工前的设计技术交底工作,通常由建设单位主持,设计、监理和施工单位参加。

设计单位的设计负责人应说明工程的设计依据、意图和功能要求,并对特殊结构、新技术和新材料等提出设计要求及施工中应注意的关键技术问题等。

施工单位应根据研究核对设计文件和图纸的记录以及对设计意图的理解,提出对设计图纸的疑问、建议或变更。

在统一认识的基础上,对所探讨的问题逐一做好记录,形成"设计技术交底纪要",由建设单位正式行文,参加单位共同会签盖章,作为施工合同的一个补充文本。这个补充文本是与设计文件同时使用的,是指导施工的依据,也是建设单位与施工单位进行工程结算的依据之一。对于设计施工总承包的桥梁工程,一般应由总承包人主持进行内部设计技术交底。

(4)确定施工方案,进行施工组织设计。在熟悉设计图样,了解技术要求及各项资料的基础上,应对投标时拟定的施工方法、技术措施等进行深入研究和探讨,制定出更加合理、详尽的施工方案。

施工方案一经确定,施工单位应编制施工组织设计,编制桥梁施工组织设计,不仅仅是技术部门的事,还要充分发挥各职能部门的优势和作用,应吸收人事、劳资、材料、财务、机械、安全和保卫等部门参与编制和审定,以充分利用施工企业内部的技术优势和管理优势,统筹安排,扬长避短。同时,也使各职能部门在贯彻实施施工组织设计过程中做到心中有数。

知识链接

编制桥梁工程施工组织设计的程序

(1)研究分析合同文件和设计文件,进行必要的调查研究。

(2)计算工程数量。
(3)选择施工方案,确定施工方法。
(4)编制施工进度计划。
(5)计算人工、材料和机具设备等资源的需要量,并制定供应计划。
(6)确定临时工程、供水、供电和供热计划。
(7)工地运输组织。
(8)施工平面图设计。
(9)确定施工组织管理机构。
(10)编制技术措施计划。
(11)编制质量、安全、环保和文明施工措施计划。
(12)计算主要技术经济指标。
(13)编写说明书。

二、施工测量

桥涵施工测量工作应有专人负责,并将所测结果妥善保管备查,同时绘制现场测量放线图纸。

(1)桥涵施工的各种主要控制桩均应牢固可靠,保留到工程结束。

(2)在河道、海湾及湖泊内施工时,应在工程开工前,设放固定水尺,并根据情况每日定时做水位记录。

(3)施工测量前要做好调查研究,认真审查施工图纸,核对各部位尺寸数据,了解桥位水文、地形、建筑物情况。

(4)绘制定线图,在图上载明定线基点位置和水准点,以及临时水准点的位置,并载明相互间的距离、标高、角度或大地坐标编号等。测量标桩应编号。

(5)小桥或涵洞的中线位置、间距及墩台间距,应用钢尺直接丈量。

(6)大、中桥的轴线位置、桩间距离的检查校核及墩台位置放样,根据条件采用钢尺直接丈量或经纬仪交角法测量。在大桥放线时,均应采用电磁波测距仪或激光测距仪。

(7)桥梁中线一般应用经纬仪测量,墩、台间距均应校对其对角线是否相等,斜交桥应按设计角度算出的对角线进行校对。

(8)为施工方便,可设置若干辅助基点,便于在施工各个阶段都可直接测量。辅助基点必须经常检查和校测,控制桩应妥善保护,并引出攀线标志。

(9)为防止台后填土引起的桥台位移,桥台轴线放样时,一般向岸上偏移1~4cm;为防止桥墩、承台自重引起的下沉,一般在桥墩、承台高程放样时,放高0.5~2cm,桥面最后的设计高程可通过桥面铺装加以调整。

(10)第一个桥墩(台)施工完毕后,以后所有的桥墩、承台轴线与高程均应以筑成的桥墩(台)轴线与高程为基准。

(11)导线方位角闭合差为$40\sqrt{n}(")$,式中n为测站数。

(12)水准点闭合差为$\pm 12\sqrt{L}$(mm)。

注:L为水准点之间的水平距离,单位为km。

(13)基线丈量允许偏差见表6-2。

表6-2　　　　　　　　基线丈量允许偏差

桥梁长度/m	允许偏差
<200	1/10000
200~500	1/25000
>500	1/50000

(14)用直接丈量法测定的固定桩之间和桥墩(台)中心之间的距离,其精度应符合如下要求:

1)两端间距在200m之内,其精度不低于1/5000。

2)两端间距在200~500m之间,其精度不低于1/10000。

3)两端间距大于500m时,其精度不低于1/20000。

(15)用三角网法测定桥位时,角度测量的最大闭合差见表 6-3。

表 6-3　　　　　　　　角度测量的最大闭合差

桥梁长度 /m	测 回 数			允许最大闭合差(″)
	DJ_6	DJ_2	DJ_1	
<200	3	1		30
200～500	6	2		15
>500	—	6	4	9

注:1. 正倒镜各测一次,为一个测回。
　　2. DJ_6、DJ_2、DJ_1 为国产或相同规格进口经纬仪型号。

三、施工放样

施工放样就是将图样上的结构物尺寸与高程放测到现场实地上。

1. 基础中心放样

当墩台中心桩及控制桩施测完毕后,在基础混凝土浇筑前,先将墩台基础的中心线放测出来,立基础模板,将基础中心线控制点放测在模板上,如图 6-8 所示。

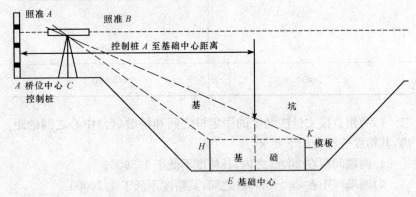

图 6-8　基础中心控制点放样示意图

将经纬仪架设在桥位中心线 AB 线上的控制点 C 上,照准另一岸中心线控制桩 B 点,将经纬仪作倒镜,照准本岸控制桩 A,若无误后,即可进行基础中心线放样。首先将仪器照准 B 点,使目镜与地面有一倾角,然后直接观测已固定的基础侧模 H 与 K 点,H 与 K 点的连线就是该墩台基础顺桥向的中心轴线。同理得出墩台基础横向的中心轴线,如图 6-9 所示。

图 6-9 中,E 点就是原来通过交会法而得到的墩台中心桩,现通过施工放样转换至地面以下的基础模板上,待基础混凝土浇筑完毕后,再用曲线桥的测量放样方法,将墩台中心线放测到基础表面,以利于进行墩台身的放样。

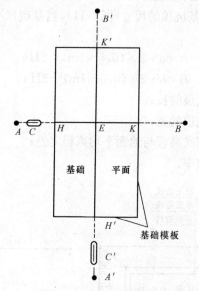

图 6-9 墩台横向中心轴线放样示意图
A、B—桥位控制桩;A′、B′—墩台中心控制桩;
C、C′—放置经纬仪处

墩台中心位置确定后,应根据设计要求定出基础的尺寸与基础顶面的高程,以便进行混凝土浇筑。测设方法如图 6-10 所示。

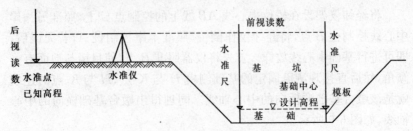

图 6-10 基础高程测设示意图

2. 基础高程放样

桥梁墩、台中心测放后,基础的尺寸由设计图纸得出,再根据土质确定放坡率,得到基坑顶的尺寸(图 6-11),当基础尺寸为 a、b 时,则基坑顶的尺寸为:

$$\left.\begin{array}{l}A=a+2\times(0.5\sim1m)+2Hn\\B=b+2\times(0.5\sim1m)+2Hn\end{array}\right\}$$

式中 A——基坑顶的长;
   B——基坑顶的宽;
   H——基础底高程与地面平均高程之差;
   n——边坡率。

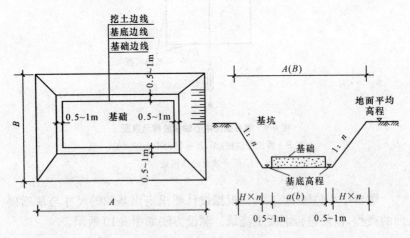

图 6-11 基坑放坡示意图

第六章 市政桥梁工程施工技术

> **知识链接**
>
> **明挖基坑放样**
>
> 明挖基坑放样施工前,应根据上述基坑顶的计算公式放出基坑顶挖土线的位置和尺寸,当挖土高程达到设计基础底高程时(当采用机械挖土时,最后 0.1~0.2m 的土由人工挖除),再精确测放出基础平面尺寸和砌筑高度。

3. 盖梁(墩台帽)中心放样

桥梁墩(台)基础(承台)施工完毕后,应进行立柱或墩(台)身的施工,施工完毕后进行盖梁或墩(台)帽的施工,首先必须将盖梁或墩(台)帽的中心线放测在其模板上。一般来说,盖梁或墩(台)帽常高出地面几米或十几米,就必须将地面上的中心线放测到墩台的盖梁或墩(台)帽上,如图 6-12 所示,其方法如下:

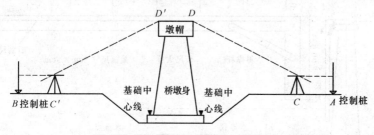

图 6-12 墩帽中心线放测示意图

(1)当桥墩身完工以后,再用经纬仪从控制桩 A 照准控制桩 B 有时已不可能,就必须利用基础或承台的中心线与 A、B 控制桩,用经纬仪照准 B,作倒镜下倾与基础中心线重合,然后再上倾,将桥位中心线放测到墩帽模板上 D 点,同理放测 D' 点,D、D' 连线,就是该桥位顺桥向中心线。再用相同方法放测出墩帽的横向中心线,其交点就是该桥墩的中心。

(2)桥梁墩(台)的高程控制,一般可将临时水准点的高程引至桥位附近高建筑物顶面,如图 6-13 所示,经若干次转点后,高程已到楼顶。

(3)可用倒挂长尺的放样方法,测得墩顶高程,如图6-14所示。

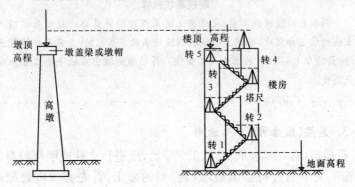

图6-13 地面高程转至楼顶示意图

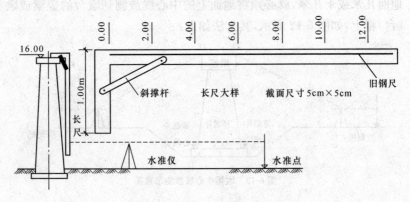

图6-14 倒挂长尺放样示意图

第三节 桥梁基础施工

基础是桥梁结构物的重要组成部分,起着支承桥跨结构,保持体系稳定,把上部结构、墩台自重及车辆荷载传递给地基的重要作用。基础的施工质量直接决定着桥梁的强度、刚度、稳定性、耐久性和安全度。

第六章 市政桥梁工程施工技术

一、明挖地基与基底处理

(一) 基坑开挖

1. 无水地基开挖

一般小桥梁基础基坑开挖,采用人力施工方法;大、中桥基础,其基坑大而深,挖方量大,可采用机械或半机械施工方法。

> 人工开挖基坑只宜在无机械设备且基坑较小时采用。基坑较大时,宜采用挖掘机、抓斗挖土机挖基。但机械挖基容易超挖,可在机械挖到标高以上200mm时改用人工挖基。

(1) 为避免地面水冲塌坑壁,在基坑顶缘适当距离设截水沟。坑顶边应留护道,有弃土或静荷载的不小于0.5m,有动荷载的不小于1.0m。

(2) 应避免超挖。若超挖,应将松动部分清除,其处理方案应报监理、设计单位批准。

(3) 挖至标高的土质基坑不得长期暴露、扰动或浸泡,并应及时检查基坑尺寸、高程、基底承载力,符合要求后,应立即进行基础施工。

(4) 每天开挖前及开挖过程中,应检查基坑或管沟的支撑及边坡情况。如发现异常(裂缝、疏松、支撑折断等),应立即采取防范、补救和加固措施。

(5) 开挖深度超过2m的,必须在边沿处设立两道护身栏。夜间施工必须有充足的灯光照明。

(6) 挖大孔径桩及扩底桩施工前,必须按规定采取防止坠落、掉物、塌壁、窒息等安全防护措施。

(7) 基坑施工不可延续时间过长,自基坑开挖至基础完成,应连续施工。

2. 有水地基开挖

若地基的渗水量太大,超过了排水能力,或基坑土质不好,采用抽水开挖基坑时将会产生涌砂或涌泥现象,此时宜采取有水开挖的方法。

常用的开挖方法有如下三种：

(1)水力吸泥机方法。此法适用于砂类土及砾卵石类土,不受水深限制,其出土效率可随水压和水量的增加而提高。

(2)空气吸泥机方法。此法适用于水深5m以上的砂类土或夹有少量碎卵石的基坑,浅水基坑不宜采用。在黏土层使用时,应与射水配合进行,以破坏黏土结构。吸泥时应同时向基坑内注水,使基坑内水位高于河水位约1m,以防止流沙或涌泥。

(3)泥掘机方法。此法适用于各种土质,但开挖时要注意基坑边坡的稳定,可采用反铲挖掘和吊机配抓泥斗挖掘,一般工效很高。

(二)基坑排水

基坑坑底多位于地下水位以下,随着基坑的下挖,渗水将不断涌进基坑,为保持基坑的干燥,便于基坑挖土和基础的砌筑与养护,施工过程中必须采取必要的排水措施。目前,常用的基坑排水方法有集水井排水法和井点降水法两种。

1. 集水井排水法

基坑较浅,土体较稳定或土层渗水量不大时可用集水井排水法,如图6-15所示。

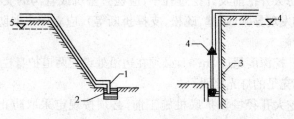

图6-15 集水井排水法
1—水泵;2—集水井;3—坑井;4—地下水位

集水井排水施工时,应在基坑内基础范围外坑角或每隔30～40m设置集水井,且应设置在河流上游方向,井间挖排水沟,使基坑渗水通过排水明沟汇集于集水井内,然后用水泵抽出,将水面降至坑底以下。集水井可用荆笆、竹篾、编筐或木笼围护,坑底宜铺设30cm左右厚度的滤料(碎石、粗砂),以防止泥砂堵塞吸水龙头。集水井应随挖土逐层加深,挖至设计标高后,坑底应低于基坑底1~2m。抽水时应有专人负责维护集水沟和集水坑,使其不淤、不堵,能不停地将水排出。集水井排水法的抽水设备有潜水泥浆泵、活塞泵、离心泵或隔膜泵等,排水能力宜大于总渗水量的1.5~2.0倍。

基坑内总渗水量可按下式估算:

$$Q = F_1 q_1 + F_2 q_2$$

式中　Q——基坑总渗水量(m^3/h);

　　　F_1——基坑底面面积(m^2);

　　　q_1——基坑底面平均渗水系数[$m^3/(m^2 \cdot h)$],q_1数值见表6-4;

　　　F_2——基坑侧面面积(m^2);

　　　q_2——基坑侧面平均渗水系数[$m^3/(m^2 \cdot h)$],q_2数值见表6-5。

表6-4　　　　　　　　　基坑底面平均渗水系数 q_1

序号	土类	土的特征及粒径	渗水量/[$m^3/(m^2 \cdot h)$]
1	细粉质砂土,松软黏砂土	基坑外侧有地表水,内侧为岸边干地;土的天然含水量<20%,土粒径<0.05mm	0.14~0.18
2	有裂隙的碎石岩层、较密实黏性土	多裂隙透水的岩层,有孔隙水的粒性土层	0.15~0.25
3	细砂黏土、大孔性土层,紧密砾石土	细砂粒径0.05~0.25mm,大孔土的密度800~950kg/m^3,砾石土孔隙率在20%以下	0.16~0.32
4	中粒砂,砾砂层	砂粒径0.25~1.0mm,砾石含水量30%以下,平均粒径10mm以下	0.24~0.8
5	粗粒砂,卵砾层	砂粒径1.0~2.5mm,砾石含水量30%~70%,平均最大粒径150mm以下	0.8~3.0
6	砾卵砂,砾卵石层	砂粒径2.0mm以上,砾石卵石含水量30%以上(泉眼总面积在0.07m^2以下,泉眼径在50mm以下)	2.0~4.0

续表

序号	土类	土的特征及粒径	渗水量 /[m³/(m²·h)]
7	漂石、卵石土有泉眼或砂砾石有较大泉眼	石粒平均径 50～200mm,或有个别大孤石在 0.5m³ 以下(泉眼径在 300mm 以下,泉眼总面积在 0.15m² 以下)	4.0～8.0
8	砾石,卵石,漂石粗砂,泉眼较多	—	>8.0

注:表中渗透量无地表水时用低限;地表水深 2～4m,土中有孔隙时用中限;地表水深大于 4m,松软土时用高限。

表 6-5   基坑侧面平均渗水系数 q_2

序号	基坑类型	侧面平均渗水系数
1	敞口放坡开挖基坑或土围堰	按表 6-4 同类土质的渗水系数的 20%～30%计
2	木板桩或石笼填土心墙围堰	按表 6-4 同类土质的渗水系数 10%～20%计
3	挡土板或单层草袋围堰	按表 6-4 同类土质的渗水系数 10%～20%计
4	钢板桩、沉箱及混凝土护壁	按表 6-4 同类土质的渗水系数的 0～5%计
5	竹、木笼围堰,马槎堰	按表 6-4 同类土质的渗水系数的 15%～30%计

2. 井点降水法

井点降水法适用于粉细砂、地下水位较高、有承压水、挖基较深、坑壁不稳定的土质基坑。选择井点类别时,应按照土壤的渗透系数、要求降低水位深度以及工程特点而定,见表 6-6。

表 6-6　　各种井点法的适用范围

井点类别	土壤渗透系数 /(m·d)	降低水位深度/m
一级轻型井点法	0.1~80	3~6
二级轻型井点法	0.1~80	6~9
喷射井点法	0.1~50	8~20
射流泵井点法	0.1~50	<10
电渗井点法	<0.1	5~6
管井点法	20~200	3~5
深井泵法	10~80	>15

注：1. 降低土层中地下水位时，应将滤水管埋设于透水性较大的土层中。
　　2. 井点管的下端滤水长度应考虑渗水土层的厚度，但不得小于 1m。

井点布置根据基坑平面尺寸、土质和地下水的流向，以及降低水位深度的要求而定。当降水深度不超过 6m 时，可采用单排线状或环形井点布置，井点管应距基坑壁 1.5~2.0m。当降水深度超过 6m 时，应采用二级井点降水，如图 6-16 所示。

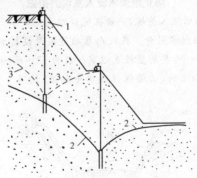

图 6-16　二级轻型井点系统的布置
1—正常地下水位；2—当从第二级抽水时地下水的降落曲线；
3—当从第一级抽水时地下水的降落曲线

井管可根据土质分别用射水、冲击、旋转及水压钻机成孔。降水曲线应深入基底设计标高以下 0.5m。井管埋设时，当井点管管端设有射水用的球阀时，可直接利用井点管水冲埋设。

井点管埋设完毕，应接通总管与抽水设备进行试抽水，检查有无漏水、漏气、出水是否正常、有无淤塞等现象。如发现异常情况，应及时检修好后方可投入使用。

井点管使用时，应保证连续不断地抽水，并准备双电源，按照正常出水规律操作。抽水时需要经常观测真空度以判断井点系统工作是否正常。真空度一般应不低于 55.3～66.7kPa，并检查观测井中水位下降情况。如果有较多井点管发生堵塞，影响降水效果时，应逐根用高压水反向冲洗或拔出重埋。

基础工程施工完毕且基坑已回填土后，方可拆除井点系统。井点管所留井孔必须用砂砾或黏土填实。

采用井点降水法进行基坑排水时，施工中应做好地面、周边建（构）筑物沉降及坑壁稳定的观测，必要时应采取防护措施。

防止地面水流入基坑的措施

为防止地面水流入基坑，一般在坑口四周筑截水土堰（可利用弃土作土埂），并将抽出水引开。在坑内基础范围外设排水沟和集水井，每隔 20～40m 设一个，井的直径或边宽一般为 60～80cm，深度可为 80～100cm（潜水泵抽汲时，必须保证在水中抽汲，故不宜太浅），如图 6-17 所示。

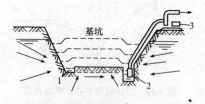

图 6-17　基坑明排水示意图
1—排水沟；2—集水井；3—水泵

(三)不同基底处理

1. 多年冻土地基的处理

(1)基础不应置于季节冻融土层上,并不得直接与冻土接触。

(2)基础的基底修筑于多年冻土层(即永冻土)上时,基底之上应设置隔温层或保温层材料,且铺筑宽度应在基础外缘加宽1m。

(3)按保持冻结原则设计的明挖基础,其多年平均地温等于或高于$-3℃$时,应于冬期施工;多年平均地温低于$-3℃$时,可在其他季节施工,但应避开高温季节。

(4)施工前做好充分准备,组织快速施工。做好的基础应立即回填封闭,不宜间歇。必须间歇时,应以草袋、棉絮等加以覆盖,防止热量侵入。

(5)施工过程中,严禁地表水流入基坑。明水应在距坑顶10m之外修排水沟。水沟之水,应引于远离坑顶排放并及时排除融化水。

(6)施工时,必须搭设遮阳棚和防雨篷,并及时排除季节冻层内的地下水和冻土本身的融化水。

2. 岩层基底的处理

(1)风化的岩层,应挖至满足地基承载力要求或其他方面的要求为止。

(2)在未风化的岩层上修建基础前,应先将淤泥、苔藓、松动的石块清除干净,并洗净岩石。

(3)坚硬的倾斜岩层,应将岩层面凿平。倾斜度较大,无法凿平时,则应凿成多级台阶。台阶的宽度宜不小于0.3m。

3. 溶洞地基的处理

(1)影响基底稳定的溶洞,不得堵塞溶洞水路。

(2)干溶洞可用砂砾石、碎石、干砌片或浆砌片石及灰土等回填密实。

(3)基底干溶洞较大,回填处理有困难时,可采用桩基处理,桩基应进行设计,并经有关单位批准。

4. 泉眼地基的处理

(1)可将有螺口的钢管紧紧打入泉眼,盖上螺帽并拧紧,阻止泉水流出;或向泉眼内压注速凝的水泥砂浆,再打入木塞堵眼。

(2)堵眼有困难时,可采用管子塞入泉眼,将水引流至集水坑排出或在基底下设盲沟引流至集水坑排出,待基础砌体完成后,向盲沟压注水泥浆堵塞。采用引流排水时,应注意防止砂土流失,引起基底沉陷。

(3)基底泉眼,不论采用何种方法处理,都不应使基底泡水。

地基的检验方法

按桥涵大小、地基土质复杂(如溶洞、断层、软弱夹层、易熔岩等)情况及结构对地基有无特殊要求,可采用以下检查方法:

(1)小桥梁的地基检验。可采用直观或触探方法,必要时可进行土质试验。触探包括动力触探和静力触探两种。动力触探又分轻型、中型和重型三种。重型动力触探按触探头不同分为Ⅰ型(管式贯入器)和Ⅱ型(圆锥头)。前者为标准贯入用具,适用于细粒砂类土、黏性土;后者适用于砂类土和圆砾、卵石层。静力触探是利用电测原理确定大的力学性质的一种原位测试方法,试验时利用静压力装置将探头压入土层,适用于黏性土及砂类土。

土工试验只在特殊地基处理(如软土地基等)时才有必要。荷载试验是研究和取得地基承载力、形变模量的基本方法之一,但做此试验很费时间,一般只在大、中桥的特殊地基处理时,应设计部门的要求才做。

(2)大、中桥和地基土质复杂、结构对地基有特殊要求的地基检验。一般采用触探和钻探(钻深至少 4m)取样做土工试验,或按设计的特殊要求进行荷载试验。

(3)特大桥按设计要求处理。

(四)基坑回填

当墩、台施工完毕后,即可对基坑进行回填,基坑回填应符合下列要求：

(1)基坑回填时，其结构的混凝土强度应不低于设计强度的70%。
(2)在覆土线以下的结构必须通过隐蔽工程验收。
(3)基坑内积水需抽除，淤泥及杂物须清除干净。
(4)回填须采用含水量适中的粉质黏土或砂质黏土。

填土应分层铺筑，分层夯实或压实，每层松铺厚度一般为30cm，在墩、台结构物两侧同时回填，同步上升。若基坑为道路路基，则应按道路施工的要求进行。

桥台填土一般应在梁体结构安装完成后进行，若施工安排确须提前，应对填土高度和上升速度加以限制，并加强对台身位移的观察。在台身或挡土墙设有泄水孔部位，应按设计要求

> 填土经碾压、夯实后不得有翻浆、"弹簧"现象。填土中不得含有淤泥、腐殖土及有机物质等。

做泄水过滤层，严禁卡车直接在台后卸土或推土机推土，以免台背发生前倾或位移。

设有支撑的基坑，在回填土时，应随土方填筑高度分次由下往上拆除，严禁采取一次拆除后填土作业。

二、桩基础施工

当建筑物荷载较大，地基上部土层软弱，浅埋扩大基础不能满足安全、稳定与变形要求时，常采用桩基础。目前，我国桥梁工程中常用的是沉入桩施工和灌注桩施工。

(一)沉入桩施工

1. 锤击沉桩施工

开锤前应检查桩锤、桩帽或送桩与桩的中心轴线是否一致。在松软土中沉桩，将桩锤放在桩顶上时，为防止下沉量过大，应先不解开钢丝绳，待安好桩锤再慢慢放长吊锤和吊桩的钢丝绳，使桩均匀缓慢地向土中沉入。同时，还要继续检查桩锤、桩帽或送桩的中心是否同桩的中心轴线一致，桩的方向有无变动，随时进行改正。经检查无误后

即可进行锤击。

锤击沉桩的施工方法包括由一端自另一端顺序打、由中间向两端打、由两端向中间打和分段打桩,如图 6-18 所示。

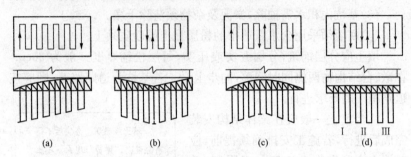

图 6-18 锤击沉桩打桩顺序

(a)由一端向另一端顺序打;(b)由中间向两端打;(c)由两端向中间打;(d)分段打桩

由一端向另一端顺序打桩便于施工,应用较多,一般当桩数不多、间距较大、土不太密实、桩锤较重时,可采用此顺序打桩。

由中间向两端打桩可避免因中部土壤被挤紧而造成打桩困难的现象,一般在基坑较小,土质密实,桩多、间距小的情况下可采用此顺序打桩。

由两端向中间打桩可使土质越挤越紧,增加土的摩擦阻力,充分发挥摩擦桩的作用,适用于较松软的土中打摩擦桩。

分段打桩可解决后桩不易打入的问题,且土壤挤出也比较均匀,可在基坑较大,柱数较多的情况下采用。

特别提示

停锤注意事项

(1)桩端位于黏性土或较松软土层时,应以标高控制,贯入度作为校核。如桩沉至设计标高,贯入度仍较大时,应继续锤击,其贯入度控制值应由设计确定。

(2)桩端位于坚硬、硬塑的黏土及中密以上的粉土、砂、碎石类土、风化岩时,应以贯入度控制。当硬层土有冲刷时应以标高控制。

第六章 市政桥梁工程施工技术

(3)贯入度已达到要求,而桩尖未达到设计标高时,应在满足冲刷线下最小嵌固深度后,继续锤击3阵(每阵10锤),贯入度不得大于设计规定的数值。

2. 射水沉桩施工

(1)下沉空心桩时,一般用单管内射水。当桩下沉较深或土层较密实时,可用锤击或振动配合射水。下沉至要求深度仍有困难时,如在砂质土层中,可再加外射水,以减小桩周的摩阻力,加快沉桩进度。

(2)下沉实心桩时,将射水管对称安装在桩的两侧,并能沿着桩身上下自由移动,以便在任何高度上冲土。当在流水中沉桩或下沉斜桩时,应将水管固定于桩身上。

(3)射水沉桩机配合锤击沉桩具有施工快、效率高、不易打坏桩的优点,但射水沉桩不适用于承受水平推力及上拔的锚固桩或离建筑物较近的桩,也不适用于沉斜桩。

(4)射水沉桩施工时,在沉入最后阶段1~5m至设计标高时,应停止射水,单用锤击或振动沉入至设计深度。

(5)射水沉桩施工应尽可能用清水,以免堵塞射水嘴,输水管路应尽量减少弯曲,保证输水顺畅。为了排除管内积水,管路应不小于0.2%的纵坡。射水沉桩施工设备主要有水泵和射水管。

(6)为了减水射水压力的损失,应尽可能将水泵设在沉桩地点附近,在河流中,可将水泵设在船上。

(7)内射水的射水管长度 L 应为:

$$L = L_1 + L_2 + L_3$$

式中 L_1——桩长,从桩尖至桩顶;

L_2——射水嘴伸出桩尖外的长度,一般为15~20cm;

L_3——射水管高出桩顶以上的高度(包括弯管)。

(8)射水管的直径根据水压和水量决定。一般射水管的直径为37~63mm$\left(1\frac{1}{2}''\sim 2\frac{1}{2}''\right)$,喷嘴直径为射水管直径的0.4~0.45倍。如需扩大冲刷范围时,可在喷嘴管壁上设置若干小孔眼,该孔眼与喷嘴垂直轴线成30°～45°角,孔眼直径一般为8mm。在黏性土壤中,宜用只有一个中心孔眼的射水管。

(9)不同土壤、不同深度和不同断面的桩,所需水压、水量、射水管的数量和直径等可参照表6-7规定选用。

表6-7　　　　　射水沉桩时选用射水管的参考表

土壤	向土中沉下的深度/m	喷嘴处必要的水压/MPa	射水管数目,直径/mm;每桩用水量/(kg/min)			
			$d<30cm$	$d=40\sim60cm$	40～60cm	40～60cm
淤泥,淤黏土,软黏土,松砂及吸水饱和的砂	<8	0.4～0.6	2×37 400～700	2×50 700～1000	3×37 900～1000	2×50 1000～1200
	8～16	0.6～1.0	2×50 900～1400	2×50 900～1400	3×37 1000～1500	4×50 1600～2800
	16～24	0.8～1.5	2×50 1600～2000	2×63 1600～2000	3×50 1600～2500	4×50 2100～3000
坚实的砂层,混杂卵石及砾石的砂,砂质黏土,中等密度的黏土	<8	0.8～1.5	2×50 900～1400	2×50 1000～1700	3×37 1200～1900	2×50 1000～1700
	8～20	1.2～2.0	2×63 1800～2500	2×63 1800～2500	3×50 2100～3000	4×50 2000～4000

注:表中所示的射水管的数量,适用于在干地或无水流的基坑中打垂直桩。当在流水中下沉基桩及斜桩时,必须将射水管固定在桩体上或置于桩内(为管桩时),并以采用一根直径较大的射水管操作为宜。

3. 振动沉桩施工

振动沉桩法具有沉桩速度快、施工操作简易安全且能辅助拔桩的优点,适用于松软的或塑态的黏质土或饱和砂类土层中,对于密实的黏性土、风化岩、砾石效果较差,基桩入土深度小于15m时,单用振动沉桩即可，除此情况外，宜采用射水配合振动沉桩。

（1）如果采用有桩架的振动沉桩机，则振桩机机座、桩帽应连接牢固，桩机和桩中心轴线应尽量保持在同一直线上。

（2）振动沉桩的其他要求，同于锤击沉桩。

（3）用振动打桩机作振动沉桩时，多用起重机、吊振拔机，此时应注意下列几点：

1）起重机宜用滑轮机械式的起重机，不可用液压式的起重机，以防止起重机因振动漏油，影响起重机的使用。

2）用振拔机时应将桩身吊直，如为钢板桩则应一侧入榫后再振动，如为振沉护筒时，则应将护筒采用双层井字架固定，护筒必须垂直下沉，在护筒与振拔机之间应用刚性的锥式桩帽连接，连接必须牢固。在振动过程中，应经常检查连接部位的螺栓是否有松动现象，如有松动应及时拧紧。

（4）每一根沉桩工作应一气呵成，不可中途停留过久，以免桩周围土壤阻力恢复，继续下沉困难。

经验之谈

振动如何配合射水下沉管桩施工

（1）首先，吊装振动沉桩机和机座（桩帽）与桩顶法兰盘联结牢固。在自重下沉或射水下沉至缓慢甚至不下沉时，开动振动沉桩机并同时射水，以振动力迫使管桩下沉。振动持续一段时间后，当桩下沉至再次趋于缓慢或桩顶大量涌水时，停止振动，只采用射水冲刷。经过相当时间射水后，再行振动下沉。如此交替下沉，沉至接桩高度时，拆去振动打桩机及输水管，在接桩的同时接长射水管，再装上振动打桩机，然后继续沉桩。

（2）当管桩下沉至距离设计标高尚有适当距离时，提高射水管，使射水嘴缩入桩内，停止射水，立即进行干振。将桩入至设计标高，并且最后下沉速度不大于试桩的最后下沉速度、振幅符合规定时，即认为合格，并拆除沉桩设备。

（3）一个基础内的桩全部下沉完毕后，为了避免先沉下的桩周围的土被后来沉桩射水所破坏，影响其承载力，应将全部基桩再进行一次干振，使其达到合格要求。

4. 静力压桩施工

静力压桩施工现场应先平整,并根据现场条件,预先确定压桩机压桩顺序,尽量减少压桩机行走距离。压桩机的安装与拆卸应根据厂方产品说明书的规定执行。

吊装前应清理桩身,并检查桩身有无明显碰损处,以免影响夹持下压。如影响则不得使用。吊桩进入压桩机夹具后,应对准桩位。开始压桩时,应以较低的压力徐徐压入,待无异常情况后,再开始正常工作。

压桩过程中,应防止一根桩压入时中断工作,以免间歇后桩阻力增大。采用接桩时应尽量缩短接桩时间,以减少压桩阻力。压桩过程中应严格控制桩身与地面的垂直度,不允许倾斜压入。如需接送桩时,应保证送桩的中心轴线与桩身的中心轴线上下一致。压桩过程中,还应随时注意桩下沉有无变化,如有水平方向位移时,则可能桩尖遇到障碍,当移动量较大时,应将桩拔出,清除障碍或与设计单位研究后改变位置。

5. 桩的复打

假极限土中的桩、射水下沉的桩、有上浮的桩均应复打,桩的复打应达到最终贯入度且不大于停打贯入度。复打前"休息"天数应符合下列要求:

(1)桩穿过砂类土,桩尖位于大块碎石类土、紧密的砂类土或坚硬的黏性土,不得少于1昼夜。

(2)在粗中砂和不饱和的粉细砂里不得少于3昼夜。

(3)在黏性土和饱和的粉细砂里不得少于6昼夜。

(二)钻孔灌注桩施工

1. 钻孔施工

(1)场地准备。为安装钻架,进行钻孔施工,施工前应平整场地。对于旱地,应清除杂物,平整场地;遇软土应进行处理;在浅水中,宜用筑岛法施工;在深水中,宜搭设平台,如水流平稳,钻机可设在船上,但船必须锚固稳定。

第六章 市政桥梁工程施工技术

施工现场应设置桩基轴线定位点和水准点,定出每根桩的位置,并做好标志,制浆池、储浆池、沉淀池宜设在桥的下游,也可设在船上或平台上。

(2)埋设护筒。钻孔前应埋设护筒,护筒具有固定桩位、作钻孔向导、防止孔口土层坍塌、隔离孔内外表层水等作用,因此,要求护筒坚固耐用、不易变形、不漏水、能重复使用,护筒可用钢或混凝土制作,当使用旋转钻时,护筒内径应比钻头直径大 20cm;使用冲击钻时,护筒内径应比钻头直径大 40cm。

(3)制备泥浆。在砂类土、碎石土或黏土砂土夹层中钻孔应用泥浆护壁。泥浆宜选用优质黏土、膨润土或符合环保要求的材料制备,其性能指标可参照表 6-8 选用。

表 6-8 泥浆性能指标选择

钻孔方法	地层情况	泥浆性能指标						
		相对密度	黏度/(Pa·s)	含砂率(%)	胶体率(%)	失水率/[mL/30min]	泥皮厚/[mm/30min]	静切力/Pa	酸碱度/pH
正循环	一般地层	1.05~1.20	16~22	8~4	≥96	≤25	≤2	1.0~2.25	8~10
	易坍地层	1.20~1.45	19~28	8~4	≥96	≤15	≤2	3~5	8~10
反循环	一般地层	1.02~1.06	16~20	≤4	≥95	≤20	≤3	1~2.5	8~10
	易坍地层	1.06~1.10	18~28	≤4	≥95	≤20	≤3	1~2.5	8~10
	卵石土	1.10~1.15	20~35	≤4	≥95	≤20	≤3	1~2.5	8~10
推钻冲抓	一般地层	1.10~1.20	18~24	≤4	≥95	≤20	≤3	1~2.5	8~11
冲击	易坍地层	1.20~1.40	22~30	≤4	≥95	≤20	≤3	3~5	8~11

注:1. 地下水位高或其流速大时,指标取高限,反之取低限。
    2. 地质状态较好,孔径或孔深较小的取低限,反之取高限。
    3. 在不易坍塌的黏质土层中,使用推钻、冲抓、反循环回转钻进时,可用清水提高水头(≥2m)以维护孔壁。

(4)安装钻机或钻架。钻架是钻孔、吊放钢筋笼、灌注混凝土的支架。在钻孔过程中，成孔中心必须对准桩位中心，钻机（架）必须保持平稳，不发生位移、倾斜和沉陷。钻机（架）安装就位时，应详细测量，底座应用枕木垫实塞紧，顶端应用缆风绳固定平稳，并在钻进过程中经常检查。

(5)钻孔施工。钻孔施工时，孔内水位宜高出护筒底脚 0.5m 以上或地下水位以上 1.5～2m。钻头的起落速度应均匀，不得过猛或骤然变速。孔内出土，不得堆积在钻孔周围。且钻孔应一次成孔，不得中途停顿。钻孔达到设计深度后，应对孔位、孔径、孔深和孔形等进行检查。

> **经验之谈**
>
> **钻孔施工中出现异常情况处理**
>
> (1)塌孔不严重时，可加大泥浆相对密度继续钻进，严重时必须回填重钻。
>
> (2)出现流沙现象时，应增大泥浆相对密度，提高孔内压力或用黏土、大泥块、泥砖投下。
>
> (3)钻孔偏斜、弯曲不严重时，可重新调整钻机在原位反复扫孔，钻孔正直后继续钻进。发生严重偏斜、弯曲、梅花孔、探头石时，应回填重钻。
>
> (4)出现缩孔时，可提高孔内泥浆量或加大泥浆相对密度采用上下反复挖孔的方法，恢复孔径。
>
> (5)冲击钻孔发生卡钻时，不宜强提。应采取措施，使钻头松动后再提起。

2. 清孔施工

钻孔达到设计标高后，应对孔径、孔深进行检查，确认合格后即进行清孔，进行清孔的目的是清除钻渣与孔底沉淀层，以减少桩基的沉降量，提高承载能力，同时为灌注混凝土创造良好条件，确保桩基质量。

的清孔施工方法包括换浆清孔法、抽浆清孔法、掏渣清孔法、喷射清孔法和砂浆置换清孔法等，应根据设计要求、钻孔方法、机具设备条件和地层情况决定。

(1)换浆清孔法是在完成钻孔深度后，提升钻锥至距孔底钻渣面 0.1～0.3m，以大泵量泵入符合清孔后性能指标的新泥浆，维持正循环 4h 以上，直到清除孔底沉渣、减薄孔壁泥皮、泥浆性能指标符合要求为止。换浆清孔法进度较慢，适用于正循环回转钻孔，对于大直径深孔可将正循环机具迅速拆除，改用抽浆法。

(2)抽浆清孔法是在反循环回转钻孔完成后，即停止钻具回转，将钻锥提离孔底钻渣面 10～30cm，维持泥浆的反循环，并向孔中注入清水。应经常测量孔底沉渣厚度和孔中泥浆性能指标，满足要求后立即停止清孔。抽浆清孔法清孔较彻底迅速，适用于各种方法的钻孔。

(3)掏渣清孔法是用抽渣筒、大锅锥或冲抓锥清掏孔粗钻渣，掏渣前可投入 1～2 袋水泥，再以冲锥冲成钻渣和水泥的混合物，提高掏渣工效。掏渣清孔法只能掏取粗粒钻渣，不能降低泥浆相对密度，只能作为初步清孔，适用于机动锥钻孔、冲抓钻孔和冲击钻孔。

(4)喷射清孔法是在灌注水下混凝土前，对孔底进行高压射水或射风数分钟，使孔底剩余少量沉淀物漂浮后，立即灌注水下混凝土。喷射清孔法采用射水(风)的压力应比池孔底水(泥浆)压力大 0.5MPa，射水(风)时间为 3～5min。喷射清孔法只适宜配合换浆法或抽浆法使用。

(5)砂浆置换清孔法是利用掏渣筒尽量清除钻渣，以高压水管插入孔底射水，降低泥浆相对密度，以活底箱在孔底灌注 0.6m 厚的以粉煤灰与水泥加水拌和并掺入缓凝剂的特殊砂浆，插入比孔径稍小的搅拌器，慢速旋转，将孔底残渣搅入砂浆中，吊出搅拌器，吊入钢筋骨架，灌注水下混凝土，搅入残渣的砂浆被混凝土置换后，一直被顶托在混凝土面以上而被推倒桩顶后，再予以清除。砂浆置换清孔法适用于掏渣清孔后使用。

> **特别提示**
>
> **清孔注意事项**
>
> 无论采用何种方法清孔,清孔时必须保持孔内水头,防止坍孔。清孔后应对泥浆试样进行性能指标试验,清孔后的沉渣厚度应符合设计要求。设计未规定时,摩擦桩的沉渣厚度不应大于 300mm;端承桩的沉渣厚度不应大于 100mm。

3. 钢筋笼吊放

混凝土灌注桩钢筋笼普遍刚度不足,很容易发生变形。由制作时的水平状态至安放时的垂直状态,如何能加快安放速度以避免坍孔等事故发生,防止钢筋笼变形导致孔壁坍孔,是钢筋笼吊放工作的关键性问题。钢筋笼的吊装应符合下列规定:

(1)钢筋笼宜整体吊装入孔。需分段入孔时,上下两段应保持顺直。

(2)应在骨架外侧设置控制保护层厚度的垫层,其间距竖向宜为 2m,径向圆周不得少于 4 处。钢筋笼入孔后,应牢固定位。

(3)在骨架上应设置吊环。为防止骨架起吊变形,可采取临时加固措施,入孔时拆除。

(4)钢筋笼吊放入孔应对中、慢放,防止碰撞孔壁。下放时应随时观察孔内水位变化,发现异常应立即停放,检查原因。

4. 水下混凝土灌注

灌注水下混凝土之前,应再次检查孔内泥浆性能指标和孔底沉渣厚度,如超过规定,应进行第二次清孔,符合要求后方可灌注水下混凝土。

水下混凝土灌注多采用导管法,用于灌注水下混凝土的导管内壁应光滑圆顺,直径宜为 20~30cm,节长宜为 2m;导管不得漏水,使用前应试拼、试压,试压的压力宜为孔底静水压力的 1.5 倍;导管轴线偏差不宜超过孔深的 0.5%,且不宜大于 10cm;导管采用法兰盘接头宜加锥形活套;采用螺旋丝扣型接头时必须有防止松脱装置。

第六章 市政桥梁工程施工技术

导管法灌注水下混凝土,应先将导管居中插入到距离孔底0.30～0.40m,导管上口接漏斗或储料斗,为隔绝混凝土与导管内水的接触,应在接口处设隔水栓。待储料斗中存备足够数量的混凝土后,放开隔水栓使储料斗中存备的混凝土连同隔水栓向孔底猛落,将导管内水挤出,混凝土沿导管下落至孔底堆积,并使导管埋在混凝土内,此后向导管连接处灌注混凝土。导管下口埋入孔内混凝土中1～1.5m深,以保证钻孔内的水不能重新流入导管。随着混凝土不断灌入,钻孔内初期灌注的混凝土及其上面的水或泥浆不断被顶托升高,相应的不断提升导管和拆除导管,直至混凝土灌注完毕。

经验之谈

灌注水下混凝土过程中发生断桩时的处理

灌注水下混凝土过程中,发生断桩时,应会同设计、监理根据断桩情况研究处理措施。一般可采用压入水泥浆法,具体步骤为:

(1)首先在桩身钻两个分别作压浆和出浆用的小孔,深度应达补强处以下1m,对于柱桩应达基岩。

(2)然后用高压水泵向孔内压入清水,使夹层泥渣从出浆孔冲洗出来。接着用压浆泵先压入水灰比为0.8的纯水泥浆,进浆口应用麻絮填堵在铁管周围,待孔内原有清水从另一孔全部压出来之后,再用水灰比为0.5的浓水泥浆压入。浓浆压入时应使其充分扩散,当浓浆从出浆口冒出停止压浆,用碎石将出浆口封填,并以麻袋堵实。

(3)最后再用水灰比为0.4的水泥浆压入,压力增大到0.7～0.8MPa时关闭进浆阀,稳压压浆20～25min,压浆补强工作结束。

(4)待水泥浆硬化后,应再钻孔取心检查补强效果。

5. 后压浆施工

钻孔灌注桩后压浆施工是在已施工完成的钻孔桩桩底和柱侧进行压浆,其目的是清除桩底软弱垫层(沉渣),改善桩土界面的工况,提高单桩承载力,分为桩底压浆与桩侧压浆。

桩底压浆是指将高压水泥浆送进预埋的压浆管,并通过压浆管底部的单向阀(逆止阀)对土层产生渗入、劈裂作用向桩底一定范围的土体中注入水泥,同时还有一部分浆液从桩底沿桩土界面向上渗流扩展到桩底以上 10～20m,甚至更高的范围。

桩侧压浆则是将高压水泥浆送入预先设置在钢筋笼外侧的带单向阀的加筋 PVC 管或黑铁管,根据土层、桩长情况在管上设几个压浆断面;浆液从管上的浆孔喷出,对桩周土产生挤密、渗入作用,同时顺着桩土界面向上和向下渗透,在桩土界面处形成一道水泥浆与土的胶结层,使桩与土的接触面及桩周土的摩阻得到改善和提高。

(三)挖孔灌注桩施工

挖孔灌注桩多用人工开挖和小型爆破,配合小型机具成孔,灌注混凝土形成桩基。其特点是设备投入少,成本低,成孔后可直观检查孔内土质状况,基桩质量有可靠保证。适用于无水或极少水的较密实的各类土层,桩径不小于 1.2m,孔深不宜大于 15m。

1. 开挖桩孔

开挖桩孔一般采用人工开挖,根据土壁保持直立的状态的能力分为若干个施工段,一般以 0.8～1.2m 为一个施工段,挖土过程中要随时检查桩孔尺寸和平面位置,防止误差。

挖土由人工从上到下逐段用镐、锹进行,遇坚硬土层用锤、钎破碎。同一段内挖土次序为先中间后周边。扩底部分采取先挖桩身圆柱体,再按扩底尺寸从上到下削土修成扩底形。孔深超过 10m 时,应经常检查孔内二氧化碳浓度,若超过 0.3‰ 应采取通风措施。孔内如用爆破施工,应采用浅眼爆破法,且在炮眼附近要加强支护,以防止震坍孔壁。桩孔较深,应采用电引爆,爆破后应通风排烟。经检查,孔内无毒后施工人员方可下孔。应根据孔内渗水情况,做好孔内排水工作。

2. 护壁和支承

人工挖孔过程中,为保证施工安全,应根据地质、水文条件、材料来源等情况因地制宜选择现浇混凝土护圈、喷射混凝土护圈、钢套管护圈等支承和护壁方法。其中,现浇混凝土护圈适用于桩孔较深,土质相对较差,出水量较大或遇流砂等情况,必要时,也可配制少量钢筋或架立钢筋网,架立钢筋网后可直接锚喷砂浆形成护圈代替现浇混凝土护圈。钢套管护圈适用于地下水丰富的强透水地层或承压水地层,可避免产生流砂和管涌现象,能确保施工安全。

对于土质松散而渗水量不大的情况,可考虑用木料作框架式支承或在木框后面作木板支承。木框架或木框架与木板间应用扒钉钉牢,木板后面用土面塞紧。对于土质尚好,渗水不大的情况也可用荆条、竹笆作护壁,随挖随护壁,以保证挖孔施工的安全进行。

3. 灌注桩身混凝土

挖孔到达设计深度后,即可灌注桩身混凝土。灌注桩身混凝土前,应先清除孔壁、孔底的浮土,并进行钢筋筑架的吊装,排除孔底积水。

桩身混凝土应连续分层灌注,每层灌注高度不得超过1.5m,用串筒或导管下料,垂直灌入桩孔,避免混凝土斜向冲击孔壁。若需要灌注水下混凝土时,应参照钻孔灌注桩水下混凝土灌注施工的相关内容。

三、沉井基础施工

沉井基础(图 6-19)是利用其自重,在地基挖掘过程中一边下沉一边接高的下口尖形的井状结构物,下沉到预定标高后,进行封底。构筑井内地板、梁、楼板、内隔墙、顶盖板等构件,最终形成一个地下建筑物或建筑物基础,它是重要的基础形式之一。在施工过程中,它可充当挡水和护壁结构物,方便施工;在施工结束后,它又充当基础,桥梁墩台建造其上。

(一)沉井制作

1. 平整场地

(1)沉井位于浅水或可能被水淹没的岸滩上时,宜就地筑岛制作。在地下水位较低的岸滩,若土质较好时,可开挖基坑制作沉井。

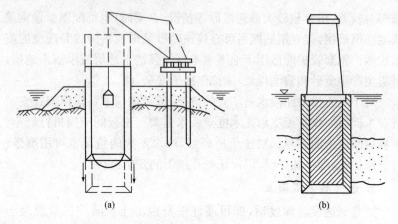

图 6-19 沉井基础
(a)沉井下沉示意图；(b)沉井基础

沉井重力对围堰的侧压力计算

无围堰筑岛时，应在沉井周围设置不少于 2m 的护道，临水面坡度宜为 1∶1.75～1∶3。有围堰筑岛时，沉井外缘距围堰的距离应满足下列公式，且不得小于 1.5m；当不能满足时，应考虑沉井重力对围堰产生的侧压力。

$$b \geqslant H \tan(45° - \varphi/2)$$

式中 b——沉井外缘距围堰的距离(m)；

　　　H——筑岛高度(m)；

　　　φ——筑岛用土含水饱和时的摩擦角。

---

(2)在岸滩上或筑岛制作沉井，要先将场地平整夯实，以免在灌注沉井过程中和拆除支垫时，发生不均匀沉陷。若场地土质松软，应加铺一层 30～50cm 厚的砂层，必要时，应挖去原有松软土层，然后铺以砂层。当石渣、漂卵石等取材方便时，常不挖除松软土壤，可直接回填夯实，以便施工。

(3)沉井在制作至下沉过程中位于无被水淹没可能的岸滩上时，

如地基承载力满足设计要求,可就地整平夯实制作;如地基承载力不够,应采取加固措施。

(4)沉井可在基坑中灌注,但应防止基坑为暴雨所淹没。并应注意观察洪水,做好防洪措施。在总的进度安排中,应抓住枯水期的有利季节。

(5)运输线路、风、水管路,电力线的铺设以及混凝土厂起吊设备的布置等,均应事先详细计划,妥善安设,以免干扰沉井施工作业。

2. 沉井分节

沉井分节制作高度,应能保证其稳定性,又有适当重力便于顺利下沉。底节沉井的最小高度,应能抵抗拆除垫木或挖除土模时的竖向挠曲强度,当上述条件许可时,应尽可能高些,一般每节高度不宜小于 3m。

3. 铺设承垫木

铺设承垫木时,应用水平尺进行找平,要使刃脚在同一水平面上,承垫木下应用 0.3～0.5m 厚的砂垫层填实,高差不应大于 3cm;相邻两块承垫木高差不应大于 0.5cm。

承垫木顶面应与刃脚底面紧贴,使沉井重力均匀分布于各垫木上。承垫木可单根或几根编成一组铺设,但组与组之间最少需留有 0.2～0.3m 的空隙,以便能顺利地将承垫木抽出。

为便于抽除刃脚的承垫木,还需设置一定数量的定位垫木,使沉井最后有对称的着力点。确定定位垫木位置时,以沉井井壁在抽除承垫木时,所产生的跨中与支点的正负弯矩的绝对值相接近为原则。对于圆形沉井的定位垫木,一般对称设置在互成 90°的四个支点上[图 6-20(a)]。方形沉井的定位垫木在 4 个角上。矩形沉井的定位垫木,一般设置在两长边,每边设 2 个[图 6-20(b)],当沉井长边 l 与短边 b 之比为 $2>l/b\geqslant 1.5$ 时,两个定位支点间的距离为 $0.7l$;当 $l/b\geqslant 2$ 时,则为 $0.6l$。

4. 模板及其拆除

为了加快施工进度,目前现场已采用整体拼装式井孔模板。采用钢制模板,具有强度大、周转次数多等优点。

沉井的非承重的侧模在混凝土强度达到设计强度的50%时便可拆除；刃脚下的侧模，在混凝土强度达到设计强度的75%时方可拆除。当混凝土强度达设计强度的100%时，沉井方可下沉。

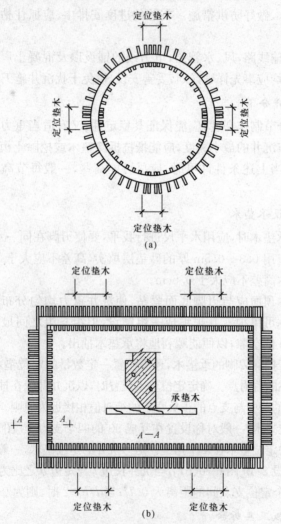

图6-20 承垫木的平面位置
(a)圆形沉井定位垫木；(b)矩形沉井定位垫木

第六章 市政桥梁工程施工技术

> **经验之谈**
>
> **垫木数量计算**
>
> 垫木的数量按垫木底面承压应力不大于 0.1MPa，按下式计算所需数量：
>
> $$n=\frac{Q}{Lb[\sigma]}$$
>
> 式中　n——垫木根数；
>
> 　　　Q——第一节沉井重量(kg)；
>
> 　　　L、b——垫木的长和宽(折算为等长)(cm)；
>
> 　　　$[\sigma]$——基底土允许承压力，$\leqslant 0.1$MPa。
>
> 实际排列时应对称铺设，故实际数量比计算结果应适当增加。

5. 施工缝处理

当沉井结构较高时，必须设置施工缝，并应妥善处理，以防发生隐患，沉井井壁的水平施工缝，不得留在底板凹槽或凸榫或沟、洞处，距离应不小于 20～30cm。同时，沉井井壁及框架均不宜设置竖向施工缝。

施工缝有平缝、凸或凹式施工缝和钢板止水施工缝，如图 6-21 所示。

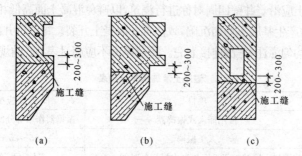

图 6-21 施工缝的位置
(a)平缝；(b)凸或凹式施工缝；
(c)钢板止水施工缝

6. 沉井制作

沉井制作一般有旱地制作、人工筑岛制作和在基坑中制作三种方法，一般可根据不同情况采用，使用较多的是在基坑中制作。

在基坑中制作沉井，基坑应比沉井宽 2～3m，四周设排水沟、集水井，使地下水位降至比基坑底面低 0.5m，挖出的土方在周围筑堤挡水，要求护堤宽不少于 2m。

(1) 模板支设。井壁模板采用钢组合式定型模板或木定型模板组装而成。采用木模时，外模朝混凝土的一面应刨光，内外模均采取竖向分节支设，每节高 1.5～2.0m，用 $\phi 12～\phi 16$ 对拉螺栓拉槽钢圈固定。对于有抗渗要求的沉井，应在螺栓中间设止水板。第一节沉井井筒壁应在设计尺寸周边加大 10～15mm，第二节相应缩小一些，以减少下沉摩阻力。对于大型沉井，可采用滑模方法制作。

(2) 钢筋安装。沉井钢筋可用吊车进行垂直吊装就位，用人工绑扎，或在沉井预先绑扎钢筋骨架或网片，用吊车进行大块安装。对于竖筋可一次绑好，而水平筋则应采用分段绑扎，与前一节井壁连接处伸出的插筋采用焊接连接方法，接头错开 1/4。沉井内壁隔墙可与井壁同时浇筑，也可以在井壁与内壁隔墙连接部位预留插筋，待下沉完毕后，再进行隔墙施工。

(3) 混凝土浇筑。沉井混凝土浇筑时，应沿沉井周围搭设脚手架平台，混凝土应沿着井壁四周对称进行浇筑，以避免混凝土面高低相差悬殊、压力不均产生基底不均匀沉陷，致使沉井混凝土开裂。每节沉井的混凝土应分层、均匀灌注，一次连接灌完。每层厚度不应超过表 6-9 的规定。

表 6-9　　　　　　　　　混凝土灌筑厚度 H 值表

序号	项目	厚度 H 应小于
1	使用插入式振捣器	振捣器作用部分的 1.25 倍
2	人工振捣	15～25cm
3	从灌注一层的时间不应超过水泥初凝时间 t 考虑	$h \leqslant Qt/A$

注：式中　Q——为每小时混凝土生产量(m^3/h)；
　　　　　t——为水泥初凝时间(h)；
　　　　　A——为灌注面积(m^2)。

(4)混凝土养护。一般情况下,混凝土灌注完成10~12h后,即应进行遮盖洒水养护。但在炎热天气,混凝土灌注1~2h后,即应进行遮盖洒水养护,以防烈日直接暴晒。洒水时应掌握好水量,防止筑岛土流失坍塌,造成沉井混凝土开裂。

当昼夜间最低气温低于-3℃或室外平均气温低于+5℃时即应按冬期施工措施进行混凝土浇筑与养护。第一节混凝土强度必须达到100%设计强度,其余各节达到70%后,方可停止保暖养护。

当混凝土强度达2.5MPa左右,即可在顶面凿毛,以便顶部再接混凝土时,增加其接缝强度。

(5)模板拆除。混凝土强度达到25%时可拆除侧模,混凝土强度达75%时方可拆除刃脚模板。拆除模板按以下要求进行:

1)拆除隔墙及刃脚下支撑时,应对称依次进行,一般宜从隔墙中部向两边拆除。

2)拆除时先挖去垫木下的砂,抽出支撑排架下的垫木,或当支撑排架顶面(或底面)设置有楔形木时,可打掉楔木,再拆除支撑。

3)拆模后,下沉抽垫木前,仍应将刃脚下回填密实,以防止不均匀沉陷,保证正位下沉,这对后期下沉的过程非常重要。

> **知识链接**
>
> **干旱滩岸沉井制作**
>
> 墩、台基础位于干旱滩地,沉井就地制作。施工时就地下沉。如土质松软,则在平整场地并夯实后,在其上铺垫0.3~0.5m的砂垫层,其上铺置垫木,垫木之间用砂填平,不得在垫木下垫塞木块、石块来调整顶面高度,以防压重后沉降不均。

(二)沉井下沉

1. 排水开挖下沉

在渗水量小、土质稳定的地层中宜采用排水开挖下沉,排水开挖下沉常用人工或风动工具,或在井内用小型反铲挖土机,在地面用抓斗挖土机分层开挖。排水开挖下沉施工时,挖土方法视土质情况而定。

对于一般土层,应从中间开始逐渐挖向四周,每层挖土层 0.4～0.5m,在刃脚处留 1～1.5m 台阶,然后沿沉井井壁每 2～3m 一段,向刃脚方向逐层全面、对称、均匀地开挖土层,每次挖去 5～10cm,当土层经不住刃脚的挤压而破裂,沉井便在自重作用下均匀破土下沉,如图 6-22 所示。

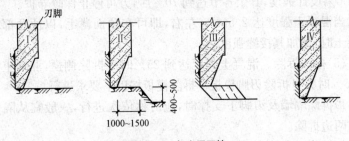

图 6-22　一般土层开挖

对于坚硬土层,当刃脚内侧土台挖平后仍下沉很少或不下沉,可从中部向下挖深约 40～50cm,并继续向四周均匀扩挖,使沉井平稳下沉,当土垅挖至沉井仍不下沉或下沉不平稳则须按平面布置分段的次序逐段对称地将刃脚下挖空,并挖出刃脚外壁的 10cm,每段挖完用小卵石填塞夯实,待全部挖空回填后,再分层去掉回填的小卵石,可使沉井均匀减少承压而平衡下沉,如图 6-23 所示。

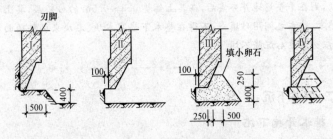

图 6-23　坚硬土层开挖

对于岩层,应先按图 6-24(a)的次序挖去风化或软质岩层,一般采

第六章 市政桥梁工程施工技术

用风镐或风铲即可,如需采用爆破方法除土下沉时要经有关部门批准,并严格控制药量。软硬的岩层可按图 6-24(b)所示顺序打眼爆破进行开挖,开挖时,可用斜炮眼,斜度大致与刃脚内侧平面平行,伸出刃脚约 15~20cm,使开挖宽度超过刃脚 5~10cm,开挖深度宜为 40cm 左右。采用松动方式进行爆破,炮孔深度 1.3m,以 1m×1m 梅花形交错排列,使炮孔伸出刃脚口外 15~30cm,以使开挖宽度可超出刃脚口 5~10cm,下沉时,顺刃脚分段顺序,每次开挖 1m 宽即进行回填,如此逐段进行,至全部回填后,再去除土堆,使沉井平稳下沉。

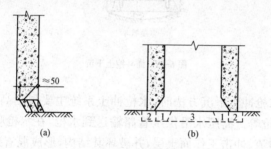

图 6-24 岩层开挖
(a)刃脚下土层分次二挖;(b)风化岩层依序开挖

2. 不排水开挖下沉

不排水开挖下沉适用于大量涌水、翻砂、土质不稳定的土层,不排水开挖下沉常采用抓斗挖土法和水枪冲土法进行开挖。采用抓斗挖土方法时,需用吊车吊住抓斗挖掘井底中央部分的土,逐渐使井底形成锅底状。

对于砂或砾石类土层,一般当锅底比刃脚低 1~1.5m 时,沉井即可靠自重下沉,刃脚下的土即被挤向中央锅底,若使沉井即可继续下沉则只需从井孔继续进行抓土。在黏质土或紧密土中刃脚下的土不易向中央坍塌,则应配以射水管松土,如图 6-25 所示。

多井孔的沉井,最好每个井孔配置一套抓土设备,可同时均匀挖土,并减少抓斗倒孔时间,否则应逐孔轮流抓土,使沉井均匀下沉。

· 243 ·

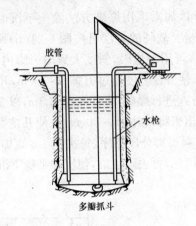

图 6-25 抓斗挖土下沉

采用水枪冲土下沉方法时，水枪冲土系统主要包括高压水泵、供水管路、水枪等。高压水沿供水管路输送到水枪，在水枪喷嘴处形成一股高速射流，冲击工作面土层，并破坏其结构，形成混渣浆，同时，由空气吸泥机将泥渣浆排到地面，以完成沉井挖土任务。施工时，应使高压水枪冲入井底的泥浆量和渗入的水量与水力吸泥机吸出的泥浆量保持平衡。

3. 射水下沉

射水下沉是抓斗挖土和水枪冲土两种方法的辅助方法，一般需辅以高压射水松动及冲散土层以便抓吸土。施工时，需用预先设在沉井外壁的水枪，借助高压水冲刷土层，使沉井下沉。

4. 泥浆润滑下沉

泥浆润滑下沉沉井的方法，是在沉井外壁周围与土层间设置泥浆隔离层，以减少土壤与井壁的摩阻力使沉井下沉。

5. 不排水下沉

不排水下沉的沉井，在刃脚下，已掏空仍不下沉时，可在井内抽水而减少浮力，使沉井下沉。

第六章 市政桥梁工程施工技术

> **经验之谈**
>
> **下沉辅助措施**
>
> (1)高压射水。当局部地点难以由潜水员定点定向射水掌握操作时,在一个沉井内只可同时开动一套射水设备,并不得进行除土或其他起吊作业,可用高压射水。射水水压应根据地层情况、沉井入土深度等因素确定,可取1~2.5MPa。
>
> (2)抽水助沉。不排水下沉的沉井,对于易引起翻砂、涌水地层,不宜采用抽水助沉方法。
>
> (3)压重助沉。沉井圬工尚未接筑完毕时,可利用接筑圬工压重助沉,也可在井壁顶部用钢铁块件或其他重物压重助沉。除为纠正沉井偏斜外,压重应均匀对称旋转。采用压重助沉时,应结合具体情况及实际效果选用。

(三)沉井接高

当底节沉井顶面下沉至离土面较近时,其上可接筑第二节沉井。沉井接高应符合下列规定:

(1)沉井接高前应调平。接高时应停止除土作业。

(2)接高时,井顶露出水面不得小于150cm,露出地面不得小于50cm。

(3)接高时应均匀加载,可在刃脚下回填或支垫,防止沉井在接高加载时突然下沉或倾斜。

(4)接高时应清理混凝土界面,并用水湿润。

(5)接高后的各节沉井中轴线应一致。

(四)沉井封底

沉井下沉至设计标高后应清理、平整基底,经检验符合设计要求后,应及时封底。

1. 排水封底

刃脚四周用黏土或水泥砂浆封堵后,井内无渗水时,可在基底无水的情况下浇筑封底混凝土,浇筑时应尽可能将混凝土挤入刃脚下面。混凝土顶面的流动坡度宜控制在1:5以下。

2. 不排水封底

封底在不排水情况下进行,用导管法灌注水下混凝土,若灌注面积大,可用多根导管同时依次浇筑,导管数量和位置应符合表6-10的规定。导管底端埋入封底混凝土的深度不宜小于0.8m。在封底混凝土上抽水时,混凝土强度不得小于10MPa,硬化时间不得小于3d。

表6-10　　　　　　　　　导管作用范围

导管内径/mm	导管作用半径/m	导管下口要求埋入深度/m
250	1.1左右	2.0以上
300	1.3～2.2	
300～500	2.2～4.0	

四、地下连续墙基础施工

1. 导墙施工

(1)用泥浆护壁挖槽的地下连续墙应先构筑导墙,导墙又称导向槽或护井,其构造如图6-26所示。

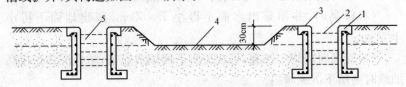

图6-26　钢筋混凝土导墙示意图
1—外导墙;2—沟槽;3—内导墙;4—拟开挖竖井;5—泥浆

(2)导墙的材料、平面位置、形式、埋置深度、墙体厚度、顶面高程应符合设计要求。当设计无要求时,应符合下列规定:

1)导墙宜采用钢筋混凝土构筑,混凝土等级不宜低于C20。

2)导墙的平面轴线应与地下连续墙平行,两导墙的内侧间距宜比地下连续墙体厚度大40～60mm。

3)导墙断面形式应根据土质情况确定,可采用板形或倒形。

第六章 市政桥梁工程施工技术

> **知识链接**
>
> **导墙的作用**
>
> (1)导墙是地下墙挖槽前沿两侧构筑的临时构筑物,对挖槽起引导作用。
>
> (2)导墙既起明确挖槽位置的作用,又为挖槽起导向作用,还是地下连续墙的地面标志。
>
> (3)防止地面污水流入槽内。
>
> (4)维持稳定液面的作用。

4)导墙底端埋入土体内深度宜大于1m。基底土层应夯实。导墙顶端应高出地下水位,墙后填土应与墙顶齐平,导墙顶面应水平,内墙面应竖直。

5)导墙支撑间距宜为1~1.5m。

(3)混凝土导墙施工应符合下列规定:

1)导墙分段现浇时,段落划分应与地下连续墙划分的节段错开。

2)安装预制导墙段时,必须保证连接处质量,防止渗漏。

3)混凝土导墙在浇筑及养护期间,重型机械、车辆不得在附近作业、行驶。

2. 成槽

地下连续墙的成槽施工,应根据地质条件和施工条件选用挖槽机械,并采用间隔式开挖,一般地质条件应间隔一个单元槽段。挖槽时,抓头中心平面应与导墙中心平面吻合。

挖槽过程中观察槽壁变形、垂直度、泥浆液面高度,并应控制抓斗上下运行速度。如发现较严重坍塌时,应及时将机械设备提出,分析原因,妥善处理。

槽段挖至设计高程后,应及时检查槽位、槽深、槽宽和垂直度,合格后方可进行清底。

清底应自底部抽吸并及时补浆,沉淀物淤积厚度不得大于100mm。

3. 清底

槽段挖至设计高程后,应及时检查槽位、槽深、槽宽和垂直度,合格后方可进行清底。

当用正循环成槽时,则将钻头提离槽底 200mm 左右进行空转,中速压入相对密度 1.05~1.10 的稀泥浆把槽内悬浮渣及稠泥浆置换出来。

当采用自成泥浆成槽,终槽后,可使钻头空转不进尺,同时射水,待排出泥浆相对密度降到 1.1 左右即合格。

4. 接头

地下连续墙接头施工应符合下列要求:

(1)锁口管应能承受灌注混凝土时的侧压力,且不得产生位移。

(2)安放锁口管时应紧贴槽端,垂直、缓慢下放,不得碰撞槽壁和强行入槽。锁口管应沉入槽底 300~500mm。

(3)锁口管灌注混凝土 2~3h 后进行第一次起拔,以后应每 30min 提升一次,每次提升 50~100mm,直至终凝后全部拔出。

(4)后继段开挖后,应对前槽段竖向接头进行清刷,清除附着土渣、泥浆等物。

5. 钢筋骨架吊装

(1)吊放钢筋骨架时,必须将钢筋骨架中心对准单元节段的中心,准确放入槽内,不得使骨架发生摆动和变形。

(2)全部钢筋骨架入槽后,应固定在导墙上,顶端高度应符合设计要求。

(3)当钢筋骨架不能顺利地插入槽内时,应查明原因,排除障碍后,重新放入,不得强行压入槽内。

(4)钢筋骨架分节沉入时,下节钢筋笼应临时固定在导墙上,上下节主筋应对正、焊接牢固,并经检查合格后方可继续下沉。

6. 防水混凝土浇筑

地下连续墙防水混凝土浇筑是在泥浆下进行的,多采用直升导管法,如图 6-27 所示。即沿槽孔长度方向设置数根铅垂导管(输料管),

从地面向数根导管同时灌入搅拌好的混凝土,混凝土自导管底口排出,自动摊开,并由槽孔底部逐渐上升,不断把泥浆顶出槽孔,直至混凝土灌满槽孔。

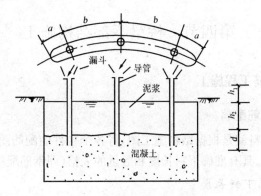

图 6-27 直升导管法灌筑混凝土

防止导管堵塞的措施

由于混凝土要通过较长的导管灌入孔底,所以必须防止导管堵塞,这就要求混凝土拌合料有足够大的流动度,并保证达到设计强度,满足抗渗要求。

由于槽孔内混凝土是利用混凝土与泥浆的密度差进行浇筑的,因此必须保证两者密度相差 1.1 倍以上。通常,混凝土的密度是 $2.3t/m^3$,槽孔内泥浆密度应小于 $1.2t/m^3$,否则将影响施工质量。

7. 拔出接头管

待混凝土浇筑后强度达到 0.05～0.20MPa(一般在混凝土浇筑后 3～5h,视气温而定)开始提拔接头管,提拔接头管可用液压顶升架或起重机。开始拔管时每隔 20～30min 拔一次,每次上拔 300～1000mm,上拔速度应与混凝土浇筑速度、混凝土强度增长速度相适应,一般为 2～4m/h,应在混凝土浇筑结束后 8h 以内将接头管全部拔出。接头管拔出后,要将半圆形混凝土表面黏附的水泥浆和胶凝物等残渣除去,否则接头处止水性差。

第四节 桥梁下部结构施工

一、钢筋工程施工

(一)钢筋配料

钢筋配料就是根据结构施工图,将各个构件的配筋图表编制成便于实际加工、具有准确下料长度和数量的表格(即钢筋配料表)。

1. 钢筋下料长度

钢筋下料长度是指下料时钢筋需要的实际长度,这与图纸上标注的长度并不完全一致。钢筋下料长度一般用下式计算:

钢筋下料长度 = $\sum$ 钢筋标注的各段外包尺寸 $-\sum$ 各处弯曲量度差值 $+\sum$ 钢筋末端弯钩增加长度

实际工程计算中,影响钢筋下料长度计算的因素很多,如混凝土保护层厚度;钢筋弯折后发生的变形;图纸上钢筋尺寸标注方法的多样化;弯折钢筋的直径、级别、形状、弯心半径的大小以及端部弯钩的形状等,在进行下料长度计算时,对这些因素都应该考虑。

为了便于施工,钢筋下料长度一般取整厘米数或5mm即可。

2. 钢筋配料单

(1)在施工时,根据施工图纸、库存材料及各钢筋的下料长度,按不同规格、形状的钢筋顺序填制配料单,内容包括工程名称、工程部位、构件名称、图号、钢筋编号、钢筋规格、钢筋形状尺寸简图、下料长度、根数、质量等。

(2)列入加工计划的配料单,将每一编号的钢筋制作一块料牌作为钢筋加工的依据,并在安装中作为区别各工程部位、构件和各种编号钢筋的标志。应严格对钢筋配料单和料牌进行校核,以免返工浪费。

(3)钢筋配料过程中应注意以下两点:

1)钢筋配料时,若需接长钢筋,应考虑接头搭接、加工损失等长度,统筹考虑接头位置,尽量使接头位于内力较小处,错开布置,并要充分考虑下料后所余段长度的合理使用。

2)钢筋的形状和尺寸应满足设计要求并要有利于加工安装,还要考虑施工需要的附加钢筋。

知识链接

钢筋代换

在通过适当手续征得设计单位同意后,可以用另一种直径的钢筋,或以另一种级别的钢筋代替设计中所规定的钢筋,但变更时应了解设计意图和代用材料的性能,并应符合下列规定:

(1)某种直径的钢筋,用级别相同的另一种直径的钢筋代替时,钢筋总的截面面积应等于设计规定的截面面积。

(2)用某种级别或种类的钢筋,代替设计中规定的级别或种类的钢筋时,应按设计钢材与实际用钢材两者屈服点强度的反比例关系,求算出代用钢筋所需截面面积。

(3)使用代用钢筋时,应注意下列各点:

1)应将两者的计算强度进行换算,并对钢筋截面积做相应的改变。

2)其直径变化范围最好不超过4~5mm,变更后的钢筋总截面面积差值不小于-2%,或不大于+5%。

3)钢筋强度等级的变换不宜超过一级。用高级别钢筋代替低级别钢筋时,宜采用改变直径的方法而不宜采用改变钢筋根数的方法来减少钢筋截面积,必要时尚需对构件的裂缝和变形进行校核。

4)以较粗钢筋代替较细钢筋时,应校核握裹力。

5)当代用钢筋的排数比原来的增多,截面有效高度减小或改变弯起钢筋的位置时,应复核其截面的抵抗力矩或斜截面的抗剪配筋。

6)装配式结构构件的吊环,必须使用未经冷拉的HPB235钢筋。承受冲击荷载的动力设备基础不得使用冷拉钢筋。

7)冷拔钢丝宜用小直径钢筋(3~5mm),并只能用于制作焊接骨架或焊接网及各种结构的箍筋、架立筋。

(二)钢筋加工

1. 钢筋除锈

钢筋加工前,应将钢筋表面的油渍、漆污和用锤敲击时能剥落的浮皮、铁锈等清除干净,钢筋除锈的目的是保证钢筋与混凝土之间有可靠的握裹力,钢筋除锈处理可分为以下三种情况:

(1)不做除锈处理。当钢筋表面有淡黄色轻微浮锈时可不必处理。

(2)除锈处理。对于大量的除锈,可在钢筋冷拉或钢筋调直机调直过程中完成;少量的钢筋除锈可采用电动除锈机或喷砂法;局部除锈可采用人工用钢丝刷或砂轮等方法,也可将钢筋通过砂箱往返搓动除锈。

(3)不使用。如除锈的钢筋表面有严重的麻坑、斑点等已伤蚀截面时,应降级使用或剔除不用,带有蜂窝状锈迹的钢丝不得使用。

2. 钢筋调直

钢筋重制前应先调直,钢筋调直的方法包括机械调直、冷拉调直和人工调直,钢筋宜优先适用机械方法调直。目前,常用的钢筋调直机具有钢筋除锈、调直和下料剪切三个功能,因此也称为钢筋调直切断机。钢筋调直时,应根据钢筋的直径选用调直模和传送压辊,恰当掌握调直模偏移量和压辊的压紧程度,并要求调直装置两端的调直模一定要与前后导轮在同一轴心线上,钢筋表面伤痕不应使截面面积减少5%以上。

采用冷拉法进行调直时,HPB235钢筋冷拉率不得大于2%;HRB335、HRB400钢筋冷拉率不得大于1%。

钢筋人工调直可采用锤直或扳直的方法进行。锤直时,可把钢筋放在工作台上用锤敲直。

扳直时,把钢筋放在卡盘扳柱间,把有弯的地方对着扳柱,然后用扳手卡口卡住钢筋,扳动扳手就可使钢筋调直。

3. 钢筋切断

钢筋切断分为人工切断与机械切断两种。钢筋切断应符合下列

要求:

(1)应将相同规格钢筋长短搭配,合理统筹配料,一般先断长料,后断短料,以减少损耗。

(2)避免短尺量长料,产生累积误差。

(3)切断后的钢筋断口不得有劈裂、缩头、马蹄形或起弯现象,否则应切除。

4. 钢筋弯曲成型

钢筋弯曲成型应在常温下进行,严禁将钢筋加热后弯曲。钢筋弯曲成型过程中应采取防止油渍、泥浆等物污染和防止受损伤的措施。

(1)画线。钢筋弯曲前,应画出形状复杂钢筋的各弯曲点,画线应从钢筋中线开始向两端进行,将不同角度的弯曲调整值在弯曲操作方向相反的一侧长度内扣除。

为保证画线准确,画线时应考虑钢筋的弯曲类型、弯曲伸长值、弯曲曲率半径、操作工具与弯曲程序等因素。

(2)试弯。钢筋成批弯曲操作前,首先对各种类型的弯曲钢筋都要试弯一根,待检查合格后,再进行成批弯曲。

(3)手工弯曲。在钢筋开始弯曲前,应注意扳距和弯曲点线、扳柱之间的关系。为了保证钢筋弯曲形状正确,使钢筋弯曲圆弧有一定曲率,且在操作时扳子端都不碰到扳柱,扳手和扳柱间必须有一定的距离,这段距离称为扳距,如图 6-28 所示。扳距的大小是依据钢筋的弯制角度和直径来变化的,扳距可参考表 6-11。

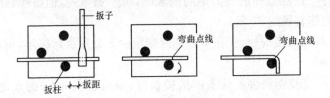

图 6-28 扳距、弯曲点线和扳柱的关系

进行钢筋弯曲操作时,钢筋弯曲点线在扳柱钢板上的位置要配合

划线的操作方向,使弯曲点线与扳柱外边缘相平。

表 6-11　　　　　　　　弯曲角度与扳距的关系

弯曲角度	45°	90°	135°	180°
扳距	(1.5~2)d	(2.5~3)d	(3~3.5)d	(3.5~4)d

(4)机械弯曲。心轴直径应满足要求,成形轴宜加偏心轴套以适应不同直径的钢筋弯曲需要。

(三)钢筋连接

钢筋常用的连接方法有三种:绑扎连接、焊接连接和机械连接。除施工或构造条件有困难可采用绑扎接头,应尽量采用焊接接头和钢筋机械连接接头以保证钢筋的连接质量,提高连接效率和节约钢材。

1. 钢筋绑扎连接

钢筋绑扎是利用混凝土的粘结锚固作用实现两根锚固钢筋的应力传递的。绑扎接头的钢筋直径不宜大于 28mm,轴心受拉和小偏心受拉构件不应采用绑扎接头。钢筋采用绑扎接头时,应符合下列规定:

(1)受拉区域内,HPB235 钢筋绑扎接头的末端应做成弯钩,HRB335、HRB400 钢筋可不做弯钩。

(2)直径不大于 12mm 的受压 HPB235 钢筋的末端,以及轴心受压构件中任意直径的受力钢筋的末端,可不做弯钩,但搭接长度不得小于钢筋直径的 35 倍。

(3)钢筋接头处,应在中心和两端至少 3 处用绑丝绑牢,钢筋不得滑移。

(4)受拉钢筋绑扎接头的搭接长度,应符合表 6-12 的规定;受压钢筋绑扎接头的搭接长度,应取受拉钢筋绑扎接头长度的 0.7 倍。

(5)施工中钢筋受力分不清受拉或受压时,应符合受拉钢筋的规定。

表 6-12　受拉钢筋绑扎接头的搭接长度

钢筋牌号	混凝土强度等级		
	C20	C25	>C25
HPB235	35d	30d	25d
HRB335	45d	40d	35d
HRB400、HRB400	—	50d	45d

注：1. 当带肋钢筋直径 $d>25mm$ 时,其受拉钢筋的搭接长度应按表中数值增加 $5d$ 采用。
2. 当带肋钢筋直径 $d<25mm$ 时,其受拉钢筋的搭接长度应按表中值减少 $5d$ 采用。
3. 当混凝土在凝固过程中受力钢筋易受扰动时,其搭接长度应适当增加。
4. 在任何情况下,纵向受拉钢筋的搭接长度不得小于 300mm；受压钢筋的搭接长度不得小于 200mm。
5. 轻集料混凝土的钢筋绑扎接头搭接长度应按普通混凝土搭接长度增加到 $5d$。
6. 当混凝土强度等级低于 C20 时,HPB235、HRB335 钢筋的搭接长度应按表中 C20 的数值相应增加 $10d$。
7. 对有抗震要求的受力钢筋的搭接长度,当抗震烈度为七度(及以上)时应增加 $5d$。
8. 两根直径不同的钢筋的搭接长度,以较细钢筋的直径计算。

2. 钢筋焊接连接

钢筋焊接连接宜优先采用闪光对焊,闪光对焊包括连续闪光焊、预热闪光焊或闪光—预热闪光焊三种工艺方法,如图 6-29 所示。

闪光对焊时,应按下列规定选择调伸长度、烧化留量、顶锻留量以及变压器级数等焊接参数：

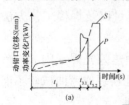
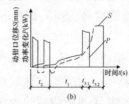
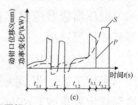

图 6-29　钢筋闪光对焊工艺过程图解

S—动钳口位移；P—功率变化；t—时间；$t_{1.1}$—一次烧化时间；$t_{1.2}$—二次烧化时间；t_2—预热时间；$t_{3.1}$—有电顶锻时间；$t_{3.2}$—无电顶锻时间

>
>
> **钢筋闪光对焊方式的选用**
>
> (1)当钢筋直径较小时,钢筋牌号较低,可采用连续闪光焊。
>
> (2)当钢筋端面较平整,宜采用预热闪光焊。
>
> (3)当钢筋端面不平整,宜采用闪光—预热闪光焊。

(1)调伸长度的选择,应随着钢筋牌号的提高和钢筋直径的加大而增长。

(2)烧化留量的选择,应根据焊接工艺方法确定。当连续闪光焊时,闪光过程应较长;烧化留量应等于两根钢筋在断料时切断机刀口严重压伤部分,再加 8~10mm;当闪光—预热闪光焊时,应区分一次烧化留量和二次烧化留量。一次烧化留量不应小于 10mm,二次烧化留量不应小于 6mm。

(3)需要预热时,宜采用电阻预热法。预热留量应为 1~2mm,预热次数应为 1~4 次;每次预热时间应为 1.5~2s,间歇时间应为 3~4s。

(4)顶锻留量应为 3~7mm,并应随钢筋直径的增大和钢筋牌号的提高而增加。

当 HRBF335 钢筋、HRBF400 钢筋、HRBF500 钢筋或 RRB400W 钢筋进行闪光对焊时,与热轧钢筋比较,应减小调伸长度,提高焊接变压器级数,缩短加热时间,快速顶锻,形成快热快冷条件,使热影响区长度控制在钢筋直径的 60% 范围之内。

变压器级数应根据钢筋牌号、直径、焊机容量以及焊接工艺方法等具体情况选择。

HRB500、HRBF500 钢筋焊接时,应采用预热闪光焊或闪光—预热闪光焊工艺。当接头拉伸试验结果,发生脆性断裂或弯曲试验不能达到规定要求时,还应在焊机上进行焊后热处理。

在闪光对焊生产中,当出现异常现象或焊接缺陷时,应查找原因,采取措施,及时消除。

知识链接

连接闪光焊上限

连接闪光焊所能焊接的钢筋直径上限,应根据焊机容量、钢筋牌号等具体情况而定,并应符合表6-13的规定。

表 6-13　　　　　　　连接闪光焊上限

焊机容量/kVA	钢筋牌号	钢筋直径/mm
160(150)	HPB300	22
	HRB335 HRBF335	22
	HRB400 HRBF400	20
100	HPB300	20
	HRB335 HRBF335	20
	HRB400 HRBF400	18
80(75)	HPB300	16
	HRB335 HRBF335	14
	HRB400 HRBF400	12

3. 钢筋机械连接

通过钢筋与连接件的机械咬合作用或钢筋端面的承压作用,将一根钢筋中的力传递至另一根钢筋的连接方法称为钢筋连接。钢筋采用机械连接接头时,应符合下列规定:

(1)从事钢筋机械连接的操作人员应经专业技术培训,考核合格后,方可上岗。

(2)钢筋采用机械连接接头时,其应用范围、技术要求、质量检验及采用设备、施工安全、技术培训等应符合国家现行标准《钢筋机械连接技术规程》(JGJ 107)的相关规定。

(3)当混凝土结构中钢筋接头部位温度低于-10℃时,应进行专门的试验。

(4)形式检验应由国家、省部级主管部门认定有资质的检验机构进行,并应按国家现行标准《钢筋机械连接技术规程》(JGJ 107)规定的格式出具试验报告和评定结论。

(5)带肋钢筋套筒挤压接头的套筒两端外径和壁厚相同时,被连接钢筋直径相差不得大于 5mm。套筒在运输和储存中不得腐蚀和沾污。

(6)同一结构内机械连接接头不得使用两个生产厂家提供的产品。

(7)在同条件下经外观检查合格的机械连接接头,应以每 300 个为一批(不足 300 个也按一批计),从中抽取 3 个试件做单向拉伸试验,并做出评定。如有 1 个试件抗拉强度不符合要求,应再取 6 个试件复验,如再有 1 个试件不合格,则该批接头应判为不合格。

(四)钢筋安装

1. 钢筋骨架制作与组装

(1)钢筋骨架的焊接应在坚固的工作台上进行。

(2)组装时应按设计图纸放大样,放样时应考虑骨架预拱度。简支梁钢筋骨架预拱度宜符合表 6-14 的规定。

表 6-14　　　　　　　简支梁钢筋骨架预拱度

跨度/m	工作台上预拱度/cm	骨架拼装时预拱度/cm	构件预拱度/cm
7.5	3	1	0
10~12.5	3~5	2~3	1
15	4~5	3	2
20	5~7	4~5	3

注:跨度大于 20m 时应按设计规定预留拱度。

(3)组装时应采取控制焊接局部变形措施。

(4)骨架接长焊接时,不同直径钢筋的中心线应在同一平面上。

2. 钢筋网片电焊阻

(1)当焊接网片的受力钢筋为 HPB235 钢筋时,如焊接网片只有一个方向受力,受力主筋与两端的两根横向钢筋的全部交叉点必须焊接;如焊接网片为两个方向受力,则四周边缘的两根钢筋的全部交叉点必须焊接,其余的交叉点可间隔焊接或绑、焊相间。

(2)当焊接网片的受力钢筋为冷拔低碳钢丝,而另一方向的钢筋间距小于 100mm 时,除受力主筋与两端的两根横向钢筋的全部交叉点必须焊接外,中间部分的焊点距离可增大至 250mm。

3. 钢筋现场绑扎

(1)钢筋的交叉点应采用绑丝绑牢,必要时可辅以点焊。

(2)钢筋网的外围两行钢筋交叉点应全部扎牢,中间部分交叉点可间隔交错扎牢。但双向受力的钢筋网,钢筋交叉点必须全部扎牢。

(3)梁和柱的箍筋,除设计有特殊要求外,应与受力钢筋垂直设置;箍筋弯钩叠合处,应位于梁和柱角的受力钢筋处,并错开设置(同一截面上有两个以上箍筋的大截面梁和柱除外);螺旋形箍筋的起点和终点均应绑扎在纵向钢筋上,有抗扭要求的螺旋箍筋,钢筋应伸入核心混凝土中。

(4)矩形柱角部竖向钢筋的弯钩平面与模板面的夹角应为 45°;多边形柱角部竖向钢筋弯钩平面应朝向断面中心;圆形柱所有竖向钢筋弯钩平面应朝向圆心。小型截面柱当采用插入式振捣器时,弯钩平面与模板面的夹角不得小于 15°。

(5)绑扎接头搭接长度范围内的箍筋间距:当钢筋受拉时应小于 $5l$,且不得大于 100mm;当钢筋受压时应小于 $10l$,且不得大于 200mm。

(6)钢筋骨架的多层钢筋之间,应用短钢筋支垫,确保位置准确。

4. 钢筋混凝土保护层厚度

钢筋的混凝土保护层厚度,必须符合设计要求。设计无规定时应符合下列规定:

(1)普通钢筋和预应力直线形钢筋的最小混凝土保护层厚度不得小于钢筋公称直径,后张法构件预应力直线形钢筋不得小于其管道直径的 1/2,且应符合表 6-15 的规定。

表 6-15　普通钢筋和预应力直线形钢筋最小
混凝土保护层厚度　　　　　　　　　mm

构件类别		环境条件		
		Ⅰ	Ⅱ	Ⅲ、Ⅳ
基础、桩基承台	基坑底面有垫层或侧面有模板（受力主筋）	40	50	60
	基坑底面无垫层或侧面无模板（受力主筋）	60	75	85
墩台身、挡土结构、涵洞、梁、板、拱圈、拱上建筑（受力主筋）		30	40	45
缘石、中央分隔带、护栏等行车道构件（受力主筋）		30	40	45
人行道构件、栏杆（受力主筋）		20	25	30
箍筋				
收缩、温度、分布、防裂等表层钢筋		15	20	25

注：1. 环境条件Ⅰ—温暖或寒冷地区的大气环境，与无侵蚀性的水或土接触的环境；Ⅱ—严寒地区的大气环境、使用除冰盐环境、滨海环境；Ⅲ—海水环境；Ⅳ—受侵蚀性物质影响的环境。

2. 对于环氧树脂涂层钢筋，可按环境类别Ⅰ取用。

（2）当受拉区主筋的混凝土保护层厚度大于 50mm 时，应在保护层内设置直径不小于 6mm、间距不大于 100mm 的钢筋网。

（3）钢筋机械连接件的最小保护层厚度不得小于 20mm。

（4）应在钢筋与模板之间设置垫块，确保钢筋的混凝土保护层厚度，垫块应与钢筋绑扎牢固、错开布置。

二、模板、支架和拱架工程施工

模板是保证新浇混凝土按设计要求成型的一种模型结构，它要承受混凝土结构施工过程中的各种荷载，避免结构或构件在具有足够强度前产生较大的内力或变形，同时，还具有保护混凝土正常硬化或改善混凝土表面质量的作用。模板系统一般包括模板、支架和拱架三大部分。其施工工艺一般包括模板、支架和拱架的设计、制作与安装及拆除。

(一)模板、支架和拱架设计

模板、支架和拱架应结构简单、制造与装拆方便,应具有足够的承载能力、刚度和稳定性,并应根据工程结构形式、设计跨径、荷载、地基类别、施工方法、施工设备和材料供应等条件及有关标准进行施工设计。

定型模板和常用的模板拼板,在其适用范围内一般不需要进行设计或验算;而对于重要结构的模板、特殊形式结构的模板或超出适用范围的一般模板,应该进行设计或验算以确保安全,保证质量。

钢、木模板、拱架和支架的设计应符合国家现行标准《钢结构设计规范》(GB 50017)、《木结构设计规范》(GB 50005)、《组合钢模板技术规范》(GB/T 50214)和《公路桥涵钢结构及木结构设计规范》(JTJ 025)的相关规定。

1. 主要荷载设计

设计模板、支架和拱架时应按表 6-16 进行荷载组合。

表 6-16　　　　　计算模板、支架和拱架的荷载组合

模板构件名称	荷载组合	
	计算强度用	验算刚度用
梁、板和拱的底模及支承板、拱架、支架等	①+②+③+④+⑦	①+②+⑦
缘石、人行道、栏杆、柱、梁板、拱等的侧模板	④+⑤	⑤
基础、墩台等厚大结构体的侧模板	⑤+⑥	⑤

注:①为模板、拱架和支架自重;
②为新浇筑混凝土、钢筋混凝土或圬工、砌体的自重力;
③为施工人员及施工材料、机具等行走运输或堆放的荷载;
④为振捣混凝土时的荷载;
⑤为新浇筑混凝土对侧面模板的压力;
⑥为倾倒混凝土时产生的荷载;
⑦为其他可能产生的荷载,如风雪荷载、冬季保温设施荷载等。

2. 稳定设计

验算水中支架稳定性时,应考虑水流荷载和流水、船只及漂流物等冲击荷载;验算模板、支架和拱架的抗倾覆稳定时,各施工阶段的稳定系数均不得小于1.3。

3. 刚度设计

验算模板、支架和拱架的刚度时,其变形值不得超过下列规定数值:

(1)结构表面外露的模板挠度为模板构件跨度的1/400。

(2)结构表面隐蔽的模板挠度为模板构件跨度的1/250。

(3)拱架和支架受载后挠曲的杆件,其弹性挠度为相应结构跨度的1/400。

(4)钢模板的面板变形值为1.5mm。

(5)钢模板的钢楞、柱箍变形值为$L/500$及$B/500$(L—计算跨度;B—柱宽度)。

4. 拱度设计

模板、支架和拱架的设计中应设施工预拱度。

> **知识链接**
>
> **施工预拱度应考虑的因素**
>
> (1)设计文件规定的结构预拱度。
>
> (2)支架和拱架承受全部施工荷载引起的弹性变形。
>
> (3)受载后由于杆件接头处的挤压和卸落设备压缩而产生的非弹性变形。
>
> (4)支架、拱架基础受载后的沉降。

5. 预应力混凝土结构模板设计

设计预应力混凝土结构模板时,应考虑施加预应力后构件的弹性压缩、上拱及支座螺栓或预埋件的位移等。

6. 组合钢模板设计

模板宜采用标准化的组合钢模板。设计组合模板时,除应符合表

6-16规定的荷载外,还应验算吊装时刚度。支架、拱架宜采用标准化、系列化的构件。

7. 支承设计

支架立柱在排架平面内应设水平横撑。碗扣支架立柱高度在5m以内时,水平撑不得少于两道,立柱高于5m时,水平撑间距不得大于2m,并应在两横撑之间加双向剪刀撑。在排架平面外应设斜撑,斜撑与水平交角宜为45°。

(二)模板、支架和拱架制作与安装

在模板、支架和拱架安装前,应根据施工图纸与施工现场条件编制模板工程施工组织设计或施工方案,绘制模板加工图和各部位模板安装图,据此进行模板、支架和拱架的制作与安装。

1. 模板、支架和拱架制作

为保证安全与质量、合理施工,组织钢模板的制作应符合现行国家标准《组合钢模板技术规范》(GB/T 50214)的相关规定。采用其他材料制作模板时,应符合下列规定:

(1)钢框胶合板模板的组配面板宜采用错缝布置。

(2)高分子合成材料面板、硬塑料或玻璃钢模板,应与边肋及加强肋连接牢固。

2. 模板、支架和拱架安装

模板、支架和拱架的安装质量关系到工程的施工质量与施工安全,因此,安装时,应严格按以下规定执行:

(1)模板与混凝土接触面应平整、接缝严密。

(2)支架立柱必须落在有足够承载力的地基上,立柱底端必须放置垫板或混凝土垫块。支架地基严禁被水浸泡,冬期施工必须采取防止冻胀的措施。

(3)支架通行孔的两边应加护桩,夜间应设警示灯。施工中易受漂流物冲撞的河中支架应设牢固的防护设施。

(4)安装拼架前,应对立柱支承面标高进行检查和调整,确认合格后方可安装。在风力较大的地区,应设置风缆。

(5)安设支架、拱架过程中,应随安装随架设临时支撑。采用多层支架时,支架的横垫板应水平,立柱应铅直,上下层立柱应在同一中心线上。

> 支架或拱架不得与施工脚手架、便桥相连。

(6)安装模板应符合下列规定:
1)支架、拱架安装完毕,经检验合格后方可安装模板。
2)安装模板应与钢筋工序配合进行,妨碍绑扎钢筋的模板,应待钢筋工序结束后再安装。
3)安装墩、台模板时,其底部应与基础预埋件连接牢固,上部应采用拉杆固定。
4)模板在安装过程中,必须设置防倾覆设施。

(7)当采用充气胶囊作空心构件芯模时,模板安装应符合下列规定:
1)胶囊在使用前应经检查确认无漏气。
2)从浇筑混凝土到胶囊放气止,应保持气压稳定。
3)使用胶囊内模时,应采用定位箍筋与模板连接固定,防止上浮和偏移。
4)胶囊放气时间应经试验确定,以混凝土强度达到能保持构件不变形为度。

(8)采用滑模应符合现行国家标准《滑动模板工程技术规范》(GB 50113—2005)的相关规定。

(9)浇筑混凝土和砌筑前,应对模板、支架和拱架进行检查和验收,合格后方可施工。

(三)模板、支架和拱架拆除

为了加快模板周转的速度,减少模板的总用量,降低工程造价,模板应尽早拆除,以提高模板的使用效率。但模板拆除时不得损伤混凝土结构构件,应确保结构安全。在进行模板设计时,要考虑模板的拆除顺序和拆除时间。

1. 拆除顺序

(1)模板、支架和拱架拆除应按设计要求的程序和措施进行,遵循

"先支后拆、后支先拆"的原则。支架和拱架，应按几个循环卸落，卸落量宜由小渐大。每一循环中，在横向应同时卸落，在纵向应对称均衡卸落。

(2) 预应力混凝土结构的侧模应在预应力张拉前拆除；底模应在结构建立预应力后拆除。

2. 拆除时间

(1) 非承重侧模应在混凝土强度能保证结构棱角不损坏时方可拆除，混凝土强度宜为 2.5MPa 及以上。

(2) 芯模和预留孔道内模应在混凝土抗压强度能保证结构表面不发生塌陷和裂缝时，方可拔出。

(3) 钢筋混凝土结构的承重模板、支架和拱架的拆除，应符合设计要求。当设计无规定时，应符合表 6-17 规定。

> 拆除模板、支架和拱架时不得猛烈敲打、强拉和抛扔。模板、支架和拱架拆除后，应维护整理，分类妥善存放。

表 6-17　　　　　现浇结构拆除底模时的混凝土强度

结构类型	结构跨度/m	按设计混凝土强度标准值的百分率(%)
板	≤2	50
	2~8	75
	>8	100
梁、拱	≤8	75
	>8	100
悬臂构件	≤2	75
	>2	100

注：构件混凝土强度必须通过同条件养护的试件强度确定。

(4) 浆砌石、混凝土砌块拱桥拱架的卸落应符合下列规定：

1) 浆砌石、混凝土砌块拱桥应在砂浆强度达到设计要求强度后卸落拱架，设计未规定时，砂浆强度应达到设计标准值的 80% 以上。

2) 跨径小于 10m 的拱桥宜在拱上结构全部完成后卸落拱架；中等跨径实腹式拱桥宜在护拱完成后卸落拱架；大跨径空腹式拱桥宜在腹拱横墙完成(未砌腹拱圈)后卸落拱架。

3)在裸拱状态卸落拱架时,应对主拱进行强度及稳定性验算,并采取必要的稳定措施。

三、预应力混凝土工程施工

(一)预应力混凝土浇筑

1. 混合料配制

预应力混凝土应优先采用硅酸盐水泥、普通硅酸盐水泥,不宜使用矿渣硅酸盐水泥,不得使用火山灰质硅酸盐水泥及粉煤灰硅酸盐水泥,且水泥用量不宜大于 $550 kg/m^3$。

预应力混凝土粗集料应采用碎石,其粒径宜为 5~25mm。

混凝土中严禁使用含氯化物的外加剂及引气剂或引气型减水剂。

从各种材料引入混凝土中的氯离子最大含量不宜超过水泥用量的 0.06%。超过以上规定时,宜采取掺加阻锈剂、增加保护层厚度、提高混凝土密实度等防锈措施。

2. 孔道施工

(1)后张法预应力筋孔道的位置、孔径应符合设计要求。可采用预埋铁皮波纹管、胶管抽芯、钢管抽芯、充水充气胶管抽芯等方法预留。

(2)当采用波纹管预埋成孔时,应符合下列要求:

1)安装前应对波纹管的质量进行抽样检验,卷压铁皮咬合应严密不漏浆,并应具有一定的刚度,接头处应密封不漏浆。

2)当采用先穿束后浇筑混凝土时,对两端可以进行张拉的钢筋束,应随时来回拉动钢筋束防止被渗入孔道的水泥浆堵死;对两端为固定锚的钢筋束,必须有严格防止水泥浆漏进孔道的措施,不得被水泥浆堵死。

(3)当采用钢管成孔时,应符合下列要求:

1)钢管表面应平直光滑,焊接处应将焊缝磨平。

2)孔道长度超过 25m 时,为便于抽管可在钢管中部做套管接头,接头处外面应用铁皮包严,防止漏浆。

3)自混凝土浇筑后至钢管抽拔,每隔 5～15min 应将钢管转动一次。

当混凝土达到一定强度时(用手指轻按混凝土表面无显著凹痕时)可以抽出钢管,抽拔时应速度均匀,边抽边转,抽拔方向应和孔道保持在同一轴线上。

(4)当采用胶管成孔时,应符合下列要求:

1)一般可用输水或输气胶管,管内充水或充气的压力不低于 0.5MPa,亦可在管内穿入细钢筋作为芯子。

2)构件长度超过 16m 时,胶管需在中间对接,可用长 400mm 的铁皮筒紧套在胶管接头处外面,防止胶管受振、漏浆与外移。

3)抽拔芯管的时间,应根据气温、水泥的性能通过试验确定,一般以混凝土的抗压强度达到 0.4～0.8MPa 时为宜。

(5)预应力孔道形成后,应立即进行通孔,检查所有孔道是否贯通,如有堵塞应及时疏通。

> **经验之谈**
>
> **孔道施工要求**
>
> (1)固定成孔管道位置,应以钢筋井字架与架立钢筋绑扎或焊接,固定波纹管井字架间距不宜大于 0.8m;胶管不宜大于 0.5m;钢管不宜大于 1m;曲线段宜适当加密。
>
> (2)孔道上应留灌浆孔,对预埋波纹管灌浆孔间距不宜大于 30m;抽芯成形孔道不宜大于 12m;曲线孔道的波峰部位应留排气孔;波谷位置应留排水孔;在孔道的一端宜留溢浆孔。
>
> (3)孔道两端的锚固垫板应与孔道轴线垂直,振捣混凝土时应采取措施防止碰撞预埋件和管芯、波纹管。
>
> (4)在焊接操作时,应防止电火花损伤波纹管及管内的预应力钢筋。

3. 混凝土浇筑与养护

浇筑混凝土时,宜采用插入式、附着式或平板式振捣器振捣。锚固端及钢筋密集处应加强振捣,并应符合下列要求:

(1)对先张构件,钢筋张拉后应立即浇筑混凝土,若未能立即浇筑混凝土时,则在混凝土浇筑前应重新进行张拉,达到控制应力后,方允许浇筑混凝土。

(2)对后张构件则应采取措施防止振捣棒碰撞成孔管道和张拉端的预埋件,浇筑中应经常检查管道与预埋件位置,如有错位应及时纠正。

(3)振捣时应避免振捣棒碰撞预应力钢筋。

(二)先张法预应力施工

先张法施加混凝土预压应力是先将预应力筋在台座上按设计要求的张拉控制力张拉,然后立模浇筑混凝土,待混凝土强度达到设计强度的75%后,放松预应力筋,由于钢筋的回缩,通过其与混凝土之间的粘结力,使混凝土得到预压应力。

1. 建造张拉台座

张拉台座由承力支架、横梁、定位钢板和台面等组成,张拉台座应具有足够的强度和刚度,其抗倾覆安全系数不得小于1.5,抗滑移安全系数不得小于1.3。张拉横梁应有足够的刚度,受力后的最大挠度不得大于2mm。锚板受力中心应与预应力筋合力中心一致。

2. 预应力钢筋制作

(1)钢筋下料。预应力筋的下料长度应根据构件孔道或台座的长度、锚夹具长度等经过计算确定。预应力筋宜使用砂轮锯或切断机切断,不得采用电弧切割。钢绞线切断前,应在距离切口5cm处用绑丝绑牢。

(2)钢筋焊接。预应力钢筋的接头必须在冷拉前采用对焊焊接,以免冷拉钢筋高温回火后失去冷拉所提高的强度。

普通低合金钢筋的对焊工艺,多采用闪光对焊接。为提高焊质量,对焊后应进行热处理。对焊接头宜设置在受力较小处,在结构受拉区及在相当于预应力筋30d长度(不小于50cm)范围内,对焊接头的预应力筋截面面积不得超过钢筋总截面面积的25%。

(3)钢筋镦粗。制作预应力混凝土构件过程中,为节约钢材,可将预应力钢筋端部做一个大头(即镦粗头)。

钢筋的镦粗头可采用电热镦粗,高强钢丝采用镦头锚固时,宜采用液压冷镦,冷拔低碳钢丝可以采用冷冲镦粗。

钢筋或钢丝的镦粗头制成后,要经过抗拉力试验,当钢筋或钢丝本身拉断,而镦粗头仍不破坏时,则认为合格;同时外观检查,不得有烧伤、歪斜和裂缝。

(4)钢筋冷拉。为了提高钢筋强度和节约钢筋,预应力粗钢筋在使用前应进行冷拉,钢筋冷拉即在常温下用超过钢筋屈服强度的拉力拉伸钢筋。

3. 预应力筋张拉

先张法预应力钢筋、钢丝和钢绞线的张拉按预应力筋数量、间距和张拉力的大小,采用单根张拉和多根张拉。预应力筋的张拉应符合下列要求:

(1)同时张拉多根预应力筋时,各根预应力筋的初始应力应一致。张拉过程中应使活动横梁与固定横梁保持平行。

(2)张拉程序应符合设计要求,设计未规定时,其张拉程序应符合表 6-18 的规定。张拉钢筋时,为保证施工安全,应在超张拉放张至 $0.9\sigma_{con}$ 时安装模板、普通钢筋及预埋件等。

表 6-18　　　　　　先张法预应力筋张拉程序

预应力筋种类	张　拉　程　序
钢筋	$0 \rightarrow$ 初应力 $\rightarrow 1.05\sigma_{con} \rightarrow 0.9\sigma_{con} \rightarrow \sigma_{con}$(锚固)
钢丝、钢绞线	$0 \rightarrow$ 初应力 $\rightarrow 1.05\sigma_{con}$(持荷 2min)$\rightarrow 0 \rightarrow \sigma_{con}$(锚固) 对于夹片式等具有自锚性能的锚具: 　普通松弛力筋　$0 \rightarrow$ 初应力 $\rightarrow 1.03\sigma_{con}$(锚固) 　低松弛力筋　$0 \rightarrow$ 初应力 $\rightarrow \sigma_{con}$(持荷 2min 锚固)

注:σ_{con} 张拉时的控制应力值,包括预应力损失值。

(3)张拉过程中,预应力筋的断丝、断筋数量不得超过表 6-19 的规定。

表 6-19　　　　　　　先张法预应力筋断丝、断筋控制值

预应力筋种类	项　目	控制值
钢丝、钢绞线	同一构件内断丝数不得超过钢丝总数的	1％
钢筋	断筋	不允许

(4)放张预应力筋时混凝土强度必须符合设计要求。设计未规定时,不得低于设计强度的75％。放张顺序应符合设计要求。设计未规定时,应分阶段、对称、交错地放张。放张前,应将限制位移的模板拆除。

4. 预应力筋放松

混凝土强度达到设计规定时,可逐渐放松受拉的预应力筋,预应力筋的放松速度不宜过快。常用的预应力筋放松方法有千斤顶放松和砂箱放松两种。

在台座固定端的承力支架和横梁之间,张拉前预先安放千斤顶。待混凝土达到规定的放松强度后,两个千斤顶同时回程,使拉紧的预应力筋徐徐回缩,张拉力被放松。

以砂箱代替千斤顶。使用时从进砂口罐满烘干的砂子,加上压力压紧。待混凝土达到规定的放松强度后,将出砂口打开,使砂子慢慢流出,放砂速度应均匀一致,预应力筋随之徐徐回缩,张拉力即被放松。当单根钢筋采用拧松螺母的方法放松时,宜先两侧后中间,分阶段、对称地进行。

知识链接

预应力钢丝理论回缩值计算

预应力钢丝理论回缩值,可按下列公式进行计算:

$$a = \frac{1}{2} \cdot \frac{\sigma_{yl}}{E_s} \cdot l_a$$

式中　a——预应力钢丝的理论回缩值(cm);
　　　σ_{yl}——第一批损失后,预应力钢丝建立起的有效预应力值(N/mm^2);
　　　E_s——预应力钢丝的弹性模量(N/mm^2);
　　　l_a——预应力筋传递长度(mm),见表 6-20。

第六章 市政桥梁工程施工技术

表 6-20　　　　预应力钢筋传递长度 l_a

项次	钢筋种类	放张时混凝土强度			
		C20	C30	C40	≥C50
1	刻痕钢丝 $d<5mm$	150d	100d	65d	50d
2	钢绞线 $d=7.5\sim15mm$	—	85d	70d	70d
3	冷拔低碳钢丝 $d=3\sim5mm$	110d	90d	80d	80d

注：1. 确定传递长度 l_a 时，表中混凝土强度等级应按传力锚固阶段混凝土立方体抗压强度确定。
　　2. 当刻痕钢丝的有效预应力值 σ_{y1} 大于或小于 1000MPa 时，其传递长度应根据本表项次 1 的数值按比例增减。
　　3. 当采用骤然放张预应力钢筋的施工工艺时，l_a 起点应从离构件末端 $0.25l_a$ 处开始计算。
　　4. 冷拉 HRB335、HRB400 级钢筋的传递长度 l_a 可不考虑。

(三) 后张法预应力施工

后张法施加混凝土预压应力是先制作留有预应力筋孔道的梁体，待混凝土达到设计强度的 75% 后，将预应力筋穿入孔道，并利用构件本身作为张拉台座张拉预应力并锚固，然后进行孔道压浆并浇筑封闭锚具的混凝土，混凝土因有锚具传递压力而得到预压应力。

后张法施工时，预应力筋直接在梁体上张拉，不需要专门台座；预应力筋可按设计要求配合弯矩和剪力变化布置成直线形或曲线形；适合于预制或现浇的大型构件。

后张法预应力施工方法适用于大于 25m 的简支梁或现场浇筑的桥梁上部结构，其施工工艺如下。

1. 预应力管道安装

预应力管道安装时应采用定位钢筋进行固定，其安装位置应符合设计规定。

(1) 金属管道接头应采用套管连接，连接套管宜采用大一个直径型号的同类管道，且应与金属管道封裹严密。

(2)管道应留压浆孔和溢浆孔;曲线孔道的波峰部位应留排气孔;在最低部位宜留排水孔。

(3)管道安装就位后应立即通孔检查,发现堵塞应及时疏通。管道经检查合格后应及时将其端面封堵。

(4)管道安装后,需在其附近进行焊接作业时,必须对管道采取保护措施。

2. 预应力筋安装

预应力筋安装应符合下列要求:

(1)先穿束后浇筑混凝土时,浇筑之前,必须检查管道,并确认完好;浇筑混凝土时应定时抽动、转动预应力筋。

(2)先浇筑混凝土后穿束时,浇筑后应立即疏通管道,确保其畅通。

(3)混凝土采用蒸汽养护时,养护期内不得装入预应力筋。

(4)穿束后至孔道灌浆完成应控制在下列时间以内,否则应对预应力筋采取防锈措施:

空气湿度大于70%或盐分过大时　　7d;

空气湿度40%~70%时　　15d;

空气湿度小于40%时　　20d。

(5)在预应力筋附近进行电焊时,应对预应力钢筋采取保护措施。

3. 预应力筋张拉

当构件混凝土强度达到设计强度的75%时,便可进行预应力筋的张拉。预应力筋张拉前,应根据设计要求对孔道的摩阻损失进行实测,以便确定张拉控制的应力,并确定预应力筋的理论伸长值。

(1)预应力筋张拉端设置。预应力筋张拉端的设置,应符合设计要求;当设计未规定时,应符合下列规定:

1)曲线预应力筋或长度大于或等于25m的直线预应力筋,宜在两端张拉;长度小于25m的直线预应力筋,可在一端张拉。

2)当同一截面中有多束一端张拉的预应力筋时,张拉端宜均匀交错地设置在结构的两端。

(2)预应力筋的张拉顺序应符合设计要求;当设计无规定时,可采取分批、分阶段对称张拉,宜先中间,后上、下或两侧。

(3)预应力筋张拉程序应符合表 6-21 的规定。

表 6-21　　　　　　　　后张法预应力筋张拉程序

预应力筋种类		张 拉 程 序
钢绞线束	对夹片式等有自锚性能的锚具	普通松弛力筋　0→初应力→1.03σ_{con}(锚固) 低松弛力筋　0→初应力→σ_{con}(持荷 2min 锚固)
	其他锚具	0→初应力→1.05σ_{con}(持荷 2min)→σ_{con}(锚固)
钢丝束	对夹片式等有自锚性能的锚具	普通松弛力筋　0→初应力→1.03σ_{con}(锚固) 低松弛力筋　0→初应力→σ_{con}(持荷 2min 锚固)
	其他锚具	0→初应力→1.05σ_{con}(持荷 2min)→0→σ_{con}(锚固)
精轧螺纹钢筋	直线配筋时	0→初应力→σ_{con}(持荷 2min 锚固)
	曲线配筋时	0→σ_{con}(持荷 2min)→0(上述程序可反复几次) →初应力→σ_{con}(持荷 2min 锚固)

注:1. σ_{con}为张拉时的控制应力值,包括预应力损失值。
　　2. 梁的竖向预应力筋可一次张拉到控制应力,持荷 5min 锚固。

(4)预应力筋的张拉操作。预应力筋的张拉操作方法与配用的锚具和千斤顶的类型有关。如多丝束的张拉可配用锥形锚具、锥锚式千斤顶;粗钢筋的张拉可配用螺丝端杆锚具、拉杆式千斤顶;精轧螺纹钢筋的张拉可配用特制螺帽、穿心式千斤顶;钢绞线束的张拉可配 OVM 锚、穿心式千斤顶。本节仅以锥形锚具配锥锚式千斤顶为例,介绍预应力筋张拉的操作方法。

1)张拉准备。张拉前把钢丝穿过锚环,随着锚塞的放入将钢丝均匀分布在锚塞周围,用手锤轻敲锚塞,装上对中套,并将钢丝用楔块楔紧在千斤顶夹盘内,但先不要夹太紧。

2)初始张拉。两端同时张拉至钢丝达到初应力。由于上述 1)中夹盘上的钢丝尚未楔紧,此时钢丝发生滑移,从而调整钢丝长度。当钢丝停止滑移后,可打紧楔块,使钢丝牢牢地固定在夹盘上。在分丝盘沟槽处的钢丝上标出测量伸长量的起点标记,在夹盘前端的钢丝上也标出用以辨认是否滑丝的标记。

3) 正式张拉。两端轮流分级加载张拉,每级加载值为油压表读数5000kPa的倍数,直至超张拉值。为消除预应力筋的部分松弛损失应持荷5min。减载至控制张拉应力,测量钢丝伸长量。

4) 顶锚。当张拉到控制张拉应力后,钢丝伸长量与计算伸长量相符合,即可进行顶锚。顶锚时先从一端开始,在另一端补足预应力损失,再进行另一端的顶锚。若回缩量大于3mm,必须重新张拉。

4. 孔道压浆

预应力筋张拉后,为了使孔道内预应力筋不受锈蚀,并与构件混凝土结成整体,保证构件的强度和耐久性,应及时进行孔道压浆,压浆前先用清水冲洗孔道,使之湿润,以保持灰浆的流动性,同时,要检查灌浆孔、排气孔是否畅通无阻。

压浆时,对多跨连续有连接器的预应力筋孔道,应张拉完一段灌注一段。孔道压浆宜采用水泥浆,水泥浆的强度应符合设计要求;设计无规定时不得低于30MPa。

压浆过程中及压浆后48h内,结构混凝土的温度不得低于5℃,否则应采取保温措施。当白天气温高于35℃时,压浆宜在夜间进行。

压浆后应从检查孔抽查压浆的密实情况,如有不实,应及时处理。压浆作业,每一工作班应留取不少于3组砂浆试块,标准养护28d,以其抗压强度作为水泥浆质量的评定依据。

5. 封固锚具

埋设在结构内的锚具,压浆后应及时浇筑封锚混凝土。封锚混凝土的强度等级应符合设计要求,不宜低于结构混凝土强度等级的80%,且不得低于30MPa。封锚混凝土必须严格控制梁体长度。浇筑后1~2h带模养护,脱模后继续洒水养护不少于7d。对于长期外露的锚具,应采取可靠的防锈措施。

第六章 市政桥梁工程施工技术

> **特别提示**
>
> 张拉中如发现滑丝或断裂,要及时停止张拉,进行检查。规范中规定对后张法构件,断、滑丝严禁超过结构同一截面预应力钢材总根数的3％,且一束钢丝只允许有一根。当超过上述规定要重新换预应力筋,或对锚具进行检查,无误后才可再恢复施工。

四、桥梁墩台施工

桥墩是多跨桥梁的中间支承结构物,它将相邻两孔的桥跨结构连接起来。桥墩除承受上部结构的荷载外,还要承受水压力、风力及可能出现的流冰压力、船只及漂浮物的撞击力等。

(一)混凝土墩台施工

混凝土墩台施工主要包括制作与安装墩台模板和混凝土浇筑两个主要工序。

1. 制作与安装墩台模板

模板一般用木材、钢材和其他符合设计要求的材料制成。木模质量轻,便于加工成结构物所需要的尺寸和形状,但装拆时易损坏,重复使用次数少。对于大量或定型的混凝土结构物,则多采用钢模板。钢模板造价较高,但可重复多次使用,且拼装拆卸方便。

> **知识链接**
>
> **常用墩台模板的类型**
>
> 常用墩台模板的类型见表 6-22。
>
> 表 6-22 　　　　　　常用墩台模板的类型
>
> | 模板类型 | 释义 | 应用特点 |
> | --- | --- | --- |
> | 拼装模板 | 各种尺寸的标准模板利用销钉连接,并与拉杆、加劲构件等组成墩台所需形状的模板 | 拼装式模板在厂内加工制造,板面平整、尺寸准确、体积小、质量轻,拆装容易、快速,运输方便 |

· 275 ·

续表

模板类型	释义	应用特点
整体吊装模板	将墩台模板水平分成若干段,每段模板组成一个整体,在地面拼装后吊装就位	安装时间短,无须设施工接缝,加快了施工进度,提高了施工质量;将拼装模板的高空作业改为平地操作,有利于施工安全;模板刚性较强,可少设拉筋或不设拉筋,节约钢材;可利用模外框架作简易脚手架,不需另搭施工脚手架;结构简单,装拆方便,对建造较高的桥墩较为经济
组合型钢模板	以各种长度、宽度及转角标准构件,用定型的连接件将钢模拼成结构用模板	体积小、质量轻、运输方便、装拆简单、接缝紧密,适用于在地面拼装,整体吊装结构
滑动钢模板	将模板悬挂在工作平台的围圈上,沿着所施工的混凝土结构截面的周界组拼装配,并随着混凝土的浇筑由千斤顶带动向上滑升	适用于各种类型的墩台

2. 混凝土浇筑

墩台混凝土浇筑前应对基础混凝土顶面做凿毛处理,清除锚筋污锈。

(1)混凝土灌注速度。为保证混凝土灌注质量,混凝土配制、输送及灌注速度 v 应满足下式要求:

$$v \geqslant Sh/t$$

式中　v——混凝土配料、输送及灌注的容许最小速度(m^3/h);

　　　S——灌注的面积(m^2);

h——灌注层的厚度(m)；

t——所用水泥的初凝时间(h)。

如混凝土的配制、输送及灌注所需时间较长,则应采用下式计算：

$$v \geqslant Sh/(t-t_0)$$

式中 t_0——混凝土配制、输送及灌筑所消耗的时间(h)。

式中其他符号意义同前。

(2)重力式墩台混凝土浇筑。重力式墩台混凝土宜水平分层浇筑,每次浇筑高度宜为1.5~2m。墩台混凝土分块浇筑时,接缝应与墩台截面尺寸较小的一边平行,邻层分块接缝应错开,接缝宜做成企口形。分块数量,墩台水平截面面积在200m² 内不得超过两块；在300m² 以内不得超过3块。每块面积不得小于50m²。

(3)柱式墩台混凝土浇筑。浇筑墩台柱混凝土时,应铺同配合比的水泥砂浆一层。墩台柱的混凝土宜一次连续浇筑完成。柱身高度内有系梁连接时,系梁应与柱同步浇筑。V形墩柱混凝土应对称浇筑。钢管混凝土墩台柱应采用补偿收缩混凝土,一次连续浇筑完成。

(二)装配式墩台施工

装配式墩台适用于山谷架桥或跨越平缓无漂流物的河沟、河滩等的桥梁,特别是在工地干扰多、施工场地狭窄,缺水与砂石供应困难地区,其效果更为显著。

1. 装配式柱式墩台施工

装配式柱式墩台施工是指将桥墩分解成若干轻型部件,在工厂或工地集中预制,再运送到现场装配成桥墩。

(1)装配式构件安装。基础杯口的混凝土强度必须达到设计要求,方可进行预制构件的安装。

预制柱安装前,应对杯口长、宽、高进行校核,确认合格,对杯口与预制件接触面均应凿毛处理,埋件应除锈并应校核位置,合格后开始安装。预制柱安装就位后应采用硬木楔或钢楔固定,并加斜撑保持柱体稳定,在确保稳定后方可摘去吊钩。并应及时浇筑杯口混凝土,待混凝土硬化后拆除硬楔,浇筑二次混凝土,待杯口混凝土达到设计强度75%后方可拆除斜撑。

预制盖梁安装前,应对接头混凝土面凿毛处理,预埋件应除锈。在墩台柱上安装预制盖梁时,应对墩台柱进行固定和支承,确保稳定。盖梁就位时,应检查轴线和各部尺寸,确认合格后方可固定,并浇筑接头混凝土。接头混凝土达到设计强度后,方可卸除临时固定设施。

(2)装配式构件连接接头处理。

1)承插式接头。将预制构件插入相应的预留孔内,插入长度一般为1.2~1.5倍的构件宽度,底部铺设2cm砂浆,四周以半干硬性混凝土填充。

2)钢筋锚固接头。构件上预留钢筋或型钢,插入另一构件的预留槽内,或将钢筋互相焊接,再灌注半干硬性混凝土。

> 装配式柱式墩台施工时,构件连接接头是关键工序,既要牢固、安全,又要结构简单便于施工。

3)焊接接头。将预埋在构件中的铁件与另一构件的预埋铁件用电焊连接,外部再用混凝土封闭。

4)扣环式接头。相互连接的构件按预定位置预埋环式钢筋,安装时柱脚先坐落在承台的柱心上,上下环式钢筋互相错接,扣环间插入U形短钢筋焊牢,四周再绑扎钢筋一圈,立模浇筑外围接头混凝土。

5)法兰盘接头。在相互连接的构件两端安装法兰盘,连接时将法兰盘连接螺栓拧紧即可。

2. 预应力混凝土装配墩施工

预应力混凝土装配墩施工前,应对混凝土构件进行检验,外观和尺寸应符合质量标准和设计要求。

实体墩身浇筑时要按装配构件孔道的相对位置预留张拉孔道及工作孔。装配墩身由基本构件、隔板、顶板及顶帽四种不同形状的构件组成,用高强钢丝穿入预留的上下贯通的孔道内,张拉锚固而成。

墩身装配时,水平拼装缝采用M3.5水泥砂浆,砂浆厚度为15mm,便于调整构件水平标高,不使误差积累。预应力钢丝束的张拉位置可以在顶帽上张拉,也可在实体墩下张拉,二者的利弊比较见表6-23。预应力钢丝束的张拉顺序如图6-30所示。压浆采用纯正泥浆,

第六章 市政桥梁工程施工技术

且应由下而上压注。顶帽上的封锚采用钢筋网罩焊在垫板上,单个或多个连在一起,然后用混凝土封锚。

表 6-23　　　　　　　顶帽上和墩下张拉比较

顶帽上张拉	实体墩下张拉
高空作业,张拉设备需起吊,人员需在顶帽操作,张拉便于指挥与操作	地面作业,机具设备搬运方便。但彼此看不见指挥,不如顶帽操作方便
在直线段张拉,不计算曲线管道摩阻损失	必须计算曲线管道摩阻损失
向下垂直安放千斤顶,对中容易	向上斜向安装千斤顶,对中较困难
实体墩开孔小,削弱面积小,无须割断钢筋	实体墩开孔大,增大削弱面积,必须割断钢筋,增加封锚工作量

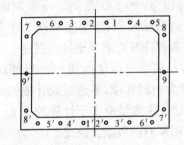

图 6-30　张拉顺序示意图

墩身装配的五个关键

预应力混凝土装配墩的安装要确保平、稳、准、实、通五个关键。

平——起吊平、构件顶面平、内外壁砂浆接缝要抹平;

稳——起吊、降落、松钩要稳;

准——构件尺寸准、孔道位置准、中线准及预埋配件位置准;

实——接缝砂浆要密实;

通——构件孔道要畅通。

3. 无承台大直径钻孔埋入空心桩墩施工

无承台大直径钻孔埋入空心桩墩是由预钻孔、预制大直径钢筋混凝土桩墩节、吊拼桩墩节并用预应力后张连接成整体、桩周填石压浆、桩底高压压浆、吊拼墩节、浇筑或组装盖梁等工序组成,各工序施工应符合下列要求:

(1)成孔深度大于设计深度,成孔直径应大于设计直径。

(2)预制桩节质量应符合《公路桥涵施工技术规范》(JTG/T F50)的相关规定。

(3)桩壁压浆结石混凝土质量控制标准:桩底与桩节间交界处抛填 $\phi5\sim\phi20$ 小石子作过渡段,厚度为 0.5m,以避免桩底注浆混凝土收缩缝集中在预制混凝土底节钢板下;抛掷落水高度不大于 0.5m;填石粒料直径应选 $\phi20$、$\phi40$、$\phi40\sim\phi60$ 或 $\phi40\sim\phi80$ 间断级配;压浆水泥应选 42.5 级以上普通硅酸盐水泥;水泥浆液流动速度应根据填石空隙率和吸浆量确定,以确保注浆石混凝土抗压强度。

(4)桩周压浆结石混凝土强度达到 60% 后即可进行桩底高压压浆;压力值以扬压管为控制标准,不超过设计值的 ±1%;桩的上抬量不超过设计值的 ±1%;注浆量应大于计算的 1.2~1.3 倍,闭浆时间应在 15~30min,由闭浆时的吸浆量决定。

(三)砌体墩台施工

砌体墩台施工具有取材方便、经久耐用等特点。条件允许时,应优先选择砌体墩台。

(1)同一层石料及水平灰缝的厚度要均匀一致,每层按水平砌筑,丁顺相间,砌石灰缝互相垂直,灰缝宽度和错缝按表 6-24 规定办理。

表 6-24　　　　　　　　浆砌镶面石灰缝规定

种类	灰缝宽度 /cm	错缝(层间或行间) /cm	三块石料相接处空隙 /cm	砌筑行列高度 /cm
粗料石	1.5~2	≥10	1.5~2	每层石料厚度一致
半细料石	1~1.5	≥10	1~1.5	每层石料厚度一致
细料石	0.8~1	≥10	0.8~1	每层石料厚度一致

(2)砌石顺序为先角石,再镶面,后填腹。填腹石的分层厚度应与镶面相同;圆端、尖端及转角形砌体的砌石顺序,应自顶点开始,按丁顺排列接砌镶面石。

(3)圆端形桥墩的砌筑:圆端形桥墩的圆端顶点不得有垂直灰缝,砌石应从顶端开始,然后按丁顺相间排列,安砌四周镶面石,如图6-31所示。

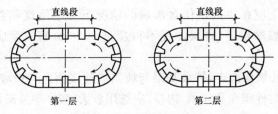

图6-31 圆端形桥墩的砌筑

(4)尖端形桥墩的砌筑:尖端形桥墩的尖端及转角处不得有垂直灰缝,砌石应从两端开始,先砌石块,再砌侧面转角,然后按丁顺相间排列,安砌四周的镶面石。

(四)墩台附属工程施工

1. 台背施工

台背填土不得使用含杂质、腐殖物或冻土块的土类,宜采用透水性土。

台背填土与路基填土同时进行,应按设计高度一次填齐,台背填土应采用机械碾压。台背0.8~1m范围内宜回填砂石、半刚性材料,并采用小型压实设备或人工夯实。

> **特别提示**
>
> **台背填土处理**
>
> 轻型桥台台背填土应待盖板和支承梁安装完成后,两台对称均匀进行。
>
> 拱桥台背填土应在主拱施工前完成;拱桥台背填土长度应符合设计要求。
>
> 桩式桥台台背填土宜在柱侧对称均匀地进行。

2. 锥体护坡施工

坡面式基面夯实,整平后,方可开始铺砌锥体护坡,以保证护坡稳定。

锥坡填土应与台背填土同时进行,桥涵台背、锥坡、护坡及拱上等各项填土,宜采用透水性土,不得采用含有泥草、腐殖物或冻土块的土。填土应在接近最佳含水量的情况下分层填筑和夯实填土应按标高及坡度填足,每层厚度不得超过0.30m,密实度应达到规范要求。

为防止坡角滑走,护坡基础与坡角的连接面应与护坡坡度垂直。片石护坡的外露面和坡顶、边口,应选用较大、较平整并略加修凿的块石铺砌。

砌石时拉线要张紧,砌面要平顺,护坡片石背后应按规定做碎石倒滤层,以防止锥体土方被水冲蚀变形。护坡与路肩或地面的连接必须平顺,以利排水,并避免背后冲刷或渗透坍塌。

砌体勾缝除设计有规定外,一般可采用凸缝或平缝,且宜待坡体土方稳定后进行。浆砌砌体,应在砂浆初凝后,覆盖养护7~10d。养护期间应避免碰撞、振动或承重。

3. 泄水盲沟施工

泄水盲沟以片石、碎石或卵石等透水材料砌筑,并按要求坡度设置,沟底用黏土夯实。盲沟应建在下游方向,出口处应高出一般水位0.2m,平时无水的干河应高出地面0.2m;如桥台在挖方内横向无法排水时,泄水盲沟在平面上可在下游方向的锥体填土内折向桥台前端排出,在平面上呈L形。

五、桥梁支座施工

1. 板式橡胶支座安设

板式橡胶支座由多层橡胶片与薄壁板镶嵌、粘合、压制而成,如图6-32所示。安装前,应将垫块顶面清理干净,采用干硬性水泥砂浆抹平,且检查顶面标高是否满足设计要求;板式橡胶支座安装前还应对支座的长、宽、厚、硬度、容许荷载、容许最大温差及外观等进行全面检查,如不符合设计要求,则不得使用。

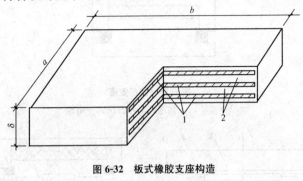

图 6-32　板式橡胶支座构造
1—薄钢板;2—橡胶片

板式橡胶支座安装时,支座中心尽可能对准梁的计算支点,必须使整个橡胶支座的承压面上受力均匀。如就位不准或与支座不密贴时,必须重新起吊,采取垫钢板等措施,并应使支座位置控制在允许偏差内。不得用撬棍移动梁、板。

为保证板式橡胶支座安装装置准确,支座安装尽可能排在接近年平均气温的季节里进行,以减小由于温差变化过大而引起的剪切变形。

梁、板安装时,必须细致稳妥,使梁、板就位准确且与支座密贴,勿使支座产生剪切变形;就位不准时,必须吊起重放,不得用撬杠移动梁、板。

当墩台两端标高不同,顺桥向或横桥向有坡度时,支座安装必须严格按设计规定办理。

支座周围应设排水坡,防止积水,并注意及时清除支座附近的尘土、油脂与污垢等。

2. 盆式橡胶支座安设

盆式橡胶活动支座分为固定支座、双向活动支座和单向活动支座,如图 6-33 和图 6-34 所示。安装前应将支座的各相对滑移面和其他部分用丙酮或酒精擦拭干净。

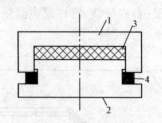

图 6-33　固定支座
1—盆环；2—盆塞；3—橡胶块；4—密封

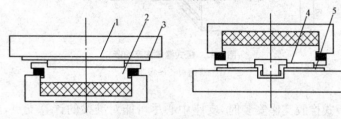

图 6-34　双、单向活动支座
1—四氟乙烯板-双向活动支座；2—中间支座板；3—钢滑板；
4—四氟乙烯板；5—不锈钢板装置

盆式橡胶支座各部件进行组装时，支座底面和顶面的钢垫板必须埋置牢固，垫板与支座间平整密贴，支座四周探测不得有 0.3mm 以上的缝隙，支座中线、水平、位置不得有大于 2mm 的偏差，当支座上、下座板与梁底和墩台顶采用螺栓连接时，螺栓预留孔尺寸应符合设计要求，安装前应清理干净，采用环氧砂浆灌注；当采用电焊连接时，预埋钢垫板应锚固可靠、位置准确。墩顶预埋钢板下的混凝土宜分两次浇筑，且一端灌入，另一端排气，预埋钢板不得出现空鼓。焊接时应采取防止烧坏混凝土的措施。

盆式橡胶固定支座安装时，其上下各部件纵轴线必须对正。

> 盆式橡胶支座的顶板和底板可用焊接或锚固螺栓栓接在梁体底面和墩台顶面的预埋钢板上，采用焊接时，应防止烧坏混凝土，安装锚固螺栓时，其外露螺杆的高度不得大于螺母的厚度。

3. 球形支座安设

球形支座由顶板、底板、凸形中间板及两块不同形状的聚四氟乙烯板组成。球形支座出厂时，应由生产厂家将支座调平，并拧紧连接螺栓，防止运输安装过程中发生转动和倾覆。球形支座可根据设计需要预设转角和位移，但需在厂内装配时调整好。

球形支座安装前应开箱检查配件清单、检验报告、支座产品合格证及支座安装养护细则。施工单位开箱后不得拆卸、转动连接螺栓。当下支座板与墩台采用螺栓连接时，应先用钢楔块将下支座板四角调平，高程、位置应符合设计要求，用环氧砂浆灌注地脚螺栓孔及支座底面垫层。环氧砂浆硬化后，方可拆除四角钢楔，并用环氧砂浆填满楔块位置。当下支座板与墩台采用焊接连接时，应采用对称、间断焊接方法将下支座板与墩台上预埋钢板焊接。焊接时应采取防止烧伤支座和混凝土的措施。

当梁体安装完毕，或现浇混凝土梁体达到设计强度后，在梁体预应力张拉之前，应拆除上、下支座板连接板。

对于跨径为10m左右的小型钢筋混凝土梁(板)桥，可采用油毡、石棉垫或铅板支座。安设这类支座时，应先对墩台支承面的平整度和横向坡度进行检查，若与设计要求不符应修凿平整并以水泥砂浆抹平，再铺垫油毡、石棉垫或铅板。梁(板)就位后梁(板)与支承间不得有空隙和翘动现象，否则将发生局部应力集中，使梁(板)受损，也不利于梁(板)的伸缩与滑动。

第五节　桥梁上部结构施工

一、梁(板)桥施工

(一)混凝土梁(板)桥施工

1. 混凝土梁(板)桥支架浇筑施工

混凝土梁(板)桥支架浇筑施工是一种古老的施工方法，是指在桥孔位置搭设支架,并在支架上安装模板,绑扎及安装钢筋骨架,预留孔道,并在现场浇筑混凝土与施加预应力的施工方法。

(1)模板、支架制作与安装。

支架浇筑混凝土施工,首先应在桥孔位置搭设支架,以承受模板、浇筑的钢筋混凝土以及其他施工荷载。支架的地基承载力应符合要求,必要时,应采取加强处理或其他措施。

模板、支架制作与安装时,其构件的连接应尽量紧密,以减小支架变形,使沉降量符合预计数值。为保证支架稳定,应防止支架与脚手架和便桥等接触。为防止发生跑浆现象,模板的接缝必须密合,如有缝隙,应及时采取处理措施,将其塞堵严密。对于建筑物外露面的模板应刨光并涂以石灰乳浆、肥皂水或润滑油等润滑剂。安装支架时,应根据梁体和支架的弹性、非弹性变形,设置预拱度,支架底部还应设良好的排水措施,不得被水浸泡。

(2)混凝土浇筑。

支架上浇筑混凝土时,无论采用哪种方法都应尽量减小模板和支架产生的平移、扭转、下沉等变形。支架上浇筑混凝土多采用水平分层浇筑、斜层浇筑和单元浇筑。

> 为避免支架不均匀沉陷的影响,浇筑工作应尽量快速进行,以便在混凝土失去塑性以前完成。

1)水平分层浇筑。采用水平分层浇筑法施工时,分层的厚度应根据振捣器的能力而定,一般为 0.15~0.3m。

2)斜层浇筑。斜层法浇筑混凝土应从主梁两端对称向跨中进行,并在跨中合龙。T 形梁和箱梁采用浇筑的顺序,如图 6-35(a)所示。当采用梁式支架、支点不设在跨中时,应在支架下沉量大的位置先浇筑混凝土,使应该发生的支架变形及早完成。其浇筑顺序如图 6-35(b)所示。采用斜层浇筑时,混凝土的倾斜角与混凝土的流动性有关,一般为 20°~25°。

3)单元浇筑。每个单元的纵横梁可沿其长度方向采用水平分层浇筑斜层浇筑,在纵梁间的横梁上设置工作缝,并在纵横梁浇筑完成后填缝连接。对于桥面板的浇筑可沿桥全宽一次完成,不设工作缝。

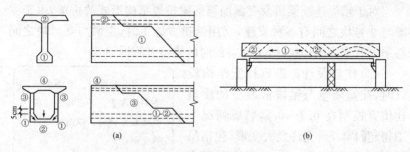

图 6-35 支架上斜层浇筑混凝土

但对于桥面板的浇筑应在纵横梁间设置水平工作缝。

2. 混凝土梁(板)桥悬臂浇筑施工

悬臂浇筑施工适用于混凝土箱形连续梁桥、T形刚构桥、变截面箱形梁桥等。其施工工艺如下：

(1)主墩及0号块施工。采用悬臂浇筑法施工的工艺流程基本相似，只有T形刚构的0号块件无须做临时固结处理，变截面连续箱梁的示意图，如图6-36所示。

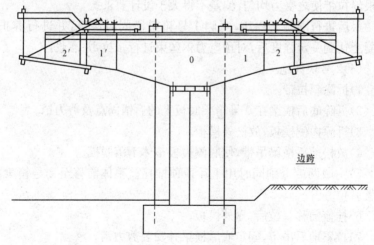

图 6-36 悬臂浇筑连续梁示意图

对于箱形连续梁桥及变截面箱形梁桥等结构形式的桥梁,由于主墩与0号块之间有各种支座,当用悬拼方施工时,主墩与0号块之间必须先有牢固的连接,竣工后将此时的连接设施拆除。

(2)挂篮设计。进行挂篮结构设计时,挂篮质量与梁段混凝土的质量比值宜控制在0.3～0.5,特殊情况下不得超过0.7。允许最大变形(包括吊带变形的总和)为20mm。施工、行走时的抗倾覆安全系数不得小于2。自锚固系统的安全系数不得小于2。斜拉水平限位系统和上水平限位安全系数不得小于2。

> 挂篮组装后,应全面检查安装质量,并应按设计荷载做载重试验,以消除非弹性变形。

(3)1号块件施工。0号箱梁段施工完成后,两端1号箱梁段位置同时开始组装挂篮。

首先吊装车导梁并锚固,随即安装前后横梁、斜拉梁及联结系统。并通过前后横梁利用吊链起吊前后底横梁,并悬挂固定于前后上横梁上。用吊车和吊链配合安装底纵梁及模板。

然后吊装外侧模板,安装固定剪力销、内外侧拉斜带,并对称张拉四根斜拉带使之受力均匀,偏差不得大于设计要求。

最后进行混凝土浇筑,两侧1号箱梁段同时浇筑,并进行养护。混凝土达到一定强度后,对预应力钢丝束进行张拉,并灌浆。

(4)2号块件施工。

1)拆除斜拉带。

2)拆除底后横梁在0号箱梁底板上的后锚固点及剪力销。

3)拆除内侧模板,放松外模板。

4)放松前后横梁吊带,使底侧模板整体下落脱模。

5)主墩两端分别同时用千斤顶顶推挂篮整体前移至2号箱梁段位置就位。

6)挂篮前移就位后,立外模板。

7)拉紧前后吊带,固定底后横梁并安装剪力销。

8)安装斜拉带,并按计算好的施工高程对称调高拉紧。

9)绑钢筋、支内模板,浇筑混凝土。

10)张拉预应力钢筋束、灌浆。

其他箱梁块件施工按上述循环往复直至跨中。

(5)端跨施工。在浇筑端跨梁段前,应考虑到端跨在受到预应力张拉时,箱梁身会向主墩侧发生微量移动,为了保证该段箱梁梁身能均匀地受到预压力,箱梁底板与下面主支架接触部加一层摩擦力系数小的滑动设施或释放支架的纵向约束,以使该段箱梁能自由滑移。

(6)连续梁(T构)合龙与体系转换。连续梁(T构)合龙前应按设计规定,将两悬臂端合龙口予以临时连接,并将合龙跨一侧墩的临时锚固放松或改成活动支座。并观测气温变化梁端高程及悬臂端间的关系,应在一天中气温最低时进行合龙。首先在两端悬臂预加压重,并于浇筑混凝土过程中逐步撤除,以使悬臂端挠度保持稳定,然后将合龙段的混凝土强度提高一级,以尽早施加预应力。

连续梁的梁跨体系转换,应在合龙段及全部纵向连续预应力筋张拉、压浆完成,并解除各墩临时固结后进行。梁跨体系转换时,支座反力的调整应以高程控制为主,反力作为校核。

3. 混凝土梁(板)的装配式梁(板)施工

装配式梁(板)的施工可分为构件预制、运输、安装和集整四个施工过程。

(1)构件预制。混凝土梁(板)的预制场地应选择在距离安装和使用地点近、运输方便并满足"三通一平"要求的地方。场地选定后,可根据预制构件的加工数量、工期及占地时间等确定场地的范围大小,并根据地基及气候条件,采取必要的排水措施,防止场地被雨水浸泡和发生不均匀沉陷。一般情况下场地要铺二步灰土,且碾压密实,并高出附近地坪。对于长期进行构件预制的场地,可浇筑混凝土或砖砌后抹面。

(2)构件运输。

1)构件场内运输。混凝土预制构件从工地预制场到桥头或桥孔下的运输称为场内运输。短距离的场内运输可采用龙门架配合轨道平板车来实现,首先由龙门架(或木扒杆)起吊移运构件出坑,将其横移至预制构件运输便道,卸落到轨道平车上,然后用绞车牵引至桥头或桥孔下。

2) 构件场外运输。混凝土预制构件从桥梁预制厂到桥孔或桥头的运输称为场外运输。一般中小跨径的预制板、梁或小构件可用汽车运输。50kN以内的小构件可用汽车吊装卸；大于50kN的构件可用轮胎吊、履带吊、龙门架或扒杆装卸。要运较长的构件时，搁放预制构件前，可先在汽车上先垫以长的型钢或方木，构件的支点应放在近两端处，以避免道路不平、车辆颠簸引起的构件开裂。要运特别长的构件应采用大型平板拖车或特制的运梁车运输。

> 运输过程中梁应竖立放置，为了防止构件发生倾覆、滑动、跳动等现象，需在构件两侧采用斜撑和木楔等进行临时固定。

(3) 构件安装。预制梁(板)的安装是预制装配式混凝土梁桥施工中的关键性工序，应结合施工现场条件、工程规模、桥梁跨径、工期条件、架设安装的机械设备条件等具体情况，从安全可靠、经济简单和加快施工速度等为原则，合理选择架梁的方法。

常见架梁方法有陆地架梁法、浮运架梁法和高空架梁法三种。鉴于篇幅有限，本书就不一一介绍了。

(4) 构件横向联结。预制装配式混凝土梁桥待各预制梁在墩台安装就位后，必须进行横向联结施工，把各片主梁连成整体梁桥，才能作为整体桥梁共同承担二期恒载和活载。预制装配式混凝土梁桥的横向联结可分成横隔梁的联结和翼缘板的联结两种情况。

1) 横隔梁的横向联结。通常在设有横隔梁的混凝土梁桥中，均通过横隔梁的接头把所有主梁联结成整体。联结接头要有足够的强度，以保证结构的整体性，并在桥梁营运过程中不致因荷载反复作用和冲击作用而发生松动。

2) 翼缘板的横向联结。为改善翼缘板的受力状态，翼缘板之间应进行横向联结。翼缘板之间通常做成企口铰接式的联结，由主梁翼缘板内伸出连接钢筋，横向联结施工时，将此钢筋交叉弯制，并在接缝处再安放局部的ϕ6钢筋网，然后将它们浇筑在桥面混凝土铺装层内，如图6-37(a)所示；也可将主梁翼缘板内的顶层钢筋伸出，施工时将它弯转并套在一根纵向通长的钢筋上,形成纵向铰,然后浇筑在桥面铺装混凝土中,如图 6-37(b)所示。接缝处的桥面铺装层内应安放单层钢筋网,计算时不考虑铺装层受力。这种联结构造由于连接钢筋较多,对施工增加了一些困难。

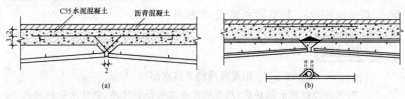

图 6-37 主梁翼板联结构造(单位:cm)

4. 混凝土梁(板)桥悬臂拼装施工

悬臂拼装法(简称悬拼)是悬臂施工法的一种,它是利用移动式悬拼吊机将预制梁段起吊至桥位,然后采用环氧树脂胶和预应力钢丝束连接成整体。其适用于预制场地及运吊条件好,特别是工程量大和工期较短的梁桥工程。

(1)悬拼方法。悬拼根据起重吊装方式不同,可分为浮吊拼装法、悬臂吊机拼装法、连续桁架拼装法、缆索起重机拼装法及移动式导梁拼装法等。

(2)拼装接缝处理。悬臂拼装时,预制构件接缝处理分为湿接缝和胶接缝两大类。不同的施工阶段和不同的施工部位,交叉采用不同的接缝形式。

湿接缝采用高强细石混凝土或高强度等级水泥砂浆,施工工期较长,但有利于调整预制构件的位置和增强接头的整体性,通常用于拼装与 0 号块件连接的第一对预制块件。

胶接缝采用环氧树脂为接缝材料,有利于消除水分对接头的有害影响。胶接缝主要平面型、多齿型、单级型和单齿型等形式。齿型和单级型的胶接缝用于块件间摩阻力和粘结力不足以抵抗梁体剪力的情况,单级型的胶接缝有利于施工拼装。

(3)预应力张拉。连续梁(T 构)的合龙及体系转换除应符合相关规范规定,在体系转换前,应按设计要求张拉部分梁段底部的预应力束,并在悬臂端设置向下的预留度。

连续梁(T构)桥纵向预应力钢筋的布置较多集中于顶板部位,且钢束布置对称于桥墩,因此,拼装每一对对称于桥墩节段用的预应力钢丝束按锚固这一对节段所需长度下料。

> **经验之谈**
>
> **确定合理的张拉次序**
>
> 对预应力钢丝束张拉前,应先确定合理的张拉次序,钢丝束张拉的次序与梁桥横断面形式、同时工作的千斤顶数量、是否设置临时张拉系统等因素有关,一般情况下,纵向预应力钢丝束的张拉次序应按以下原则确定:
>
> (1)对称于梁桥中轴线的钢丝束,两端同时张拉。
> (2)先张拉肋束,后张拉板束。
> (3)张拉肋束时,同一肋上的钢线束,先张拉下边的,后张拉上边的。
> (4)肋束张拉时,先张拉边肋,后张拉中肋。
> (5)张拉板束时,先张拉顶板中部的,后张拉边部的。

5. 混凝土梁(板)顶推法施工

预应力混凝土连续梁桥顶推法施工是沿桥纵轴方向的台后开辟预制场地,分节段预制混凝土梁身,并用纵向预应力筋连成整体,然后通过水平液压千斤顶施力,借助不锈钢与聚四氟乙烯模压板特制的滑动装置,将梁逐段向对岸顶进,就位后落架,更换正式支座完成桥梁施工。本书主要介绍有关梁段顶推的要求。

(1)检查顶推千斤顶的安装位置,校核梁段的轴线及高程,检测桥墩(包括临时墩)、临时支墩上的滑座轴线及高程,确认符合要求,方可顶推。

(2)顶推千斤顶用油泵必须配套同步控制系统,两侧顶推时,必须左右同步,多点顶推时各墩千斤顶纵横向均应同步运行。

(3)顶推前进时,应及时由后面插入补充滑块,插入滑块应排列紧凑,滑块间最大间隙不得超过 10~20cm。滑块的滑面(聚四氯乙烯板)上应涂硅酮脂。

(4)顶推过程中导梁接近前面桥墩时,应及时顶升牛腿引梁,将导梁引上墩顶滑出,方可正常顶进。

(5)顶推过程中应随时检测桥梁轴线和高程,做好导向、纠偏等工作。梁段中线偏移大于 20mm 时应采用千斤顶纠偏复位。滑块受力不均匀、变形过大或滑块插入困难时,应停止顶推,用竖向千斤顶将梁托起校正。竖向千斤顶顶升高度不得大于 10mm。

(6)顶推过程中应随时检测桥墩墩顶变位,其纵横向位移均不得超过设计要求。

(7)顶推过程中如出现拉杆变形、拉锚松动、主梁预应力锚具松动、导梁变形等异常情况应立即停止顶推,妥善处理后方可继续顶推。

(8)平曲线弯梁顶推时应在曲线外设置法线方向向心千斤顶锚固于桥墩上,纵向顶推的同时应启动横向千斤顶,使梁段沿圆弧曲线前进。

(9)竖曲线上顶推时各点顶推力应计入升降坡形成的梁段自重水平分力,如在降坡段顶进纵坡大于 3‰ 时,宜采用摩擦系数较大的滑块。

(10)当桥梁顶推完毕,拆除滑动装置时,顶梁或落梁应均匀对称,升降高差各墩台间不得大于 10mm,同一墩台两侧不得大于 1mm。

(二)钢梁(板)桥施工

1. 钢梁制造

钢梁应由具有相应资质的企业制造,钢梁制造企业应向安装企业提供产品合格证、钢材和其他材料质量证明书和检验报告,施工图,拼装简图,工厂高强度螺栓摩擦面抗滑系数试验报告,焊缝无损检验报告和焊缝重大修补记录,产品试板的试验报告,工厂拼装记录,杆件发运和包装清单。

钢梁加工制造主要包括下列工艺过程:施工准备、作样、号料、切割、零件矫正和弯曲、制孔、组装、焊接及结构试拼装等。

工艺评定试验

为保证钢梁的质量,对于以下情况,应进行工艺评定试验,且工艺评定试验的钢材及焊接材料应与钢梁制造所用材料相同:

(1)结构钢材首次应用。

(2)焊条、焊丝、焊剂的型号改变。

(3)焊接方法改变或由于焊接设备的改变引起焊接参数改变。

(4)焊接形式、坡口形式等工艺改变。

(5)需要预热、后热或焊后要做热处理。

2. 钢梁安装

钢梁制造后,应运输到工地进行安装。

(1)钢梁连接。钢梁安装时分铆接、高强度螺栓连接和工地焊接三大类。目前,铆接已逐渐淘汰,所以本书只对高强度螺栓连接和工地焊接进行阐述。

1)高强度螺栓连接。高强度螺栓连接施工应符合下列要求:

①安装前应复验出厂所附摩擦面试件的抗滑移系数,合格后方可进行安装。

②高强度螺栓连接副使用前应进行外观检查并应在同批内配套使用。

③使用前,高强度螺栓连接副应按出厂批号复验扭矩系数,其平均值和标准偏差应符合设计要求。设计无要求时扭矩系数平均值应为 0.11~0.15,其标准偏差应小于或等于 0.01。

④高强度螺栓应顺畅穿入孔内,不得强行穿入,穿入方向全桥一致。被栓合的板束表面应垂直于螺栓轴线,否则应在螺栓垫圈下面加斜坡垫板。

⑤施拧高强度螺栓时,不得采用冲击拧紧、间断拧紧方法。拧紧后的节点板与钢梁间不得有间隙。

⑥当采用扭矩法施拧高强度螺栓时,初拧、复拧和终拧应在同一

工作班内完成。初拧扭矩应由试验确定,可取终拧值的50%。

> **知识链接**
>
> **扭矩法的终拧扭矩值计算**
>
> 扭矩法的终拧扭矩值应按下式计算:
>
> $$T_c = K \cdot P_c \cdot d$$
>
> 式中 T_c——终拧扭矩(kN·mm);
>
> K——高强度螺栓连接副的扭矩系数平均值;
>
> P_c——高强度螺栓的施工预拉力(kN);
>
> d——高强度螺栓公称直径(mm)。

⑦当采用扭角法施拧高强螺栓时,可按国家现行标准《铁路钢桥高强度螺栓连接施工规定》(TBJ 214)的相关规定执行。

⑧施拧高强度螺栓连接副采用的扭矩扳手,应定期进行标定,作业前应进行校正,其扭矩误差不得大于扭矩值的±5%。

高强度螺栓终拧完毕必须当班检查。每栓群应抽查总数的5%,且不得少于2套。抽查合格率不得小于80%,否则应继续抽查,直至合格率达到80%以上。对螺栓拧紧度不足者应补拧,对超拧者应更换、重新施拧并检查。

2)工地焊接。钢桥构件在工厂焊接后运到工地,再全部用焊接组装成钢桥,称为工地焊接连接。进行工地焊接连接应准备充足的机具设备,包括电焊机、角向磨光机、空压机、气焊工具、气刨工具、恒温干燥箱、手提干燥箱、液压千斤顶等。工地焊接施工应符合下列要求:

①首次焊接之前必须进行焊接工艺评定试验。

②焊工和无损检测员必须经考试合格取得资格证书后,方可从事资格证书中认定范围内的工作,焊工停焊时间超过6个月,应重新考核。

③焊接环境温度,低合金钢不得低于5℃,普通碳素结构钢不得低于0℃。焊接环境湿度不宜高于80%。

④焊接前应进行焊缝除锈,并应在除锈后24h内进行焊接。

⑤焊接前,对厚度25mm以上的低合金钢预热温度宜为80～

120℃，预热范围宜为焊缝两侧 50～80mm。

⑥多层焊接宜连续施焊，并应控制层间温度。每一层焊缝焊完后应及时清除药皮、熔渣、溢流和其他缺陷后，再焊下一层。

⑦钢梁杆件现场焊缝连接应按设计要求的顺序进行。设计无要求时，纵向应从跨中向两端进行，横向应从中线向两侧对称进行。

⑧现场焊接应设防风设施，遮盖全部焊接处。雨天不得焊接，箱形梁内进行 CO_2 气体保护焊时，必须使用通风防护设施。

(2)钢梁架设。钢梁架设的方法主要包括悬臂拼装法、支架法、拖拉法、整孔架设法、横移法和浮运法等。

1)悬臂拼装法。钢梁在悬臂安装过程中，应注意降低钢梁的安装应力、控制伸臂端挠度、减少悬臂孔的施工荷载及保证钢梁拼装时的稳定性。钢梁悬臂拼装的施工顺序如下：

①杆件预拼。为了减少钢梁拼装的桥上的高空作业和吊装次数，应对桥梁单根杆件预先拼装成吊装单元，把能在桥下进行的工作，尽量在桥下预拼场内进行，以期加快施工进度。

②杆件拼装。经过预拼合格的杆件，可由提升站吊机把杆件提运至在钢梁上弦平面运行的平板车上，由牵引车运至拼梁吊机下拼装就位。钢梁拼装必须按一定的拼装顺序图进行。在拟定拼装顺序时应考虑拼梁吊杆机的性能和先装的杆件是否妨碍后装杆件的安装与吊机的运行等因素。

拼装时，应尽速将主桁杆件拼成闭合三角形，形成稳定的几何体系，并尽快安装纵横联结系，保证钢梁结构的空间稳定。主桁杆件拼装，应左右两侧对称进行，防止偏载的不利影响。

③高强度焊栓施工。高强度焊栓施工时，常用控制螺栓的预拉力方法是扭角法和扭矩系数法。安装高强螺栓时应设法保证各螺栓中的预拉力达到其规定值，避免超拉或欠拉。

④临时支承布置。钢梁悬臂拼装时，临时支承的类型包括临时活动支座、临时固定支座、永久活动支座、永久固定支座、保险支座、接引支座等，这些支座随拼装阶段变化与作业程序的变化将相互更换交替使用。

⑤钢梁纵移。钢梁悬臂拼装过程中，由于梁的自重引起的变形或温

第六章 市政桥梁工程施工技术

度变化、制造误差、临时支座摩阻力等因素引起的钢梁变形会导致钢梁纵向长度的几何尺寸产生偏差,使钢梁各支点不能按设计位置落在各桥墩上,使桥墩偏载。为了调整这一误差至允许范围内,钢梁需要纵移。

⑥钢梁横移。钢梁悬臂拼装过程中,由于受日光偏照和偏载的影响,加之杆件本身制造的误差,使钢梁中线的位置产生偏差,以至达到墩顶后,钢梁不能准确地落在设计位置上,造成桥墩偏载。因此,需进行钢梁横移。钢梁横移必须在拼装过程中逐孔进行,横移施工可用专用的横移设备,也可根据情况采取临时措施。

用悬臂和半悬臂法安装钢梁时,连接处所需冲钉数量应按所承受荷载计算确定,且不得少于孔眼总数的 1/2,其余孔眼布置精制螺栓。冲钉和精制螺栓应均匀安放。

2)支架法。在满布支架上安装钢梁时,因钢梁自重支承压在支架上,故冲钉和粗制螺栓总数不得少于孔眼总数的 1/3,其中冲钉不得多于 2/3。孔眼较少的部位,冲钉和粗制螺栓不得少于 6 个或将全部孔眼插入冲钉和粗制螺栓。粗制螺栓只起夹紧板束的作用。

3)拖拉法。拖拉法架设钢梁时,包括全悬臂的纵向拖拉和半悬臂的纵向拖拉。当水流较深且水位稳定,又有浮运设备而搭设中间膺架不便时,可考虑采用半悬臂纵向拖拉;当永久性墩(台)之间不设置任何临时中间支承的情况下应考虑采用全悬臂拖拉。当梁拖到设计位置后,应及时拆除临时连接杆件及导梁、牵引设备等。拆除时应先导梁或梁的前端适当顶高或落低,使连接杆件处于不受力状态,然后拆除连接栓钉。临时连接杆件和导梁等拆除后,可以落梁。落梁时钢梁每端至少用两台千斤顶梁,以便交替拆除两侧枕木垛。

4)整孔架设。小跨度的钢板梁桥宜采用整孔架设,常采用架桥机架梁法和钓鱼法架梁法。用架桥机架梁有既快又省的优点。目前,常用的架桥机有胜利型架桥机、红旗型窄式架桥机。钓鱼法是通过立在前方墩台上有效高度不小于梁长 1/3 的扒杆,用固定于扒杆顶的滑轮组牵引的梁的前端(悬空)到前方墩台上。

5)横移法。横移法施工适用于只有换桥跨结构的旧桥改建工程,施工时,在移梁脚手架上设滚轴滑道,滚轴滑道上放置用方木制成的大平车。大平车一端用砂袋支垫新梁,其高度使新梁稍高于支承垫石。另一端搭枕木垛,枕木垛位置应正在旧梁下面。枕木垛设置千斤顶,以备换梁的时候起顶旧梁之作。新梁的桥面事先完全做好,另外,在滑道上作移梁到位的标记,并在大平车上安放指针,当指针正对准滑道上的标记时,表示新梁已正确就位。当一切准备妥当后,可封锁交通,起顶旧梁,用绞车牵引大平车到位,然后割破砂袋,新梁即落到支座上,就可开放通车。

6)浮运法。浮运施工是在桥位下游侧面岸上将钢梁拼铆(或栓合)成整孔后,利用码头把钢梁滚移到浮船上,再浮运至预定架设的桥孔上落梁就位。浮运支承主要由浮船、船上支架、浮船加固桁架以及各种系缚工具组成。

3. 钢桥涂装

钢梁杆件架设安装完毕并经过检验、除锈、洗刷并干燥后,再进行全部涂漆工作。涂装前应对杆件表面进行质量检查,如有未涂底漆或已涂而部分脱浇者补涂底漆,待底漆干燥后,方可进行涂装施工。

防腐涂料应有良好的附着性、耐蚀性,其底漆应具有良好的封孔性能。钢梁表面处理的最低等级应为 Sa2.5。

涂装应在天气晴朗、4 级(不含)以下风力时进行,夏季应避免阳光直射。涂装时构件表面不应有结露,涂装后 4h 内应采取防护措施。涂装工序如下:清除面层间锈污→刮嵌腻子→打磨→第一道面漆→打磨→第二道面漆→打磨→第三道面漆。

钢桥涂装过程中,涂料、涂装层数和涂层厚度应符合设计要求;涂层干漆膜总厚度应符合设计要求。当规定层数达不到最小干漆膜总厚度时,应增加涂层层数。

二、拱桥施工

(一)拱桥有支架施工

1. 拱架施工

砌筑石拱桥或混凝土预制块拱桥,以及现浇混凝土或钢筋混凝土拱桥时,需要搭设拱架,以承受全部或部分主拱圈和拱上建筑的质量,保证拱圈的形状符合设计要求。

(1)拱架拼装。拱架可就地拼装或根据起吊设备能力,预拼成组件后再进行安装。拱架拼装过程中必须注意各节点,各杆件的受力平衡,并做好拱顶拆拱设备,以使拱装拆自如。

(2)拱架安装。

1)工字钢拱架安装。工字钢拱架的架设应分片进行。架设每片拱片时,应同时将左、右半片拱片吊至一定高度,并将拱片脚纳入墩台缺口或预埋的工字钢支点上与拱座铰连接,然后安装拱顶卸拱设备进行合龙。对于横梁、弧形木及支承木的安装应先安弧形木再安支承、横梁及模板。弧形木上应通过操平以检查标高准确,当误差过大时,可在弧形木上加铺垫木或刻槽。横梁应严格按设计安放。

2)钢桁架拱架安装。钢桁架拱架的安装方法较多,主要包括悬臂拼装法、浮运安装法、半拱旋转法、竖立安装法等。

①悬臂拼装法。悬臂拼装法适用于拼装式钢桁架拱架安装,拼装时从拱脚起逐节进行,拼装好的节段,用滑车组系吊在墩台塔架上。

特别提示

悬臂拼装法安装拱架

对于百米以下拱桥,采用悬臂拼装法安装拱架时,应先拼上弦杆安好钢销,然后用滑车将下弦拉拢对好。用墩台锚系拉索时,应对墩台作倾覆稳定验算和抗剪抗拉的验算。

对于百米以上拱桥,采用悬臂拼装法安装拱架时,拼装前拱架必须先拼框架形式组成拼装单元,其长度可包括2~3节拱架。拼装时由拱脚至拱顶,两岸对称进行,先拼中间一半拱,封拱卸吊后再拼上下游余下的一半拱。拱架用门式索搭接装。

②浮运安装法。拱架拼装后,即可进行安装,为便于拱架进孔与就位,拱架拼装时的矢高,应稍大于设计矢高(即预留沉降值)。在拱架进孔后,用挂在墩台上的大滑车和放置在支架上的千斤顶来调整矢

高,并用水压舱,以降低拱架,使拱架就位。安装时,拱顶铰须临时捆紧,拱脚铰和铰座位置须稍作调整,以使铰座密合。

③半拱旋转法。采用半拱旋转法进行钢桁架拱架安装的方法与工字形钢拱架安装相似,其不同之处在于钢桁架安装时,起吊前拱脚先安在支座上,然后用拉索使半拱架向上旋转合龙。

④竖立安装法。钢桁架拱架竖立安装是在桥跨内两端拱脚上,垂直地拼成两半孔骨架,再以绕拱脚铰旋转的方法放至设计位置进行合龙。

(3)拱架卸落与拆除。由于拱上建筑、拱背材料、连拱等因素对拱圈受力的影响,应选择在拱体产生最小应力时来卸架,一般在砌筑完成后20~30d,待砌筑砂浆强度达到设计强度的70%以后才能卸落拱架。

实腹式拱架的卸落应在护拱、侧墙完成后进行,而空腹式拱架的卸落应在拱上小拱横墙完成后,小拱圈砌筑前进行。如必须提前卸架时,应适当提高砂浆(或混凝土)强度或采取其他措施。

拱架卸落时,应设专人用仪器观测拱圈挠度和墩台变化情况,并详细记录。另设专人观察是否有裂缝现象。对于裸拱卸架,应对裸拱进行截面强度及稳定性验算,并采取必要的稳定措施。对于较大拱桥的拱架卸落,一般在设计文件中有明确规定,应按设计规定进行。

拱架卸落的过程实质上是由拱架支承的拱圈的重力逐渐移给拱圈自身来承担的过程,为了使拱圈受力有利,而应采取一定的卸架程序和方法。

2. 拱圈施工

(1)石料及混凝土预制块砌筑拱圈。石料及混凝土预制块砌筑拱圈施工时,对于跨径小于10m的拱圈,当采用满布式拱架砌筑时,可从两端拱脚起顺序向拱顶方向对称、均衡地砌筑,最后在拱顶合龙。当采用拱式拱架砌筑时,宜分段、对称先砌拱脚和拱顶段;跨径10~25m的拱圈,必须分多段砌筑,先对称地砌拱脚和拱顶段,再砌1/4跨径段,最后砌封顶段;跨径大于25m的拱圈,砌筑程序应符合设计要求。宜采用分段砌筑或分环分段相结合的方法砌筑。必要时可采用预压载,边砌边卸载的方法砌筑。分环砌筑时,应待下环封拱砂浆强度达到设计强度的70%以上后,再砌筑上环。

石料及混凝土预制块砌筑拱圈施工时,应在拱脚和各分段点设置空缝。空缝的宽度在拱圈外露面应与砌缝一致,空缝内腔可加宽至30~40mm。空缝的填塞应由拱脚逐次向拱顶对称进行,也可同时填塞。空缝填塞应在砌筑砂浆强度达到设计强度的70%后进行,应采用M20以上半干硬水泥砂浆分层填塞。

(2)拱架上浇筑混凝土拱圈(拱肋)。

在拱架上浇筑混凝土拱圈(拱肋)时,根据拱圈(拱肋)跨径不同应采取不同的浇筑方法。

> 拱式拱架分段浇筑时,分段位置宜设置在拱架受力反弯点、拱架节点、拱顶及拱脚处;满布式拱架分段浇筑时,分段位置宜设置在拱顶、1/4跨径、拱脚及拱架节点等处。

跨径小于16m的拱圈或拱肋混凝土,应按拱圈全宽从拱脚向拱顶对称、连续浇筑,并在混凝土初凝前完成。当预计不能在限定时间内完成时,则应在拱脚预留一个隔缝并最后浇筑隔缝混凝土。

跨径大于或等于16m的拱圈或拱肋,可分段浇筑,也可纵向分隔浇筑。

(3)劲性骨架混凝土拱圈(拱肋)。劲性骨架混凝土拱圈(拱肋)浇筑前应进行加载程序设计,计算出各施工阶段钢骨架以及钢骨架与混凝土组合结构的变形、应力,并在施工过程中进行监控。

分环多工作面浇筑劲性骨架混凝土拱圈(拱肋)时,各工作面的浇筑顺序和速度应对称、均衡,对应工作面应保持一致,两个对称的工作段必须同步浇筑,且两段浇筑顺序应对称。

当采用水箱压载分环浇筑劲性骨架混凝土(拱肋)时,应严格控制拱圈(拱肋)的竖向和横向变形,防止骨架局部失稳。

当采用斜拉扣索法连续浇筑劲性骨架混凝土拱圈(拱肋)时,应设计扣索的张拉与放松程序,施工中应监控拱圈截面应力和变形,混凝土应从拱脚向拱顶对称连续浇筑。

3. 钢管混凝土拱施工

(1)钢管拱肋安装。首先钢管拱肋成拱过程中,应同时安装横向连系,未安装横向连系的不得多于一个节段,否则应采取临时横向稳定措施。各节段间环焊缝的施焊应对称进行,并应采用定位板控制焊缝间隙,同时,应注意环焊缝施焊不得采用堆焊。

> **特别提示**
>
> **钢管拱肋安装规定**
>
> 钢管拱肋安装过程中,合龙口的焊接或栓接作业应选择在环境温度相对稳定的时段内快速完成。
>
> 当采用斜拉扣索悬拼法进行钢管拱肋安装时,扣索采用钢纹线或高强钢丝束时,安全系数应大于2。

(2)钢管混凝土浇筑。管内混凝土宜采用泵送顶升压注施工,由两拱脚至拱顶对称均衡地连续压注完成。

大跨径拱肋钢管混凝土应根据设计加载程序,宜分环、分段并隔仓由拱脚向拱顶对称均衡压注。钢管混凝土压注前应清洗管内污物,润湿管壁,先泵入适量水泥浆再压注混凝土,直至钢管顶端排气孔排出合格的混凝土时停止。压注过程中拱肋变位不得超过设计规定。压注混凝土完成后应关闭倒流截止阀。

4. 中、下承式拱桥及施工

中、下承式拱桥一般是按拱肋、桥面系、吊杆施工顺序来进行施工的。

钢筋混凝土拱肋及钢管混凝土拱肋施工应符合混凝土拱圈(拱肋)施工及钢筋混凝土拱肋施工的相关要求。

桥面系可采用预制安装的方法进行施工,这样可以加快施工进度。

吊杆分为刚性吊杆和柔性吊杆,刚性吊杆是在钢丝束或钢绞线束外包混凝土,柔性吊杆采用钢丝束或钢绞线束,并采用PE热挤防护套进行防护,一般是在工厂制作后成捆运至工地安装。

5. 系杆拱桥施工

系杆拱桥的系杆可分为刚性系杆和柔性系杆两种。对于刚性系杆拱桥可采取先浇筑或安装系杆,然后在系杆上安装拱架,浇筑拱肋混凝土,最后安装吊杆的程序施工;对于柔性系杆拱桥可采取先安装拱架,然后浇筑拱肋混凝土,卸落拱架,安装吊杆、横梁,最后施工桥面系的程序施工。

(二)拱桥无支架施工

1. 塔架法

塔架法进行拱桥施工是以临时设立桥台上的塔架立柱,将拱圈(拱肋)浇筑一段系吊一段的浇筑施工方法。施工时应按拱的跨径、矢跨比、桥宽等来确定塔架的高度和受力大小。斜吊杆可使用预应力钢筋或吊带,其数量视所系吊杆拱段长度和位置而定,要很好地进行工艺设计与计算。灌注拱圈混凝土施工一般用设在已浇筑完拱段上的悬臂吊篮,进行逐段浇筑。亦可用吊架浇筑,吊架后端固定在已完成拱段上,前端系吊在塔架上。由拱脚两个半拱对称地施工,最后在拱顶合拢,如图6-38所示。

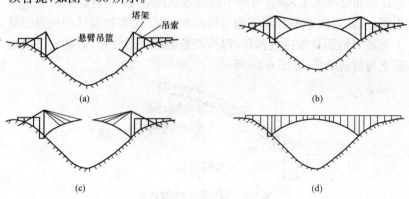

图6-38 塔架法浇筑拱桥混凝土

2. 悬臂浇筑法

悬臂浇筑法进行拱桥施工是为将拱圈、拱上立柱和预应力混凝土桥面板等齐头并进施工,而一边浇筑一边同时构成拱架的悬臂浇筑方法。施工时,用预应力钢筋临时作为桁架的斜拉杆和桥面板的明索,将桁架锚固在后面桥台上,如图6-39所示。

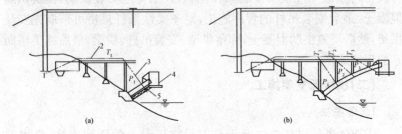

图6-39 悬臂浇筑施工程序

1—桥台;2—桥面板明索;3—斜拉杆;4—悬臂吊篮;5—支架

3. 钢筋骨架法

钢筋骨架法进行拱桥施工应先将拱圈的全部钢筋骨架按设计形状和尺寸制成并安装在拱圈相应位置,然后用系吊在它上面的吊篮逐段浇筑混凝土。由两侧拱脚开始,对称地逐段浇筑。最后在拱顶合龙。钢筋骨架施工,钢筋骨架不但满足拱圈需要,而且起到临时拱架作用,因此要求钢筋骨架有相应的刚度,施工时要把设计的拱圈混凝土质量对钢筋骨架进行预压,以防浇筑混凝土后变形,破坏已浇筑混凝土与钢筋结合,如图6-40所示。

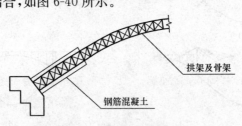

图6-40 钢筋骨架法浇筑拱圈

(三)拱桥转体施工

拱桥转体施工是将拱圈或整个上部结构分为两个半跨,分别在河流两岸利用地形或简单支架现浇或预制装配半拱,然后利用一些机具设备和动力装置将其两半跨拱体转动至桥轴线位置(或设计标高)合龙成拱。

拱桥转体施工可采用平面转体、竖向转体或平竖结合转体。

1. 平面转体施工

平面转体适用于钢筋混凝土拱桥和钢管混凝土拱桥施工,可分为有平衡重转体和无平衡重转体。

(1)有平衡重转体施工。有平衡重转体一般以桥台背墙作为平衡重,并作为桥体上部结构转体用于拉杆的锚碇反力墙,用以稳定地转动体系和调整重心位置。为此,平衡重部分不仅在桥体转动时作为平衡重量,而且也要承受桥梁转体质量的锚固力。有平衡重转体施工应符合下列规定:

1)转体平衡重可利用桥台或另设临时配重。

2)箱形拱、肋拱宜采用外锚扣体系;桁架拱、刚架拱宜采用内锚扣(上弦预应力钢筋)体系。

3)当采用外锚扣体系时,扣索宜采用精轧螺纹钢筋、带镦头锚的高强钢丝、预应力钢绞线等高强材料,安全系数不得低于2。扣点应设在拱顶点附近。扣索锚点高程不得低于扣点。

4)当采用内锚扣体系时,扣索可利用结构钢筋或在其杆件内另穿入高强钢筋。完成桥体转体合龙,当浇筑接头混凝土达到设计强度时,应解除扣索张力。利用结构钢筋做锚索时应验算其强度。

5)张拉扣索时的桥体混凝土强度应达到设计要求,当设计无要求时,不应低于设计强度的80%,扣索应分批、分级张拉。扣索张拉至设计荷载后,应调整张拉力使桥体合龙高程符合要求。

6)转体合龙应符合下列要求:

①应控制桥体高程和轴线,合龙接口相对偏差不得大于10mm。

②合龙应选择当日最低温度进行。当合龙温度与设计要求偏差3℃或影响高程差±10mm时,应修正合龙高程。

③合龙时,宜先采用钢楔临时固定,再施焊接头钢筋,浇筑接头混凝土,封固转盘。在混凝土达到设计强度的80%后,再分批、分级松扣、拆除扣、锚索。

7)转体牵引力应按下式计算:

$$T=\frac{2fGR}{3D}$$

式中 T——牵引力(kN);

G——转体总重力(kN);

R——铰柱半径(m);

D——牵引力偶臂;

f——摩擦系数,无试验数据时,可取静摩擦系数为 $0.1\sim0.12$,动摩擦系数为 $0.06\sim0.09$。

8)牵引转动时应控制速度,角速度宜为 $0.01\sim0.02$rad/min;桥体悬臂端线速度宜为 $1.5\sim2.0$m/min。

(2)无平衡重转体施工。无平衡重转体施工需要有一个强大牢固的锚碇,因此,宜在山区地质条件好或跨越深谷急流处建造大跨桥梁时选用。无平衡重平转施工应符合下列规定:

1)应利用锚固体系代替平衡重。锚碇可设于引道或边坡岩层中。桥轴向可利用引桥的梁作为支承,或采用预制、现浇的钢筋混凝土构件作支承。非桥轴向(斜向)的支承应采用预制或现浇的钢筋混凝土的构件。

2)转动体系的下转轴宜设置在桩基上。扣索宜采用精轧螺纹钢筋,靠近锚块处宜接以柔性工作索。设于拱脚处的上转轴的轴心应按设计要求与下转轴的轴心设置偏心距。

3)尾索引拉宜在立柱顶部的锚梁(锚块)内进行,操作程序同于后张预应力施工。尾索张拉荷载达到设计要求后,应观测 $1\sim3$d,如发现索间内力相差过大时,应再进行一次尾索张拉,以求均衡达到设计内力。

4)扣索张拉前应在支承以及拱轴线上(拱顶、3/8、1/5、1/8 跨径处)设立平面位置和高程观测点,在张拉前和张拉过程中应随时观测。每索应分级张拉至设计张拉力。

5)拱体旋转到距设计位置约 5°时,应放慢转速,距设计位置差 1°时,可停止外力牵引转动,借助惯性就位。

6)当拱体采用双拱肋平转安装时,上下游拱体宜同步对称向桥轴线旋转。

7)当拱体采用两岸各预制半跨,平转安装就位,拱顶高程超差时,宜采用千斤顶张拉、松懈扣索的方法调整拱顶高差。

8)当台座和拱顶合龙口混凝土达到设计强度的80%后,方可对称、均衡地卸除扣索。

9)尾索张拉、扣索张拉、拱体平转、合龙卸扣等工序,必须进行施工观测。

2. 竖向转体施工

竖向转体施工就是在桥台处先竖向预制半拱或在桥台前俯卧预制半拱,然后在桥位平面内绕拱脚将其转动合龙成拱。竖向转体施工时,应符合下列规定:

(1)竖转法施工适用于混凝土肋拱、钢筋混凝土拱。

(2)应根据提升能力确定转动单元,宜以横向连接为整体的双肋为一个转动单元。

(3)转动速度宜控制在 0.005～0.01rad/min。

(4)合龙混凝土和转动铰封填混凝土达到设计强度后,方可拆除提升体系。

3. 平竖结合转体施工

拱桥采用转体施工时,由于受到河岸地形条件的限制,可能遇到既不能在设计标高处预制半拱,也不可能在桥位竖直平面内预制半拱的情况。在这种情况下,拱体只能在适当位置预制后既需平转,又需竖转才能就位,即平竖法结合转体施工。这种平竖结合转体基本方法与前述相似,但其转轴构造较为复杂一般不选用,另有当地形、施工条件适合时,混凝土肋拱、刚架拱、钢管混凝土的施工可选用此法。

(四)拱上结构施工

拱桥的拱上结构,应按照设计规定程序施工。如设计无规定,可由拱脚至拱顶均衡、对称加载,使施工过程中的拱轴线与设计拱轴线尽量吻合。

1. 泄水管

拱桥除在桥面和台后设排水设施外,对于渗入到拱腹内的水应通过防水层汇集于预埋在拱腹内的泄水管排出。

泄水管可采用管径为 6～10cm 的铸铁管、混凝土管或陶管,严寒地区可适当增大管径,但不应大于15cm。泄水管进口处周围防水层应做成集水坡,并以大块碎石做成倒滤层,以防堵塞。泄水管外露长不应小于10cm,防流水污染结构物。泄水管不宜过长,且不能用弯管做泄水管。

2. 防水层

(1)沥青麻布防水层。沥青麻布防水层主要用于冰冻地区的砖石拱桥。其做法常用三油二布,即三层沥青二层麻布。

防水层铺设前,应用水泥砂浆抹平拱背,待水泥砂浆凝固后再涂一至两层沥青漆。铺设时,沥青应保持适宜温度,使能涂均匀。麻布应由低向高循环敷设,搭接不应小于10cm。

当防水层经过拱圈及拱上结构的伸缩缝或变形缝时,应做成U字形,如图6-41所示。

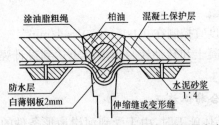

图6-41　防水层通过伸缩缝或变形缝时的设置方法

当防水层处于泄水管处时,应紧贴泄水管漏斗之下敷设,以防止向防水层底漏水。

(2)石灰三合土防水层。石灰三合土防水层主要用在非冰冻地区,其厚度可在10cm左右。铺设前将拱背按排水方向做成一定的坡度,并砌抹平整。为确保防水效果,最好涂抹一层沥青。

> 防水层铺设时,气温不应小于15℃,否则应对构造物加温后才能敷设。为避免防水层破损,应在其上铺一层保护层。

(3)胶泥防水层。胶泥防水层主要用在非冰冻地区的较小跨径拱桥,铺设时应严格控制含水量,以防干裂。

3. 伸缩缝及变形缝

伸缩缝的宽度,一般为2~3cm,缝内填料可用锯末加沥青配合制成。预制板锯末与沥青的比例一般为1：1,施工时将预制板嵌入。上缘一般做成能活动而不透水覆盖层。伸缩缝内的填充料,亦可采用沥青砂或其他适当材料。

4. 拱背填充

拱背填充应采用透水性强和休止角较大的材料(包括砂砾、片石、碎石夹石混合料以及矿渣等)。填充时应按拱上建筑的顺序和时间,要对称而均匀地分层填充并碾压密实。

三、斜拉桥施工

(一)索塔施工

1. 钢主塔施工

钢主塔施工,应充分考虑垂直运输、吊装高度、起吊吨位等施工方法。钢主塔应在工厂分段立体试拼装合格后出厂。主塔在现场安装,常常采用现场焊接接头、高强度螺栓连接、焊接和螺栓混合连接的方式。经过工厂加工制造和立体试拼装的钢塔在正式安装时,应进行测量控制,并及时用填板或对螺栓孔进行扩孔来调整轴线和方位,防止加工误差、受力误差、安装误差、温度误差、测量误差的积累。

钢主塔可用耐候钢材或喷锌层进行防锈。但绝大部分钢塔都采用油漆涂料,一般可保持的使用年限为10年。油漆涂料常采用二层底漆、二层面漆,其中三层由加工厂涂装,最后一道面漆由施工安装单位最终完成。

2. 混凝土主塔施工

(1)模板。浇筑索塔混凝土的模板按结构形式不同可采用提升模板和滑升模板。提升模板按其吊点的不同,可分为依靠外部吊点的单节整体模板逐段提升、多节模板交替提升以及本身带爬升模板。滑升模数只适用于等截面的垂直塔柱。

(2)混凝土塔柱施工。混凝土塔柱一般可采用支架法、滑模法、爬模法施工。在塔柱内,在塔壁中间常常设有劲性骨架,劲性骨架在工厂加工,现场分段超前拼接,精确定位。劲性骨架安装定位后,可供测量放样、立模、扎筋拉索钢套管定位用，也可供施工受力用。

> **特别提示**
>
> **塔柱施工处理**
>
> 当塔柱为倾斜的内倾或外倾布置时，应考虑每隔一定的高度设置受压支架(塔柱内倾)或受拉拉条(塔柱外倾)来保证斜塔柱的受力、变形和稳定性。塔柱的混凝土浇筑可采用提升法输送混凝土，有条件时应考虑商品泵送混凝土工艺。

(3)混凝土横梁施工。在高空中进行大跨度、大断面现浇高强度等级预应力混凝土横梁的难度很大。施工时要考虑到模板支承系统和防止支承系统的连接间隙变形、弹性变形、支承不均匀沉降变形，混凝土梁、柱与钢支承不同的线膨胀系数影响，日照温差对混凝土钢的不同时间差效应等产生的不均匀变形的影响，以及相应的变形调节措施。每次浇筑混凝土的供应量应保证在混凝土初凝前完成浇筑。并且采取有效措施，防止在早期养护期间及每次浇筑过程中由于支架的变形影响而造成混凝土梁开裂。

(4)主塔混凝土施工。常采用现场搅拌、吊斗提送的方法。对于高度较高的主塔，施工时，应采用商品泵送大流动度混凝土。为了改善混凝土可泵性能并达到较高的弹性模量和较小的混凝土收缩、徐变性能，应采用高密度骨料、低水灰比、低水泥用量、适量掺加粉煤灰和泵送外加剂，以便满足缓凝、早强、高强的混凝土泵送要求。

泵送混凝土施工工艺在满足设计提出的混凝土基本性能要求的前提下，根据主塔施工的不同季节、不同的缓凝时间、不同的高度泵送混凝土的要求来确定。一般应考虑混凝土泵送设施的布置，即根据不同的部位、泵送高度、每段浇筑时间、每段浇筑混凝土工程量，考虑混凝土泵送设施来综合布置。

(二)主梁施工

斜拉桥主梁的施工常采用支架法、顶推法、转体法、悬臂施工法等方法进行。在实际施工中，混凝土斜拉桥多采用悬臂浇筑法，而结合梁斜拉桥和钢斜拉桥多采用悬臂拼装法。

1. 钢主梁施工

钢主梁施工应根据梁体类型、地理环境条件、交通运输条件、结构特点等综合因素选择适宜的施工方案与施工设备。钢主梁施工应符合下列规定：

(1) 主梁为钢箱梁时现场宜采用栓焊结合、全栓接方式连接。采用全焊接方式连接时，应采取防止温度变形措施。

(2) 当结合梁采用整体梁段预制安装时，混凝土桥面板之间应采用湿接头连接，湿接头应现浇补偿收缩混凝土；当结合梁采用先安装钢梁，现浇混凝土桥面板时，也可采用补偿收缩混凝土。

(3) 合龙前应不间断地观测数日的昼夜环境温度场变化、梁体温度场变化与合龙高程及合龙口长度变化的关系，确定合龙段的精确长度与适宜的合龙时间及实施程序，并应满足钢梁安装就位时高强螺栓定位、拧紧以及合龙后拆除墩顶段的临时固结装置所需的时间。

(4) 实地丈量计算合龙段长度时，应预估斜拉索的水平分力对钢梁压缩量的影响。

2. 混凝土主梁施工

支架法现浇施工应消除温差、支架变形等因素对结构变形与施工质量产生的不良影响。支架搭设完成后应进行检验，必要时可进行静载试验。

(1) 采用挂篮悬浇法或悬拼法施工之前，挂篮或悬拼设备应进行检验和试拼，确认合格后方可在现场整体组装；组装完成经检验合格后，必须根据设计荷载及技术要求进行预压，检验其刚度、稳定性、高程及其他技术性能，并消除非弹性变形。

(2) 现浇混凝土主梁合龙段相毗邻的梁端部应预埋临时连接钢构件。合龙段现浇混凝土施工应符合下列要求：

1) 合龙段两端的梁段安装定位后，应及时将连接钢构件焊连一体，再进行混凝土合龙施工，并按设计要求适时解除临时连接。

知识链接

悬拼法施工主梁要点

(1)应根据设计索距、吊装设备的能力等因素确定预制梁段的长度。

(2)梁段预制宜采用长线台座、齿合密贴浇筑工艺。

(3)梁段拼接宜采用环氧树脂拼接缝,拼前应清除拼接面的污垢、油渍与混凝土残渣,并保持干燥。严禁修补梁段的拼接面。

(4)接缝材料的强度应大于混凝土结构设计强度,拼接时应避免粘结材料受挤压而进入预应力预留孔道。

(5)梁段拼接后应及时进行梁体预应力与挂索张拉。

2)合龙前应不间断地观测数日的昼夜环境温度场变化与合龙高程及合龙口长度变化的关系,同时,应考虑风力对合龙精度的影响,综合诸因素确定适宜的合龙时间。

3)合龙段现浇混凝土宜选择补偿收缩且早强混凝土。

4)合龙前应按设计要求将合龙段两端的梁体分别向桥墩方向顶出一定距离。

(三)斜拉索施工

1. 放索

斜拉索通常采用类似电缆盘的钢结构盘将其运输到施工现场,对于短索,可采用自身成盘,捆扎后运输。放索可采用立式转盘放索和水平转盘放索两种方法。

2. 索在桥面上移动

在放索和安索过程中,要对斜拉索进行拖移,由于自身的弯曲,或者与桥面直接接触,在移动拉索的过程中可能使其防护层或索股发生损坏,为了避免这些情况的发生,可采取如下措施:如果索盘是由驳船运来,放索时也可以将索盘吊运到桥面上进行,或直接在船上进行,采用滚筒法、移动平车法、导索法、垫层法等。

3. 斜拉索的塔部安装

斜拉索安装前,应根据对索自重所需的拖拉力的计算,选择合适的卷扬机、吊机和滑轮组配置方法。安装张拉端时先要计算安装索力，由理论计算可知，当矢跨比小于 0.15 时，可采用抛物线代替悬链线来计算曲线长度。计算出各施工阶段的索力后，即可选择适当的牵引设备和安装方法，进行斜拉索的塔部安装。根据张拉端设置的位置确定安装顺序，如果张拉端设置于塔部，则先于梁部安装；如果张拉端设置于梁部，则先于塔部安装。

4. 斜拉索的梁部安装

斜拉索的梁部安装方法有吊点法和拉杆接长法两种，如图 6-42 和图 6-43 所示。

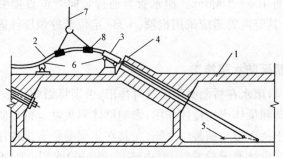

图 6-42　吊点法斜拉索的梁部安装示意图
1—主梁梁体；2—待安装拉索；3—拉索锚头；
4—牵索滑轮；5—卷扬机牵；6—滚轮；7—索夹

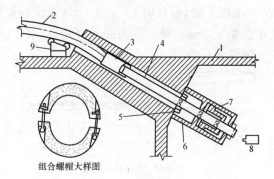

图 6-43　拉杆接长法斜拉索的梁部安装示意图
1—主梁梁体；2—拉索；3—拉索锚头；4—长拉杆；
5—组合螺母；6—撑脚；7—千斤顶；8—短拉杆；9—滚轮

第六节 桥面系及附属工程施工

一、桥面系施工

(一)排水设施施工

桥面排水设施主要包括汇水槽、泄水口及泄水管。汇水槽、泄水口顶面高程应低于桥面铺装层 10~15mm。泄水管下端至少应伸出构筑物底面 100~150mm。泄水管宜通过竖向管道直接引至地面或雨水管线,其竖向管道应采用抱箍、卡环、定位卡等预埋件固定在结构物上。

(二)桥面防水层施工

下雨时,雨水在桥面必须能及时排出,否则将影响行车安全,也会对桥面铺装和梁体产生侵蚀作用,影响梁体耐久性。桥面防水层设在钢筋混凝土桥面板与铺装层之间,尤其在主梁受负弯矩作用处。桥面防水层应按设计要求设置,主要由垫层、防(隔)水层与保护层三部分组成。其中垫层多做成三角形,以形成桥面横向排水坡度,如图 6-44 所示。垫层不宜过厚或过薄,当厚度超过 5cm 时,宜用小石子混凝土铺筑,厚度在 5cm 以下时,可只用 1:3 或 1:4 水泥砂浆抹平。水泥砂浆的厚度不宜小于 2cm。垫层的表面不宜光滑。有的梁桥防水层可以利用桥面铺装来充当。

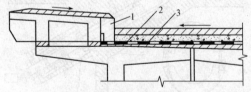

图 6-44 防水层示意图
1—缘石;2—现浇混凝土;3—防水层

桥面应采用柔性防水,不宜单独铺设刚性防水层。桥面防水层使

第六章 市政桥梁工程施工技术

用的涂料、卷材、胶粘剂及辅助材料必须符合环保要求。桥面防水层的铺设应在现浇桥面结构混凝土或垫层混凝土达到设计要求强度,经验收合格后进行。桥面防水层应直接铺设在混凝土表面上,不得在二者间加铺砂浆找平层。

(三)桥面铺装层施工

桥面防水层经验收合格后,即可进行桥面铺装层的施工,但在雨天或雨后桥面未干燥时,不能进行桥面铺装层的施工。铺装层应在纵向100cm、横向40cm范围内,逐渐降坡,与汇水槽、泄水口平顺相接。

> 桥面防水层分为涂膜防水层和卷材防水层两种,防水涂膜和防水卷材均应具有高延伸率、高抗拉强度、良好的弹塑性、耐高温和低温与抗老化性能。防水卷材及防水涂料应符合国家现行标准和设计要求。

1. 沥青混合料桥面铺装层施工

在水泥混凝土桥面上铺筑沥青铺装层前,应在桥面防水层上撒布一层沥青石屑保护层,或在防水粘结层上撒布一层石屑保护层,并用轻碾慢压。沥青铺装宜采用双层式,底层宜采用高温稳定性较好的中粒式密级配热拌沥青混合料,表层应采用防滑面层。铺装后宜采用轮胎或钢筒式压路机进行碾压。

特别提示

钢桥面沥青铺装要求

在钢桥面上铺筑沥青铺装层宜无雨、少雾季节、干燥状态下且气温不得低于15℃。施工前应涂刷防水粘结层。涂防水粘结层前应磨平焊缝、除锈、除污,涂防锈层。桥面铺装宜采用改性沥青,其压实设备和工艺应通过试验确定。采用浇筑式沥青混凝土铺筑桥面时,可不设防水粘结层。

2. 水泥混凝土桥面铺装层施工

(1)铺装层的厚度、配筋、混凝土强度等应符合设计要求。结构厚度误差不得超过-20mm。

(2)铺装层的基面(裸梁或防水层保护层)应粗糙、干净,并于铺装前湿润。

(3)桥面钢筋网应位置准确、连续。

(4)铺装层表面应做防滑处理。

(5)水泥混凝土施工工艺及钢纤维混凝土铺装的技术要求应符合现行国家标准《城镇道路工程施工与质量验收规范》(CJJ 1)的相关规定。

3. 人行天桥塑胶混合料面层施工

(1)人行天桥塑胶混合料的品种、规格、性能应符合设计要求和国家现行标准的规定。

(2)施工时的环境温度和相对湿度应符合材料产品说明书的要求,风力超过5级(含)、雨天和雨后桥面未干燥时,严禁铺装施工。

(3)塑胶混合料均应计量准确,严格控制拌合时间。拌和均匀的胶液应及时运到现场铺装。

(4)塑胶混合料必须采用机械搅拌,应严格控制材料的加热温度和洒布温度。

(5)人行天桥塑胶铺装宜在桥面全宽度内、两条伸缩缝之间,一次连续完成。

(6)塑胶混合料面层终凝之前严禁行人通行。

(四)桥梁伸缩装置施工

(1)伸缩装置安装前应检查修正梁端预留缝的间隙,缝宽应符合设计要求,上下必须贯通,不得堵塞。伸缩装置安装前应对照设计要求、产品说明,对成品进行验收,合格后方可使用。安装伸缩装置时应按安装时气温确定安装定位值,保证设计伸缩量。

(1)填充式伸缩装置安装。填充式伸缩装置安装应符合下列规定:

1)预留槽宜为50cm宽、5cm深,安装前预留槽基面和侧面应进行清洗和烘干。

2)梁端伸缩缝处应粘固止水密封条。

3)填料填充前应在预留槽基面上涂刷底胶,热拌混合料应分层摊铺在槽内并捣实。

4）填料顶面应略高于桥面，并撒布一层黑色碎石，用压路机碾压成型。

（2）齿形钢板伸缩装置安装。齿形钢板伸缩装置安装应符合下列规定：

1）底层支承角钢应与梁端锚固筋焊接。

2）支承角钢与底层钢板焊接时，应采取防止钢板局部变形措施。

3）齿形钢板宜采用整块钢板仿形切割成型，经加工后对号入座。

4）安装顶部齿形钢板，应按安装时气温经计算确定定位值。齿形钢板与底层钢板端部焊缝应采用间隔跳焊，中部塞孔焊应间隔分层满焊。焊接后齿形钢板与底层钢板应密贴。

5）齿形钢板伸缩装置宜在梁端伸缩缝处采用 U 形铝板或橡胶板止水带防水。

（3）橡胶伸缩装置安装。橡胶伸缩装置安装应符合下列规定：

1）安装橡胶伸缩装置应尽量避免预压工艺。橡胶伸缩装置在 5℃ 以下气温不宜安装。

2）安装前应对伸缩装置预留槽进行修整，使其尺寸、高程符合设计要求。

3）锚固螺栓位置应准确，焊接必须牢固。

4）伸缩装置安装合格后应及时浇筑两侧过渡段混凝土，并与桥面铺装接顺。每侧混凝土宽度不宜小于 0.5m。

（4）模数式伸缩装置安装。模数式伸缩装置安装应符合下列规定：

1）模数式伸缩装置在工厂组装成型后运至工地，应按现行国家标准《公路桥梁伸缩装置》(JT/T 327) 对成品进行验收，合格后方可安装。

2）伸缩装置安装时其间隙量定位值应由厂家根据施工时气温在工厂完成，用定位卡固定。如需在现场调整间隙量应在厂家专业人员指导下进行，调整定位并固定后应及时安装。

3）伸缩装置应使用专用车辆运输，按厂家标明的吊点进行吊装，防止变形。现场堆放场地应平整，并避免雨淋暴晒和防尘。

4)安装前应按设计和产品说明书要求检查锚固筋规格和间距、预留槽尺寸,确认符合设计要求,并清理预留槽。

5)分段安装的长伸缩装置需现场焊接时,宜由厂家专业人员施焊。

6)伸缩装置中心线与梁段间隙中心线应对正重合。伸缩装置顶面各点高程应与桥面横断面高程对应一致。

7)伸缩装置的边梁和支承箱应焊接锚固,并应在作业中采取防止变形措施。

8)过渡段混凝土与伸缩装置相接处应粘固密封条。

9)混凝土达到设计强度后,方可拆除定位卡。

(五)地袱、缘石、挂板施工

桥梁上部结构混凝土浇筑安装支架的卸落后,应进行地袱、缘石、挂板的施工。施工时,地袱、缘石、挂板的外侧线形应平顺,伸缩缝必须全部贯通,并与主梁伸缩缝相对应。预制或石材地袱、缘石、挂板安装应与梁体连接牢固。挂板安装时,直线段宜每20m设一个控制点,曲线段宜每3~5m设一个控制点,并应采用统一模板控制接缝宽度,确保外形流畅、美观。对于尺寸超差和表面质量可缺陷的挂板不得使用。

(六)防护设施施工

桥梁防护设施一般包括栏杆、隔离设施护栏和防护网等。防护设施的施工应在桥梁上部结构混凝土的浇筑支架卸落后进行。其线形应流畅、平顺,伸缩缝必须全部贯通,并与主梁伸缩缝相对应。

防护设施采用混凝土预制构件安装时,砂浆强度应符合设计要求。当设计无规定时,宜采用M20水泥砂浆。

预制混凝土栏杆采用榫槽连接时,安装就位后应用硬塞块固定,灌浆固结。塞块拆除时,灌浆材料强度不得低于设计强度的75%。采用金属栏杆时,焊接必须牢固,毛刺应打磨平整,并及时除锈防腐。

防撞墩必须与桥面混凝土预埋件、预埋筋连接牢固,并应在施作桥面防水层前完成。

护栏、防护网宜在桥面、人行道铺装完成后安装。

(七)人行道施工

人行道结构应在栏杆、地袱完成后施工,且在桥面铺装层施工前完成。

人行道施工应符合现行国家标准《城镇道路工程施工与质量验收规范》(CJJ 1)的相关规定。人行道下铺设其他设施时,应在其他设施验收合格后,方可进行人行道铺装。悬臂式人行道构件必须在主梁横向连接或拱上建筑完成后方可安装。人行道板必须在人行道梁锚固后方可铺设。

二、附属结构施工

1. 隔声和防眩装置安装

基础混凝土达到设计强度后,即可进行桥梁隔声和防眩装置的安装。隔声和防眩装置安装过程中,应加强产品保护,不得对隔声和防眩板面及其防护性造成损伤。

(1)声屏障安装。屏障加工模数应根据桥梁两伸缩之间长度确定,声屏障安装时,必须与钢筋混凝土预埋件牢固连接,声屏障应连续安装,不得留有间隙,在桥梁伸缩缝部位应按设计要求处理。安装时应选择桥梁伸缩缝一侧的端部为控制点,依序安装。5级(含)以上大风时不得进行声屏障安装。

(2)防眩板安装。防眩板安装应与桥梁线形一致,防眩板的荧光标识面应迎向行车方向,板间距、遮光角应符合设计要求。

2. 梯道施工

梯道即梯形道,是城市竖向规划建设的步行系统,人行梯道按其功能和规模可分为三级:一级梯道为交通枢纽地段的梯道和城市景观性梯道;二级梯道为连接小区间步行交通的梯道;三级梯道为连接组闭间步行交通或入户的梯道。梯道平台和阶梯顶面应平整,不得反坡造成积水。

钢结构梯道制造与安装,应符合相关规范规定。梯道每升高 1.2~

1.5m 宜设置休息平台，二、三级梯道连续升高超过 5.0m 时，除应设置休息平台外，还应设置转折平台，且转折平台的宽度不宜小于梯道宽度。

3. 桥头搭板施工

桥头搭板一般包括现浇桥头搭板和预制桥头搭板两种，施工前，均应保证桥梁伸缩缝贯通、不堵塞，且与地梁、桥台锚固牢固。

现浇桥头搭板基底应平整、密实，在砂土上浇筑应铺 3～5cm 厚水泥砂浆垫层。

预制桥头搭板安装时应在与地梁、桥台接触面铺 2～3cm 厚水泥砂浆，搭板应安装稳固不翘曲。预制板纵向留灌浆槽，灌浆应饱满，砂浆达到设计强度后方可铺筑路面。

4. 防冲刷结构施工

桥梁防冲刷结构主要包括锥坡、护坡、护岸、海墁及导流坝等，防冲刷结构的基础埋置深度及地基承载力应符合设计要求。锥坡、护坡、护岸、海墁结构厚度应满足设计要求。

干砌护坡时，护坡土基应夯实达到设计要求的压实度。砌筑时应纵横挂线，按线砌筑。需铺设砂砾垫层时，砂粒料的粒径不宜大于 5cm，含砂量不宜超过 40%。施工中应随填随砌，边口处应用较大石块，砌成整齐坚固的封边。

栽砌卵石护坡应选择长径扇形石料，长度宜为 25～35cm。卵石应垂直于斜坡面，长径立砌，石缝错开。基脚石应浆砌。

栽砌卵石海墁，宜采用横砌方法，卵石应相互咬紧，略向下游倾斜。

5. 照明设施施工

灯柱通常只在城镇设有人行道的桥梁上设置，灯柱的设置位置有两种：一种是设在人行道上；另一种是设在栏杆立柱上。

人行道上的灯柱布设较为简单，只要在人行道下布埋管线，按设计位置预设灯柱基座，在基座上安装灯柱、灯饰，连接好线路即可。这种布设方法大方、美观、灯光效果好，适用于人行道较宽（大于 1m）的情况。但灯柱会减小人行道的宽度，影响行人通过，且要求灯柱布置稍高一些，不能影响行车净孔。

灯柱石栏杆立柱上布设稍麻烦一些，电线在人行道下预埋后，还要在立柱内布设线路通至顶部，因立柱既要承受栏杆上传来的荷载，又要承受灯柱的重量，因此带灯柱的立柱要特殊设计和制作。在立柱顶部还要预设灯柱基座，保证其连接牢固。这种布设方法的优点是灯柱不占人行道空间，桥面开阔，但施工、维修较为困难。这种情况一般只适用于安置单火灯柱，灯柱顶部可向桥面内侧弯曲延伸一部分，以保证照明效果。

▶ 复习思考题 ◀

一、填空题

1. 桥梁由_____、_____、_____、_____四个基本部分组成。

2. 桥墩和桥台底部的奠基部分，称为_____。

3. 施工放样就是将图样上的_____放测到现场实地上。

4. 浅埋扩大基础不能满足安全、稳定与变形要求时，常采用_____。

5. 预制盖梁安装前，应对接头混凝土面凿毛处理，预埋件应_____。

二、判断题

1. 为防止桥墩、承台自重引起的下沉，一般在桥墩、承台高程放样时，放高 1~4cm。（   ）

2. 射水沉桩适用于承受水平推力及上拔的锚固桩或离建筑物较近的桩，也适用于沉斜桩。（   ）

3. 沉井井壁及框架均不宜设置竖向施工缝。（   ）

4. 浆砌石、混凝土砌块拱桥应在砂浆强度达到设计要求强度后卸落拱架，设计未规定时，砂浆强度应达到设计标准值的 60% 以上。（   ）

5. 梁、板安装就位不准时，必须吊起重放，不得用撬杠移动梁、板。（   ）

6. 5级(含)以上大风时不得进行声屏障安装。( )

三、简答题
1. 按桥梁的受力体系划分,桥梁可分为哪几类?
2. 编制桥梁工程施工组织设计的程序是什么?
3. 一般小桥梁基础基坑开挖,采用哪种施工方法?
4. 锤击沉桩施工时,如何防止下沉量过大?
5. 钢筋除锈处理的情况有哪些?
6. 模板、支架和拱架拆除应依照怎样的顺序进行?
7. 盆式橡胶支座可分为哪几种支座?
8. 钢梁架设的主要方法有哪几种?
9. 拱桥无支架施工的方法有哪几种?
10. 桥面防水层按设计要求设置主要由哪几部分组成?

第七章 城市给水排水工程施工技术

第一节 市政排水工程分类及构成

一、城市给水系统分类与组成

(一)城市给水系统的分类

1. 按水源种类划分

按水源种类可将城市给水系统划分为以地下水为水源的给水系统和以地表水为水源的给水系统。

2. 按供水方式划分

按供水方式可将城市给水系统划分为重力给水系统、多水源给水系统、分质给水系统、分压给水系统、循环给水系统和循序给水系统。

3. 按使用目的划分

按使用目的可将城市给水系统划分为生活给水系统、生产给水系统和消防给水系统。

(二)城市给水系统的组成

城市给水系统是维持城市正常运作的必要条件,通常由下列工程设施组成:

1. 取水构筑物

取水构筑物是指用以从地表水源或地下水源取得要求的原水,并输往水厂的工程设施。其可分为地下水取水构筑物和地表水取水构筑物。

(1)地下水取水构筑物。地下水取水构筑物主要有管井、大口井、辐射井和渗渠几种形式。

(2)地表水取水构筑物。地表水取水构筑物有固定式和移动式两种,在修建构筑物时,应根据不同的需求和河流的地质水文条件合理选择取水构筑物的位置和形式,它将直接影响取水的水质、水量和取水的安全、施工、运行等各个方面。

2. 水处理构筑物

水处理构筑物是指用以对原水进行水质处理使水质达到生活饮用或工业生产所需要的水质标准的工程设施,常用的处理方法有沉淀、过滤、消毒等。

处理构筑物主要有过滤池、澄清池、化验室、加药间等原水处理系统设备。水处理构筑物常集中布置在水厂内。

3. 泵站

泵站是指用以将所需水量提升到要求高度的工程设施。按泵站在给水系统中所起的作用,可分为以下几类:

(1)一级泵站。一级泵站直接从水源取水,并将水输送到净水构筑物,或者直接输送到配水管网、水塔、水池等构筑物中。

(2)二级泵站。二级泵站通常设在净水厂内,自清水池中取净化了的水,加压后通过管网向用户供水。

(3)加压泵站。加压泵站用于升高输水管中或管网中的压力,自一段管网或调节水池中吸水压入下一段输水管或管网,以便提高水压来满足用户的需要。

4. 输水管(渠)和管网

(1)输水管(渠)。输水管(渠)是将原水送到水厂或将水厂处理后的清水送到管网的管(渠)。选择线路时,应充分利用地形,优先考虑重力流输水或部分重力流输水。管线走向有条件时最好沿现有道路或规划道路敷设,应尽量避免穿越河谷、重要铁路、沼泽、工程地质不良的地段,以及洪水淹没的地区。

第七章 城市给水排水工程施工技术

(2)管网。管网是将处理后的水送到各个给水区的全部管道。

5. 调节构筑物

调节构筑物是指各种类型的贮水构筑物,如高地水池、水塔和清水池,用以贮存水量以调节用水流量变化的工程设施。

城市供水量通常是按最高日用水量来计算的,但无论是生活用水还是工业用水,其每天的用水量都是不断变化的,完全靠二级泵房的流量来适应这种变化是很困难的,这就需要修建水塔和水池来调节水量,以解决供水和用水量的不平衡。

> **特别提示**
>
> **高地水池设置**
>
> 当城市或工业区内多丘陵,或城镇、工业区靠山,而高地距用水区又较近时,可设置高地水池或对置高地水池。地形条件允许时,还可把小型水厂建在山上,这样清水池可兼作高地水池来蓄水调节城市的供水量和水压。

二、城市排水系统分类与组成

(一)城市排水水源的分类

在人们的日常生活和生产活动中,都要使用水。水在使用过程中受到了污染,成为污水,需进行处理与排除。另外,城市内降水(雨水和冰雪融化水),径流流量较大,应及时排放。城市排水水源分为生活污水、废水、工业废水及雨雪降水。

(二)城市排水系统的组成

1. 城市污水排水系统

城市污水排水系统通常是指以收集和排除生活污水为主的排水系统,主要包括下列几部分:

(1)室内排水系统及设备。室内各种卫生器具(如大便器、污水池、洗脸盆等)和生产车间排水设备起到收集污、废水的作用,它们是整个排水系统的起端。生活污水及工业废水经过敷设在室内的水封管、支管、立管、干管和出户管等室内污水管道系统流入街区(厂区、街坊或庭院)污水管渠系统。

(2)室外污水排水系统。室外污水排水系统主要包括街区污水排水系统和街道污水排水系统。

(3)污水泵站及压力管道。在管道系统中,往往需要把低处的污水向上提升,这就需设置泵站,设在管道系统中途的泵站称中途泵站,设在管道系统终点的泵站称终点泵站。泵站后污水如需用压力输送时,应设置压力管道。

(4)污水处理厂。城市污水处理厂是城市建设的重要组成部分,是城市生产和人民生活不可缺少的公共设施。处理厂的任务是认真贯彻为生产、为人民生活服务的方针。充分发挥现有设备的效能,按设计要求处理好城市污水,减少污染,改善环境。

(5)排出口及事故排出口。排出口是指污水排入水体的出口,是整个城市排水系统终点设备;事故排出口是指在管道系统中途,某些易于发生故障部位,往往设有辅助性出水口(渠),当发生故障,污水不能流通时,排除上游来的污水。如设在污水泵站之前的出水口,当泵站检修时污水可从事故出水口排出。

2. 工业废水排水系统

有些工业废水没有单独形成系统,直接排入了城市污水管道或雨水管道;而有些工厂则单独形成了工业废水排水系统,其主要由车间内部管道系统和设备、厂区管渠系统、厂区污水泵站及压力管道、废水处理站、出水口等几部分组成。

3. 城市雨(雪)水排水系统

城市雨(雪)水排水系统主要分为房屋雨水管道系统、街区雨水管渠系统、街道雨水管渠系统、排洪沟、雨水排水泵站、雨水出水口。当然,雨水排水系统的管渠上,也需设有检查井、消能井、跌水井等附属构筑物。

第二节 市政给水排水管道开槽施工

一、管道安装

(一)管道基础施工

1. 采用原状地基施工

原状地基层部超挖或扰动时应按有关规定进行处理;岩石地基局部超挖时,应将基底碎渣全部清理,回填低强度等级混凝土或粒径10~15mm的砂石回填夯实。原状地基为岩石或坚硬土层时,管道下方应铺设砂垫层,其厚度应符合表7-1的规定。

表7-1 砂垫层厚度

厚度 / 公称直径 管材	垫层厚度/mm		
	$D_0 \leqslant 500$	$500 < D_0 \leqslant 1000$	$D_0 > 1000$
铸铁管及钢管	>100	>150	>200
柔性管道	≥100	≥150	≥200
柔性接口的刚性管道	150~200		

注:D_0 为管外径(mm)。

2. 混凝土基础施工

(1)平基与管座的模板,可一次或两次支设,每次支设高度宜略高于混凝土的浇筑高度。

(2)平基、管座的混凝土设计无要求时,宜采用强度等级不低于C15的低坍落度混凝土。

(3)管座与平基分层浇筑时,应先将平基凿毛冲洗干净,并将平基与管体相接触的腋角部位,用同强度等级的水泥砂浆填满、捣实后,再

> 非永冻土地区,管道不得铺设在冻结的地基上;管道安装过程中,应防止地基冻胀。

浇筑混凝土，使管体与管座混凝土结合严密。

（4）管座与平基采用垫块法一次浇筑时，必须先从一侧灌注混凝土，对侧的混凝土高过管底与灌注侧混凝土高度相同时，两侧再同时浇筑，并保持两侧混凝土高度一致。

（5）管道基础应按设计要求留变形缝，变形缝的位置应与柔性接口相一致。

（6）管道平基与井室基础宜同时浇筑；跌落水井上游接近井基础的一段应砌砖加固，并将平基混凝土浇至井基础边缘。

（7）混凝土浇筑中应防止离析；浇筑后应进行养护，强度低于1.2MPa时不得承受荷载。

3. 砂石基础施工

（1）铺设前应先对槽底进行检查，槽底高程及槽宽须符合设计要求，且不应有积水和软泥。

（2）柔性管道的基础结构设计无要求时，宜铺设厚度不小于100mm的中粗砂垫层；软土地基宜铺垫一层厚度不小于150mm的砂砾或5～40mm粒径碎石，其表面再铺厚度不小于50mm的中、粗砂垫层。

（3）柔性接口的刚性管道的基础结构，设计无要求时一般土质地段可铺设砂垫层，亦可铺设25mm以下粒径碎石，表面再铺20mm厚的砂垫层（中、粗砂），垫层总厚度应符合表7-2的规定。

表7-2　　　　柔性接口刚性管道砂石垫层总厚度

管径 D_0/mm	垫层总厚度/mm
300～800	150
900～1200	200
1350～1500	250

（4）管道有效支承角范围必须用中、粗砂填充插捣密实，与管底紧密接触，不得用其他材料填充。

(二)钢管安装

1. 钢管安装要求

(1)管道对口连接。

1)管节组对焊接时应先修口、清根,管端端面的坡口角度、钝边、间隙,应符合设计要求;不得在对口间隙夹焊帮条或用加热法缩小间隙施焊。

2)对口时应使内壁齐平,错口的允许偏差应为壁厚的20%,且不得大于2mm。

3)不同壁厚的管节对口时,管壁厚度相差不宜大于3mm。不同管径的管节相连时,两管径相差大于小管管径的15%时,可用渐缩管连接。渐缩管的长度不应小于两管径差值的2倍,且不应小于200mm。

(2)对口时纵、环向焊缝的位置。

1)纵向焊缝应放在管道中心垂线上半圆的45°左右处。

2)纵向焊缝应错开,管径小于600mm时,错开的间距不得小于100mm;管径大于或等于600mm时,错开的间距不得小于300mm。

3)有加固环的钢管,加固环的对焊焊缝应与管节纵向焊缝错开,其间距不应小于100mm;加固环距管节的环向焊缝不应小于50mm。

4)环向焊缝距支架净距离不应小于100mm。

5)直管管段两相邻环向焊缝的间距不应小于200mm,并不应小于管节的外径。

(3)管道上开孔。

1)不得在干管的纵向、环向焊缝处开孔。

> 管道任何位置不得有十字形焊缝。

2)管道上任何位置不得开方孔。

3)不得在短节上或管件上开孔。

4)开孔处的加固补强应符合设计要求。

(4)管道焊接。

1)组合钢管固定口焊接及两管段间的闭合焊接,应在无阳光直照和气温较低时施焊;采用柔性接口代替闭合焊接时,应与设计协商确定。

2)钢管对口检查合格后,方可进行接口定位焊接。

3)焊接方式应符合设计和焊接工艺评定的要求,管径大于800mm时,应采用双面焊。

(5)管道连接。

1)直线管段不宜采用长度小于800mm的短节拼接。

2)钢管采用螺纹连接时,管节的切口断面应平整,偏差不得超过一扣;丝扣应光洁,不得有毛刺、乱扣、断扣,缺扣总长不得超过丝扣全长的10%;接口坚固后宜露出2~3扣螺纹。

3)管道采用法兰连接时,应符合下列规定:

①法兰应与管道保持同心,两法兰间应平行。

②螺栓应使用相同规格,且安装方向应一致;螺栓应对称紧固,紧固好的螺栓应露出螺母之外。

③与法兰接口两侧相邻的第一个至第二个刚性接口或焊接接口,待法兰螺栓紧固后方可施工。

④法兰接口埋入土中时,应采取防腐措施。

2. 管道试压

(1)水压试验前应将管道进行加固。干线始末端用千斤顶固定,管道弯头及三通处用水泥支墩或方木支撑固定。

(2)当采用水泥接口时,管道在试压前用清水浸泡24h,以增强接口强度。

(3)管道注满水时,排出管道内的空气,注满后关闭排气阀,进行水压试验。

(4)试验压力为工作压力的1.5倍,但不得小于0.6MPa。

(5)用试压泵缓慢升压,在试验压力下10min内压力降不应大于0.05MPa。然后降至工作压力进行检查,压力应保持不变,检查管道及接口不渗不漏为合格。

3. 管道冲洗、消毒

(1)冲洗水的排放管应接入可靠的排水井或排水沟,并保持通畅和安全。排放管截面不应小于被冲洗管截面的60%。

(2)管道应以不小于1.5m/s流速的水进行冲洗。

(3)管道冲洗应以出口水色和透明度与入口一致为合格。

(4)生活饮用水管道冲洗后用消毒液灌满管道,对管道进行消毒,消毒水在管道内滞留24h后排放。管道消毒后,水质须经水质部门检验合格后方可投入使用。

(三)球墨铸铁管安装

1. 球墨铸铁管安装

(1)管节及管件下沟槽前,应清除承口内部的油污、飞刺、铸砂及凹凸不平的铸瘤;柔性接口铸铁管及管件承口的内工作面、插口的外工作面应修整光滑,不得有沟槽、凸脊缺陷;有裂纹的管节及管件不得使用。

(2)沿直线安装管道时,宜选用管径公差组合最小的管节组对连接,确保接口的环向间隙应均匀。

(3)采用滑入式或机械式柔性接口时,橡胶圈的质量、性能、细部尺寸,应符合国家有关球墨铸铁管及管件标准的规定。

(4)橡胶圈安装经检验合格后,方可进行管道安装。

(5)安装滑入式橡胶圈接口时,推入深度应达到标记环,并复查与其相邻已安好的第一个至第二个接口推入深度。

(6)安装机械式柔性接口时,应使插口与承口法兰压盖的轴线相重合;螺栓安装方向应一致,用扭矩扳手均匀、对称地紧固。

(7)管道沿曲线安装时,接口的允许转角应符合表7-3的规定。

表7-3　　　　沿曲线安装接口的允许转角

管径 D_i/mm	允许转角(°)
75~600	3
700~800	2
≥900	1

管节及管件外观要求

管节及管件的规格、尺寸公差、性能应符合国家有关标准规定和设计要求;进入施工现场时,管节及管件表面不得有裂纹,不得有妨碍使用的凹凸不平的缺陷;采用橡胶圈柔性接口的球墨铸铁管,承口的内工作面和插口的外工作面应光滑、轮廓清晰,不得有影响接口密封性的缺陷。

2. 灌水试验

(1)管道及检查井外观质量已验收合格,管道未回填土且沟槽内无积水;全部预留孔应封堵,不得渗水。

(2)管道两端封堵,预留进出水管和排气管。

(3)按排水检查井分段试验,试验水头应以试验段上游管顶加1m,时间不少于30min,管道无渗漏为合格。

3. 管沟回填

(1)管道经过验收合格后,管沟方可进行回填土。

(2)管沟回填土时,以两侧对称下土,水平方向均匀地摊铺,用木夯捣实。管道两侧直到管顶0.5m以内的回填土必须分层人工夯实,回填土分层厚度200~300mm,同时,防止管道中心线位移及管口受到震动松动;管顶0.5m以上可采用机械分层夯实,回填土分层厚度250~400mm;各部位回填土干密度应符合设计和相关规范规定。

(3)沟槽若有支撑,随同回填土逐步拆除,横撑板的沟槽,先拆支撑后填土,自下而上拆卸支撑;若用支撑板或板桩时,可在回填土过半时再拔出,拔出后立刻灌砂充实;如拆除支撑不安全,可以保留支撑。

(4)沟槽内有积水必须排除后方可回填。

(四)硬聚氯乙烯管、聚乙烯管及其复合管安装

(1)管节及管件的规格、性能应符合国家有关标准的规定和设计要求,进入施工现场时其外观质量应符合下列规定:

1)不得有影响结构安全、使用功能及接口连接的质量缺陷。

2)内、外壁光滑、平整,无气泡、无裂纹、无脱皮和严重的冷斑及明显的痕纹、凹陷。

3)管节不得有异向弯曲,端口应平整。

(2)管道铺设应符合下列规定:

1)采用承插式(或套筒式)接口时,宜人工布管且在沟槽内连接;槽深大于3m或管外径大于400mm的管道,宜用非金属绳索兜住管节下管;严禁将管节翻滚抛入槽中。

2)采用电熔、热熔接口时,宜在沟槽边上将管道分段连接后以弹性铺管法移入沟槽;移入沟槽时,管道表面不得有明显的划痕。

(3)管道连接应符合下列规定:

1)承插式柔性连接、套筒(带或套)连接、法兰连接、卡箍连接等方法采用的密封件、套筒件、法兰、紧固件等配套管件,必须由管节生产厂家配套供应;电熔连接、热熔连接应采用专用电器设备、挤出焊接设备和工具进行施工。

2)管道连接时必须对连接部位、密封件、套筒等配件清理干净,套筒(带或套)连接、法兰连接、卡箍连接用的钢制套筒、法兰、卡箍、螺栓等金属制品应根据现场土质并参照相关标准采取防腐措施。

3)承插式柔性接口连接宜在当日温度较高时进行,插口端不宜插到承口底部,应留出不小于10mm的伸缩空隙,插入前应在插口端外壁做出插入深度标记;插入完毕后,承插口周围空隙均匀,连接的管道平直。

4)电熔连接、热熔连接、套筒(带或套)连接、法兰连接、卡箍连接应在当日温度较低或接近最低时进行;电熔连接、热熔连接时电热设备的温度控制、时间控制,挤出焊接时对焊接设备的操作等,必须严格按接头的技术指标和设备的操作程序进行;接头处应有沿管节圆周平滑对称的外翻边,内翻边应铲平。

5)管道与井室宜采用柔性连接,连接方式符合设计要求;设计无要求时,可采用承插管件连接或中介层做法。

6)管道系统设置的弯头、三通、变径处应采用混凝土支墩或金属卡箍拉杆等技术措施;在消火栓及闸阀的底部应加垫混凝土支墩;非锁紧型承插连接管道,每根管节应有3点以上的固定措施。

7)安装完的管道中心线及高程调整合格后,即将管底有效支撑角范围用中粗砂回填密实,不得用土或其他材料回填。

二、城市污水管与雨水管

(一)城市污水管

1. 污水管布置

(1)在城镇和工业企业进行污水管渠系统规划设计时,首先要在总平面图上进行污水管渠系统的平面布置。

(2)排水区界是指排水系统设置的边界,排水界限之内的面积,即为排水系统的服务面积,它是根据城镇规划的建筑界限确定的。在地势平坦、无明显分水线的地区,应使干线在合理的埋深情况下,采用重力排水。根据地形及城市和工业区的竖向规划,划分排水流域,形成排水区界。

(3)污水管的布置应遵循:充分利用地形,在管线较短、埋深较小的情况下,使污水能够自流排除。

2. 污水设计流量

城市生活污水设计流量包括居住区生活污水设计流量和工业企业职工生活污水设计流量。

3. 污水管道敷设

(1)污水管道一般沿道路敷设并与道路中心平行。在交通繁忙的道路下应避免横穿埋置污水管道,当道路宽度大于40m且两侧街区都需要向支管排水时,常在道路两侧各设一条污水管道。

(2)城市街道下常有多种管道和地下设施,这些管道和地下设施互相之间,以及与地面建筑之间,应当很好地配合。

(3)污水管道与其他地下管线或建筑设施之间的互相位置,应满足下列要求:

1)保证在敷设和检修管道时互不影响。

2)污水管道损坏时,不致影响附近建筑物及基础,不致污染生活饮用水。

3）污水管道与其他地下管线或建筑设施的水平和垂直最小净距，应根据两者的类型、标高、施工顺序和管线损坏的后果等因素确定。

（4）在寒冷地区，必须防止管内污水冰冻和因土壤冰冻膨胀而损坏管道。污水在管道中冰冻的可能性与土壤的冰冻深度、污水水温、流量及管道坡度等因素有关。因为污水水温冬季也在4℃以上，所以没有必要把各个管道埋在冰冻线下。

（5）在气候温暖的平坦地区，管道的最小覆土厚度取决于房屋排出管在衔接上的要求。

（6）为防止管壁受荷载过大，管顶需有一定的覆土厚度，取决于管道的强度、荷载的大小及覆土的密实程度等。

4. 污水管道衔接

（1）管道水面平接。水面平接指污水管道水力计算中，上、下游管段在设计充满度下水面高程相同。同径管段往往使下游管段的充满度大于上游管段的充满度，为避免上游管段回水而采用水面平接。在平坦地区，为减少管道埋深，异径管段有时也采用水面平接。但由于小口径管道的水面变化大于大口径管道的水面变化，难免在上游管道中形成回水。城市污水管道通常采用管顶平接法，如图7-1所示。

（2）管道跌水衔接。当坡度突然变陡时，下游管段的管径可小于上游管段的管径，但宜采用跌水井衔接，而避免上游管段回水。如图7-2所示在坡度较大的地段，污水管道应用阶梯连接或跌水井连接。

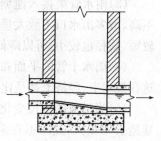

图7-1 水面平接

（3）管道管顶平接。管顶平接指污水管道水力计算中，上、下游管段的管顶内壁位于同一高程。采用管顶平接时，可以避免上游管段产生回水，但增加了下游管段的埋深，管顶平接一般用于不同口径管道的衔接，如图7-3所示。

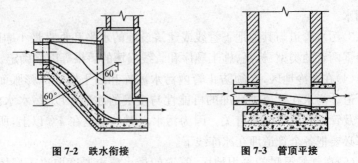

图 7-2　跌水衔接　　　　图 7-3　管顶平接

(二)城市雨水管道

1. 雨水排放

(1)雨水水质虽然与它流经的地面情况有关,但一般来说,是比较清洁的,可以直接排入湖泊、池塘、河流等水体,一般不至于破坏环境卫生和水体的经济价值。所以,管渠的布置应尽量利用自然地形的坡度,以较短的距离,以重力流方式排入水体。

(2)当地形坡度较大时,雨水管道宜布置在地形较低处;当地形较平坦时,宜布置在排水区域中间。应尽可能扩大重力流排除范围,避免设置雨水泵站。

(3)雨水管渠接入池塘或河道的出水口构造一般比较简单,造价不高,增多出水口不致大量增加基建费用,而由于雨水就近排放,管线较短,管径也较小,可以降低工程造价。

(4)雨水干管的平面布置宜采用分散式出水口的管道布置形式,这在技术上、经济上都是比较合理的。

(5)当河流的水位变化很大,管道出水口离水体很远时,出水口的建造费用很大,这时不宜采用过多的出水口,而应考虑集中式出水口的管道布置形式。

2. 雨水管道布置

(1)街区内部的地形、道路布置和建筑物的布置是确定街区内部雨水地面径流分配的主要因素。

(2)道路通常是街区内地面径流的集中地,所以,道路边沟最好低

第七章 城市给水排水工程施工技术

于相邻街区的地面标高。应尽量利用道路两侧边沟排除地面径流,在每一集水流域的起端100~200m可以不设置雨水管渠。

(3)雨水口的作用是收集地面径流。雨水口的布置应根据汇水面积及地形确定,以雨水不致漫过路面为宜,通常设置在道路交叉口及地形低洼处。在道路交叉口设置雨水口的位置与路面的倾斜方向有关。

3. 雨水管设计流量

降落在地面上的雨水,在经过地面植物和洼地的截留、地面蒸发、土壤下渗以后,剩余雨水在重力作用下形成地面径流,进入附近的雨水管渠。雨水管渠的设计流量与地区降雨强度、地面情况、汇水面积等因素有关。

三、管道附件安装

管道附件是指在给水排水管网系统中安装的一些部件。它包括调节流量用的阀门、取用消防用水的消火栓、水锤消除器以及接引支管用的水卡子等。

1. 阀门安装

(1)阀门在搬运时不允许随手抛掷,以免损坏。批量阀门堆放时,不同规格、不同型号的阀门应分别堆放。禁止碳钢阀门和不锈钢阀门或有色金属阀门混合堆放。

(2)阀门吊装时,钢丝绳应拴在阀体的法兰处,切勿拴在手轮或阀杆上,以防阀杆和手轮扭曲或变形,如图7-4所示。

(3)阀门应安装在维修、检查和操作方便的地方,不论何种阀门均不应埋地安装。

(4)在水平管道上安装阀门时,阀杆应垂直向上,必要时,也可向上倾斜一定的角度,但不允许阀杆向下安装。如果装在难于接近的地方或者较高的地方时,为了操作方便,可以将阀杆水平安装。

(5)阀门介质的流向应和阀门流向指示相一致,各种阀门的安装一定要满足阀门的特性要求,如升降式止回阀导向装置一定要铅垂,旋转式止回阀的销轴一定要水平。

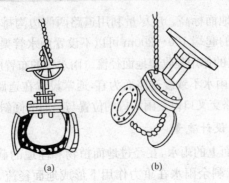

图 7-4 闸门的绑扎方法
(a)错误绑扎；(b)正确绑扎

(6)安装直通式阀门要求阀门两端的管子要平行,且同轴。

(7)电动阀门的电机转向要正确。若阀门开启或关闭到位后电机仍继续运转,应检修行程开关以后才可投入运行。

2. 消火栓安装

(1)安装位置通常选定在交叉路口或醒目地点,与建筑物距离不小于 5m,与道路边距离不大于 2m;地下式消火栓应在地面上标记明显的位置标记。

(2)消火栓连接管管径应大于或等于 $D100mm$。

(3)地下式安装在考虑消火栓出水接口处要有接管的充分余地,保证接管用时操作方便。

(4)乙型地上式消火栓安装试水后应打开水龙头,放掉消火栓主管中的水,以防冬季冻坏。

3. 排气阀安装

(1)排气阀应设在管线的最高点处,一般在管线隆起处均应设排气阀。

(2)在长距离输水管线上,应考虑设置一个排气阀。

(3)排气阀应垂直安装,不得倾斜。

(4)地下管道的排气阀应设置在井内,安装处应环境清洁,寒冷地区应采取保温措施。

(5)管线施工完毕试运行时,应对排气阀进行调校。

4. 泄水阀安装

(1)泄水管与泄水阀应设在管线最低处,用以放空管道及冲洗管道排水之用。一般常与排泥管合用,也用于排出管内沉积物。

(2)泄水管放出的水可进入湿井,由水泵抽出。若高程及其他条件允许可不设湿井直接将水排入河道或排水管内。

(3)泄水阀安装完毕后应予以关闭。

5. 水表安装

大口径水表的组装(图7-5),安装时需注意:

(1)尽量将水表设置于便于抄读的地方,并尽量与主管靠近,以减少进水管长度。

(2)选择安装位置时,应当考虑拆装和搬运的方便,必要时考虑今后换大口径水表的空间要求或预留水表的位置,且应考虑防冻与卫生条件。

(3)注意水表安装方向,务须使进水方向与表上标志方向一致。旋翼式水表应水平安装,切勿垂直安装。水平螺翼式水表可以水平、倾斜、垂直安装,但倾斜或垂直安装时,须保持水流流向自上而下。

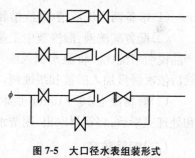

图7-5 大口径水表组装形式

(4)为使水流稳定地流过水表,使水表计量准确,表前阀门与水表之间的稳流长度应大于或等于8~10倍管径。

(5)大口径水表的组装应加旁通管,以便于水表故障时不影响通水。

> **知识链接**
>
> **小口径水表安装要求**
>
> 小口径水表在水表与阀门之间应装设活接头;大口径水表前后采用伸缩节相连,或者水表两侧法兰采用双层胶垫,以方便拆卸水表。

四、管道设备防腐

(一)管材除锈

1. 手工除锈

先用手锤敲击或钢丝刷除去表面锈层,再用粗砂布除去浮锈,最后用棉丝擦净。

2. 机械除锈

首先除掉管道表面的氧化皮、铸砂,然后将管道放置于除锈机内进行除锈,直至露出管材的金属底色为止,最后用棉丝擦拭干净。

3. 化学除锈

(1)准备两个洗液槽(酸洗槽和中和槽)和50℃左右的温水。

(2)配置酸洗液:酸洗液中工业盐酸用量为8%~10%。缓蚀剂按产品说明书配比。将温水倒入酸洗槽中,水量以全部淹没管材为宜。然后依次缓慢加入酸液和缓蚀剂,并搅拌均匀。

(3)管材浸泡10~15min后取出,用清水洗净放到中和槽中。中和处理完毕后,将管材取出,用清水冲洗并晾晒吹干。

(二)钢管防腐

1. 钢管内防腐

(1)水泥砂浆内防腐层应符合下列规定:

1)水泥砂浆内防腐层可采用机械喷涂、人工抹压、拖筒或离心预制法施工;工厂预制时,在运输、安装、回填土过程中,不得损坏水泥砂浆内防腐层。

2)管道端点或施工中断时,应预留搭茬。

3)水泥砂浆抗压强度符合设计要求,且不应低于30MPa。

4)采用人工抹压法施工时,应分层抹压。

5)水泥砂浆内防腐层成形后,应立即将管道封堵,终凝后进行潮湿养护;普通硅酸盐水泥砂浆养护时间不应少于7d,矿渣硅酸盐水泥砂浆不应少于14d;通水前应继续封堵,保持湿润。

6)水泥砂浆内防腐层厚度应符合表 7-4 的规定。

(2)液体环氧涂料内防腐层应符合下列规定：

1)应按涂料生产厂家产品说明书的规定配制涂料,不宜加稀释剂。

2)涂料使用前应搅拌均匀。

3)宜采用高压无气喷涂工艺,在工艺条件受限时,可采用空气喷涂或挤涂工艺。

4)应调整好工艺参数且稳定后,方可正式涂敷；防腐层应平整、光滑,无流挂、无划痕等；涂敷过程中应随时监测湿膜厚度。

5)环境相对湿度大于 85% 时,应对钢管除湿后方可作业；严禁在雨、雪、雾及风沙等气候条件下露天作业。

表 7-4　　　　　　　钢管水泥砂浆内防腐层厚度

管径 D_i/mm	厚度/mm	
	机械喷涂	手工涂抹
500～700	8	—
800～1000	10	—
1100～1500	12	14
1600～1800	14	16
2000～2200	15	17
2400～2600	16	18
2600 以上	18	20

2. 钢管外防腐

(1)防腐管在下沟槽前应进行检验,检验不合格应修补至合格。沟槽内的管道,其补口防腐层应经检验合格后方可回填。

(2)牺牲阳极保护法：

1)根据工程条件确定阳极施工方式,立式阳极宜采用钻孔法施工,卧式阳极宜采用开槽法施工。

2)牺牲阳极使用之前,应对表面进行处理,清除表面的氧化膜及油污。

3)阳极连接电缆的埋设深度不应小于 0.7m,四周应垫有 50～100mm 厚的细砂,砂的顶部应覆盖水泥护板或砖,敷设电缆要留有一定富余量。

4)阳极电缆可以直接焊接到被保护管道上,也可通过测试桩中的连接片相连。与钢质管道相连接的电缆应采用铝热焊接技术,焊点应重新进行防腐绝缘处理,防腐材料、等级应与原有覆盖层一致。

5)电缆和阳极钢芯宜采用焊接连接,双边焊缝长度不得小于 50mm;电缆与阳极钢芯焊接后,应采取防止连接部位断裂的保护措施。

6)阳极端面、电缆连接部位及钢芯均要防腐、绝缘。

7)填料包可在室内或现场包装,其厚度不应小于 50mm;并应保证阳极四周的填料包厚度一致、密实;预包装的袋子须用棉麻织品,不得使用人造纤维织品。

8)填包料应调拌均匀,不得混入石块、泥土、杂草等;阳极埋地后应充分灌水,并达到饱和。

9)阳极埋设位置一般距管道外壁 3～5m,不宜小于 0.3m,埋设深度(阳极顶部距地面)不应小于 1m。

(3)外加电流阴极保护法:

1)联合保护的平行管道可同沟敷设;均压线间距和规格应根据管道电压降、管道间距离及管道防腐层质量等因素综合考虑。

2)非联合保护的平行管道间距,不宜小于 10m;间距小于 10m 时,后施工的管道及其两端各延伸 10m 的管段做加强级防腐层。

3)被保护管道与其他地下管道交叉时,两者间垂直净距不应小于 0.3m;小于 0.3m 时,应设有坚固的绝缘隔离物,并应在交叉点两侧各延伸 10m 以上的管段上做加强级防腐层。

4)被保护管道与埋地通信电缆平行敷设时,两者间距离不宜小于 10m;小于 10m 时,后施工的管道或电缆按有关规定执行。

5)被保护管道与供电电缆交叉时,两者间垂直净距不应小于 0.5m;同时,应在交叉点两侧各延伸 10m 以上的管道和电缆段上做加强级防腐层。

(4)阴极保护绝缘处理：
1)绝缘垫片应在干净、干燥的条件下安装,并应配对供应或在现场扩孔。
2)法兰面应清洁、平直、无毛刺并正确定位。
3)在安装绝缘套筒时,应确保法兰准直;除一侧绝缘的法兰外,绝缘套筒长度应包括两个垫圈的厚度。
4)连接螺栓在螺母下应设有绝缘垫圈。

第三节 市政给水排水管道不开槽施工

一、工作井施工

1. 工作坑位置的确定

工作坑位置应根据地形、管线设计、地面障碍物情况等因素确定。一般按下列条件进行选择：
(1)根据管线设计情况确定,如排水管线可选在检查井处。
(2)单向顶进时,应选在管道下游端,以利于排水。
(3)考虑地形和土质情况,有无可利用的原土后背等。
(4)工作坑要与被穿越的建筑物有一定的安全距离。
(5)便于清运挖掘出来的泥土和有堆放管材、工具设备的场所。
(6)距离水电源较近。

2. 工作坑尺寸的计算

工作坑应有足够的空间和工作面,不仅要考虑管道的下放、各种设备的进出、人员的上下以及坑内操作等必要的空间,还要考虑弃排土的位置等,因此,其平面形状一般采用矩形。

(1)工作坑的宽度。工作坑的宽度和管道的外径与坑深有关。一般对于较浅的坑,施工设备放在地面上;对于较深的坑,施工设备都要放在井下。

浅工作坑 $B=D+S$

深工作坑　　　　　　　$B=3D+S$

式中　B——工作坑底宽度(m);

D——被顶进管子外径(m);

S——操作宽度,一般可取 2.4~3.2m。

(2)工作坑的长度。

$$L=L_1+L_2+L_3+L_4+L_5$$

式中　L——矩形工作坑的底部长度(m);

L_1——工具管长度(m),当采用管道第一节管作为工具管时,钢筋混凝土管不宜小于 0.3m,钢管不宜小于 0.6m;

L_2——管节长度(m);

L_3——运土工作间长度(m);

L_4——千斤顶长度(m);

L_5——后背墙的厚度(m)。

(3)工作坑的深度。

$$H_1=h_1+h_2+h_3$$
$$H_2=h_1+h_2$$

式中　H_1——顶进坑地面至坑底的深度(m);

H_2——接受坑地面至坑底的深度(m);

h_1——地面至管道底部外缘的深度(m);

h_2——管道外缘底部至导轨底面的高度(m);

h_3——基础及其垫层的厚度,但不应小于该处井室的基础及垫层厚度(m)。

3. 工作坑施工方法

工作坑施工方法有两种,一种方法是采用钢板桩或普通支撑,用机械或人工在选定的地点,按设计尺寸挖成,坑底用混凝土铺设垫层和基础;另一种方法是利用沉井技术,将混凝土井壁下沉至设计高度,用混凝土封底。前者适用于土质较好、地下水位埋深较大的情况,顶进后背支撑需要另外设置;后者与之相反,混凝土井壁既可以作为顶进后背支撑,又可以防止塌方矩形工作坑的四角应加斜撑。当采用永久性构筑物做工作坑时,方可采用钢筋混凝土结构等,其结构应坚固、

第七章 城市给水排水工程施工技术

牢靠,能全方面地抵抗土压力、地下水压及顶进时的顶力。

> **知识链接**
>
> **工作井洞口施工**
> (1)预留进、出洞口的位置应符合设计和施工方案的要求。
> (2)洞口土层不稳定时,应对土体进行改良,进出洞施工前应检查改良后的土体强度和渗漏水情况。
> (3)设置临时封门时,应考虑周围土层变形控制和施工安全等要求。封门应拆除方便,拆除时应减小对洞门土层的扰动。
> (4)顶管或盾构施工的洞口应符合下列规定:
> 1)洞口应设置止水装置,止水装置联结环板应与工作井壁内的预埋件焊接牢固,且用胶凝材料封堵。
> 2)采用钢管做预埋顶管洞口时,钢管外宜加焊止水环。
> 3)在软弱地层,洞口外缘宜设支撑点。
> (5)浅埋暗挖施工的洞口影响范围的土层应进行预加固处理。

二、顶管施工

根据管道口径的不同,可以分为小口径、中口径和大口径三种。小口径是指内径小于800mm不适宜人进入操作的管道;中口径管道的内径为800~1800mm;大口径管道是指内径不小于1800mm的操作人员进出比较方便的管道。通常,人们所说的顶管法施工主要是针对大口径管道而言。管道顶进作业的操作要求根据所选用的工具管和施工工艺的不同而不同。

1. 大口径顶管

(1)人工掘进顶管。由人工负责管前挖土,随挖随顶,挖出的土方由手推车或矿车运到工作坑,然后用吊装机械吊出坑外。这种顶进方法工作条件差,劳动强度大,仅适用于顶管不受地下水影响,距离较短的场合。

(2)机械掘机顶管法。机械掘进顶管法与手工掘进顶管法大致相同,除了掘进和管内运土不同。它是在顶进工具管里面安装了一台小型掘土机,把掘出来的土装在其后的上料机上,然后通过矿车、吊装机械将土直接排弃到坑外。该法不受地下水的影响,可适用于较长距离的施工现场。

(3)水力掘进顶管法。水力掘进顶管法是利用管端工具管内设置的高压水枪喷出高压水,将管前端的水冲散,变成泥浆,然后用水力吸泥机或泥浆泵将泥浆排除出去,这样边冲边顶,不断前进。管道顶进工作应连续进行,除非管道在顶进过程中,工具管前方遇到障碍;后背墙变形严重;顶铁发生扭曲现象;管位偏差过大且校正无效;顶力超过管端的允许顶力;油泵、油路发生异常现象;接缝中漏泥浆等情况时,应暂停顶进,并应及时处理。顶管过程中,前方挖出的土可用卷扬机牵引或电动、内燃的运土小车及时运送,并由起重设备吊运到工作坑外,避免管端因堆土过多而下沉,而改变工作环境。

2. 小口径顶管

小口径顶管常用的施工方法可以分为挤压类、螺旋钻输类和泥水钻进类三种。

(1)挤压类。挤压类施工法常适用于软土层,如淤泥质土、砂土、软塑状态的黏性土等,不适用于土质不均或混有大小石块的土层。其顶进长度一般不超过30m。

挤压类顶管管端的形状有锥形挤压(管尖)和开口挤压(管帽)两种。锥形挤压类顶管正面阻力较大,容易偏差,特别是土体不均和碰到障碍时更容易偏差。管道压入土中时,管道正面挤土并将管轴线上的土挤向四周,无须排泥。

> **经验之谈**
>
> **减少正面阻力的措施**
>
> 可以将管端呈开口状,顶进时土体挤入管内形成土塞。当土塞增加到一定长度时,土塞不再移动。如果仍要减少正面阻力,必须在管内取土,以减少土塞的长度。管内取土可采用干出泥或水冲法,如图7-6所示。

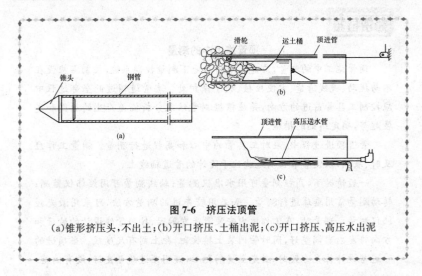

图 7-6 挤压法顶管
(a)锥形挤压头,不出土;(b)开口挤压、土桶出泥;(c)开口挤压、高压水出泥

(2)螺旋钻输类。螺旋钻输类顶管是指在管道前端管外安装螺旋钻头,钻头通过管道内的钻杆与螺旋输送机连接。随着螺旋输送机的转动,带动钻头切削土体,同时将管道顶进,就这样边顶进、边切削、边输送,将管道逐段向前敷设。这类顶管法适用于砂性土、砂砾土以及呈硬塑状态的黏性土。顶进距离可达 100m 左右。

(3)泥水钻进类。泥水钻进顶管法是指采用切削法钻进,弃土排放用泥水作为载体的一类施工方法,常适用于硬土层、软岩层及流砂层和极易坍塌的土层。

由于碎石型泥水掘进机具有切削和破碎石块的功能,故而常采用碎石型泥水掘进机来顶进管道,一次可顶进 100m 以上,且偏差很小。顶进过程中产生的泥水,一般由送水管和排泥管构成流体输送系统来完成。

扩管也是小口径顶管中常用的一种工艺,它是先把一根直径比较小的管道顶好,然后在这根管道的末端安装上一只扩管器,再把所需管径的管道顶进去,或者把扩管器安装在已顶管子的起端,将所需的管道拖入。

> **知识链接**
>
> **顶管施工中的测量**
>
> 　　顶管施工中的测量,应建立地面与地下测量控制系统,控制点应设在不易扰动、视线清楚、方便校核、利于保护处。在管道顶进的全部过程中应控制工具管前进的方向,并应根据测量结果分析偏差产生的原因和发展趋势,确定纠偏的措施。
>
> 　　管道顶进过程中,应对工具管的中心和高程进行测量。测量工作应及时、准确,以便管节正确地就位于设计的管道轴线上。
>
> 　　一般情况下,高程测量可用水准仪测量;轴线测量可用经纬仪监测;转动测量常用垂球进行测量。如采用较先进的测量方法,可采用激光经纬仪测量。测量时,在工作坑内安装激光发射器,按照管线设计的坡度和方向将发射器调整好,同时管内装上接收靶,靶上刻有尺度线。当顶进的管道与设计位置一致时,激光点直射靶心,说明顶进质量良好,没有偏差。

三、盾构法施工

(一)盾构掘进

1. 始顶

盾构的始顶是指盾构在下放至工作坑导轨上后,自起点井开始至完全没入土中的这一段距离。它常需要借助另外的千斤顶来进行顶进工作。

盾构千斤顶是以已砌好的砌块环作为支承结构来推进盾构的,在始顶阶段,尚未有已砌好的砌块环,在此情况下,常常通过设立临时支撑结构来支撑盾构千斤顶。一般情况下,砌块环的长度为30~50m。在盾构初入土中后,可在起点井后背与盾构衬砌环内,各设置一个其外径和内径均与砌块环的外径与内径相同的圆形木环。在两木环之间砌半圆形的砌块环,而在木环水平直径以上用圆木支撑,作为始顶段的盾构千斤顶的支承结构。随着盾构的推进,第一圈永久性砌块环用粘结料紧贴木环砌筑,如图7-7所示。

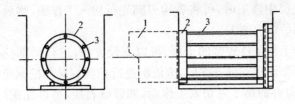

图 7-7 始顶段盾构千斤顶支撑结构
1—盾构；2—木环；3—撑杠

在盾构从起点井进入土层时，由于起点井井壁挖口的土方很容易坍塌，因此，必要时可对土层采取局部加固措施。

2. 顶进

(1)确保前方土体的稳定，在软土地层，应根据盾构类型采取不同的正面支护方法。

(2)盾构推进轴线应按设计要求控制质量，推进中每环测量一次。

(3)纠偏时应在推进中逐步进行。

(4)推进千斤顶应根据地层情况、设计轴线、埋深、胸板开孔等因素确定。

(5)推进速度应根据地质、埋深、地面的建筑设施及地面的隆陷值等情况调整盾构的施工参数。

(6)盾构推进中，遇有需要停止推进且间歇时间较长时，必须做好正面封闭、盾尾密封并及时处理。

(7)在拼装管片或盾构推进停歇时，应采取防止盾构后退的措施。

(8)当推进中盾构旋转时，采取纠正的措施。

(9)根据盾构选型、施工现场环境，选择土方输送方式和机械设备。

3. 挖土

在地质条件较好的工程中，手工挖土依然是最好的一种施工方式。挖土工人在切削环保护罩内接连不断地挖土，工作面逐渐呈现锅底形状，其挖深应等于砌块的宽度。为减少砌块间的空隙，贴近盾壳的土可由切削环直接切下，其厚度为 10~15cm。如果是在不能直立的松散土层中施工时,可将盾构刃脚先行切入工作面,然后由工人在切削环保护罩内施工。

对于土质条件较差的土层,可以支设支撑,进行局部挖土。局部挖土的工作面在支设支撑后,应依次进行挖掘。局部挖掘应从顶部开始,当盾构刃脚难于先切入工作面,如砂砾石层,可以先挖后顶,但必须严格控制每次掘进的纵深,如图7-8所示。

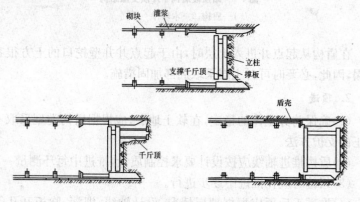

图7-8 手挖盾构的工作面支撑

(二)管片拼装

(1)管片下井前应进行防水处理,管片与连接件等应由专人检查,配套送至工作面,拼装前应检查管片编组编号。

(2)千斤顶顶出长度应满足管片拼装要求。

(3)拼装前应清理盾尾底部,并检查拼装机运转是否正常;拼装机在旋转时,操作人员应退出管片拼装作业范围。

(4)每环中的第一块拼装定位准确,自下而上,左右交叉对称依次拼装,最后封顶成环。

(5)逐块初拧管片环向和纵向螺栓,成环后环面应平整;管片脱出盾尾后应再次复紧螺栓。

(6)拼装时保持盾构姿态稳定,防止盾构后退、变坡变向。

(7)拼装成环后应进行质量检测,并记录填写报表。

(8)防止损伤管片防水密封条、防水涂料及衬垫;有损伤或挤出、脱槽、扭曲时,及时修补或调换。

(9)防止管片损伤,并控制相邻管片间环面平整度、整环管片的圆度、环缝及纵缝的拼接质量,所有螺栓连接件应安装齐全并及时检查复紧。

(三)管片安装

(1)盾构顶进后应及时进行衬砌工作,其使用的管片通常采用钢筋混凝土或预应力钢筋混凝土砌块,其形状有矩形、中缺形等,如图7-9所示。预制钢筋混凝土管片应满足设计强度及抗渗规定,并不得有影响工程质量的缺损。管中应进行整环拼装检验,衬砌后的几何尺寸应符合质量标准。

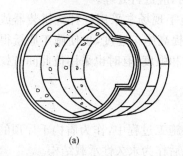
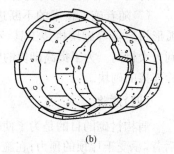

图 7-9 盾构砌块
(a)矩形砌块;(b)中缺形砌块

(2)根据施工条件和盾构的直径,可以确定每个衬砌环的分割数量。矩形砌块形状简单,容易砌筑,产生误差时容易纠正,但整体性差;梯形砌块的衬砌环的整体性要比矩形砌块好。为了提高砌块环的整体性,也可采用中缺形砌块,但安装技术水平要求高,而且产生误差后不易调整。

(3)砌块有平口和企口两种连接形式,可根据不同的施工条件选择不同的连接。企口接缝防水性好,但拼装不易;有时也可采用粘结剂进行连接,只是连接较宜偏斜,常用粘结剂有沥青胶或环氧胶泥等。

(4)管片下井前应编组编号,并进行防水处理。管片与连接件等应有专人检查,配套送至工作面;千斤顶顶出长度应大于管片宽度20cm。

(5)拼装前应清理盾尾底部,并检查举重设备运转是否正常;拼装每环中的第一块时,应准确定位;拼装次序应自下而上,左右交叉对称安装,前后封顶成环。拼装时应逐块初拧环向和纵向螺栓;成环后环面平整时,复紧环向螺栓。继续推进时,复紧纵向螺栓。拼装成环后应进行质量检测,并记录、填写报表。

(6)对管片接缝,应进行表面防水处理。螺栓与螺栓孔之间应加防水垫圈,并拧紧螺栓。当管片沉降稳定后,应将管片填缝槽填实,如有渗漏现象,应及时封堵,注浆处理。拼装时,应防止损伤管片防水涂料及衬垫;如有损伤或衬垫挤出环面时,应进行处理。

(7)随着施工技术的不断进步,施工现场常采用杠杆式拼装器或弧形拼装器等砌块拼装工具,不但可提高施工速度,也使施工质量得到大大提高。为了提高砌块的整圆度和强度,有时也采用彼此间有螺栓连接的砌块。

(四)注浆

盾构衬砌的目的是为了使砌块在施工过程中,作为盾构千斤顶的后背,承受千斤顶的顶力;在施工结束后作为永久性承载结构。

为了在衬砌后,可以用水泥砂浆灌入砌块外壁与土壁间留的空隙,部分砌块应留有灌注孔,直径应不小于36mm。一般情况下,每隔3~5环应砌一灌注孔环,此环上设有4~10个灌注孔。

衬砌脱出盾尾后,应及时进行壁后注浆。注浆应多点进行,压浆量需与地面测量相配合,宜大于环形空隙体积的50%,压力宜为0.2~0.5MPa,使空隙全部填实。注浆完毕后,压浆孔应在规定时间内封闭。

常用的填灌材料有水泥砂浆、细石混凝土、水泥净浆等;灌浆材料不应产生离析、不丧失流动性、灌入后体积不减少,早期强度不低于承受压力。灌入顺序应当自下而上,左右对称地进行,以防止砌块环周的孔隙宽度不均匀。浆料灌入量应为计算孔隙量的130%~150%。

灌浆时应防止料浆漏入盾构内。

在一次衬砌质量完全合格的情况下,可进行二次衬砌,常采用浇灌细石混凝土或喷射混凝土的方法。对在砌块上留有螺栓孔的螺栓连接砌块,也应进行灌浆。

> **经验之谈**
>
> **现浇钢筋混凝土二次衬砌验收要求**
>
> 盾构法施工的给排水管道应按设计要求施做现浇钢筋混凝土二次衬砌;现浇钢筋混凝土二次衬砌前应隐蔽验收合格,并应符合下列规定:
> (1)所有螺栓应拧紧到位,螺栓与螺栓孔之间的防水垫圈无缺漏。
> (2)所有预埋件、螺栓孔、螺栓手孔等进行防水、防腐处理。
> (3)管道如有渗漏水,应及时封堵处理。
> (4)管片拼装接缝应进行嵌缝处理。
> (5)管道内清理干净,并进行防水层处理。

四、定向钻及夯管施工

1. 定向钻施工

(1)导向孔钻进应符合下列规定:

1)钻机必须先进行试运转,确定各部分运转正常后方可钻进。

2)第一根钻杆入土钻进时,应采取轻压慢转的方式,稳定钻进导入位置和保证入土角;且入土段和出土段应为直线钻进,其直线长度宜控制在 20m 左右。

3)钻孔时应匀速钻进,并严格控制钻进给进力和钻进方向。

4)每进一根钻杆应进行钻进距离、深度、侧向位移等的导向探测,曲线段和有相邻管线段应加密探测。

5)保持钻头正确姿态,发生偏差应及时纠正,且采用小角度逐步纠偏;钻孔的轨迹偏差不得大于终孔直径,超出误差允许范围宜退回进行纠偏。

6)绘制钻孔轨迹平面、剖面图。

(2)扩孔应符合下列规定：

1)从出土点向入土点回扩，扩孔器与钻杆连接应牢固。

2)根据管径、管道曲率半径、地层条件、扩孔器类型等确定一次或分次扩孔方式；分次扩孔时每次回扩的级差宜控制在100~150mm，终孔孔径宜控制在回拖管节外径的1.2~1.5倍。

3)严格控制回拉力、转速、泥浆流量等技术参数，确保成孔稳定和线形要求，无坍孔、缩孔等现象。

4)扩孔孔径达到终孔要求后应及时进行回拖管道施工。

(3)回拖应符合下列规定：

1)从出土点向入土点回拖。

2)回拖管段的质量、拖拉装置安装及其与管段连接等经检验合格后，方可进行拖管。

3)严格控制钻机回拖力、扭矩、泥浆流量、回拖速率等技术参数，严禁硬拉硬拖。

4)回拖过程中应有发送装置，避免管段与地面直接接触和减小摩擦力；发送装置可采用水力发送沟、滚筒管架发送道等形式，并确保进入地层前的管段曲率半径在允许范围内。

经验之谈

必须停止作业的情况

出现下列情况时，必须停止作业，待问题解决后方可继续作业：

(1)设备无法正常运行或损坏，钻机导轨、工作井变形。

(2)钻进轨迹发生突变、钻杆发生过度弯曲。

(3)回转扭矩、回拖力等突变，钻杆扭曲过大或拉断。

(4)坍孔、缩孔。

(5)待回拖管表面及钢管外防腐层损伤。

(6)遇到未预见的障碍物或意外的地质变化。

(7)地层、邻近建(构)筑物、管线等周围环境的变形量超出控制允许值。

(4)定向钻施工的泥浆(液)配制应符合下列规定：

1)导向钻进、扩孔及回拖时,及时向孔内注入泥浆(液)。

2)泥浆(液)的材料、配比和技术性能指标应满足施工要求,并可根据地层条件、钻头技术要求、施工步骤进行调整。

3)泥浆(液)应在专用的搅拌装置中配制,并通过泥浆循环池使用；从钻孔中返回的泥浆经处理后回用,剩余泥浆应妥善处置。

4)泥浆(液)的压力和流量应按施工步骤分别进行控制。

2. 夯管施工

(1)第一节管入土层时应检查设备运行工作情况,并控制管道轴线位置；每夯入1m应进行轴线测量,其偏差控制在15mm以内。

(2)后续管节夯进应符合下列规定：

1)第一节管夯至规定位置后,将连接器与第一节管分离,吊入第二节管进行与第一节管接口焊接。

2)后续管节每次夯进前,应待已夯入管与吊入管的管节接口焊接完成,按设计要求进行焊缝质量检验和外防腐层补口施工后,方可与连接器及穿孔机连接夯进施工。

3)后续管节与夯入管连接时,管节组对拼接、焊缝和补口等质量应检验合格,并控制管节轴线,避免偏移、弯曲。

4)夯管时,应将第一节管夯入接收工作井不少于500mm,并检查露出部分管节的外防腐层及管口损伤情况。

(3)管节夯进过程中应严格控制气动压力、夯进速率,气压必须控制在穿孔机工作气压定值内,并应及时检查导轨变形情况以及设备运行、连接器连接、导轨面与滑块接触情况等。

(4)夯管完成后进行排土作业,排土方式采用人工结合机械方式排土；小口径管道可采用气压、水压方法；排土完成后应进行余土、残土的清理。

(5)出现下列情况时,必须停止作业,待问题解决后方可继续作业：

1)设备无法正常运行或损坏,导轨、工作井变形。

2)气动压力超出规定值。

3)穿孔机在正常的工作气压、频率、冲击功等条件下,管节无法夯入或变形、开裂。

4)钢管夯入速率突变。

5)连接器损伤、管节接口破坏。

6)遇到未预见的障碍物或意外的地质变化。

7)地层、邻近建(构)筑物、管线等周围环境的变形量超出控制值。

夯管施工条件

(1)工作井结构施工符合要求,其尺寸应满足单节管长安装、接口焊接作业、夯管锤及辅助设备布置、气动软管弯曲等要求。

(2)气动系统、各类辅助系统的选择及布置符合要求,管路连接结构安全、无泄漏,阀门及仪器仪表的安装和使用安全可靠。

(3)工作井内的导轨安装方向与管道轴线一致,安装稳固、直顺,确保夯进过程中导轨无位移和变形。

(4)成品钢管及外防腐层质量检验合格,接口外防腐层补口材料准备就绪。

(5)连接器与穿孔机、钢管刚性连接牢固、位置正确、中心轴线一致,第一节钢管顶入端的管靴制作和安装符合要求。

(6)设备、系统经检验、调试合格后方可使用;滑块与导轨面接触平顺、移动平稳。

(7)进、出洞口范围土体稳定。

(6)定向钻和夯管施工管道贯通后应做好下列工作:

1)检查露出管节的外观、管节外防腐层的损伤情况。

2)工作井洞口与管外壁之间进行封闭、防渗处理。

3)定向钻管道轴向伸长量经校测应符合管材性能要求,并应等待24h后方能与已敷设的上下游管道连接。

4)定向钻施工的无压力管道,应对管道周围地钻进泥浆(液)进行置换改良,减少管道后期沉降量。

5)夯管施工管道应进行贯通测量和检查,并按《给水排水管道工程施工及验收规范》(GB 50268—2008)的相关规定和设计要求进行内防腐施工。

(7)定向钻和夯管施工过程监测和保护应符合下列规定：

1)定向钻的入土点、出土点以及夯管的起始、接收工作井设有专人联系和有效的联系方式。

2)定向钻施工时，应做好待回拖管段的检查、保护工作。

3)根据地质条件、周围环境、施工方式等，对沿线地面、建(构)筑物、管线等进行监测，并做好保护工作。

第四节 管道附属构筑物施工

一、支墩

(1)管节及管件的支墩和锚定结构位置准确，锚定牢固。钢制锚固件必须采取相应的防腐处理。

(2)支墩应在坚固的地基上修筑。无原状土作后背墙时，应采取措施保证支墩在受力情况下，不致破坏管道接口。采用砌筑支墩时，原状土与支墩之间应采用砂浆填塞。

(3)支墩应在管节接口做完、管节位置固定后修筑。

(4)支墩施工前，应将支墩部位的管节、管件表面清理干净。

(5)支墩宜采用混凝土浇筑，其强度等级不应低于C15。采用砌筑结构时，水泥砂浆强度不应低于M7.5。

(6)管节安装过程中的临时固定支架，应在支墩的砌筑砂浆或混凝土达到规定强度后方可拆除。

(7)管道及管件支墩施工完毕，并达到强度要求后方可进行水压试验。

二、雨水口

1. 基础施工

(1)开挖雨水口槽及雨水管支管槽，每侧宜留出300～500mm的施工宽度。

(2)槽底应夯实并及时浇筑混凝土基础。

(3)采用预制雨水口时,基础顶面宜铺设 20~30mm 厚的砂垫层。

2. 雨水口内砌筑

(1)管端面在雨水口内的露出长度,不得大于 20mm,管端面应完整无破损。

(2)砌筑时,灰浆应饱满、随砌、随勾缝,抹面应压实。

(3)雨水口底部应用水泥砂浆抹出雨水口泛水坡。

(4)砌筑完成后雨水口内应保持清洁,及时加盖,保证安全。

3. 雨水口安装

(1)预制雨水口安装应牢固,位置平正,并符合上述"2. 雨水口内砌筑(1)"中的规定。

(2)雨水口与检查井的连接管的坡度应符合设计要求,管道铺设应符合《给水排水管道工程施工及验收规范》(GB 50268—2008)的相关规定。

(3)位于道路下的雨水口、雨水支、连管应根据设计要求浇筑混凝土基础。坐落于道路基层内的雨水支连管应作 C25 级混凝土包封,且包封混凝土达到 75% 设计强度前,不得放行交通。

(4)井框、井箅应完整无损,安装平稳、牢固。

(5)井周回填土应符合设计要求和《给水排水管道工程施工及验收规范》(GB 50268—2008)的相关规定。

三、井室

1. 管道穿过井壁施工

(1)混凝土类管道、金属类无压管道,其管外壁与砌筑井壁洞圈之间为刚性连接时水泥砂浆应坐浆饱满、密实。

(2)金属类压力管道,井壁洞圈应预设套管,管道外壁与套管的间隙应四周均匀一致,其间隙宜采用柔性或半柔性材料填嵌密实。

(3)化学建材管道宜采用中介层法与井壁洞圈连接。

(4)对于现浇混凝土结构井室,井壁洞圈应振捣密实。

(5)排水管道接入检查井时,管口外缘与井内壁平齐;接入管径大于300mm时,对于砌筑结构井室应砌砖圈加固。

2. 砌筑结构井室施工

(1)砌筑前砌块应充分湿润;砌筑砂浆配合比符合设计要求,现场拌制应拌和均匀、随用随拌。

(2)排水管道检查井内的流槽,宜与井壁同时进行砌筑。

(3)砌块应垂直砌筑,需收口砌筑时,应按设计要求的位置设置钢筋混凝土梁进行收口;圆井采用砌块逐层砌筑收口,四面收口时每层收进不应大于30mm,偏心收口时每层收进不应大于50mm。

(4)砌块砌筑时,铺浆应饱满,灰浆与砌块四周粘结紧密、不得漏浆,上下砌块应错缝砌筑。

(5)砌筑时,应同时安装踏步,踏步安装后在砌筑砂浆未达到规定抗压强度前不得踩踏。

(6)内外井壁应采用水泥砂浆勾缝;有抹面要求时,抹面应分层压实。

3. 预制装配式结构井室施工

(1)预制构件及其配件经检验符合设计和安装要求。

(2)预制构件装配位置和尺寸正确,安装牢固。

(3)采用水泥砂浆接缝时,企口坐浆与竖缝灌浆应饱满,装配后的接缝砂浆凝结硬化期间应加强养护,并不得受外力碰撞或震动。

(4)设有橡胶密封圈时,胶圈应安装稳固,止水严密可靠。

(5)设有预留短管的预制构件,其与管道的连接应按有关规定执行。

(6)底板与井室、井室与盖板之间的拼缝,水泥砂浆应填塞严密,抹角光滑平整。

4. 现浇钢筋混凝土结构井室施工

(1)浇筑前,钢筋、模板工程经检验合格,混凝土配合比满足设计要求。

(2)振捣密实,无漏振、走模、漏浆等现象。

(3)及时进行养护,强度等级未达设计要求不得受力。

(4)浇筑时,应同时安装踏步,踏步安装后在混凝土未达到规定抗压强度前不得踩踏。

5. 井室内部处理

(1)预留孔、预埋件应符合设计和管道施工工艺要求。

(2)排水检查井的流槽表面应平顺、圆滑、光洁,并与上下游管道底部接顺。

(3)透气井及排水落水井、跌水井的工艺尺寸应按设计要求进行施工。

(4)阀门井的井底距承口或法兰盘下缘以及井壁与承口或法兰盘外缘应留有安装作业空间,其尺寸应符合设计要求。

(5)不开槽法施工的管道,工作井作为管道井室使用时,其洞口处理及井内布置应符合设计要求。

第五节 管道功能性试验

一、压力管道水压试验

压力管道水压试验是指以水为介质,对已敷设的压力管道采用满水后加压的方法,来检验在规定的压力值时管道是否发生结构破坏,以及是否符合规定的允许渗水量(或允许压力降)标准的试验。

1. 划分试压段

给水管线敷设较长时,应分段试压,原因是有利于充水排气、减少对地面交通影响、组织流水作业施工及加压设备的周转利用等。试压管道不宜过长,否则很难排尽管内空气,影响试

> 试压分段长度一般采用500~1000m;管线转弯多时可采用300~500m;对湿陷性黄土地区的分段长度,不应超过200m。

压的准确性；在地形起伏大的地段铺管，须按各管段实际工作压力分段试压。

2. 充水排气

试压前必须排气。如果管内有空气存在，受环境温度影响，压力表显示结果往往不真实；在试压管道发生少量漏水时，压力表就很难显示出来。

试压前2~3d可往试压管段内充水，并在充水管上安装截门和止回阀。排气孔通常设置在起伏的顶点处，对长距离水平管道上，须进行多点开孔排气。灌水时，打开排气阀，进行排气，当灌至排出的水流中不带气泡、水流连续，即可关闭排气阀门，停止灌水，准备开始试压。

为使管道内壁与接口填料充分吸水，往往需要一定的泡管时间。钢管、铸铁管和石棉水泥管泡管24h；预应力混凝土管、自应力钢筋混凝土管和钢筋混凝土管，管径不大于1000mm，泡管48h；管径大于1000mm，泡管72h，这样，方可保证水压试验的精确性。

3. 试压后背设置

试压时，管道堵板以及转弯处会产生很大的压力，试压前必须设置后背。试验管段的后背应设在原状土或人工后背上，土质松软时应采取加固措施；后背墙面应平整并与管道轴线垂直。

> 对于管径小于500mm的承插式铸铁管刚性接口，可利用已装好的管段作后背，但长度不应小于30m；柔性接口则不需作后背。

(1)原状土后背试压。用原状土作为管道试压后背时，一般需要预留7~10cm沟槽原状土不开挖。如后背墙土质松软时，可采用砖墙、混凝土、板桩或换土夯实等方法加固。后背墙支撑面积可视土质与试验压力值而定，一般原状土质可按承压0.15MPa予以考虑。墙厚一般不得小于5m，与后背接触的后背墙墙面应平整，并应与管道轴线垂直。后背应紧贴后背墙，并应有足够的传力面积、强度、刚度和稳定性。

(2)千斤顶后背试压。采用千斤顶压紧堵板时，管径为400mm管道,可采用1个30t千斤顶;管径为600mm管道,采用1个50t的千斤顶;管径为1000mm的管道,采用1个100t油压千斤顶或3个30t千斤顶。

4. 预试验阶段

预试验阶段是指将管道内水压缓缓地升至试验压力并稳压30min,期间如有压力下降可注水补压,但不得高于试验压力;检查管道接口、配件等处有无漏水、损坏现象;有漏水、损坏现象时应及时停止试压,查明原因并采取相应措施后重新试压。

5. 主试验阶段

停车注水补压,稳定15min;当15min后压力下降不超过表7-5中所列允许压力降数值时,将试验压力降至工作压力并保持恒压30min,进行外观检查若无漏水现象,则水压试验合格。

表7-5　　　　　压力管道水压试验的允许压力降　　　　　MPa

管材种类	试验压力	允许压力降
钢管	P+0.5,且不小于0.9	0
球墨铸铁管	2P	
	P+0.5	
预(自)应力钢筋混凝土管、预应力钢筒混凝土管	1.5P	0.03
	P+0.3	
现浇钢筋混凝土管渠	1.5P	
化学建材管	1.5P,且不小于0.8	0.02

6. 管道严密性试验

(1)按照试验压力要求,每次升压0.2MPa,然后检查若无问题,可再继续升压。水压加至试验压力后,停止加压,记录压力表读数降压0.1MPa所需时间 t_1(min),其漏水率为 q_1(L/min),则降压0.1MPa的漏水量为 $q_1 t_1$。

(2)将压力重新加至试验压力后,打开放水龙头,将水注入量筒,并记录第二次降压 0.1MPa 所需时间 t_2(min),与此同时,量取量筒内水量 W(L);管道的漏水率为 q_2(L/min),则此时的漏水量为 $q_2 t_2 + W$。

(3)根据压力降相同,漏水量也应相等的原理,则
$$t_1 q_1 = t_2 q_2 + W$$
而 $q_1 \approx q_2$,因此
$$q = \frac{W}{(t_1 - t_2) l} \quad [\text{L}/(\text{min} \cdot \text{km})]$$

式中 q——漏水量[L/(min·km)];
W——降压 0.1MPa 时放出水量(L);
t_1——未放水,试验压力降 0.1MPa 所经历的时间(min);
t_2——放水时,试验压力降 0.1MPa 经历时间(min);
l——试验管段长度(m)。

(4)管道内径 50mm<DN≤400mm,且长度小于或等于 1km 的管道,在试验压力下,10min 降压不大于 0.05MPa 时,可认为严密性试验合格;管道内径 DN≥600mm,还应进行严密性试验,合格后方可认为此段管道试验合格。管道内径 DN≤50mm(镀锌钢管),试验压力为 0.6MPa,5min 降压不大于 0.03MPa 时,可认为此段管道试验合格。

(5)非隐蔽性管道,在试验压力下,10min 压降不大于 0.06MPa,且管道及附件无损坏,然后使试验压力降至工作压力,保持恒压 2h,进行外观检查,无漏水现象认为严密性试验合格。

二、无压管道闭水与闭气试验

1. 无压管道闭水试验

闭水试验前,可在试验管段两端砌 24cm 厚砖墙堵封,并用水泥砂浆抹面。养护 3~4d 后,即可向试验管段内充水,并进行外观检查,不得有漏水现象。浸泡 24h 后,即可进行闭水试验。闭水法试验程序应符合下列要求:

(1)试验管段灌满水后浸泡时间不应少于 24h。

(2)试验水头应按《给排水管道工程施工及验收规范》(GB 50268—2008)的相关规定确定。

(3)试验水头达规定水头时开始计时,观测管道的渗水量,直至观测结束时,应不断地向试验管段内补水,保持试验水头恒定。渗水量的观测时间不得小于 30min。

(4)实测渗水量应按下式计算:

$$q = \frac{W}{T \cdot L}$$

式中　q——实测渗水量[L/(min・m)];

　　　W——补水量(L);

　　　T——实测渗水观测时间(min);

　　　L——试验管段的长度(m)。

另外,在水源缺乏地区,当管道内径大于 700mm 时,可按井段数量抽检 1/3。

知识链接

管道闭水试验合格标准

(1)实测渗水量小于或等于表 7-6 规定的允许渗水量。

(2)管道内径大于表 7-6 规定时,实测渗水量应小于或等于按下式计算的允许渗水量:

$$q = 1.25\sqrt{D_i}$$

(3)异型截面管道的允许渗水量可按周长折算为圆形管道计。

(4)化学建材管道的实测渗水量应小于或等于按下式计算的允许渗水量:

$$q = 0.0046 D_i$$

式中　q——允许渗水量(m²/24h・km);

　　　D_i——管道内径(mm)。

表7-6　　　　　　　　　无压管道闭水试验允许渗水量

管材	管道内径 D_i/mm	允许渗水量/[m³/(24h·km)]
钢筋混凝土管	200	17.60
	300	21.62
	400	25.00
	500	27.95
	600	30.60
	700	33.00
	800	35.35
	900	37.50
	1000	39.52
	1100	41.45
	1200	43.30
	1300	45.00
	1400	46.70
	1500	48.40
	1600	50.00
	1700	51.50
	1800	53.00
	1900	54.48
	2000	55.90

2. 无压管道闭气试验

无压管道闭气试验是以气体为介质对已敷设管道所做的严密性试验。无压管道闭气试验适用于混凝土类的无压管道在回填土前进行的严密性试验。闭气法试验检验步骤应符合下列规定：

(1) 对闭气试验的排水管道两端管口与管堵接触部分的内壁应进行处理，使其洁净磨光。

> 下雨时不得进行闭气试验。

(2) 调整管堵支撑脚，分别将管堵安装在管道内部两端，每端接上压力表和充气罐。

(3) 用打气筒向管堵密封胶圈内充气加压，观察压力表显示至 0.05~0.20MPa，且不宜超过 0.20MPa，将管道密封；锁紧管堵支撑脚，将其固定。

(4) 用空气压缩机向管道内充气，膜盒表显示管道内气体压力至 3000Pa，关闭气阀，使气体趋于稳定，记录膜盒表读数从 3000Pa 降至 2000Pa 历时不应少于 5min；气压下降较快，可适当补气；下降太慢，可适当放气。

(5) 膜盒表显示管道内气体压力达到 2000Pa 时开始计时，在满足该管径的标准闭气时间规定，计时结束，记录此时管内实测气体压力 P，如 $P \geqslant 1500Pa$ 则管道闭气试验合格；反之为不合格。

三、给水管道冲洗与消毒

给水管道水压试验后，竣工验收前应冲洗消毒。

1. 给水管道冲洗

(1) 冲洗水源。管道冲洗要耗用大量的水，水源必须充足，冲洗水的流速不应小于 1.5m/s。主要有以下两种情况：一种情况是被冲洗的管线可直接与新水源厂（水源地）的预留管道沟通，开泵冲洗；另一种情况与现有的供水管网的管道用临时管道接通冲洗，必须选好接管位置，设计临时来水管线。

(2) 管道放水口。管道放水口安装时，与被冲洗管的连接应严密、

第七章 城市给水排水工程施工技术

牢固,管上应装有阀门、排气管和放水取样龙头,放水管的弯头处必须进行临时加固,以确保安全工作。

冲洗水管可以比被冲洗的水管的管径小,但断面不应小于 1/2。冲洗水的流速宜大于 0.7m/s。管径较大时,所需用的冲洗水量较大,可在夜间进行冲洗,以不影响周围的正常用水。放水路线不得影响交通及附近建筑物(构筑物)的安全,并与有关单位取得联系,以确保放水安全、畅通。

(3)管道冲洗。

1)开闸冲洗。开闸冲洗是指放水时,先开出水闸阀,再开来水闸阀,注意排气,并派专人监护放水路线,发现情况及时处理。

2)检查水质。检查沿线有无异常声响、冒水和设备故障等现象,并观察出水口水的外观,至水质外观澄清后,即可进行化验。待水质合格时为止。

3)关闭闸阀。放水后尽量使来水闸阀、出水闸阀同时关闭,如做不到,可先关闭出水闸阀,但留几扣暂不关死,等来水阀关闭后,再将出水阀关闭。

一般冲洗管内污泥、脏水及杂物应在施工后进行,冲洗水流速不小于 1.0m/s;冲洗时应尽量避开用水高峰期,一般在夜间作业;若排水口设于管道中间,应自两端冲洗。如冲洗含氯水应在管道液氯清毒完成后进行,先将管内含氯水放掉,再注入冲洗水,水流速度可稍低些,分析与化验冲洗出水之水质。

2. 给水管道消毒

管道去污冲洗之后,先将管道放空,然后通过手摇泵或电动泵将一定量的漂白粉溶液注入管中。灌注时,可少许开启来水闸阀和出水闸阀,使清水带着漂白液流经全部管段,当从放水口检查出含氯量不低于 40mg/L 的高浓度氯水时为止,然后关闭所有闸阀,使含氯水浸泡 24h 为宜。

漂白粉在使用前应进行检验,漂白粉纯度的含氯量以 25% 为标准,高于或低于 25% 时,应按实际纯度折合漂白粉使用量。如含氯量过低或失效时,不宜使用。

漂白粉用量计算

漂白粉用量计算公式如下:

$$Q = \frac{4}{3} \times \frac{VA}{B}$$

式中　Q——漂白粉用量(kg);

　　　V——消毒管段存水体积(m^3);

　　　A——管道中要求的游离氯含量,即每升水中含游离氯的质量(mg/L);

　　　B——漂白粉纯度(%),标准纯度为25%;

　　　4/3——漂白粉的溶解度(为3/4的倒数)。

复习思考题

一、填空题

1. 按使用目的可将城市给水系统划分为_____、_____、_____、_____。

2. 城市排水水源分为_____、_____、_____,工业废水及雨雪降水。

3. 阀门在搬运时不允许_____,以免损坏。

二、判断题

1. 城市供水量通常是按最高日用水量来计算的。(　　)

2. 管道基础应按设计要求留变形缝,变形缝的位置与柔性接口不一致。(　　)

3. 不论何种阀门均不应埋地安装。(　　)

4. 根据管道口径的不同,可以分为小口径和大口径两种。(　　)

三、简答题

1. 城市给水系统按水源种类划分可分为哪几类?

2. 城市给水系统由哪些工程设施组成?

3. 什么是城市污水排水系统?通常由哪几部分组成?

4. 球墨铸铁管如何进行灌水试验？

5. 污水管道与其他地下管线或建筑设施之间的互相位置，应满足哪些要求？

6. 工作坑的位置应根据哪些因素确定？

7. 出现哪些情况时，定向钻必须停止作业？

8. 管道安装完后应进行哪些功能性试验？

第八章 城镇燃气输配工程施工技术

第一节 土方工程

一、开槽

(1)机械挖槽,应确保槽底土壤结构不被扰动或破坏,同时,由于机械不可能准确地将槽底按规定高程整平,设计槽底高程以上应留20cm左右一层不挖,待人工清挖。

(2)人工清挖槽底时,应认真控制槽底高程和宽度,并注意不使槽底土壤结构遭受扰动或破坏。

(3)在农田中开槽时,应根据需要将表层熟土与生土分开堆存,填土时熟土仍填于表层。

(4)挖槽挖出的土方,应妥善安排堆存位置。沟槽挖土一般堆在沟槽两侧。在下管一侧的槽边,应根据下管操作的需要,不堆土或少堆土。

(5)堆土应堆在距槽边 1m 以外,计划在槽边运送材料的一侧,其堆土边缘至槽边的距离,应根据运输工具而定。

(6)沟槽两侧不能满足堆土需要时,应选择堆土场所和运土路线,随挖随运。管道结构所占位置多余的土方,应及时外运,以免影响交通、市容和排水。

(7)在高压线下及变压器附近堆土,应按照供电局的相关规定办理。

(8)靠房屋、墙壁堆土高度,不得超过檐高的 1/3,同时不得超过 1.5m。结构强度较差的墙体,不得靠墙堆土。

第八章　城镇燃气输配工程施工技术

(9)堆土不得掩埋消火栓、雨水口、测量标志、各种地下管道的井盖及施工料具等。

(10)沟槽一侧或两侧临时堆土位置和高度不得影响边坡的稳定性和管道安装。堆土前应对消火栓、雨水口等设施进行保护。

(11)局部超挖部分应回填压实。当沟底无地下水时,超挖在0.15m以内,可采用原土回填;超挖在0.15m及以上,可采用石灰土处理。当沟底有地下水或含水量较大时,应采用级配砂石或天然砂回填至设计标高。超挖部分回填后应压实,其密实度应接近原地基天然土的密实度。

(12)在湿陷性黄土地区,不宜在雨期施工,或在施工时切实排除沟内积水,开挖时应在槽底预留0.03～0.06m厚的土层进行压实处理。

(13)沟底遇有废弃构筑物、硬石、木头、垃圾等杂物时必须清除,并应铺一层厚度不小于0.15m的砂土或素土,整平压实至设计标高。

(14)对软土基及特殊性腐蚀土壤,应按设计要求处理。

(15)当开挖难度较大时,应编制安全施工的技术措施,并向现场施工人员进行安全技术交底。

知识链接

沟槽断面选择

常用沟槽断面有直槽、梯形槽、混合槽和联合槽四种形式,选择沟槽形式,通常应考虑土壤性质、地下水的情况、施工作业面的情况、施工方法、管材类别、管子直径和沟槽深度等因素。

施工方法和沟槽断面是互为影响的,可以按照沟槽断面选用施工方法,也可按施工方法选用沟槽断面。机械化施工一般选用边坡较大的梯形槽,这样要增加开挖土方量,并要求起重机械的起重杆具备足够的长度等,以方便施工后续作业;陡边坡梯形槽虽可避免上述缺点,但有时需设置支撑,从而引起吊装、下管等困难,并增加支撑费用。对于很深的沟槽,需人工开挖时,有时采用混合槽的形式,有利于人工向地面倒运土。多管道同沟敷设时,若各管道的管底不在同一标高上,可采取联合槽的形式。

二、管道地基处理

沟底土层加固处理方法必须根据实际土层情况、土壤扰动程度、施工排水方法以及管道结构形式等因素综合考虑。通常采用砂垫层或砂石垫层、灰土垫层以及打桩等方法处理。

1. 砂垫层或砂石垫层

当在坚硬的岩石或卵(碎)石上铺设燃气管道时,应在地基表面垫上 0.10~0.15 厚的砂垫层,防止管道防腐绝缘层受重压而损伤。

承载能力较软弱的地基,例如杂填土或淤泥层等,可将地基下一定厚度的软弱土层挖除,再用砂垫层或砂石垫层来进行加固,可使管道荷载通过垫层将基底压力分散,以降低对地基的压应力,减少管道下沉或挠曲。垫层厚度一般为 0.15~0.20m,垫层宽度一般与管径相同。湿陷性黄土地基和饱和度较大的黏土地基,因其透水性差,管道沉降不能很快稳定,所以垫层应加厚。

2. 灰土垫层

灰土的土料应采用有机质含量少的黏性土,使用前要过筛,其粒径不得大于 15mm;石灰需用块灰,使用前 24h 浇水粉化,过筛后的粒径不得大于 5mm。灰与土常用的体积比为 3:7 或 2:8。使用时应搅拌均匀,含水量适当,分层铺垫并夯实,每层虚铺厚度 0.2~0.25m,夯打遍数不少于 4 遍。

3. 打桩处理法

(1)长桩可把管道的荷载传至未扰动的深层土中去,短桩则是使扰动的土层挤密,恢复其承载力。桩的材料可用木桩、钢筋混凝土桩和砂桩。桩的布置分密桩及疏桩。

(2)长桩适用于扰动土层深度达 2.0m 以上的情况,桩的长度可至 4.0m 以上。每米管道上可根据管直径及荷重情况,择用 2~4 根,具体数据按设计计算。长桩一般采用直径 0.2~0.3m 的钢筋混凝土桩。

(3)短桩适用于扰动土层深度 0.8~2.0m 之间,可用木桩或砂桩。桩的直径约 0.15m,桩间相距 0.5~1.0m,桩长度应满足桩打入深度比土层的扰动深度大 1.0m 的要求,一般桩长为 1.5~3.0m。桩和桩之间若土质松软可挤入块石卡严。

(4)为防止上方管道沉陷、相互碰损,两交叉管道之间除须保持 10cm 净距外,还应在处于上方管道的交叉两侧砌筑混凝土基础,小于 DN300 的管道可用垫块为支点,如图 8-1 所示。

(5)两根管道同沟铺设时,管底标高应尽量相同。当两根管道的埋深出现高差时,其高差 H 应控制小于两管的净距 L,如图 8-2 所示。施工时应先铺设较深的管道,并回填黄砂或干土,然后铺设较浅管道。当 $H>L$,或虽然 $H<L$ 但处于流砂地区时,在开挖沟槽前应在两管间打入若干根槽钢做支撑,待较深管道铺设完,并回填黄砂或干土于管子两侧后,再开挖较浅管道的沟槽。最后根据土壤情况决定槽钢是否拔出来。

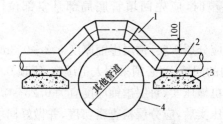

图 8-1 交管道基础处理示意图
1—煤气管道;2—垫块;3—混凝土基础;4—其他管道

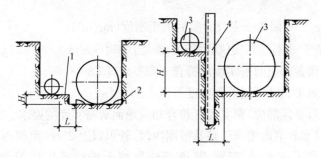

图 8-2 同沟槽多管道敷设示意图
1—塌土层;2—回填土;3—管道;4—槽钢

排水不良,地基土壤扰动时的处理方法

(1)扰动深度在 10cm 以内者,可换天然级配砂石或砾石处理。

(2)扰动深度达 0～30cm 但下部坚硬时,可换大卵石或块石,并用砾石填充空隙和找平表面。填块石时应由一端顺序进行,大面向下,块与块互相挤紧,脚踩时不得有松动或颤动情况。

三、土方回填

1. 回填土的密实度

(1)沟槽回填时,应先回填管底局部悬空部位,然后回填管道两侧。

(2)回填土应分层压实,每层虚铺厚度 0.2～0.3m,管道两侧及管顶以上 0.5m 内的回填土,必须采用人工压实;管顶 0.5m 以上的回填土,可采用小型机械压实,每层虚铺厚度宜为 0.25～0.4m。

(3)回填土压实后,应分层检查密实度,并做好回填记录。土的压实或夯实程度用密实度 $D(\%)$ 来表示,即

$$D = \frac{\rho_d}{\rho_d^{max}} \times 100\%$$

式中　ρ_d——回填土夯(压)实后的干密度(kg/m³);

　　　ρ_d^{max}——标准击实仪所测定的最大干密度(kg/m³)。

沟槽各部位的密实度应符合下列要求(图 8-3):

1)对Ⅰ、Ⅱ区部位,密实度不应小于 90%。

2)对Ⅲ区部位,密实度应符合相应地面对密实度的要求。

(4)当管道沟槽位于路基范围内时,管顶以上 25cm 范围内回填土的压实度不应小于 87%,其他部位回填土的压实度应符合表 8-1 规定。

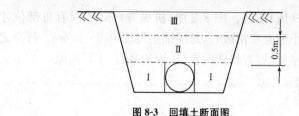

图 8-3　回填土断面图

表 8-1　沟槽回填土作为路基的最小压实度

由路槽底算起的深度范围/cm	道路类别	最低压实度(%)	
		重型击实标准	轻型击实标准
≤80	快速路及主干路	95	98
	次干路	93	95
	支路	90	92
80~150	快速路及主干路	93	95
	次干路	90	92
	支路	87	90
>150	快速路及主干路	87	90
	次干路	87	90
	支路	87	90

注:1. 表中重型击实标准的压实度和轻型击实标准的压实度,分别以相应的标准击实试验法求得最大干密度为100%。

2. 回填土的要求压实度,除注明者外,均为轻型击实标准的压实度。

(5)处于绿地或农田范围内的沟槽回填,表层 50cm 范围内不应压实,但可将表面整平,并预留沉降量。

2. 回填土夯实

回填土夯实的方法主要有人工夯实和机械夯(压)实两种。

(1)人工夯实法。图 8-3 中,对于填土的Ⅰ和Ⅱ两部位一般均采用人工分层夯实,每层填土厚 0.2~0.25m。打夯时沿一定方向进行,夯实过程中要防止管道中心线位移,或损坏钢管绝缘层。人工夯实通常适用于缺乏电源动力或机械不能操作的部位。

(2)机械夯(压)实法。图8-3中,机械夯(压)实只有Ⅲ部位才可使用。当使用小型夯实机械时,每层铺土厚度0.2~0.4m。打夯之前应对填土初步平整,打夯机依次夯打,均匀分布,不留间隙。

> **知识链接**
>
> **回填要求**
>
> 不得采用冻土、垃圾、木材及软性物质回填。管道两侧及管顶以上0.5m内的回填土,不得含有碎石、砖块等杂物,且不得用灰土回填。距离管顶0.5m以上的回填土中的石块不得多于10%,直径不得大于0.1m,且均匀分布。

四、路面恢复

(1)沥青路面和混凝土路面的恢复,应由具备专业施工资质的单位施工。

(2)回填路面的基础和修复路面材料的性能不应低于原基础和路面材料。

(3)当地市政管理部门对路面恢复有其他要求时,应按当地市政管理部门的要求执行。

> **知识链接**
>
> **管道路面标志设置**
>
> (1)当燃气管道设计压力大于或等于0.8MPa时,管道沿线应设置路面标志。混凝土和沥青路面,宜使用铸铁标志;人行道和土路,宜使用混凝土方砖标志;绿化带、荒地和耕地,宜使用钢筋混凝土桩标志。
>
> (2)路面标志应设置在燃气管道的正上方,并能正确、明显地指示管道的走向和地下设施。设置位置应为管道转弯处、三通处、四通处、管道末端等,直线管段路面标志的设置间隔不宜大于200m。
>
> (3)路面上已有能标明燃气管线位置的阀门井、凝水缸部件时,可将该部件视为路面标志。

(4)路面标志上应标注"燃气"字样,可选择标注"管道标志"、"三通"及其他说明燃气设施的字样或符号和"不得移动、覆盖"等警示语。

(5)铸铁标志和混凝土方砖标志的强度和结构应考虑汽车的荷载,使用后不松动或脱落,钢筋混凝土桩标志的强度和结构应满足不被人力折断或拔出。标志上的字体应端正、清晰,并凹进表面。

(6)铸铁标志和混凝土方砖标志埋入后应与路面平齐,钢筋混凝土桩标志埋入的深度,应使回填后不遮挡字体。混凝土方砖标志和钢筋混凝土桩标志埋入后,应采用红漆将字体描红。

第二节　燃气管道施工及其附属设备安装

一、燃气管道穿越道路与铁路

1. 燃气管道穿越道路

(1)管道穿越公路的夹角应尽量接近90°,在任何情况下不得小于30°。应尽量避免在潮湿或岩石地带以及需要深挖处穿越。

(2)燃气管道管顶距离公路路面埋深不得小于1.2m,距离路边边坡最低处的埋深不得小于0.9m。

(3)套管保护,如图8-4所示。采用套管保护施工应符合下列要求:

1)套管两端需超出路基底边。

2)当燃气管道外径不大于200mm时,套管内径应比燃气管道外径大100mm。当燃气管道外径大于200mm时,套管内径应比燃气管道外径大200mm。

3)在套管内的燃气管道尽量不设焊口,若非有焊口不可时,应在无损探伤和强度试验合格后,方准穿入套管内。

4)燃气管道需要穿过套管时,需要做特加强绝缘防腐层。

5)当穿越段有铁轨时,从轨底到套管顶应不小于1.2m。

(4)敷设方式。燃气管道穿越公路时,有地沟敷设、套管敷设和直埋敷设。

1) 地沟敷设：如图 8-5 所示，地沟需按设计要求砌筑，在重要的地沟端部应安装检漏管。

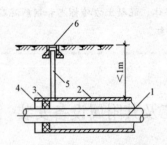
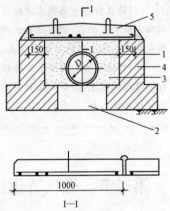

图 8-4 套管保护法
1—燃气管道；2—套管；3—油麻填料；
4—沥青密封层；5—检漏管；6—防护罩

图 8-5 燃气管道单管过街沟
1—燃气管道；2—原土夯实；3—填砂；
4—砖墙沟壁；5—盖板

2) 套管敷设：套管端部距离电车轨道不应小于 2.0m，距离道路边缘不应小于 2.0m。套管敷设有顶管法和明沟开挖两种形式。

3) 直埋敷设：当燃气管道穿越县、乡公路和机耕道时，可直接敷设在土壤中，不加套管。

特别提示

套管的使用范围

汽车专用公路和二级一般公路由于交通流量很大，不宜明挖施工，应采用顶管施工方法。其余公路一般均可以明沟开挖，埋设套管，将燃气管敷设在套管内。套管长度伸出公路边坡坡角外 2m。县乡公路和机耕道，可采用直埋方式，不加套管。

2. 燃气管道穿越铁路

管道穿越铁路时夹角应尽量接近 90°，不小于 30°。穿越点应选择在铁路区间直线段路堤下,土质均匀,地下水位低,有施工场地。穿越点不能选在铁路站区域和道岔内,穿越电气铁路不能选在回流电缆与钢轨连接处。

燃气管道穿越铁路施工,如图 8-6 所示。采用钢套管或钢筋混凝土套管防护,套管内径应比燃气管道外径大 100mm 以上。铁路轨道至套管顶不应小于 1.2m,套管端部距路堤坡脚外距离不应小于 2.0m。

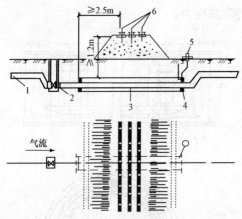

图 8-6　燃气管道穿越铁路
1—燃气管道;2—阀门井;3—套管;4—密封层;5—检漏管;6—铁道

(1)套管安装:穿越铁路的套管敷设采用顶管法。采用钢套管时,套管外壁与燃气管道应具有相同的防腐绝缘层。采用钢筋混凝土套管时,要求管子接口能承受较大顶力而不破裂,管节不易错开,防渗漏好,在管基不均匀沉陷时的变形较小等。钢筋混凝土套管多用平口管,两管节之间加塑料圈或麻辫,抹石棉水泥后内加钢圈。套管两端与燃气管道的间隙应采用柔性的防腐、防水材料密封,其中一端应装检漏管。检漏管用于鉴定套管内燃气管道的严密性,主要由管罩、检查管和防护罩组成。管罩与燃气管之间填以碎石或中砂,以便燃气管道漏气时,燃气易漏出。检查管要伸入安装在地面的防护罩内,并装有管接头和管堵。

(2)套管内燃气管道的安装:安装在套管内的燃气管道不宜有对接焊缝。当有对接焊缝时,焊接应采用双面焊,焊缝检查合格后,需做特级加强防腐处理。为了防止燃气管道进入套管时损坏防腐层,燃气管道应安装滚动或滑动支座,如图 8-7 所示。滑动支座事先固定在燃气管道上,支座与燃气管道之间垫橡胶板或油毛毡,防止移动燃气管道时支座损伤防腐层,支座间距按设计要求。安装支座时,要保证支座与燃气管道使用寿命相同,避免因锈蚀使支座损坏而使燃气管道悬空、承受过大的弯曲应力。

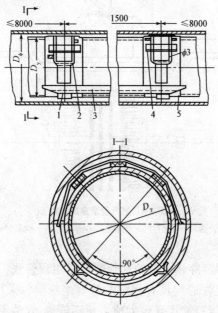

图 8-7 套管内燃气管道支座构造
1—卡板;2—加固拉条;3—滑道;4—楞条;5—包扎层

另外,当燃气管道穿越铁路干线处,路基下已做好涵洞,施工时将涵洞挖开,在涵洞内安装。涵洞两侧设检查井,均安装阀门。安装完毕后,按设计要求将挖开的涵洞口封住。穿越电气化铁路以及铁路编组枢纽一般采用架空跨越。

二、燃气管道穿、跨越河流

(一)燃气管道穿越河流

1. 沟槽开挖

(1)沟槽宽度及边坡坡度应按设计规定执行;当设计无规定时,由施工单位根据水底泥土流动性和挖沟方法在施工组织设计中确定,但最小沟底宽度应大于管道外径 1m。

(2)当两岸没有泥土堆放场地时,应使用驳船装载泥土运走。在水流较大的江中施工,且没有特别环保要求时,开挖泥土可排至河道中,任水流冲走。

(3)水下沟槽挖好后,应做沟底标高测量,宜按 3m 间距测量,当标高符合设计要求后即可下管。若挖深不够应补挖,若超挖应采用砂或小块卵石补到设计标高。

> **经验之谈**
>
> **水下沟槽开挖方式**
>
> (1)机械开挖,使用挖土机挖掘岸边的水下沟槽,挖掘的方式有正、反、拉铲等。当挖河床水下沟槽时,挖土机可以装在沿沟槽线路用钢丝绳及绞车移动的船上。
>
> (2)吸泥法,使用水力吸泥器或空气吸泥器吸泥。施工时,将高压水或压缩空气通过喷嘴,在混合室内形成负压产生吸力,当泥浆吸口靠近泥土表面,进入吸泥器内的水便带入泥砂,使管沟内的泥砂同水一起带走,该方式适用于砂性土壤。
>
> (3)水力冲击法,使用水力冲击器开挖沟槽。用长软管将水力冲击器接在泵上,橡胶管末端装有带有锥形水嘴的水枪。施工时,由高压离心泵供水,水下土被高速水柱冲开,形成管沟。
>
> 另外,还有使用船挖泥、水下爆破等方式完成水下沟槽开挖。

2. 管道组装

(1)在岸上将管道组装成管段,管段长度宜控制在 50～80m。

(2)组装完成后,焊缝质量应符合相关规定的要求,并应进行试验,合格后按设计要求加焊加强钢箍套。

(3)焊口应进行防腐补口,并应进行质量检查。

(4)组装后的管段应采用下水滑道牵引下水,置于浮箱平台,并调整至管道设计轴线水面上,将管段组装成整管。焊口应进行射线照相探伤和防腐补口,并应在管道下沟前对整条管道的防腐层做电火花绝缘检查。

3. 运管沉管

沉管前,检查设置的定位标志是否准确、稳固;开挖沟槽断面是否满足沉管要求,必要时由潜水员下水摸清沟槽情况,并清除沟槽内的杂物。

沉管方法有围堰法、河底拖运法、浮运法和船运法等。

(1)围堰法。围堰法就是首先将燃气管道穿越河底(或浅滩海底)处的河流段用围堰隔开,然后将隔开段的河水排尽,最后在河底进行开槽、敷管等工序,施工结束后把围堰拆除。

围堰施工法的平面布置如图 8-8 所示,围堰与燃气管道的距离应视水系及围堰结构等具体条件而定,一般应在 2m 以上。两岸河底应挖排水井,用于集聚河底淤水、围堰渗水及降低地下水位。

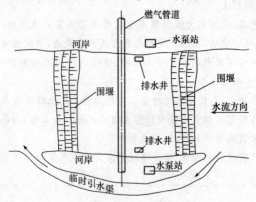

图 8-8 围堰施工平面布置示意图

围堰施工法可以采用一次围堰或交替围堰将河流部分隔断。交替围堰的施工过程如图 8-9 所示,第一道围堰围住河面的 2/3,待第一段管道敷设完毕再围第二道围堰,敷设第二段管道。这种方法的优点是河道不必断流,但在安装第一段管道的同时,应做好第一段管与第二道围堰接缝处的止水处理,最简单的方法是用黏土沿管周捣实,也可以用防水卷材在接缝处包扎数层。

(2)拖运法。拖运法适合于两岸场地空旷,河面较窄,航运船只不多处。将检验合格并做好防腐层的管子四周包扎木条,木条用铁丝扎紧以防损坏防腐层,如图 8-10 所示。包扎好的管道用卷扬机沿沟底拖拉至对岸,为了减少牵引力,在管端焊上堵板,以防河水进入管内。

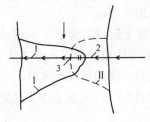
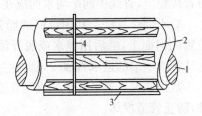

图 8-9 交替围堰　　　　　　　图 8-10 外包扎木条护管
Ⅰ—第一道围堰;Ⅱ—第二道围堰；　　1—管子;2—防腐层;3—木条;4—紧箍
1—第一段管道;2—第二段管道;
3—第一段管道与第二道围堰接缝

(3)浮运法。首先在岸边把管子焊接成一定的长度,并进行压力试验和涂敷包扎防腐绝缘层,然后拖拉下水浮运至设计确定的河面管道中心线位置,最后向管内灌水,使管子平稳地沉入到预先挖掘的沟槽内。

1)开挖水下沟槽。开挖前,应在两岸设置岸标,确定沟槽开挖的方向。当水较浅,小于 0.7m 时,可用人工开挖沟槽,否则就要采用机械设备开挖沟槽。

2)拖拉敷管法。如图 8-11 所示,在河岸一边组对管道,岸边宽度应足以放置整段过河管,拖拉设备全部安装在另一河边。下管时,沿沟槽中心线位置边拖拉边灌水，直至对岸。

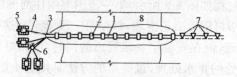

图 8-11　拖拉敷管法
1—管子；2—浮筒；3—拖管头；4—钢丝绳；
5—拖拉机（卷扬机）；6—滑车；7—吊管机；8—水底管沟

当管线头部设孔眼自动灌水拖管时，拖管速度与灌水速度应一致。若拖管速度大于灌水速度，则未充满水的管段有可能上浮。为保持管线稳定，管线中的平均水面应在河面以下 1m。

3）水面浮管法。利用浮筒或船只把管子运（拖）至水下沟槽中线位置的河面上，然后用灌水或脱开浮筒的方法使管线沉入水下沟槽。水从管线一端的进水管灌入，管内空气从另一端的排气阀放出。

敷设在河底或低洼地的燃气管道必须以不位移、不上浮为稳定条件，防止管道损坏。

（4）船运法。当河水流速较大或管子浮力较大时，可采用此法。将待运管平行河流方向排列，将数根管连接一体，系在船上，由船只将管道运至沟槽上方，用浮筒抛锚定位。等下沉管道运至沟槽上方检查无误后，开启进水口和排气孔阀门，边注水，边排气，管子边下沉，逐渐解开或放松绳索，管道下沉接近于沟底时，潜水员根据定位桩或岸标控制下沉管的位置。

4. 回填

管道就位后，检查管底与沟底接触的均匀程度和紧密性及管道接口情况，并测量管道高程和位置。为防止在拖运和就位过程中管道有损伤，必要时可进行第二次试压。以上项目经检查符合设计要求后，即可进行回填。

> **经验之谈**
>
> **管道回填最方便的方法**
>
> 回填时从施工角度考虑，最方便的方法是将开挖沟槽的土料直接作为回填土料。开挖时将土料堆放在管沟的两侧或一侧，利用水流自行回填或由潜水员操纵水枪进行。但从管道防腐角度考虑，最好使用洁净的砂石，故凡是砂石来源方便的地区，应尽量采用砂石材料回填。

5. 稳管

水下管道敷设后，沟槽回填土比较松软，存在较大的空隙，且竣工后由于河水流动、冲刷，会影响管道的稳定性，可采取以下措施稳管。

(1) 平衡重块。即在燃气管道上扣压重块，防止燃气管道上浮。常用的有钢筋混凝土重块和铸铁重块。为了便于施工扣压，钢筋混凝土抗浮块一般为鞍形，铸铁重块均为铰链形(图 8-12)。

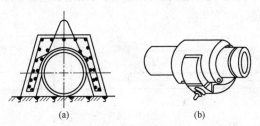

图 8-12　平衡重块
(a) 钢筋混凝土马鞍块；(b) 铸铁铰链块

(2) 抗浮抱箍。当燃气管道采用混凝土地基时，可以在地基上预埋螺栓，然后用扁钢或角钢制作的抱箍将燃气管道固定在地基上，如图 8-13 所示。抱箍须经防腐绝缘处理。

(3) 复壁管。复壁管就是双重管，即燃气管道外套套管，套管与燃气管之间用连接板焊接固定，为了增大管线重力，还可在复壁管的环形空间注入重混凝土拌合物，如图 8-14 所示。

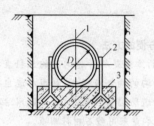

图 8-13 抗浮抱箍
1—钢抱箍；2—预埋螺栓；3—混凝土基础

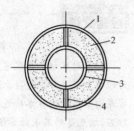

图 8-14 复壁管断面
1—套管；2—重晶石粉混凝土；
3—燃气管；4—连接板

(4)挡桩。即在管线下游一侧以一定间距布置挡桩，减少管线裸露跨度，使之能承受水流压力，如图 8-15 所示。

(5)石笼压重。使用细钢筋或钢丝编织成笼，内装块石，称为石笼。石笼稳管就是在管线的管顶间隔地铺放石笼，铺放位置略偏于管线上游一侧。石笼可采用投掷方法铺放、固定，适用于浮运施工法安装的燃气管道。

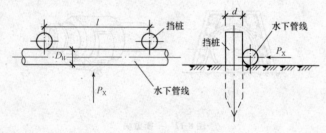

图 8-15 挡桩

(二)燃气管道跨越河流

1. 选择跨越路线

(1)跨越点应选河流的直线部分，因为在直线部分，水流对河床及河岸冲刷较少，水流流向比较稳定，跨越工程的墩台基础受漂流物的撞击机会较少。

(2)跨越点应在河流与其支流汇合处的上游，避免将跨越点设置在支流出口和推移泥砂沉积带的不良地质区域。

(3)跨越点应选在河道宽度较小,远离上游坝闸及可能发生冰塞和筏运壅阻的地段。

(4)跨越点必须在河流历史上无变迁的地段。

(5)跨越工程的墩台基础应在岩层稳定、无风化、错动、破碎的地质良好的地段。必须避开坡积层滑动或沉陷地区,洪积层分选不良及夹层地区;冲积层含有大量有机混合物的淤泥地区。

(6)跨越点附近不应有稠密的居民点。

(7)跨越点附近应有施工组装场地或有较为方便的交通运输条件,以便施工和今后维修。

2. 沿桥架设

将管道架设在已有的桥梁上,这样架设简便、投资少,但必须征得有关部门的同意。利用道路桥梁跨越河流的燃气管道,其管道输送压力不应大于 0.4MPa,且应采取必要的安全措施。如燃气管道应采用加厚的无缝钢管或焊接钢管,尽量减少焊缝,并对焊缝进行 100%探伤;采用较高等级的防腐保护并设置必要的温度补偿和减振措施。在确定管道位置时,应与沿桥架设的其他管道保持一定距离。

3. 管桥跨越

当不能沿桥架设、河流情况复杂或河道较窄时,应采用管桥跨越。管桥如图 8-16 所示,将燃气管桥搁置在河床上自建的管道支架上,管道支架应采用非燃烧材料制成,且应在任何可能的荷载情况下,能保证管道稳定和不受破坏。

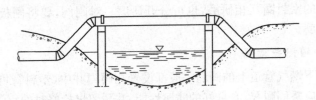

图 8-16 燃气管桥

三、燃气管道附属设备安装

（一）阀门安装

燃气管道中阀门是重要的控制设备，主要用以切断或接通管线，调节燃气的压力和流量。由于阀门经常处于备而不用的状态，又不便于检修，因此对它的质量和可靠性有严格的要求。

1. 阀门的检查和水压试验

阀门的检查通常是将阀盖拆下，彻底清洗后进行全面检查。阀芯与阀座是否吻合，密封面有无缺陷；阀杆与阀芯连接是否灵活可靠，阀杆有无弯曲，螺纹有无断丝；阀杆与填料压盖是否配合适当；阀体内外表面有无缺陷等。对高温或中高压阀门的腰垫及填料必须逐个检查更换。

阀门要按规定压力进行强度试验和严密性试验，试验介质一般为压缩空气，也可使用常温清水。强度试验时，打开阀门通路让压缩空气充满阀腔，在试验压力下检查阀体、阀盖、垫片和填料等有无渗漏。强度试验合格后，关闭阀路进行严密性试验，从一侧打入压缩空气至试验压力，从另一侧检查有无渗漏，两侧分开试验。

2. 阀门的研磨

阀门密封面的缺陷深度小于 0.05mm 时都可用研磨方法消除。深度大于 0.05mm 时应先在车床上车削或补焊后车削，然后研磨。研磨时必须在研磨表面涂一层研磨剂，常用的有人造刚玉、人造金刚砂和人造碳化硼。研磨方法可采用手工研磨和研磨机研磨。

对截止阀、升降式止回阀和安全阀，可直接将阀盘上的密封圈与阀座上的密封圈互相研磨，也可分开研磨。对闸阀，要将闸板与阀座分开研磨。

3. 阀门井砌筑

地下燃气管道上的阀门一般都设置在阀门井中（塑料管可不设）。阀门井应坚固耐久，有良好的防腐性能，并预留出检修时的空间。

安装阀门前，先施工阀门井的底板，当混凝土达到强度后，然后安装阀门或者先砌筑阀门井都可。当砖砌阀门井时,应妥善保护已安装好的阀件与管道,以免损伤和污染。若先砌筑阀门井后安装阀门时,为了便于施工,应在阀门安装后,再盖阀门井顶板。

阀门井的中心线应与管道平行,尺寸符合设计要求,底板坡向集水坑。防水层应合格,当场地限制无法在阀门井外壁做防水层时,应作内防水。人孔盖板应与地面一致,不可高于或低于地面,以免影响交通。

4. 阀门安装

(1)闸阀的安装。

1)闸阀可以安装在管道或设备的任何位置,通常没有规定介质的流向。

2)闸阀的安装姿态,根据闸阀的结构而定。双闸板结构的闸阀,阀杆应铅垂直安装,闸阀整体直立安装,手轮在上面;单闸板结构的闸阀,可在任意角度上安装,但不允许倒装,若倒

> 阀门安装高度应方便操作和检修,一般距离地面1.2mm为宜;当阀门中心距离地面超过1.8mm时,一般应集中布置并设固定平台;管线上的阀门手轮净间距不应小于100mm。

装,介质将长期存于阀体提升空间,检修不方便;对明杆闸阀必须安装在地面上,以免引起阀杆锈蚀。

3)小直径的闸阀在螺纹连接中,若安装空间有限,需拆卸压盖和阀杆手轮时,应略微开启阀门,再加力拧动和拆卸压盖。如果闸板处于全闭状态时,加力拧动压盖,易将阀杆拧断。

(2)地下手动阀的安装。

1)地下的手动阀门一般设在阀门井内,钢燃气管道上的阀门与补偿器可以预先组对好,然后与套在管子上的法兰组对,组对时应使阀门和补偿器的中心轴线与管道一致,并用螺栓将组对法兰紧固到一定程度后,进行管道与法兰的焊接。最后加入法兰垫片把组对法兰完全紧固。

2)铸铁燃气管道上的阀门安装如图 8-17 所示,安装前应先配备与阀门具有相同公称直径的承盘或插盘短管,以及法兰垫片和螺栓,并在地面上组对紧固后,再吊装至地下与铸铁管道连接,其接口最好

采用柔性接口。

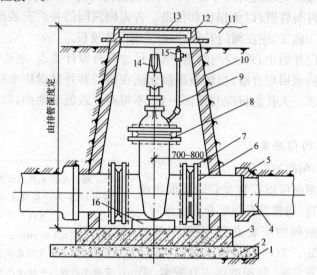

图 8-17　铸铁管道上的阀门安装
1—素土层；2—碎石基础；3—钢筋混凝土层；4—铸铁管；5—接口；
6—法兰垫片；7—盘插管；8—阀体；9—加油管；10—闸井墙；11—路基；
12—铸铁井框；13—铸铁井盖；14—阀杆；15—加油管阀门；16—预制钢筋水泥垫块

(3)截止阀和止回阀安装。

1)安装截止阀和止回阀时，应使介质流动方向与阀体上的箭头指向一致。

2)升降式止回阀只能水平安装；旋启式止回阀要保证阀盘的旋转轴呈水平状态，水平或垂直安装均可。

3)截止阀的安装，有着严格的方向限制，其原则是"低进高出"，即首先看清两端阀孔的高低，使进入管接入低端，出口管接于高端。这种方式安装时，其流动阻力小，开启省力，关闭后，填料不与介质接触，易于检修。

(4)旋塞阀安装。

1)旋塞阀广泛应用于小直径的燃气管道。根据密封方式分为无填料旋塞和有填料旋塞。

2)无填料旋塞利用阀芯尾部螺栓的作用,使阀芯与阀体紧密接触,不致漏气,只能用于低压管道上。

3)填料旋塞是利用填料填塞阀体与阀芯之间的间隙而避免漏气;可用于中压管道上。

4)安装时注意旋塞与管道的连接方式。如与燃气灶具相连的旋塞阀,进气接口与室内送气管相连,通常采用螺纹连接,在安装时应留有使用扳手的部位;出气接口与胶管相连,插上以后的胶管应该不易脱落。

(5)传动阀安装。

1)对 $DN \geqslant 500mm$ 齿轮传动的闸阀,水平安装有困难时可将阀体部分直埋土内,法兰接口用玻璃布包缠,而阀盖和传动装置必须用闸门井保护,如图 8-18 所示。

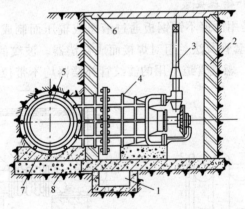

图 8-18 齿轮传动闸阀的水平安装
1—集水坑;2—闸井;3—传动轴;4—阀体;5—连接管道;
6—阀门井盖;7—混凝土垫块;8—碎石基础层

2)当站内地下闸阀埋深较浅时,阀体以下部分可直立直埋土内,法兰接口用玻璃布包缠,填料箱、传动装置和电动机等必须露出地面,并用不可燃材料保护。

(6)防爆阀安装。

1)防爆阀主要由阀体、阀盖、安全膜(由薄铝板制造)和重锤组成。

2)当燃气管道压力突然升高时,安全膜首先破裂,气体向外冲出,并掀动阀盖,因而支撑杆自动脱落,泄压后阀盖在重锤的作用下封闭阀口,防止空气渗入管路系统。

3)安全膜在安装前应进行破坏性试验,试验压力为工作压力的1.25倍。安装好后,应保证动作部分灵活,阀盖严密不漏。

(二)补偿器安装

补偿器也称调长器,常用于架空管道和需要进行蒸汽吹扫的管道上。在阀门的下侧(按气流方向),作用是调节管道胀缩量,便于阀门检修。常用于架空管道和需要用蒸汽吹扫的管道上。其补偿量约为10mm,如图8-19所示。

1. 波纹补偿器安装

波纹管是用薄壁不锈钢板通过液压或辊压而制成波纹形状,然后与端管、内套管及法兰组对焊接而成补偿器。波纹的形状有U形和Ω形两种。燃气管道上用的波纹管补偿器均不带拉杆,如图8-20所示。

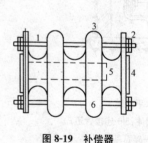

图8-19 补偿器
1—螺杆;2—紧固螺母;3—波节;
4—法兰盘;5—套管;6—沥青

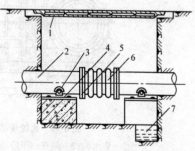

图8-20 地下管道波纹管安装示意图
1—闸井盖;2—地下管道;
3—滑轮组(120°);4—预埋钢板;
5—钢筋混凝土基础;6—波纹管;7—集水坑

波形补偿器安装前,先在两端接好法兰短管,用拉管器拉伸(或压缩)到预定值,整体和管道焊接完后,再将拉管器拆下。另外,波纹补偿器的安装应符合下列要求:

(1)安装前应按设计规定的补偿量进行预拉伸(压缩),受力应均匀。

> 波形补偿器内套有焊缝的一端,在水平管道上应迎介质流向安装,在铅垂管道上应置于上部。

(2)补偿器应与管道保持同轴,不得偏斜。安装时不得用补偿器的变形(轴向、径向、扭转等)来调整管位的安装误差。

(3)安装时应设临时约束装置,待管道安装固定后再拆除临时约束装置,并解除限位装置。

2. 填料式补偿器安装

填料式补偿器有铸铁制和铸钢制两种,同时又分单向和双向两种。单向补偿器应安装在固定支架旁边的直线管道上,双向补偿器安装在两个固定支架中间。安装前要将补偿器拆开,检查内部零件质量和填料是否齐全,是否符合设计技术要求。安装时要求补偿器中心线和直管段中心线一致,并在靠近补偿器两侧各设置一个导向支架,防止在运行时偏离中心位置。补偿器在安装时也应进行预拉伸,其拉伸值按设计规定。

此外,填料式补偿器的安装应符合下列要求:

(1)应按设计规定的安装长度及温度变化,留有剩余收缩量,允许偏差应满足产品安装说明书的要求,如图 8-21 所示,剩余收缩量可按下式计算:

$$S = S_0 \frac{t_1 - t_0}{t_2 - t_0}$$

式中 S——插管与外壳挡圈间的安装剩余收缩量(mm);

　　　S_0——补偿器的最大行程(mm);

　　　t_0——室外最低设计温度(℃);

　　　t_1——补偿器安装时的温度(℃);

　　　t_2——介质的最高设计温度(℃)。

(2)应与管道保持同心,不得歪斜。

(3)导向支座应保证运行时自由伸缩,不得偏离中心。

(4)插管应安装在燃气流入端。

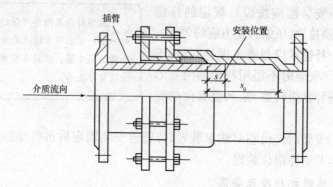

图 8-21　填料式补偿器安装剩余收缩量

(5)填料石棉绳应涂石墨粉并应逐圈装入,逐圈压紧,各圈接口应相互错开。

(三)凝水缸安装

钢制凝水缸在安装前,应按设计要求对外表面进行防腐;安装完毕后,凝水缸的抽液管应按同管道的防腐等级进行防腐;凝水缸必须按现场实际情况,安装在所在管段的最低处;而凝水缸盖应安装在凝水缸井的中央位置,出水口阀门的安装位置应合理,并应有足够的操作和检修空间。

(四)排水器安装

排水器又称抽水缸,其作用是把燃气中的水或油收集起来并能排出管道之外。管道应有一定的坡度,且坡向排水器,设在管道低点,通常每500m设置一台。考虑到冬季防止水结冰和杂物堵塞管道,排水器的直径可适当加大。排水器分为连续排水器和定期排水器。对于凝结水较少的燃气管道采用定期排水器。燃气管道投入运行后,其干管内产生的凝结水通过排水立管进入圆筒,积存于底,此时橡胶球浮起,凝结水通过泄水口排除。对于架空敷设的管道常用水封式连续排水器。根据燃气压力的高低确定为双级水封或单级水封,水封由隔离式漏斗补水。

(1)排水器安装前,应将其内部清理干净,并保证芯管完好。

(2)将排水器按图施工,进行组装。

(3)将排水器底平放于铲平的原土上,如土方开挖超深,应在排水器底部垫放水泥预制板,水泥预制板必须置于原土上。大口径排水器安装时,应预先浇筑混凝土基础,其面积大于排水器底部,厚度一般大于 30mm 以上。注意排水器应位于管道的最低点。在我国北方地区,应对排水器的筒体及排凝结水的立管进行保温,以免冬季冻坏。

第三节 燃气场站安装

一、燃气场站管道安装

1. 垫铁的安装

(1)使用斜垫铁或平垫铁调平时,应符合下列规定:

1)承受负荷的垫铁组,应使用成对斜垫铁,且调平后灌浆前用定位焊焊牢,钩头成对斜垫铁能用灌浆层固定牢固的可不焊。

2)承受重负荷或有较强连续振动的设备,宜使用平垫铁。

(2)每一垫铁组宜减少垫铁的块数,不宜超过 5 块,且不宜采用薄垫铁。放置平垫铁时,厚的放在下面,薄的放在中间且不宜小于 2mm,并应将各垫铁相互用定位焊焊牢,但铸铁垫铁可不焊。

(3)每一垫铁组应放置整齐平稳,接触良好。设备调平后,每组垫铁均应压紧,并应用手锤逐组轻击听声音检查。对高速运转的设备,当采用 0.05mm 塞尺检查垫铁之间及垫铁与底座面之间的间隙时,在垫铁同一断面处以两侧塞入的长度总和不得超过垫铁长度或宽度的 1/3。

(4)设备调平后,垫铁端面应露出设备底面外缘,平垫铁宜露出 10~30mm;斜垫铁宜露出 10~50mm。垫铁组伸入设备底座底面的长度应超过设备地脚螺栓的中心。

(5)安装在金属结构上的设备调平后,其垫铁均应与金属结构用定位焊焊牢。

(6)设备用螺栓调整垫铁调平应符合下列要求：

1)螺纹部分和调整块滑动面上应涂以耐水性较好的润滑脂。

2)调平应采用升高升降块的方法。需要降低升块时，应在降低后重新再做升高调整，调平后，调整块应留有调整的余量。

3)垫铁垫座应用混凝土灌牢，但不得灌入活动部分。

(7)设备采用调整螺钉调平时，应符合下列要求：

1)不作永久性支承的调整螺钉调平后，设备底座下应用垫铁垫实，再将调整螺钉松开。

2)调整螺钉支承板的厚度宜大于螺钉的直径。

3)支承板应水平，并应稳固地装设在基础面上。

4)作为永久性支承的调整螺钉伸出设备底座底面的长度，应小于螺钉直径。

> **知识链接**
>
> **设备采用无垫铁安装施工**
>
> (1)应根据设备的质量和底座的结构确定临时垫铁、小型千斤顶或调整顶丝的位置和数量。
>
> (2)当设备底座上设有安装用的调整顶丝(螺钉)时，支撑顶丝用的钢垫板放置后，其顶面水平度的允许偏差应为1/1000。
>
> (3)采用无收缩混凝土灌注应随即捣实灌浆层，待灌浆层达到设计强度的75%以上时，方可松掉顶丝或取出临时支撑件，并应复测设备水平度，将支撑件的空隙用砂浆填实。

(8)当采用坐浆法放置垫铁时，坐浆混凝土配制的施工方法应符合下列要求：

1)在设置垫铁的混凝土基础部位凿出坐浆坑，坐浆坑的长度和宽度应比垫铁的长度和宽度大60~80mm，坐浆坑凿入基础表面的深度不应小于30mm，且坐浆层混凝土的厚度不应小于50mm。

2)用水冲或用压缩空气吹除坑内的杂物，并浸润混凝土坑约为

30min,除尽坑内积水,坑内不得沾有油污。

3)在坑内涂一层薄的水泥浆,水泥浆的水灰比宜为(2~2.4):1。

4)将搅拌好的混凝土灌入坑内。灌注时应分层捣固,每层厚度宜为40~50mm,连续捣至浆浮表层。混凝土表面形状应呈中间高四周低的弧形。

5)当混凝土表面不再泌水或水迹消失后(具体时间视水泥性能、混凝土配合比和施工季节而定),即可放置垫铁并测定标高。垫铁上表面标高允许偏差为±0.5mm。垫铁放置于混凝土上应用手压、木锤敲击或手锤垫木板敲击垫铁面,使其平稳下降,敲击时不得斜击。

6)垫铁标高测定后,应拍实垫铁四周混凝土。混凝土表面应低于垫铁面2~5mm,混凝土初凝前应再次复查垫铁标高。

7)盖上草袋或纸袋并浇水湿润养护。养护期间不得碰撞和振动垫铁。

(9)设备采用减振垫铁调平,且应符合下列要求:

1)基础或地坪应符合设备技术要求,在设备占地范围内,地坪(基础)的高低差不得超出减振垫铁调整量的30%~50%,放置减振垫铁的部位应平整。

2)减振垫铁按设备要求,可采用无地脚螺栓或胀锚地脚螺栓固定。

3)设备调平时,各减振垫铁的受力应基本均匀,在其调整范围内应留有余量,调平后应将螺母锁紧。

4)采用橡胶垫型减振垫铁时,设备调平1~2周后,应再进行一次调平。

2. 地脚螺栓的安装

(1)埋设预留孔中的地脚螺栓应符合下列要求:

1)地脚螺栓在预留孔中应垂直,无倾斜。

2)地脚螺栓任一部分离孔壁的距离 a 应大于15mm,地脚螺栓底端不应碰孔底。

3)地脚螺栓上的油污和氧化皮等应清除干净,螺纹部分应涂少量油脂。

4)螺母与垫圈、垫圈与设备底座间的接触均应紧密。

5)拧紧螺母后,螺栓应露出螺母,其露出的长度宜为螺栓直径的1/3~2/3。

6)应在预留孔中的混凝土达到设计强度的75%以上时拧紧地脚螺栓,各螺栓的拧紧力应均匀。

(2)当采用和装设T形头地脚螺栓时,应符合下列要求:

1)T形头地脚螺栓的规格、尺寸和质量应符合国家现行标准《T形头地脚螺栓》与《T形头地脚螺栓基础板》的相关规定。

2)埋设T形头地脚螺栓基础板应牢固、平正。螺栓安装前,应加设临时盖板保护,并应防止油、水、杂物掉入孔内。

3)地脚螺栓光杆部分和基础板应刷防锈漆。

4)预留孔或管状模板内的密封填充物,应符合设计规定。

(3)装设胀锚螺栓应符合下列要求:

1)胀锚螺栓的中心线应按施工图放线。胀锚螺栓的中心至基础或构件边缘的距离不得小于胀锚螺栓公称直径 d 的7倍,底端至基础底面的距离不得小于 $3d$,且不得小于30mm。相邻两根胀锚螺栓的中心距离不得小于 $10d$。

2)装设胀锚螺栓的钻孔应防止与基础或构件中的钢筋、预埋管和电缆等埋设物相碰,不得采用预留孔。

3)安设胀锚螺栓的基础混凝土强度不得小于10MPa。

4)基础混凝土或钢筋混凝土有裂缝的部位不得使用胀锚螺栓。

5)胀锚螺栓钻孔的直径和深度应符合规定,钻孔深度可超过规定值5~10mm,成孔后应对钻孔的孔径和深度及时进行检查。

(4)地脚螺栓露出基础部分应垂直,设备底座套入地脚螺栓应有调整余量,每个地脚螺栓均不得有卡住现象。

(5)装设环氧树脂砂浆锚固地脚螺栓,应符合下列要求:

1)螺栓中心线至基础边缘的距离不应小于 $4l$,且不应小于100mm;当小于100mm时,应在基础边缘增设钢筋网或采取其他加固措施。螺栓底端至基础底面的距离不应小于100mm。

2)螺栓孔应避开基础受力钢筋的水电、通风管线等埋设物。

3) 当钻地脚螺栓孔时,基础混凝土强度不得小于 10MPa,螺栓孔应垂直,孔壁应完整,周围无裂缝和损伤,其平面位置偏差不得大于 2mm。

4) 成孔后,应立即清除孔内的粉尘、积水,并应用螺栓插入孔中检验深度,深度适宜后,将孔口临时封闭。在浇筑环氧树脂砂浆前,应使孔壁保持干燥,孔壁不得沾染油污。

5) 地脚螺栓表面的油污、铁锈和氧化铁皮应清除,且露出金属光泽,并应用丙酮擦洗洁净,方可插入灌有环氧砂浆的螺栓孔中。

3. 灌浆

(1) 预留地脚螺栓孔或设备底座与基础之间的灌浆,应符合现行国家标准《混凝土结构工程施工质量验收规范》(GB 50204)的相关规定。

(2) 预留孔灌浆前,灌浆处应清洗洁净,灌浆宜采用细碎石混凝土,其强度应比基础或地坪的混凝土强度高一级,灌浆时应捣实,并不应使地脚螺栓倾斜和影响设备的安装精度。

(3) 当灌浆层与设备底座面接触要求较高时,宜采用无收缩混凝土或水泥砂浆。

(4) 灌浆层仅用于固定垫铁或防止油、水进入的灌浆层,厚度应不小于 25mm,当灌浆有困难时,其厚度可小于 25mm。

(5) 灌浆前应敷设外模板。外模板至设备底座面外缘的距离 c 不宜小于 60mm。模板拆除后,表面应进行抹面处理。

(6) 当设备底座下不需要全部灌浆,且灌浆层需承受设备负荷时,应敷设内模板。

4. 管的焊接

(1) 管道连接时,不得采用强力对口、加热管子、加偏心垫或多层垫等方法来消除接口端面的偏差。

(2) 工作压力等于或大于 6.3MPa 的管道,其对口焊缝的质量,不应低于Ⅱ级焊缝标准;工作压力小于 6.3MPa 的管道,其对口焊缝质量不应小于Ⅲ级焊缝标准。

(3)壁厚大于25mm的10号、15号和20号低碳钢管道在焊接前应进行预热,预热温度为100~200℃;当环境温度低于0℃时,其他低碳钢管道也应预热至手有温感;合金钢管道的预热按设计规定进行。壁厚大于36mm的低碳钢、大于20mm的低合金钢、大于10mm的不锈钢管道,焊接后应进行与其相应的热处理。

(4)采用氩弧焊焊接或用氩弧焊打底时,管内宜通保护气体。

知识链接

宜采用氩弧焊焊接或用氩弧焊打底,电弧焊填充的焊缝
(1)液压伺服系统管道焊缝。
(2)奥氏体不锈钢管道焊缝。
(3)焊后对焊缝根部无法清理的液压、润滑系统管道的焊缝。

焊后应进行探伤抽查,按规定抽查量探伤不合格者,应加倍抽查该焊工的焊缝,仍不合格时,应对其全部焊缝进行无损探伤。

5. 管道的防腐和保护

(1)液压、润滑管道的除锈,应采用酸洗法。管道的酸洗,应在管道配制完成,已具备冲洗条件后进行。对涂有油漆的管子,在酸洗前应把油漆除净。

(2)油库或液压站内的管道,宜采用槽式酸洗法;从油库或液压站至使用点或工作缸的管道,可采用循环酸洗法。

(3)槽式酸洗法可按下述要求进行。

1)槽式酸洗法的一般操作程序为:脱脂→水冲洗→酸法→水冲洗→中和→钝化→水冲洗→干燥→喷防锈油(剂)→封口。

2)酸洗应严格按所选配方要求进行;

3)将管道放入酸洗槽时,宜小管在上,大管在下。

(4)循环酸洗法可按下述要求进行:

1)循环酸洗法的一般操作程序为:水试漏→脱脂→水冲洗→酸洗→中和→钝化→水冲洗→干燥→喷防锈油(剂)。

2)组成回路的管道长度,可根据管径、管压和实际情况确定,但不

宜超过 300m。回路的构成,应使所有管道的内壁全部接触酸液。

3)回路的管道最高部位应设排气点,在酸洗进行前,应将管内空气排尽;最低部位应设排空点,在酸洗完成后,应将溶液排净。

4)在酸洗回路中应通入中和液,并应使出口溶液不呈酸性为止。溶液的酸碱度可采用 pH 试纸检查。

5)可采用将脱脂、酸洗、中和、钝化四个工序合一的清洗液(四合一清洗剂)进行管道酸洗。

(5)气动系统管道安装完成后,应采用干燥的压缩空气进行吹扫。各种阀门及辅助元件不得投入吹扫。气缸和气动马达的接口应封闭。

(6)管道吹扫后的清洁度,应在排气口采用白布或涂有白漆的靶板检查。在 5min 内,其白布或靶板上以无铁锈、灰尘及其他脏物为合格。

(7)管道涂漆应符合下列要求:

1)管道涂防锈漆前,应除净管外壁的铁锈、焊渣、油垢及水分等。

2)管道举面漆应在试压合格后进行,当需要在试压前涂面漆时,其焊缝部位不应涂漆,待试压合格后补涂。

3)涂漆施工宜在 5~40℃ 的环境温度下进行,漆后自然干燥。未干燥前应采取防冻、防雨、防止灰尘脏物的措施。

4)涂层厚度应符合设计规定,涂层应均匀、完整、无损坏和漏涂。

5)漆膜应附着牢固、无剥落、褶皱、气泡、针孔等缺陷。

二、燃气场站内机具安装

(一)风机安装

(1)风机的开箱检查应符合下列要求:

1)按设备装箱单清点风机的零件、部件和配套件应齐全。

2)核对叶轮、机壳和其他部位的主要安装尺寸应与设计相符。

3)风机进口和出口的方向(或角度)应与设计相符,叶轮旋转方向和定子导流叶片的导流方向应符合设备技术文件的规定。

4)风机外露部分各加工面应无锈蚀,转子的叶轮和轴颈、齿轮的齿面和齿轮轴的轴颈等主要零件、部件的重要部位应无碰伤和明显的变形。

5) 整体出厂的风机,进气口和排气口应有盖板遮盖,并防止尘土和杂物进入。

(2) 风机的搬运和吊装应符合下列要求:

1) 整体出厂的风机搬运和吊装时,绳索不得捆缚在转子和机壳上盖或轴承上盖的吊耳上。

2) 解体出厂的风机绳索的捆缚不得损伤机件表面,转子和齿轮的轴颈、测振部位均不得作为捆缚部位,转子和机壳的吊装应保持水平。

3) 当输送特殊介质的风机转子和机壳内涂有保护层时,应妥善保护,不得损伤。

4) 转子和齿轮不得直接放在地上滚动或移动。

(3) 风机组装前应按下列要求进行清洗和检查。

(4) 风机机组轴系的找正应首先选择位于轴系中间或质量大、安装难度大的机器作为基准机器进行调平,其余非基准机器应以基准机器为基准找正调平,使机组轴系在运行时成为两端扬度相当的连续曲线。机组轴系的最终找正应以实际转子通过联轴器进行并达到上述要求。

(5) 风机的进气、排气管路和其他管路的安装,除应按现行国家标准《工业金属管道工程施工及验收规范》(GB 50235)执行外,还应符合下列要求:

1) 风机的进气、排气系统的管路、大型阀件、调节装置、冷却装置和润滑油系统等管路均应有单独的支承,并与基础或其他建筑物连接牢固。

2) 与风机进气口和排气口法兰相连的直管段上,不得有阻碍热胀冷缩的固定支撑。

3) 各管路与风机连接时,法兰面应对中并平行。

4) 气路系统中补偿器的安装,应按设备技术文件的规定执行。

5) 管路与机壳连接时,机壳不得承受外力。连接后,应复测机组的安装水平和主要间隙,并应符合要求。

(6)润滑、密封、控制和冷却系统以及进气、排气系统的管路除应进行除锈、清洗洁净保持畅通外,其受压部分应按设备技术文件的规定做严密性试验。

(7)风机传动装置的外露部分、直接通大气的进口,其防护罩(网)在试运转前应安装完毕。

(二)压缩机安装

1. 解体出厂的往复活塞式压缩机

(1)在组装机身和中体时应符合下列要求:

1)将煤油注入机身内,使润滑油升至最高油位,持续时间不得小于4h,并无渗漏现象。

2)机身安装的纵向和横向水平偏差不应大于0.05/1000。

> **知识链接**
>
> **压缩机机身安装测量部位要求**
>
> (1)卧式压缩机、对称平衡型压缩机的横向安装水平应在机身轴承孔处进行测量,纵向安装水平应在滑道的前、后两点的位置上进行测量。
> (2)立式压缩机应在机身接合面上测量。
> (3)L形压缩机应在机身法兰面上测量。

3)两机身压缩机主轴承孔轴线的同轴度应不大于0.05mm。

(2)组装曲轴和轴承时应符合下列要求:

1)曲轴和轴承的油路应洁净和畅通,曲轴的堵油螺塞和平衡块的锁紧装置应紧固。

2)轴瓦钢壳与轴承合金层粘合应牢固,并无脱壳和哑声现象。

3)轴瓦背面与轴瓦座应紧密贴合,其接触面面积应不小于70%。

4)轴瓦与主轴颈之间的径向和轴向间隙应符合设备技术文件的规定。

5)对开式厚壁轴瓦的下瓦与轴颈的接触弧面夹角应不小于90°,接触面面积不应小于该接触弧面面积的70%;四开式轴瓦的下瓦和侧瓦与轴颈的接触面面积不应小于每块瓦面积的70%。

6) 薄壁瓦的瓦背与瓦座应紧密贴合。当轴瓦外圆直径小于或等于 200mm 时，其接触面面积不应小于瓦背面积的 85%；当轴瓦外圆直径大于 200mm 时，其接触面面积不应小于瓦背面积的 70%，且接触应均匀。薄壁瓦的组装间隙应符合设备技术文件的规定，瓦面的合金层不宜刮研，当需要刮研时，应修刮轴瓦座的内表面。

7) 曲轴安装的水平偏差应不大于 0.10/1000，并在曲轴每转 90°的位置上，用水平仪在主轴颈上进行测量。

8) 曲轴轴线对滑道轴线的垂直度偏差应不大于 0.10/1000。

9) 检查各曲柄之间上下左右四个位置的距离，其允许偏差应符合设备技术文件的规定。当无规定时，其偏差不应大于行程的 0.10/1000。

10) 曲轴组装后盘动数转，无阻滞现象。

(3) 组装气缸时应符合下列要求：

1) 气缸组装后，其冷却水路应按设备技术文件的规定进行严密性试验，并无渗漏。

2) 卧式气缸轴线对滑道轴线的同轴度允许偏差应符合表 8-2 的规定，其倾斜方向应与滑道倾斜方向一致。在调整气缸轴线时，不得在气缸端面加放垫片。

3) 立式气缸找正时，活塞在气缸内四周的间隙应均匀，其最大与最小间隙之差不应大于活塞与气缸间平均间隙值的 1/2。

表 8-2   气缸轴线对滑道轴线的同轴度允许偏差   mm

气缸直径	径向位移	整体倾斜
100~300	0.07	0.02
300~500	0.10	0.04
500~1000	0.15	0.06
>1000	0.20	0.08

(4) 组装连杆时应符合下列要求：

1) 油路应清洁和畅通。

2)厚壁的连杆大头瓦与曲柄轴颈的接触面面积不应小于大头瓦面积的70%;薄壁的连杆大头瓦不宜研刮,其连杆小头轴套(轴瓦)与十字销的接触面面积不应小于小头轴套(轴瓦)面积的70%。

3)连杆大头瓦与曲柄轴颈的径向间隙、轴向间隙应符合设备技术文件的规定。

4)连杆小头轴套(轴瓦)与十字销的径向间隙、轴向间隙,均应符合设备技术文件的规定。

5)连杆螺栓和螺母应按设备技术文件规定的预紧力,均匀拧紧和锁牢。

(5)组装十字头时应符合下列要求:

1)十字头滑履与滑道接触面面积不应小于滑履面积的60%。

2)十字头滑履与滑道间的间隙在行程的各位置上均应符合设备技术文件的规定。

3)对称平衡型压缩机的十字头组装时,应按制造厂所作的标记进行,并不得装错,以保持活塞杆轴线与滑道轴线重合。

4)十字头销的连接螺栓和锁紧装置,均应拧紧和锁牢。

(6)组装活塞和活塞杆时应符合下列要求:

1)活塞环表面应无裂纹、夹杂物和毛刺等缺陷。

2)活塞环应在气缸内做漏光检查。在整个圆周上漏光不应超过两处,每处对应的弧长应不大于36°,且与活塞环开口的距离应大于对应15°的弧长,但非金属环除外。

3)活塞环与活塞环槽端面之间的间隙、活塞环放入气缸的开口间隙,均应符合设备技术文件的规定。

4)活塞环在活塞环槽内应能自由转动,手压活塞环时,环应能全部沉入槽内,相邻活塞环开口的位置应互相错开。

5)活塞与气缸镜面之间的间隙和活塞在气缸内的内、外止点间隙应符合设备技术文件的规定。

6)浇有轴承合金的活塞支承面,与气缸镜面的接触面面积不应小于活塞支承弧面的60%。

7)活塞杆与活塞、活塞杆与十字头应连接牢固并且锁紧。

(7)组装填料和刮油器时应符合下列要求：

1)油、水、气孔道应清洁和畅通。

2)各填料环的装配顺序不得互换。

3)填料与各填料环端面、填料盒端面的接触应均匀，其接触面面积不应小于端面面积的70%。

4)填料、刮油器与活塞杆的接触面面积应符合设备技术文件的规定。当无规定时，其接触面面积不应小于该组环面积的70%，且接触应均匀。

5)刮油刃口不应倒圆，刃口应朝向来油方向。

6)填料和刮油器组装后，各处间隙应符合设备技术文件的规定，并能自由转动。

7)填料压盖的锁紧装置应锁牢。

(8)组装气阀时应符合下列要求：

1)各气阀弹簧的自由长度应一致，阀片和弹簧无卡住和歪斜现象。

2)阀片升程应符合设备技术文件的规定。

3)气阀组装后应注入煤油进行严密性试验，且无连续的滴状渗漏。

(9)组装盘车装置应符合下列要求：

1)盘车装置可在曲轴就位后进行组装，并应符合设备技术文件的规定。

2)应调整操作手柄的各个位置，其动作应正确可靠。

2. 整体出厂的压缩机

压缩机的安装水平偏差不应大于0.20/1000，并应在下列部位进行测量：

(1)卧式压缩机、对称平衡型压缩机应在机身滑道面或其他基准面上测量。

(2)立式压缩机应拆去气缸盖，并在气缸顶平面上测量。

(3)其他形式的压缩机应在主轴外露部分或其他基准面上测量。

3. 螺杆式压缩机

(1)整体安装的压缩机在防锈保证期内安装时，其内部可不拆清洗。

(2)整体安装的压缩机纵向和横向安装水平偏差应不大于0.20/1000,并应在主轴外露部分或其他基准面上进行测量。

(3)压缩机空负荷试运转应符合下列要求:

1)起动油泵,在规定的压力下运转应不小于15min。

2)单独起动驱动机,其旋转方向应与压缩机相符;当驱动机与压缩机连接后,盘车应灵活、无阻滞现象。

3)起动压缩机并运转2~3min,无异常现象后其连续运转时间应不小于30min;停机时,油泵应在压缩机停转15min后,方可停止运转,停泵后应清洗各进油口的过滤网。

4)再次起动压缩机,应连续进行吹扫,并不小于2h,轴承温度应符合设备技术文件的规定。

(4)压缩机空气负荷试运转应符合下列要求:

1)各种测量仪表和有关阀门的开启或关闭应灵敏、正确、可靠。

2)起动压缩机空负荷运转应不少于30min。

3)应缓慢关闭旁通阀,并按设备技术文件规定的升压速率和运转时间,逐级升压试运转,使压缩机缓慢地升温。在前一级升压运转期间无异常现象后,方可将压力逐渐升高,升压至额定压力下连续运转的时间不应小于2h。

(5)压缩机升温试验运转应按设备技术文件的规定执行。

(6)压缩机试运转合格后,应彻底清洗润滑系统,并更换润滑油。

特别提示

检查项目

在额定压力下连续运转中,应检查下列项,并每隔0.5h记录一次:

(1)润滑油压力、温度和各部分的供油情况。

(2)各级吸、排气的温度和压力。

(3)各级进、排水的温度和冷却水的供水情况。

(4)各轴承的温度。

(5)电动机的电流、电压、温度。

4. 压缩机的附属设备的安装

(1)压缩机的附属设备(冷却器、气液分离器、缓冲器、干燥器、储气罐、滤清器、放空罐)就位前,应检查管口方位、地脚螺栓孔和基础的位置,并与施工图相符,各管路应清洁和畅通。

(2)附属设备中的压力容器在安装前的强度试验和严密性试验,应按国家现行《压力容器安全技术监察规程》的规定执行。当压力容器外表完好、具有合格证、在规定的质量保证期内安装时,可不作强度试验,但应作严密性试验。

(3)卧式设备的安装水平和立式设备的铅垂度偏差应不大于 1/1000。

(4)淋水式冷却器排管的安装水平和排管立面的铅垂度偏差应不大于 1/1000,其溢水槽的溢水口应水平。

(三)泵的安装

(1)检查泵的安装基础的尺寸、位置和标高是否符合工程设计要求。

(2)泵的开箱检查应符合下列要求:

1)按设备技术文件的规定清点泵的零件和部件,无缺件、损坏和锈蚀等,管口保护物和堵盖应完好。

2)核对泵的主要安装尺寸是否与工程设计相符。

3)核对输送特殊介质的泵的主要零件、密封件以及垫片的品种和规格。

(3)出厂时已装配、调整完善的部分不得拆卸。

(4)驱动机与泵连接时,应以泵的轴线为基准找正;驱动机与泵之间有中间机器连接时,以中间机器轴线为基准找正。

(5)管道的安装除应符合现行国家标准《工业金属管道工程施工规范》(GB 50235—2010)的规定外,还应符合下列要求:

1)管子内部和管端应清洗洁净,清除杂物,密封面和螺纹不应损伤。

2)吸入管道和输出管道应有各自的支架,泵不得直接承受管道的质量。

3）相互连接的法兰端面应平行，螺纹管接头轴线应对中，不应借法兰螺栓或管接头强行连接。

4）管道与泵连接后，应复检泵的原找正精度，发现管道连接引起偏差时，应调整管道。

5）管道与泵连接后，不应在其上进行焊接和气割；当需焊接和气割时，应拆下管道或采取必要的措施，并应防止焊渣进入泵内。

6）泵的吸入和排出管道的配置应符合设计规定。

（6）润滑、密封、冷却和液压等系统的管道应清洗洁净保持畅通，其受压部分应按设备技术文件的规定进行严密性试验。当无规定时，应按现行国家标准《工业金属管道工程施工规范》（GB 50235）的相关规定执行。

（7）泵的试运转应在其各附属系统单独试运转正常后进行。

（8）泵应在有介质情况下进行试运转，试运转的介质或代用介质均应符合设计的要求。

三、燃气储气罐安装

燃气储气罐可分为低压储气罐和高压储气罐。低压储气罐的工作压力一般在10kPa以下，储气压力基本稳定，储气量的变化使储罐容积相应变化。低压储气罐又可分为湿式储气罐和干式储气罐；高压储气罐按其形状可分圆筒形储气罐和球形储气罐两种。本书主要介绍球形储气罐的安装。

（一）球形储气罐安装

球形储气罐安装前应对基础各部位尺寸进行检查和验收。

1. 球壳板的预制

（1）球壳板的外形尺寸要求。

1）球壳板曲率检查（图8-22）所用的样板及球壳板与样板允许间隙应符合表8-3的规定。

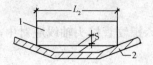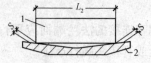

图 8-22 球壳板曲率检查
1—样板;2—球壳板

表 8-3 样板及球壳板与样板允许间隙

球壳板弦长 L_1/m	样板弦长 L_2/m	允许间隙 S/mm
≥2	2	3
<2	与球壳板弦长相同	3

2)球壳板几何尺寸(图 8-23)允许偏差应符合表 8-4 的规定。

表 8-4 球壳板几何尺寸允许偏差

项 目	允许偏差/mm
长度方向弦长 L_1、L_2、L_3	±2.5
任意宽度方向弦长 B_1、B_2、B_3	±2
对角线弦长 D	±2
两条对角线间的距离	5

注:对刚性差的球壳板,可检查弧长,其允许偏差应符合表中前 2 项的规定。

(2)球壳板焊接坡口应符合下列要求。

1)气割坡口表面质量应符合下列要求:

①平面度应小于或等于球壳板名义厚度(δ_n)的 0.04 倍,且不得大于 1mm。

②表面应平滑,表面粗糙度 R_a≤25μm。

③缺陷间的极限间距 Q≥0.5m。

④熔渣与氧化皮应清除干净,坡口表面不应有裂纹和分层等缺陷。用标准抗拉强度大于 540MPa 的钢材制造的球壳板,坡口表面应经磁粉或渗透检测抽查,不应有裂纹、分层和夹渣等缺陷。抽查数量

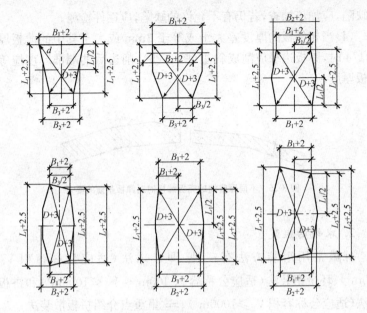

图 8-23 球壳板几何尺寸检查

为球壳板数量的 20%,若发现有不允许的缺陷,应加倍抽查;若仍有不允许的缺陷,应逐件检测。

2)坡口几何尺寸允许偏差应符合下列要求(图 8-24):

①坡口角度(α)的允许偏差为 $\pm 2°30'$。

②坡口钝边(P)及坡口深度(h)的允许偏差为 $\pm 1.5mm$。

(3)球壳板周边 100mm 范围内应进行全面积超声检测抽查,抽查数量不得少于球壳板总数的 20%,且每带应不少于 2 块,上、下极应不少于 1 块。对球壳板有超声检测要求的还应进行超声检测抽查,抽查数量与周边抽查数量相同。检测方法和结果

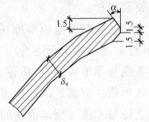

图 8-24 球壳板坡口几何尺寸检查

应符合现行国家标准《承压设备无损检测》(JB/T 4730.1~JB/T 4730.6)的相关规定,合格等级应符合设计图样的要求。若有不允许

的缺陷,应加倍抽查,若仍有不允许的缺陷,应逐件检测。

(4)当相邻板的厚度差大于或等于 3mm 或大于其中的薄板厚度的 1/4 时,厚板边缘应削成斜边(图 8-25),削边后的端部厚度应等于薄板厚度。

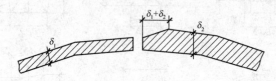

图 8-25　不同厚度的球壳板焊接时对厚板削薄的要求

2. 球罐的组装

球罐常用组装方法有三种:即半球法(适应公称容积 $V_g \geqslant 400\text{m}^3$)、环带组装法(适应公称容积 $400\text{m}^3 \leqslant V_g < 1000\text{m}^3$)和拼板散装法(适应公称容积 $V_g \geqslant 1000\text{m}^3$)。这里重点介绍拼板散装法。

拼板散装法是指在球罐基础上,将球壳板逐块地组装起来。也可以在地面将各环带上相邻的两块、三块或四块拼对组装成大块球壳板,然后将大块球壳板逐块组装成球。

(1)球板地面拼对。在地面拼对组装时,注意对口错边及角变形。在点焊前应反复检查,严格控制几何尺寸变化。所有与球壳板焊接的定位块,焊接应按焊接工艺完成。用完拆除时禁止用锤强力击落,以免拉裂母材。

1)支柱与赤道板地面拼对,首先在支柱、赤道板上划出纵向中心线(板上还须画出赤道线)。把赤道板放在规定平台的垫板上,支柱上部弧线与赤道板贴合,应使其自然吻合,否则应进行修整。赤道板与支柱相切线应满足(符合)基础中心直径,同时,用等腰三角形原理调整支柱与赤道带板赤道线的垂直度,再用水准仪找平。拼对尺寸符合要求后再点焊,如图 8-26 所示。

2)上下温带板、寒带板及极板地面拼对,按制造厂的编号顺序把相邻的 2~3 块球壳板拼成一大块,拼对须在胎具上进行,在球壳板上按

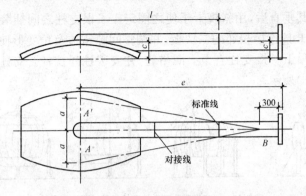

图 8-26 支柱对接找正

800mm 左右的间距焊接定位块,用卡码连接两块球壳板并调整间隙。

> **知识链接**
>
> **错边及角变形要求**
>
> (1)间隙:3mm±2mm。
> (2)错边:≤3mm(用 1m 样板测量)。
> (3)角变形:≤7mm,每条焊缝上、中、下各测一点(用 1m 样板测量),并记录最大偏差处。

3)球罐组装时,相邻焊缝的边缘距离不应小于球壳板厚度的3倍,且应不小于 10mm。

(2)吊装组对。

1)支柱赤道带吊装组对,支柱对焊后,对焊缝进行着色检查,测量从赤道线到支柱底的长度,并在距支柱底板一定距离处画出标准线,作为组装赤道带时找水平,以及水压试验前后观测基础沉降的标准线。基础复测合格后,摆上垫铁,找平后放上滑板,在滑板上画出支柱安装中心线。

按支柱编号顺序,把焊好的赤道板,支柱吊装就位,找正支柱垂直度后,固定预先捆好的四根揽风绳,使其稳定,然后调整预先垫好的平垫铁,使其垂直后,用斜楔卡子使之固定。二根支柱之间插装一块赤道板,用卡具连接相邻的二块板,并调整间隙错边及角变形使其符合要求,在吊下一根支柱直至一圈吊完,并安装柱间拉杆。支柱吊装如图 8-27(a)所示。

图 8-27 以赤道带为基准的逐块组装过程示意图
(a)相邻两支柱间安装赤道板;(b)赤道带合围;(c)下上温带组装;(d)下上极板组装

赤道带是球罐的基准带,其组装精确度直接影响其他各环带甚至整个球罐的安装质量,所以吊装完的赤道带应校正调圆间隙,错边角变形等应符合以下要求:

间隙(3±2)mm;错边<3mm;角变形≤7mm;支柱垂直度允差≤12mm;椭圆度不得大于 80mm。

检查以上尺寸合格后方可允许点焊,赤道带合围吊装如图 8-27(b)所示。

2)上下温带吊装相对,拼接好的上下温带,在吊装前应将挂架、跳板、卡具带上并捆扎牢固,吊装按以下工艺进行:

先吊装下温带板,吊点布置为大头两个吊点,小头两相近的吊点成等腰三角形,用钢丝绳和倒链连接吊点,并调整就位角度。就位后用预先带在块板上的卡码连接下温带板与赤道带板的环缝,使其稳固,并用弧度与球罐内弧度相同的龙门板作连接支撑(大头龙门板 9 块,小头龙门板 3 块),再用方楔圆销调整焊缝使其符合要求。

用同样的方法吊装第二块温带板,就位后紧固第一块温带板的竖缝与赤道带板的环缝的连接卡具,并调整各部位的尺寸间隙,后带上五块连接龙门板。依次把该环吊装组对完,再按上述工艺吊装上温带。

上、下温带组装点焊后,对组装的球罐进行一次总体检查,其错

第八章 城镇燃气输配工程施工技术

边、间隙、角变形、椭圆度等均应符合要求后,方可进行主体焊接。

上、下极板吊装组对与上、下温带组对工艺基本相同。

3)上下极吊装组对,赤道带、温带等所有对接焊缝焊完并经外观和无损检测合格后,吊装组对极板。先吊装放置于基础内的下极板,后吊装上极板。吊装前检测温带径口及极板径口尺寸。尺寸相符再组对焊接。极板就位后应检查接管方位符合图纸要求并调整环口间隙、错边及角变形均符合要求,方可进行点焊。

3. 附件制作安装

(1)盘梯的组对与安装。盘梯内外侧栏杆放出实样后,应在下边线上画出踏步板的位置线,然后将踏步板对号安装,逐块点焊牢固。

盘梯安装一般采用两种方法,一种方法是先把支架焊在球罐上再整体吊装盘梯。这种方法要求支架在球罐上的安装位置必须准确。另一种方法是把支架焊在盘梯上,连同支架一起将盘梯吊起,在球罐上找正就位。

> 盘梯吊装时,应注意防止变形。

(2)人孔及接管等受压元件的安装。

1)开孔位置允许偏差为 5mm。

2)开孔直径与组装件直径之差宜为 2～5mm。

3)接管外伸长度及位置允许偏差为 5mm。

4)除设计规定外,接管法兰面应与接管中心轴线垂直,且应使法兰面水平或垂直,其偏差不得超过法兰外径的 1‰(法兰外径小于 100mm 时按 100mm 计),且应不大于 3mm。

5)以开孔中心为圆,开孔直径为半径的范围外,采用弦长不小于 1m 的样板检查球壳板的曲率,其间隙不得大于 3mm。

6)补强圈应与球壳板紧密贴合。

(3)球罐上的连接板应与球壳紧密贴合,并在热处理之前与球壳焊接。当连接板与球壳的角焊缝是连续焊缝时,应在不易流进雨水的部位留出 10mm 的通气孔隙。连接板安装位置的允许偏差为 10mm。

(4)影响球罐焊后整体热处理及充水沉降的零部件,应在热处理及沉降试验完成后再与球罐固定。

(二)球形储罐焊接

1. 球形储罐焊接

(1)焊接材料使用前应按产品使用说明进行烘干,也可按照表 8-5 规定的烘干温度和时间进行烘干。烘干后的焊条应保存在 100~150℃的恒温箱中随用随取,焊条表面药皮应无脱落和明显裂纹。

表 8-5 　　　　焊条、焊剂的烘干温度和时间

种类		烘干温度/℃	烘干时间/h
低氢型药皮焊条		350~400	1
焊剂	熔炼型	150~300	1
	烧结型	200~400	1

(2)手工电弧焊时,在现场应备有符合产品标准的保温筒,焊条在保温筒内的保存时间不应超过 4h;当超过时,应按原烘干温度重新干燥,焊条重复烘干次数不应超过两次。

(3)焊剂中不得混入异物,当有异物混入时,应对焊剂进行清理或更换。

(4)焊丝在使用前应清除铁锈和油污等。

2. 球形储罐焊后修补

(1)球罐在制造、运输和施工中所产生的各种不合格缺陷都应进行修补。

(2)焊缝内部缺陷的修补应符合下列要求:

1)应根据产生缺陷的原因,选用适用的焊接方法,并制定修补工艺。

2)修补前宜采用超声检测确定缺陷的位置和深度,确定修补侧。

3)当内部缺陷的清除采用碳弧气刨时,应采用砂轮清除渗碳层,打磨成圆滑过渡,并经渗透检测或磁粉检测合格后方可进行焊接修补。气刨深度不应超过板厚的 2/3,当缺陷仍未清除时,应焊接修补后,从另一侧气刨。

4) 修补焊缝长度不得小于50mm。

5) 焊接修补时如需预热，预热温度应取要求值的上限，有后热处理要求时，焊后应立即进行后热处理；线能量应控制在规定范围内，焊短焊缝时，线能量不应取下限值。

6) 同一部位（焊缝内、外侧各作为一个部位）修补不宜超过两次，对经过两次修补仍不合格的焊缝，应采取可靠的技术措施，并经单位技术负责人批准后方可修补。

7) 焊接修补的部位、次数和检测结果应做记录。

(3) 球罐修补后应按下列规定进行无损检测：

1) 各种缺陷清除和焊接修补后均应进行磁粉或渗透检测。

2) 当表面缺陷焊接修补深度超过3mm时（从球壳板表面算起）应进行射线检测。

3) 焊缝内部缺陷修补后，应进行射线检测或超声检测，选用的方法应与修补前发现缺陷的方法相同。

3. 球形储罐焊接焊后处理

(1) 热处理工艺。

1) 热处理温度应符合设计图样要求。当设计图样无要求时，常用钢材热处理温度可按表8-6的规定选用。

2) 热处理时，最少恒温时间应按最厚球壳板对接焊缝厚度的每25mm保持1h计算，且应不少于1h。

3) 加热时，在300℃及以下可不控制升温速度；在300℃以上，升温速度宜控制在50～80℃/h的范围内。

表8-6　　　　　常用钢材热处理温度

钢号	热处理温度/℃
20R	625±25
16MnR	625±25
15MnVR	570^{+25}_{-20}
15MnVNR	565±15
07MnCrMoVR	565±20

4)降温时,从热处理温度到300℃的降温速度宜控制在30～50℃/h范围内,300℃以下可在空气中自然冷却。

5)在300℃以上阶段,球壳表面上任意两测温点的温差不得大于130℃。

(2)保温要求。

1)热处理时,应选用能耐最高热处理温度、对球罐无腐蚀、堆积密度低、导热系数小和施工方便的保温材料。

2)保温材料应保持干燥,不得受潮。

3)保温层应紧贴球壳表面,局部间隙不宜大于20mm。接缝应严密,多层保温时,各层接缝应错开。在热处理过程中保温层不得松动、脱落。

4)球罐上的人孔、接管、连接板均应进行保温。从支柱与球壳连接焊缝的下端算起,向下不少于1m长度范围内的支柱应进行保温。

5)在恒温时间内,保温层外表面温度不宜大于60℃。

(3)测温系统。

1)测温点应均匀地布置在球壳表面,相邻测温点的间距宜小于4.5m。距离上下人孔与球壳板环焊缝边缘200mm范围内应设测温点各1个。

2)测温用的热电偶可采用储能焊或螺栓固定于球壳外表面上(图8-28),热电偶和补偿导线应固定。

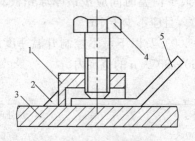

图8-28 测温热电偶固定方法
1—开槽螺母;2—点焊焊缝;3—球壳;4—螺栓;5—热电偶

3)应对温度进行连续自动记录。热电偶及记录仪表应经过校准并在有效周期内,准确度应达到±1%的要求。

(4)柱脚处理。

1)热处理时,应松开拉杆及地脚螺栓,并在支柱地脚板底部设置移动装置和位移测量装置。

2)热处理过程中,应监测实际位移值,并按计算位移值调整柱脚的位移,温度每变化100℃应调整一次。移动柱脚时应平稳缓慢。

3)热处理后,应测量并调整支柱垂直度和拉杆挠度。

(三)气密性试验

气密性试验的球罐,应在液压试验合格后进行气密性试验。

(1)试验前的准备工作。

1)试验前,安全阀须经过检查校核后按图纸要求装好。压力表与水压试验相同。

2)试压前拆除球罐内部脚手架,清除一切杂物。球罐周围不得有易燃易爆物品。

3)试验压力不低于设计压力,介质应用压缩空气,介质温度不得低于5℃。

(2)气密性试验方法,空气压缩机压送空气经贮气罐后送入球罐,达到试验压力后,关闭阀门,通过球罐顶部和底部的压力表现测球罐内压力的变化。

知识链接

气密性试验具体步骤

1)压力升至试验压力的10%时,宜保持5～10min,对球罐的所有焊缝和连接部做初次泄漏检查,确认无泄漏后继续升压。

2)压力升至试验压力的50%时,应保持10min,对球罐所有焊缝和连接部位进行检查,确认无泄漏后,继续升压。

3)压力升至试验压力后,应保持10min,对所有焊缝和连接部位进行检查,以无泄漏为合格。当有泄漏时,应在处理后重新进行气密性试验。

4)试验完后,从放散管缓慢卸压。升压和卸压均应平稳缓慢进行。升压速度以每小时0.1～0.2MPa为宜,降压速度以每小时1.0～1.5MPa为宜。

(3)气密性试验的试验压力应符合设计图样规定。

(4)气密性试验时,应监测环境温度的变化和监视压力表读数,不得发生超压。

(5)设计图样规定进行气压试验的球罐,气密性试验可与气压试验同时进行。

(四)压力试验

(1)球罐在压力试验前应具备下列条件:

1)球罐和零部件焊接工作全部完成并经检验合格。

2)基础二次灌浆达到强度要求。

3)需热处理的球罐,已完成热处理,产品焊接试板经检验合格。

4)补强圈焊缝已用 0.4~0.5MPa 的压缩空气做泄漏检查合格。

5)支柱找正和拉杆调整完毕。

(2)除设计图样有规定外,不得采用气体代替液体进行压力试验。

(3)进行压力试验时,应在球罐顶部和底部各设置一块量程相同并经校准合格的压力表,其准确度等级应不低于 1.5 级。压力表量程宜为试验压力的 2 倍,应控制在 1.5~4 倍试验压力之间。压力表的直径不宜小于 150mm。

(4)压力试验时,严禁碰撞和敲击球罐。

(5)液压试验应符合下列规定:

1)液压试验介质应采用清洁水。

2)碳素钢、16Mn 和正火 15MnV 球罐液压试验时,试验用水温度不得低于 5℃;其他低合金钢球罐(不含低温球罐),试验用水温度不得低于 15℃。当由于板厚等因素造成材料无延性转变温度升高时,应相应提高试验用水温度。

3)液压试验的试验压力,应按设计图样规定,且不应小于球罐设计压力的 1.25 倍。试验压力读数应以球罐顶部的压力表为准。

4)液压试验应按下列步骤进行:

①试验时球罐顶部应设排气口,充液时应将球罐内的空气排尽。试验过程中,应保持球罐外表面干燥。

②试验时,压力应缓慢上升,当压力升至试验压力的 50%时保持

15min后,再对球罐的所有焊缝和连接部位进行检查,确认无渗漏后继续升压。

③当压力升至试验压力的90%时,应保持15min,再次进行检查,确认无渗漏后再升压。

④当压力升至试验压力时,应保持30min,然后将压力降至试验压力的80%进行检查,以无渗漏和无异常现象为合格。

⑤液压试验完毕后,应将水排尽。排水时,不应就地排放。

(6)气压试验应符合下列规定:

1)气压试验必须采取安全措施,并经单位技术负责人批准。试验时应有本单位安全部门监督检查。气压试验时必须设置两个或两个以上安全阀和紧急放空阀。

2)气压试验的试验压力应符合设计图样规定。

3)气压试验的介质应采用空气或氮气,介质温度应不低于15℃。

4)气压试验应按下列步骤进行:

①压力升至试验压力的10%时,宜保持5~10min,对球罐的所有焊缝和连接部位做初次泄漏检查,确认无泄漏后,继续升压。

②压力升至试验压力的50%时,应保持10min,当无异常现象时,应以10%的试验压力为级差,逐级升至试验压力,并保持10~30min后,降至设计压力进行检查,以无泄漏和无异常现象为合格。

③缓慢卸压。

5)气压试验时,应监测环境温度的变化和监视压力表读数,不得发生超压。

6)气压试验用安全阀应符合下列要求:

①安全阀必须使用有制造许可证的单位生产的符合技术标准的产品。

②安全阀必须经校准合格。

③安全阀的初始开启压力应定为试验压力加0.05MPa。

(7)球罐在充水、放水过程中,应对基础的沉降进行观测,作实测记录,并应符合下列规定:

1)沉降观测应在下列阶段进行:①充水前;②充水到球壳内直径

的 1/3 时;③充水到球壳内直径的 2/3 时;④充满水时;⑤充满水 24h 后;⑥放水后。

2)每个支柱基础均应测定沉降量,各支柱上应按规定焊接永久性的水平测定板。

3)支柱基础沉降应均匀。放水后,不均匀沉降量不应大于基础中心圆直径的 1/1000,相邻支柱基础沉降差不应大于 2mm。

4)当不均匀沉降量大于上述要求时,应采取措施进行处理。

第四节 燃气工程试验

燃气管道在安装过程中需进行压力试验,压力试验就是利用空气压缩机向燃气管道内充入压缩空气,借助空气压力来检验管道接口和材质的致密性的试验。根据检验目的分为强度试验和严密性试验。

一、强度试验

1. 试验要求

强度试验前应具备下列条件:
(1)试验用的压力计及温度记录仪应在校验有效期内。
(2)试验方案已经批准,有可靠的通信系统和安全保障措施,已进行了技术交底。
(3)管道焊接检验、清扫合格。
(4)埋地管道回填土宜回填至管上方 0.5m 以上,并留出焊接口。

2. 试验内容

(1)一般情况下试验压力为设计输气压力的 1.5 倍,但钢管不得低于 0.3MPa,塑料管不得低于 0.1MPa。
(2)管道应分段进行压力试验,试验管道分段最大长度宜按表 8-7 执行,管道强度试验压力和介质应符合表 8-8 的要求。
(3)当压力达到规定值后,应稳定 1h,然后用肥皂水对管道接口进行检查,全部接口均无漏气现象认为合格。若有漏气处,可放气后进行修理,修理后再次试验,直至合格。

表 8-7　　管道试压分段最大长度

设计压力 PN/MPa	试验管段最大长度/m
PN≤0.4	1000
0.4<PN≤1.6	5000
1.6<PN≤4.0	10000

表 8-8　　管道强度试验压力和介质

管道类型	设计压力 PN/MPa	试验介质	试验压力/MPa
钢管	PN>0.8	清洁水	1.5PN
	PN≤0.8	压缩空气	1.5PN 且≮0.4
球墨铸铁管	PN		1.5PN 且≮0.4
钢骨架聚乙烯复合管	PN		1.5PN 且≮0.4
聚乙烯管	PN(SDR11)		1.5PN 且≮0.4
	PN(SDR17.6)		1.5PN 且≮0.2

二、严密性试验

(1)严密性试验应在强度试验合格、管线回填后进行。

(2)试验用压力计在校验有效期内,其量程应为试验压力的 1.5~2 倍,其精度等级、最小分格值及表盘直径应满足表 8-9 的要求。

表 8-9　　试压用压力计的选择

量程/MPa	精度等级	最小表盘直径/mm	最小分格值/MPa
0~0.1	0.4	150	0.0005
0~1.0	0.4	150	0.005
0~1.6	0.4	150	0.01
0~2.5	0.25	200	0.01
0~4.0	0.25	200	0.01
0~6.0	0.16	250	0.01
0~10	0.16	250	0.02

(3)严密性试验介质宜采用空气,试验压力应满足下列要求:
1)设计压力小于5kPa时,试验压力应为20kPa。
2)设计压力大于或等于5kPa时,试验压力应为设计压力的1.15倍,且不得小于0.1MPa。
3)试压时的开压速度不宜过快。

三、管道吹扫

管道吹扫范围内的管道安装工程除补口、涂漆外,已按设计图纸全部完成。管道安装检验合格后,应由施工单位负责组织吹扫工作,并应在吹扫前编制吹扫方案。管道吹扫应按主管、支管、庭院管的顺序进行吹扫,吹扫出的脏物不得进入已合格的管道。

(1)公称直径小于100mm或长度小于100m的钢质管道,可采用气体吹扫。气体吹扫应符合下列要求:
1)吹扫气体流速不宜小于20m/s。
2)吹扫口与地面的夹角应在30°~45°之间,吹扫管段与被吹扫管段必须采取平缓过渡对焊,吹扫口直径符合表8-10的规定。

表8-10	吹扫口直径		mm
末端管道公称直径DN	DN<150	150≤DN≤300	DN≥350
吹扫口公称直径	与管道同径	150	250

3)每次吹扫管道的长度不宜超过500m;当管道长度超过500m时宜分段吹扫。
4)当管道长度在200m以上,且无其他管段或储气容器可利用时,应在适当部位安装吹扫阀,采取分段储气,轮换吹扫;当管道长度不足200m,可采用管道自身储气放散的方式吹扫,打压点与放散点应分别设在管道两端。
5)当目测排气无烟尘时,应在排气口设置的布或涂白漆木靶板上检验,5min内靶上无铁锈、尘土等其他杂物为合格。

(2)公称直径大于或等于100mm的钢质管道,宜采用清管球进行清扫。清管球清扫应符合下列要求:

第八章 城镇燃气输配工程施工技术

1)管道直径必须是同一规格,不同管径的管道应断开分别进行清扫。

2)对影响清管球通过的管件、设施,在清管前应采取必要措施。

3)清管球清扫完成后,应按现行国家标准《城镇燃气输配工程施工及验收规范》(CJJ 33)进行检验,如不合格可采用气体再清扫至合格。

▶ 复习思考题 ◀

一、填空题

1. 挖槽挖出的土方,应妥善安排堆存位置。沟槽挖土一般堆在_____。

2. 当在坚硬的岩石或卵(碎)石上铺设燃气管道时,应在地基表面垫上_____厚的砂垫层,防止管道防腐绝缘层受重压而损伤。

3. 阀门要按规定压力进行_____和严密性试验,试验介质一般为压缩空气,也可使用常温清水。

4. 球罐常用组装方法有_____、_____、_____。

5. 燃气管道在安装过程中需进行_____。

二、判断题

1. 靠房屋、墙壁堆土高度,不得超过檐高的1/3,同时不得超过1.0m。( )

2. 两根管道同沟铺设时,管底标高应尽量相同。( )

3. 作为永久性支承的调整螺钉伸出设备底座底面的长度,应大于螺钉直径。( )

4. 燃气管道的压力试验根据检验目的分为强度试验和严密性试验。( )

三、简答题

1. 土的压实或夯实程度用密实度怎样计算?

2. 燃气管道穿越河流时沉管方法有哪几种?

3. 波纹补偿器安装应符合什么要求?

4. 当采用坐浆法放置垫铁时,坐浆混凝土配制的施工方法应符合哪些要求?

5. 公称直径小于100mm或长度小于100m的钢质管道采用气体吹扫时应符合哪些要求?

第九章 市政供热管网工程施工技术

第一节 土方工程

(1)供热管网土方和石方工程的施工及验收应符合《建筑地基基础工程施工质量验收规范》(GB 50202)的相关规定。

(2)施工前,应对开槽范围内的地上地下障碍物进行现场核查,逐项查清障碍物构造情况,以及与工程的相对位置关系。当开挖管沟发现文物时,应采取措施保护并及时通知文物管理部门。

(3)土方施工中,对开槽范围内各种障碍物的保护措施应符合下列规定:

1)应取得所属单位的同意和配合。

2)给水、排水、燃气、电缆等地下管线及构筑物必须能正常使用。

3)加固后的线杆、树木等必须稳固。

4)各相邻建筑物和地上设施在施工中和施工后,不得发生沉降、倾斜、塌陷。

(4)土方开挖应根据施工现场条件、结构埋深、土质、有无地下水等因素选用不同的开槽断面,确定各施工段的槽底宽、边坡、留台位置、上口宽、堆土及外运土量等施工措施。

(5)当施工现场条件不能满足开槽上口宽度时,应采取相应的边坡支护措施。边坡支护工程应符合《建筑基坑支护技术规程》(JGJ 120)的相关规定。

(6)在地下水位高于槽底的地段应采取降水措施,将土方开挖部位的地下水位降至槽底以下后开挖。降水措施应符合《建筑与市政降水工程技术规范》(JCJ/T 111)的相关规定。

(7)土方开挖中发现事先未查到的地下障碍物时应停止施工。应采取措施并经有关单位同意后,再进行施工。

(8)土方开挖前应先测量放线、测设高程。开挖过程中应进行中线、横断面、高程的校核。机械挖土,应有200mm预留量,宜人工配合机械挖掘,挖至槽底标高。

(9)土方开挖时,必须按有关规定设置沟槽边护栏、夜间照明灯及指示红灯等设施,并按需要设置临时道路或桥梁。

(10)土方开挖至槽底后,应由设计和监理等单位共同验收地基。对松软地基应确定加固措施,对槽底的坑穴空洞应确定处理方案。

(11)已挖至槽底的沟槽,后续工序应缩短晾槽时间,不应扰动及破坏土壤结构。对不能连续施工的沟槽,应留出150~200mm的预留量。

(12)土方开挖应保证施工范围内的排水畅通,并应采取措施防止地面水或雨水流入沟槽。

(13)当沟槽遇有风化岩或岩石时,开挖应由有资质的专业施工单位进行施工。采用爆破法施工时,必须制定安全措施,并经有关部门同意,由专人指挥进行施工。

(14)直埋管道的土方开挖,管线位置、槽底高程、坡度、平面拐点、坡度折点等应经测量检查合格。设计要求做垫层的直埋管道的垫层材料、厚度、密实度等应按设计要求施工。

(15)直埋管道的土方开挖,宜以一个补偿段作为一个工作段,一次开挖至设计要求。在直埋保温管接头处应设工作坑,工作坑宜比正常断面加深、加宽250~300mm。

(16)沟槽的开挖质量应符合下列规定:

1)槽底不得受水浸泡和受冻。

2)槽壁平整,边坡坡度不得小于施工设计的规定。

3)沟槽中心线每侧的净宽不应小于沟槽底部开挖宽度的一半。

4)槽底高程的允许偏差:开挖土方时应为±20mm;开挖石方时应为-200~+20mm。

第二节 热力管道及其附件设备安装

一、市政供热管道焊接

(1)焊件组对时的定位焊应符合下列规定:

1)焊接定位焊缝时,应采用与根部焊道相同的焊接材料和焊接工艺。

2)在焊接前,应对定位焊缝进行检查,当发现缺陷时应处理后方可焊接。

3)在焊件纵向焊缝的端部(包括螺旋管焊缝)不得进行定位焊。

4)焊缝长度及点数可按表 9-1 的规定执行。

表 9-1　　　　　　　　　　焊缝长度和点数

公称管径/mm	点焊长度/mm	点　数
50～150	5～10	均布 2～3 点
200～300	10～20	4
350～500	15～30	5
600～700	40～60	6
800～1000	50～70	7
>1000	80～100	一般间距 300mm 左右

(2)采用氧-乙炔焊接时,应先按焊件周长等距离适当点焊,点焊部位应焊透,厚度不应大于壁厚的 2/3。每道焊缝应一次焊完,根部应焊透,中断焊接时,火焰应缓慢离去。重新焊接前,应检查已焊部位,发现缺陷应铲除重焊。

(3)电焊焊接有坡口的钢管及管件时,焊接层数不得少于两层。在壁厚为 3～6mm,且不加工坡口时,应采用双面焊。管道接口的焊接顺序和方法,不应产生附加应力。

(4)多层焊接时,第一层焊缝根部应均匀焊透,不得烧穿。各层接头应错开,每层焊缝的厚度宜为焊条直径的 0.8～1.2 倍,不得在焊件的非焊接表面引弧。

(5)每层焊完后,应清除熔渣、飞溅物等并进行外观检查,发现缺陷,应铲除重焊。

(6)在零度以下的气温中焊接,应符合下列规定:

1)清除管道上的冰、霜、雪。

2)在工作场地做好防风、防雪措施。

3)预热温度可根据焊接工艺制定;焊接时,应保证焊缝自由收缩和防止焊口的加速冷却。

4)应在焊口两侧50mm范围内对焊件进行预热。

5)在焊缝未完全冷却之前,不得在焊缝部位进行敲打。

(7)在焊缝附近明显处,应有焊工钢印代号标志。

(8)不合格的焊接部位,应采取措施进行返修,同一部位焊缝的返修次数不得超过两次。

焊接工艺方案编写

在实施焊接前,应根据焊接工艺试验结果编写焊接工艺方案,包括下列主要内容:

(1)母材性能和焊接材料。

(2)焊接方法。

(3)坡口形式及制作方法。

(4)焊接结构形式及外形尺寸。

(5)焊接接头的组对要求及允许偏差。

(6)焊接电流的选择。

(7)检验方法及合格标准。

二、市政供热管道安装

1. 管道支、吊架安装

(1)管道安装前,应完成管道支、吊架的安装。支、吊架的位置应正确、平整、牢固,坡度应符合设计要求。管道支架支承表面的标高可采用加设金属垫板的方式进行调整,但不得浮加在滑托和钢管、支架之间,金属垫板不得超过两层,垫板应与预埋铁件或钢结构进行焊接。

(2)管沟敷设的管道。在沟口0.5mm处应设支、吊架;管道滑托、吊架的吊杆应处于与管道热位移方向相反的一侧。其偏移量应按设计要求进行安装,设计无要求时应为计算位移量的一半。

(3)两根热伸长方向不同或热伸长量不等的供热管道,设计无要求时,不应共用同一吊杆或同一滑托。

(4)支架结构接触面应洁净、平整;固定支架卡板和支架结构接触面应贴实;导向支架、滑动支架和吊架不得有歪斜和卡涩现象。

(5)弹簧支、吊架安装高度应按设计要求进行调整。弹簧的临时固定件,应待管道安装、试压、保温完毕后拆除。

(6)支、吊架和滑托应按设计要求焊接,不得有漏焊、缺焊、咬肉或裂纹等缺陷。管道与固定支架、滑托等焊接时,管壁上不得有焊痕等现象存在。

(7)管道支架用螺栓紧固在型钢的斜面上时,应配置与翼板斜度相同的钢制斜垫片找平。

(8)管道安装时,不宜使用临时性的支、吊架;必须使用时,应做出明显标记,且应保证安全。其位置应避开正式支、吊架的位置,且不得影响正式支、吊架的安装。管道安装完毕后,应拆除临时支、吊架。

(9)有补偿器的管段,在补偿器安装前,管道和固定支架之间不得进行固定。

(10)固定支架、导向支架等型钢支架的根部,应做防水护墩。

2. 管沟与地上敷设管道安装

(1)管道安装前,准备工作应符合下列规定:

1)根据设计要求的管径、壁厚和材质,应进行钢管的预先选择和检验,矫正管材的平直度,整修管口及加工焊接用的坡口。

2)清理管内外表面、除锈和除污。

3)根据运输和吊装设备情况及工艺条件,可将钢管及管件焊接成预制管组。

4)钢管应使用专用吊具进行吊装,在吊装过程中不得损坏钢管。

(2)管道安装应符合下列规定:

1)在管道中心线和支架高程测量复核无误后,方可进行管道安装。

2)安装过程中不得碰撞沟壁、沟底、支架等。

3)吊、放在架空支架上的钢管应采取必要的固定措施。

4)地上敷设管道的管组长度应按空中就位和焊接的需要来确定,宜等于或大于2倍支架间距。

5)每个管组或每根钢管安装时都应按管道的中心线和管道坡度对接管口。

(3)管口对接应符合下列规定:

1)对接管口时,应检查管道平直度,在距离接口中心200mm处测量,允许偏差为1mm,在所对接钢管的全长范围内,最大偏差值不应超过10mm。

2)钢管对口处应垫置牢固,不得在焊接过程中产生错位和变形。

3)管道焊口距支架的距离应保证焊接操作的需要。

4)焊口不得置于建筑物、构筑物等的墙壁中。

(4)套管安装应符合下列规定:

1)管道穿过构筑物墙板处应按设计要求安装套管,穿过结构的套管长度每侧应大于墙厚20~25mm;穿过楼板的套管应高出板面50mm。

2)套管与管道之间的空隙可采用柔性材料填塞。

3)防水套管应按设计要求制造,并应在墙体和构筑物砌筑或浇灌混凝土之前安装就位,套管缝隙应按设计要求进行充填。

4)套管中心的允许偏差为10mm。

3. 直埋保温管道安装

(1)直埋保温管道和管件应采用工厂预制,并应分别符合现行国家标准的规定。

(2)现场施工的补口、补伤、异形件等节点处理应符合设计要求和有关标准的规定。

(3)直埋保温管道和施工分段宜按补偿段划分,当管道设计有预热伸长要求时,应以一个预热伸长段作为一个施工分段。

(4)在雨、雪天进行接头焊接和保温施工时应搭盖罩棚。

(5)预制直埋保温管道在运输、现场存放、安装过程中,应采取必要措施封闭端口,不得拖拽保温管,不得损坏端口和外护层。

(6)现场接头使用的材料在存放过程中应采取有效保护措施。

(7)直埋保温管道安装应按设计要求进行;管道安装坡度应与设计一致;在管道安装过程中,出现折角时,必须经设计确认。

(8)对于直埋保温管道系统的保温端头,应采取措施对保温端头进行密封。

(9)直埋保温管道在固定点没有达到设计要求之前,不得进行预热伸长或试运行。

(10)保护套管不得妨碍管道伸缩,不得损坏保温层及外保护层。

(11)预制直埋保温管的现场切割应符合下列规定:

1)管道配管长度不宜小于 2m。

2)在切割时应采取措施防止外护管脆裂。

3)切割后的工作钢管裸露长度应与原成品管的工作钢管裸露长度一致。

4)切割后裸露的工作钢管外表面应清洁,不得有泡沫残渣。

(12)直埋保温管接头的保温和密封应符合下列规定:

1)接头施工采取的工艺应有合格的形式检验报告。

2)接头的保温和密封应在接头焊口检验合格后进行。

3)接头处钢管表面应干净、干燥。

4)当周围环境温度低于接头原料的工艺使用温度时,应采取有效措施,保证接头质量。

5)接头外观不应出现熔胶溢出、过烧、鼓包、翘边、褶皱或层间脱离等现象。

6)一级管网的现场安装的接头密封应进行 100% 的气密性检验。二级管网的现场安装的接头密封应进行不少于 20% 的气密性检验。气密性检验的压力为 0.2MPa,用肥皂水仔细检查密封处,无气泡为合格。

(13) 直埋保温管道预警系统应符合下列规定：

1) 预警系统的安装应按设计要求进行。

2) 管道安装前应对单件产品预警线进行断路、短路检测。

3) 在管道接头安装过程中，应首先连接预警线，并在每个接头安装完毕后进行预警线断路、短路检测。

4) 在补偿器、阀门、固定支架等管件部位的现场保温应在预警系统连接检验合格后进行。

三、供热管道附件设备安装

1. 除污器的安装

除污器安装一般用法兰与干管连接，以便于拆装检修。安装时应设专门支架，但所设支架不能妨碍排污，同时需注意水流方向，不得装反。

2. 法兰的安装

(1) 安装前应对法兰密封面及密封垫片进行外观检查，法兰密封面应表面光洁，法兰螺纹完整、无损伤。

(2) 法兰端面应保持平行，偏差不大于法兰外径的1.5‰，且不得大于2mm；不得采用加偏垫、多层垫或加强力拧紧法兰一侧螺栓的方法，消除法兰接口端面的缝隙。

(3) 法兰与法兰、法兰与管道应保持同轴，螺检孔中心偏差不得超过孔径的5‰。

(4) 垫片的材质和涂料应符合设计要求；当大口径垫片需要拼接时，应采用斜口拼接或迷宫形式的对接，不得直缝对接。垫片尺寸应与法兰密封面相等。

(5) 严禁采用先加垫片并拧紧法兰螺栓，再焊接法兰焊口的方法进行法兰焊接。

(6) 螺栓应涂防锈油脂保护。

(7) 法兰连接应使用同一规格的螺栓，安装方向应一致，紧固螺栓时应对称、均匀地进行,松紧适度;紧固后丝扣外露长度为 2～3 倍螺距,需要用垫圈调整时,每个螺栓应采用一个垫圈。

(8)法兰内侧应进行封底焊。

(9)软垫片的周边应整齐,垫片尺寸应与法兰密封面相符。

(10)法兰与附件组装时,垂直度允许偏差为 2～3mm。

3. 疏水器的安装

(1)疏水器应安装在便于检修的地方,并应尽量靠近用热设备凝结水排出口下,并应安装在排水管的最低点。

(2)疏水器安装应按设计设置旁通管、冲洗管、检查管、止回阀和除污器。用气设备应分别安装疏水器,几台设备不能合用一个疏水器。

(3)疏水器的进出口要保持水平,不可倾斜,阀体箭头应与排水方向一致,疏水器的排水管径不能小于进水口管径。

(4)疏水器旁通管安装使用方法同减压阀旁通管。

4. 阀门的安装

(1)阀门安装应符合下列规定:

1)按设计要求校对型号,外观检查应无缺陷,开闭灵活。

2)清除阀口的封闭物及其他杂物。

3)阀门的开关手轮应放在便于操作的位置;水平安装的闸阀、截止阀的阀杆应处于上半周范围内。

4)当阀门与管道以法兰或螺纹方式连接时,阀门应在关闭状态下安装;当阀门与管道以焊接方式连接时,阀门不得关闭。

5)有安装方向的阀门应按要求进行安装,有开关程度指示标志的应准确。

6)并排安装的阀门应整齐、美观,便于操作。

7)阀门运输吊装时,应平稳起吊和安放,不得用阀门手轮作为吊装的承重点,不得损坏阀门,已安装就位的阀门应防止重物撞击。

8)水平管道上的阀门,其阀杆及传动装置应按设计规定安装,动作应灵活。

知识链接

焊接蝶阀、焊接球阀要求

1)焊接蝶阀应符合下列要求:

①阀板的轴应安装在水平方向上,轴与水平面的最大夹角不应大于60°,严禁垂直安装。

②焊接安装时,焊机地线应搭在同侧焊口的钢管上。

③安装在立管上时,焊接前应向已关闭的阀板上方注入100mm以上的水。

④阀门焊接要求应符合有关规定。

⑤焊接完成后,进行两次或三次完全的开启以证明阀门是否能正常工作。

2)焊接球阀应符合下列要求:

①球阀焊接过程中要进行冷却。

②球阀安装焊接时球阀应打开。

③阀门在焊接完后应降温后才能投入使用。

(2)减压阀安装应符合下列规定:

1)减压阀只允许安装在水平干管上,阀体应垂直,并使介质流动方向与阀体上箭头所示方向一致,其两端应设置截止阀。

2)减压装置配管时,减压阀前管段直径应与减压阀公称直径相同。但减压阀后管道直径应比减压阀的公称直径大1~2个规格。

3)减压装置前后应安装压力表,减压后的管道上还应安装安全阀。安全阀的排气管应接至室外不影响人员安全处。

4)减压阀一般沿墙安装在适当高度上,以便于操作维修。

5)平衡阀:应按照设计要求位置安装,介质流向与阀体应一致。

5. 补偿器的安装

(1)波纹管补偿器安装应符合下列规定:

1)波纹管补偿器应与管道保持同轴。

2)有流向标记(箭头)的补偿器,安装时应使流向标记与管道介质流向一致。

(2)焊制套筒补偿器安装应符合下列规定：

1)焊制套筒补偿器应与管道保持同轴。

2)焊制套筒补偿器芯管外露长度应大于设计规定的伸缩长度,芯管端部与套管内挡圈之间的距离应大于管道冷收缩量。

3)采用成型填料圈密封的焊制套筒补偿器,填料的品种及规格应符合设计规定,填料圈的接口应做成与填料箱圆柱轴线成45°的斜面,填料应逐圈填入,逐圈压紧,各圈接口应相互错开。

4)采用非成型填料的补偿器,填注密封填料时应按规定压力依次均匀注压。

(3)直埋补偿器的安装应符合下列规定：

1)回填后固定端应可靠锚固,活动端应能自由活动。

2)带有预警系统的直埋管道中,在安装补偿器处,预警系统连线应做相应的处理。

(4)一次性补偿器的安装应符合下列规定：

1)一次性补偿的预热方式视施工条件可采用电加热或其他热媒预热管道,预热升温温度应达到设计的指定温度。

2)预热到要求温度后,应与一次性补偿器的活动端缝焊接,焊缝外观不得有缺陷。

(5)球形补偿器的安装应符合下列规定：

1)与球形补偿器相连接的两垂直臂的倾斜角度应符合设计要求,外伸部分应与管道坡度保持一致。

2)试运行期间,应在工作压力和工作温度下进行观察,应转动灵活,密封良好。

(6)方型补偿器的安装应符合下列规定：

1)水平安装时,垂直臂应水平放置,平行臂应与管道坡度相同。

2)垂直安装时,不得在弯管上开孔安装放风管和排水管。

3)方形补偿器处滑托的预偏移量应符合设计要求。

4)冷紧应在两端同时、均匀、对称地进行,冷紧值的允许误差为10mm。

(7)自然补偿管段的冷紧应符合下列规定：

1)冷紧焊口位置应留在有利操作的地方,冷紧长度应符合设计规定。

2)冷紧段两端的固定支架应安装完毕,并应达到设计强度,管道与固定支架已固定连接。

3)管段上的支、吊架已安装完毕,冷紧焊口附近吊架的吊杆应预留足够的位移量。

4)管段上的其他焊口已全部焊完并经检验合格。

5)管段的倾斜方向及坡度应符合设计规定。

6)法兰、仪表、阀门的螺栓均已拧紧。

7)冷紧焊口焊接完毕并经检验合格后,方可拆除冷紧卡具。

8)管道冷紧应填写记录,记录内容应符合有关规定。

第三节 热力站安装

一、热力站的分类

热力站是供热管网向用户供热的连接场所,是集中供热系统的场所。热力站起着调节供向热用户的热媒参数、热能转换和计量的作用。根据管网的热介质不同,可分为热水热力站和蒸汽热力站;根据服务对象不同,可分为工业热力站和民用热力站。根据位置不同,可分为用户热力站、集中热力站和区域性热力站。

(1)用户热力站,又称为用户引入口。它设置在单幢建筑用户的地沟入口或该用户的地下室或底层处通过它向该用户或相邻几个用户分配热能。

(2)集中热力站,供热管网通过集中热力站向一个或多幢建筑分配热能。这种热力站大多是单独的建筑物。从集中热力站向各用户输送热能的网路,通常也称二级供热网路。

(3)区域性热力站,在大型的供热管网上,设置在供热干线与分支干线连接点处。

二、热力站内管道安装

(1)管道安装前,应按设计要求有关规定核验规格、型号和质量。

(2)管道安装过程中,安装中断的敞口处应临时封闭。

(3)管道穿越基础、墙壁和楼板,应配合土建施工预埋套管或预留孔洞,管道焊缝不应置于套管内和孔洞内。穿过墙壁的套管长度应伸出两侧墙皮 20~25mm,穿过楼板的套管应高出地板面 50mm;套管与管道之间的空隙可用柔性材料填塞。预埋套管中心的允许偏差为 10mm,预留孔洞中心的允许偏差为 25mm。在设计无要求时,套管直径应比保温管道外径大 50mm。位于套管内的管道保温层外壳应做保护层。

(4)管道并排安装时,直线部分应相互平行;曲线部分,当管道水平或垂直并行时,应与直线部分保持等距。管道水平上下并行时,弯管部分的曲率半径应一致。

(5)管道上使用机制管件的外径宜与直管管道外径相同。

(6)站内管道水平安装的支、吊架间距,在设计无要求时,不得大于表 9-2 中规定的距离。

表 9-2　　　　　　站内管道支架的最大间距

公称直径/mm	25	32	40	50	70	80	100	125	150	200	250	300	350	400
最大间距/m	2.0	2.5	3.0	3.0	4.0	4.0	4.5	5.0	6.0	7.0	8.0	8.5	9.0	9.0

(7)在水平管道上装设法兰连接的阀门时,当管径大于或等于 125mm 时,两侧应设支、吊架;当管径小于 125mm 时,一侧应设支、吊架。

(8)在垂直管道上安装阀门时,应符合设计要求,设计无要求时,阀门上部的管道应设吊架或托架。

(9)管道支、吊、托架的安装,应符合下列规定:

1)位置准确,埋设应平整牢固。

2）固定支架与管道接触应紧密，固定应牢固。

3）滑动支座应灵活，滑托与滑槽两侧间应留有 3～5mm 的空隙，偏移量应符合设计要求。

4）无热位移管道的支架、吊杆应垂直安装；有热位移管道的吊架、吊杆应向热膨胀的反方向偏移。

（10）管道与设备安装时，不应使设备承受附加外力，并不得使异物进入设备内。

（11）管道与泵或阀门连接后，不应再对该管道进行焊接或气割。

三、热力站内设备及附件安装

（一）换热器的安装

（1）换热器设备不得有变形，紧固件不应有松动或其他机械损伤。

（2）属于压力容器设备的换热器，须带有国家技术监察部门有关检测资料，设备安装后，不得随意对设备本体进行局部切、割、焊等操作。

（3）换热器应按照设计或产品说明书规定的坡度、坡向安装。

（4）换热器附近应留有足够的空间，满足拆装维修的需要。试运行前应排空设备内的残液，并应确保设备系统内无异物。

（5）整体组合式换热机组应按产品说明书执行。

知识链接

管壳式换热器

管壳式换热器是国内外供热系统中用得最多最普遍的一种形式，我国近年来出现板式换热器的生产和使用。从传热效率、结构的紧凑性及单位换热面积的金属耗量等方面而论，管壳式是无法与板式相比较的，但管壳式具有结构坚固、易于制造、生产成本低、弹性大、适应性强、换热能力大、高温高压下亦能使用、换热表面情况比较方便及采用的材料范围广等优点，因此，在各种表面式换热器的竞争中，管壳式的使用仍占据了绝对优势。

(二)水泵安装

1. 电动离心水泵安装

(1)水泵就位前应做下列复查：

1)基础的尺寸、位置、标高应符合设计要求。

2)设备应完好。

3)盘车应灵活，无阻滞、卡涩现象，无异常声音。

4)出厂时已配装、调试完善的部位，无拆卸现象。

(2)水泵安装找平应符合下列要求：

1)水泵的纵向和横向安装水平偏差为 0.1‰，并应在泵的进出口法兰面或其他水平面上进行测量。

2)小型整体安装的水泵，不得有明显的倾斜。

(3)水泵的找正，当主动轴和从动轴用联轴节连接时，两轴的不同轴度、两半联轴节端面的间隙应符合设备技术文件的规定，主动轴与从动轴找正及连接应盘车检查，并应灵活。

(4)三台及三台以上同型号水泵并列安装时，水泵轴线标高的允许偏差为±5mm，两台以下的允许偏差为±10mm。

2. 蒸汽往复泵安装

泵体上的安全阀应有出厂合格标志，不得随意调整拆卸，当有损伤确需拆卸检查时应按设备技术文件规定进行。废气管应水平安装并通向室外，管端部应向下或做成丁字管。

3. 喷射泵安装

喷射泵安装水平度和垂直度应符合设计和设备技术文件的要求。当泵前、泵后直管段长度设计无要求时，泵前直管段长度不得小于公称管径的 5 倍，泵后直管段长度不得小于公称管径的 10 倍。

(三)凝结水箱、贮水箱安装

(1)应按设计和产品说明书规定的坡度、坡向安装。

(2)水箱的底面在安装前应检查涂料质量，缺陷应处理。

(四)软化水装置安装

(1)软化水装置管路的管材宜采用塑料管或复合管，不得使用引起树脂中毒的管材。

(2)所有进出口管路应有独立支撑,不得用阀体做支撑。

(3)两个罐的排污管不应连接在一起,每个罐应采用单独的排污管。

(五)除污器安装

除污器应按设计或标准图组装。安装除污器应按热介质流动方向,进出口不得装反,除污器的除污口应朝向便于检修的位置,并设集水坑。

(六)其他附件安装

(1)分汽缸、分水器、集水器安装位置、数量、规格应符合设计要求,同类型的温度表和压力表规格应一致,且排列整齐、美观。

(2)减压器安装应符合下列规定:

1)减压器应按设计或标准图组装。

2)减压器应安装在便于观察和检修的托架(或支座)上,安装应平整牢固。

3)减压器安装完后,应根据使用压力调试,并做出调试标志。

(3)疏水器安装应按设计或标准图组装,并安装在便于操作和检修的位置,安装应平整,支架应牢固。连接管路应有坡度,出口的排水管与凝结水干管相接时,应连接在凝结水干管的上方。

(4)水位表安装应符合下列规定:

1)水位表应有指示最高、最低水位的明显标志,玻璃管的最低水位可见边缘应比最低安全水位低 25mm,最高可见边缘应比最高安全水位高 25mm。

2)玻璃管式水位计应有保护装置。

3)放水管应接到安全地点。

(5)安全阀安装应符合下列规定:

1)安全阀必须垂直安装,并在两个方向检查其垂直度,发现倾斜时应予以校正。

2)安全阀在安装前,应根据设计和用户使用需要送相关的有检测资质的单位进行检测,同时按设计要求进行调整,调校条件不同的安全阀应在试运行时及时调校。

3)安全阀的开启压力和回座压力应符合设计规定值,安全阀最终调整后,在工作压力下不得有泄漏现象。

4)安全阀调整合格后,应填写安全阀调整实验记录,记录内容应符合有关的规定。

5)蒸汽管道和设备上的安全阀应有通向室外的排气管。热水管道和设备上的安全阀应有接到安全地点的排水管,并应有足够的截面积和防冻措施确保排放通畅。在排气管和排水管上不得装设阀门。

(6)压力表安装应符合下列规定:

1)压力表应安装在便于观察的位置,并防止受高温、冰冻和振动的影响。

2)压力表宜安装内径不小于10mm的缓冲管。

3)压力表和缓冲管之间应安装阀门,蒸汽管道安装压力表时不得用旋塞阀。

4)压力表的量程,当设计无要求时,应为工作压力的1.5~2倍。

5)压力表的安装应不影响设备和阀门的安装、检修、运行操作。

(7)管道和设备上的各类套管温度计应安装在便于观察的部位,底部应插入流动的介质内,不得安装在引出的管段上,不宜选在阀门等阻力部件的附近和介质流束呈死角处,以及振动较大的地方。温度表的安装不应影响设备和阀门的安装、检修、运行操作。

(8)温度取源部件在管道上的安装应符合下列规定:

1)与管道垂直安装时,取源部件轴线应与工艺管道轴线垂直相交。

2)在管道的拐弯处安装时,宜逆着介质流向,取源部件轴线应与管道轴线相重合。

3)与管道倾斜安装时,宜逆着介质流向,取源部件轴线应与管道轴线相交。

(9)压力取源部件与温度取源部件在同一管段上时,应安装在温度取源部件的上游侧。

(10)管道和设备上的放气阀,操作不便时应设置操作平台,站内管道和设备上的放气阀,在放气点高于地面2m时,放气阀门应设在距地面1.5m处便于安全操作的位置。

(11)流量测量装置应在管道冲洗合格后安装,前后直管段长度应符合设计要求。

(12)调节与控制阀门的安装应符合设计要求。

第四节 热力管网试验、清洗、试运行

一、热力管网试验

(1)供热管网工程的管道和设备等,应按设计要求进行强度试验和严密性试验;当设计无要求时应按有关规定进行。

(2)一级管网及二级管网应进行强度试验和严密性试验。强度试验压力应为1.5倍设计压力,严密性试验压力应为1.25倍设计压力,且不得低于0.6MPa。

(3)热力站、中继泵站内的管道和设备的试验应符合下列规定:

1)站内所有系统均应进行严密性试验,试验压力应为1.25倍设计压力,且不得低于0.6MPa。

2)热力站内设备应按设计要求进行试验。当设备有特殊要求时,试验压力应按产品说明书或根据设备性质确定。

3)开式设备只做满水试验,以无渗漏为合格。

(4)强度试验应在试验段内的管道接口防腐、保温施工及设备安装前进行;严密性试验应在试验范围内的管道工程全部安装完成后进行,其试验长度宜为一个完整的设计施工段。

(5)供热管网工程应采用水为介质做试验。

(6)水压试验应符合下列规定:

1)管道水压试验应以洁净水作为试验介质。

2)充水时,应排尽管道及设备中的空气。

3)试验时,环境温度不宜低于5℃;当环境温度低于5℃时,应有防冻措施。

4)当运行管道与试压管道之间的温度差大于100℃时,应采取相应措施,确保运行管道和试压管道的安全。

5)对高差较大的管道,应将试验介质的静压计入试验压力中。热水管道的试验压力应为最高点的压力,但最低点的压力不得超过管道及设备的承受压力。

(7)当试验过程中发现渗漏时,严禁带压处理。清除缺陷后,应重新进行试验。

(8)试验结束后,应及时拆除试验用临时加固装置,排尽管内积水。排水时应防止形成负压,严禁随地排放。

二、热力管网清洗

清洗方法应根据供热管道的运行要求、介质类别而定。宜分为人工清洗、水力冲洗和气体吹洗。

1. 热水管网的水力冲洗

(1)冲洗应按主干线、支干线、支线分别进行,二级管网应单独进行冲洗。冲洗前应充满水并浸泡管道,水流方向应与设计的介质流向一致。

(2)未冲洗管道中的脏物,不应进入已冲洗合格的管道中。

(3)冲洗应连续进行并宜加大管道内的流量,管内的平均流速不应低于1m/s,排水时,不得形成负压。

> 水力冲洗进水管的截面面积不得小于被冲洗管截面面积的50%,排水管截面面积不得小于进水管截面面积。

(4)对大口径管道,当冲洗水量不能满足要求时,宜采用人工清洗或密闭循环的水力冲洗方式。采用循环水冲洗时管内流速宜达到管道正常运行时的流速。当循环冲洗的水质较脏时,应更换循环水继续进行冲洗。

(5)水力冲洗的合格标准应以排水水样中固形物的含量接近或等

于冲洗用水中固形物的含量为合格。

(6)冲洗时排放的污水不得污染环境,严禁随意排放。

(7)水力清洗结束前应打开阀门用水清洗。清洗合格后,应对排污管、除污器等装置进行人工清除,保证管道内清洁。

2. 输送蒸汽的管道的蒸汽吹洗

(1)吹洗前应缓慢升温进行暖管。暖管速度不宜过快并应及时疏水。应检查管道热伸长、补偿器、管路附件及设备等工作情况,恒温1h后进行吹洗。

(2)吹洗时必须划定安全区,设置标志,确保人员及设施的安全,其他无关人员严禁进入。

(3)吹洗用蒸汽的压力和流量应按设计计算确定。吹洗压力不应大于管道工作压力的75%。

(4)吹洗次数应为2~3次,每次的间隔时间宜为20~30min。

(5)蒸汽吹洗的检查方法:以出口蒸汽为纯净气体为合格。

三、热力管网试运行

1. 蒸汽管网工程的试运行

蒸汽管网工程的试运行应带热负荷进行,试运行合格后,可直接转入正常的供热运行。不需继续运行的,应采取停运措施并妥加保护,试运行应符合下列要求:

> 蒸汽吹洗采用排汽管的管径应按设计计算确定,吹洗口固定及冲洗箱加固应符合设计要求。

(1)试运行前应进行暖管,暖管合格后,缓慢提高蒸汽管的压力,待管道内蒸汽压力和温度达到设计规定的参数后,保持恒温时间不宜少于1h。应对管道、设备、支架及凝结水疏水系统进行全面检查。

(2)在确认管网的各部位均符合要求后,应对用户的用汽系统进行暖管和各部位的检查,确认热用户用汽系统的各部位均符合要求后再缓慢地提高供汽压力并进行适当的调整,供汽参数达到设计要求后即可转入正常的供汽运行。

(3)试运行开始后,应每隔1h对补偿器及其他设备和管路附件等进行检查,并应做好记录。补偿器热伸长记录内容应符合有关规定。

2. 热力站试运行

(1)热力站内的管道和设备的水压试验及清洗合格。
(2)制软化水的系统,经调试合格后,向系统注入软化水。
(3)水泵试运转合格,并应符合下列要求:
1)各紧固连接部位不应松动。
2)润滑油的质量、数量应符合设备技术文件的规定。
3)安全、保护装置灵敏、可靠。
4)盘车应灵活、正常。
5)启动前,泵的进口阀门全开,出口阀门全关。
6)水泵在启动前应与管网连通,水泵应充满水并排净空气。
7)在水泵出口阀门关闭的状态下启动水泵,水泵出口阀门前压力表显示的压力应符合水泵的最高扬程,水泵和电机应无异常情况。
8)逐渐开启水泵出口阀门,水泵的工作扬程与设计选定的扬程相比较,两者应当接近或相等,同时保证水泵的运行安全。

> **经验之谈**
>
> **水泵试运转不得出现的情况**
>
> 在2h的运转期间内不应有不正常的声音;各密封部位不应渗漏;各紧固连接部位不应松动;滚动轴承的温度不应高于75℃;填料升温正常,普通软填料宜有少量的渗漏(每分钟10~20滴);电动机的电流不得超过额定值;振动应符合设备技术文件的规定,当设备文件无规定时,用手提式振动仪测量泵的径向振幅(双向)不应超过表9-3的规定;泵的安全保护装置灵敏、可靠。
>
> 表9-3　　　　　　　泵的径向振幅(双向)
>
> | 转速/(r/min) | 600~750 | 750~1000 | 1000~1500 | 1500~3000 |
> |---|---|---|---|---|
> | 振幅不应超过/mm | 0.12 | 0.10 | 0.03 | 0.06 |

(4) 采暖用户应按要求将系统充满水,并组织做好试运行准备工作。

(5) 蒸汽用户系统应具备送汽条件。

(6) 当换热器为板式换热器时,两侧应同步逐渐升压直至工作压力。

3. 热水管网和热力站试运行

(1) 关闭管网所有泄水阀门。

(2) 排气充水,水满后关闭放气阀门。

(3) 全线水满后,再次逐个进行放气确认管内无气体后,关闭放气阀并上丝堵。

(4) 试运行开始后,每隔1h对补偿器及其他设备和管路附件等进行检查,并做好记录工作。补偿器记录内容应符合有关规定。

特别提示

试运行处理

在环境温度低于5℃进行试运行时,应制定可靠的防冻措施。试运行期间发现的问题,属于不影响试运行安全的,可待试运行结束后处理。属于必须当即解决的,应停止试运行,进行处理。试运行的时间,应从正常试运行状态的时间起计72h。

▶ **复习思考题** ◀

一、填空题

1. 土方开挖应根据施工现场条件、＿＿＿＿、土质、有无地下水等因素选用不同的开槽断面。

2. 在壁厚为3～6mm,且不加工坡口时,应采用＿＿＿＿。

3. 热力站根据位置不同,可分为＿＿＿＿、＿＿＿＿和区域性热力站。

4. 换热器附近应＿＿＿＿,满足拆装维修的需要。

5. 废气管应水平安装并通向室外,管端部应向下或做成＿＿＿＿。

第九章 市政供热管网工程施工技术

二、判断题

1. 在直埋保温管接头处应设工作坑,工作坑宜比正常断面加深、加宽 250~300mm。( )

2. 在焊件纵向焊缝的端部(包括螺旋管焊缝)可采用定位焊。( )

3. 法兰连接应使用同一规格的螺栓,安装方向应一致。( )

4. 属于压力容器设备的换热器,须有国家技术监察部门有关检测资料。( )

5. 热力站试运行在 1h 的运转期间内不应有不正常的声音。( )

三、简答题

1. 在零度以下的气温中焊接应符合哪些规定?
2. 热力站内管道支架的最大间距是如何规定的?
3. 水位表的最高、最低水位是怎样规定的?
4. 热水管网的清洗方法有哪些?

第十章 垃圾处理施工技术

第一节 生活垃圾填埋场填埋区防渗层施工技术

生活垃圾卫生填埋场是指用于处理、处置城市生活垃圾的,带有阻止垃圾渗沥液泄漏的人工防渗膜和渗沥液处理或预处理设施设备,且在运行、管理及维护直至最终封场关闭过程中符合卫生要求的垃圾处理场地。

填埋场宜根据填埋场处理规模和建设条件做出分期和分区建设的安排和规划。填埋场必须进行防渗处理,防止对地下水和地表水的污染,同时还应防止地下水进入填埋区。

设置在垃圾卫生填埋场填埋区中的渗滤液防渗系统和收集导排系统,在垃圾卫生填埋场的使用期间和封场后的稳定期限内,起着将垃圾堆体产生的渗滤液屏蔽在防渗系统上部,并通过收集导排和导入处理系统实现达标排放的重要作用。

防渗层是用透水性小的防渗材料铺设而成,渗透系数小、稳定性好、价格便宜是防渗材料选择的依据。

一、泥质防水层施工

泥质防水层施工技术的核心是掺加膨润土的拌合土层施工技术。理论上,土壤颗粒越细,含水量适当,密实度高,防渗性能就越好。但膨润土是一种比较昂贵的矿物,且土壤如果过分筛选,会增大投资成本。因此应选好土源,检测土壤成分,通过做不同掺量的土样,优选最佳配合比;做好现场拌合工作,严格控制含水率,保证压实度;分层施工同步检验,严格执行验收标准,不符合要求的坚决返工。

1. 膨润土进货质量

应采用材料招标方法选择供货商,审核生产厂家的资质,核验产品出厂三证(产品合格证、产品说明书、产品试验报告单),进货时进行产品质量检验,组织产品质量复验或见证取样,确定合格后方可进场。进场后注意产品保护。通过严格控制,确保关键原材料合格。

2. 膨润土掺加量的确定

应在施工现场内选择土壤,通过对多组配合土样的对比分析,优选出最佳配合比,达到既能保证施工质量,又可节约工程造价的目的。

3. 拌合均匀度、含水量及碾压压实度

应在操作过程中确保掺加膨润土数量准确,拌和均匀,机拌不能少于2遍,含水量最大偏差不宜越过2%,振动压路机碾压控制在4~6遍,碾压密实。

最后应严格按照合同约定的检验频率和质量检验标准同步进行,检验项目包括压实度试验和渗水试验两项。

二、土工合成材料膨润土垫(GCL)施工

土工合成材料膨润土垫(GCL)是两层土工合成材料之间夹封膨润土粉末(或其他低渗透性材料),通过针刺、粘结或缝合而成的一种复合材料,主要用于密封和防渗。

GCL垫施工主要包括GCL垫的摊铺、搭接宽度控制、搭接处两层GCL垫间撒膨润土。具体做法如下:

(1)GCL施工必须在平整的土地上进行;对铺设场地条件的要求比土工膜低。GCL之间的连接以及GCL与结构物之间的连接都很简便,并且接缝处的密封性也容易得到保证。GCL不能在有水的地面及下雨时施工,在施工完后要及时铺设其上层结构如HDPE膜等材料。大面积铺设采用搭接形式,不需要缝合,搭接缝应用膨润土防水浆封闭。对GCL出现破损之处可根据破损大小采用撒膨润土或者加铺GCL方法修补。

(2)对铺开的 GCL 垫进行调整,调整搭接宽度,控制在 250mm±50mm 范围内,拉平 GCL 垫,确保无褶皱、无悬空现象,与基础层贴实。

(3)掀开搭接处上层的 GCL 垫,在搭接处均匀撒膨润土粉,将两层垫间密封,然后将掀开的 GCL 垫铺回。

(4)根据填埋区基底设计坡向,GCL 垫的搭接尽量采用顺坡搭接,即采用上压下的搭接方式;注意避免出现十字搭接,应尽量采用品形分布。

(5)GCL 垫需当日铺设当日覆盖,遇有雨雪天气应停止施工,并将已铺设的 GCL 垫覆盖好。

> **特别提示**
>
> **GCL 施工设附加层**
>
> GCL 在坡面与地面拐角处防水垫应设置附加层,先铺设 500mm 宽沿拐角两面各 250mm 后,再铺大面积防水垫。坡面顶部应设置锚固沟,固定坡面防水垫的端部。对于有排水管穿越防水垫部位,应加设 GCL 防水垫附加层,管周围膨润土妥善封闭。每天防水垫操作后要逐缝、逐点位进行细致检验验收,如有缺陷立即修补。

三、聚乙烯(HDPE)膜防渗层施工技术

高密度聚乙烯(HDPE)防渗膜具有防渗性好、化学稳定性好、机械强度较高、气候适应性强、使用寿命长、敷设及焊接施工方便的特点,已被广泛用作垃圾填埋场的防渗膜。施工时应注意以下几点:

1. HDPE 膜的进货质量

HDPE 膜的质量是工程质量的关键,应采用招标方式选择供货商,严格审核生产厂家的资质,审核产品三证(产品合格证、产品说明书、产品试验检验报告单)。特别要严格检验产品的外观质量和产品的均匀度、厚度、韧度和强度,进行产品复验和见证取样检验。确定合格后,方可进场,进场应注意产品保护。通过严格控制,确保原材料合

格,保证工程质量。

2. 施工机具的有效性

应对进场使用的机具进行检查,包括审查:须进行强制检验的机其是否在有效期内,机具种类是否齐全,数量是否满足工期需要。不合格的不能进场,种类和数量不齐的应在规定时间内补齐。

3. 施工方案和技术交底

应审核施工方案的合理性、可行性,检查技术交底单内容是否齐全,交底工作是否在施工前落实。通过检查,以保证施工方法科学、可行。操作班组在作业前明确操作方法、步骤、工艺及检验标准。

4. 施工质量控制

在垂直高差较大的边坡铺设土工膜时,应设锚固平台,平台高差应结合实际地形确定,不宜大于 10m。边坡坡度宜小于 1:2。铺设 HDPE 土工膜应焊(粘)接牢固,达到强度和防渗漏要求,局部不应产生下沉现象。

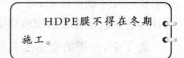

HDPE膜不得在冬期施工。

第二节 生活垃圾填埋场填埋区导排系统施工技术

渗沥液收集导排系统施工主要有导排层摊铺、收集花管连接、收集渠码砌等施工过程。

一、卵石粒料的运送和布料

在填筑导排层卵石,宜采用小于 5t 的自卸汽车,采用不同的行车路线,环形前进,将卵石粒料直接运送到已铺好的膜上。根据工作面宽度,事先计算好每一断面的卸料车数,按计算数量卸料,避免超卸或少卸。间隔 5m 堆料,避免压翻基底,随铺膜随铺导排层滤料(卵石)。

在运料车行进路线的防渗层上,加铺不少于两层的同规格土工布,加强对防渗层的保护。运料车在防渗层上行驶时,缓慢行进,不得急停、急起；须直进、直退，严禁转弯；驾驶员要听从指挥人员的指挥。

运料车驶入、驶出防渗层前，由专人将车辆行进方向防渗层上溅落的卵石清扫干净，以免车轮碾压卵石，损坏防渗层。

二、摊铺导排层、收集渠码砌

摊铺导排层、收集渠码砌均采用人工施工。

导排层滤料需要过筛，粒径要满足设计要求。导排层所用卵石 $CaCO_3$ 含量必须小于 10%，防止年久钙化使导排层板结造成填埋区侧漏。

导排层摊铺前，按设计厚度要求先下好平桩，按平桩刻度摊平卵石。按收集渠设计尺寸制作样架，每 10m 设一样架，中间挂线，按样架码砌收集渠。

> 对于富裕或缺少卵石的区域，采用人工运出或补齐卵石。

施工中，使用的金属工具尽量避免与防渗层接触，以免造成防渗材料破损。

三、HDPE 渗沥液收集花管连接

HDPE 渗沥液收集花管连接一般采用热熔焊接。热熔焊接连接一般分为：预热阶段、吸热阶段、加热板取出阶段、对接阶段、冷却阶段五个阶段。

切削管端头：用卡具把管材准确卡到焊机上，擦净管端，对正，用铣刀铣削管端直至出现连续屑片为止。

对正检查：取出铣刀后再合拢焊机，要求管端面间隙不超过 1mm，两管的管边错位不超过壁厚的 10%。

接通电源，使加热板达到 210℃±10℃，用净棉布擦净加热板表面，装入焊机。

加温熔化：将两管端合拢，焊机在一定压力下给管端加温，当出现 0.4～3mm 高的熔环时，即停止加温，进行无压保温，持续时间为壁厚 (mm) 的 10 倍 (s)。

加压对接：导排管热熔对接连接前，两管段各伸出夹具一定自由长度,并应校直两对应的连接件,使其在同一轴线上,错边不宜大于壁厚的 10%。达到保温时间以后,即打开焊机,小心取出加热板,并在 10s 之内重新合拢焊机,逐渐加压,使熔环高度达到 $(0.3\sim 0.4)\delta$,单边厚度达到 $(0.35\sim 0.45)\delta$。

热熔连接保压、冷却时间,应符合热熔连接工具生产厂和管件、管材生产厂规定,一般保压冷却时间为 20~30min。在保证冷却期间不得移动连接件或在连接件上施加外力。

第三节 垃圾填埋与环境保护技术

目前,我国城市垃圾的处理方式基本采用封闭型填埋场;垃圾焚烧处理因空气污染影响实际应用受到限制。封闭型垃圾填埋场是目前我国通行的填埋类型。

一、垃圾填埋场选址与环境保护

1. 基本规定

(1)因为垃圾填埋场的使用期限长达 10 年以上,所以应该慎重对待垃圾填埋场的选址,注意其对环境产生的影响。

(2)垃圾填埋场的选址,应考虑地质结构、地理水文、运距、风向等因素,位置选择得好,直接体现在投资成本和社会环境效益上。

(3)垃圾填埋场选址应符合当地城乡建设总体规划要求,符合当地的大气污染防治、水资源保护、自然保护等环保要求。

2. 标准要求

(1)垃圾填埋场必须远离饮用水源,尽量少占良田,利用荒地和当地地形。一般选择在远离居民区的位置,填埋场与居民区的最短距离为 50m。

2)生活垃圾填埋场应设在当地夏季主导风向的下风向。填埋场的运行会给当地居民生活环境带来种种不良影响,如垃圾的腐臭味道、噪声、轻质垃圾随风飘散、招引大量鸟类等。

(3)填埋场垃圾运输、填埋作业、运营管理必须严格执行相应规范规定。

生活垃圾填埋场不得建设的地区

(1)国务院和国务院有关主管部门及省、自治区、直辖市人民政府划定的自然保护区、风景名胜区、生活饮用水源地和其他需要特别保护的区域内。

(2)居民密集居住区。

(3)直接与航道相通的地区。

(4)地下水补给区、洪泛区、淤泥区。

(5)活动的坍塌地,带、断裂带、地下蕴矿带、石灰坑及熔岩洞区。

二、垃圾填埋场建设与环境保护

1. 有关规范规定

(1)封闭型垃圾填埋场要求严格限制渗滤液渗入地下水层中,将垃圾填埋场对地下水的污染减小到最低限度。

(2)填埋场必须进行防渗处理,防止对地下水和地表水的污染,同时还应防止地下水进入填埋区。填埋场内应铺设一层到两层防渗层,安装渗滤液收集系统、设置雨水和地下水的排水系统,甚至在封场时用不透水材料封闭整个填埋场。

2. 填埋场防渗与渗滤液收集

发达国家的相关技术规范对防渗做出了十分明确的规定,填埋场必须采用水平防渗,并且生活垃圾填埋场必须采用HDPE膜和黏土矿物相结合的复合系统进行防渗。

3. 渗滤液处理

生活垃圾填埋场的渗滤液无法达到规定的排放标准,需要进行处理后排放。但在暴雨的时候因渗滤液超出处理能力而直接排放,严重

第十章 垃圾处理施工技术

污染环境。

4. 填埋气体

发达国家禁止填埋气体直接排入大气,规定填埋气体必须进行回收利用,无回收利用价值的则需集中收集燃烧排放。我国目前填埋气体大都直接排入大气,缺乏回收利用。这种自然排放的方式对大气以及周边的环境都造成了危害。

▶ 复习思考题 ◀

一、填空题

1. 生活垃圾填埋场必须进行_____,防止对地下水和地表水的污染。
2. 要严格检验 HDPE 膜的外观质量和产品的均匀度、厚度、_____,进行产品复验和见证取样检验。
3. 在运料车行进路线的防渗层上,加铺不少于_____的同规格土工布。
4. 因为垃圾填埋场的使用期限长达_____以上,所以应该慎重对待垃圾填埋场的选址,注意其对环境产生的影响。

二、判断题

1. 泥质防水层施工过程中确保掺加膨润土数量准确,拌和均匀,机拌不能少于3遍。( )
2. 在垂直高差较大的边坡铺设土工膜时,应设锚固平台,平台高差应结合实际地形确定,不宜大于10m。( )
3. 摊铺导排层、收集渠码砌均采用机械施工。( )
4. 生活垃圾填埋场应设在当地夏季主导风向的下风向。( )

三、简答题

1. 土工合成材料膨润土垫(GCL)施工主要包括哪些内容?
2. 导排层摊铺前应做好哪些准备工作?
3. HDPE 渗沥液收集花管连接分为哪几个阶段?
4. 填埋场内的防渗层铺设有哪些规定?

第十一章 市政绿化工程施工技术

第一节 栽植基础工程

一、种植前土壤处理

(1)种植或播种前应对该地区的土壤理化性质进行化验分析,采取相应的消毒、施肥和客土等措施。

(2)植物生长所必需的最低种植土层厚度应符合表11-1的规定。

表11-1　　　　　植物种植必需的最低土层厚度

植被类型	草本花卉	草坪地被	小灌木	大灌木	浅根乔木	深根乔木
土层厚度/cm	30	30	45	60	90	150

(3)种植地的土壤含有建筑废土及其他有害成分,以及强酸性土、强碱土、盐土、盐碱土、重黏土、沙土等,均应根据设计规定,采用客土或采取改良土壤的技术措施。

(4)绿地应按设计要求构筑地形。对草坪种植地、花卉种植地、播种地应施足基肥,翻耕25~30cm,搂平耙细,去除杂物,平整度和坡度应符合设计要求。

种植土质量检验

(1)园林植物种植土的质量要求:

第十一章 市政绿化工程施工技术

1）花坛土：pH 值=6.0~7.5；EC 值(mS/cm)0.50~1.00；有机质(%)≥2.5；堆积密度(g/cm³)≤1.20，石砾粒径(cm)≤1，含量<8%。

2）树穴土：pH 值=6.5~7.8；EC 值(mS/cm)0.35~0.75；有机质(%)≥2.0；堆积密度(g/cm³)≤1.30。

3）草坪土：pH 值=6.6~8.0；EC 值(mS/cm)0.35~0.75；有机质(%)≥1.5；堆积密度(g/cm³)≤1.30。

(2)种植土质量检验方法。

1）检验土壤分析报告。

2）抽查一定的数，检查种植土的块径，即每 3000m² 抽查一点，每点为 500m²，但不少于 3 点，是否在允许偏差范围。栽植块径的具体要求为：大中乔木为 8cm 以上；小乔木及大中灌木为 5cm 以上；小灌木、宿根花卉为 3cm 以上；草本、地被、草坪及一、二年草花为 2cm 以上。

3）地形标高，全高在 1.0m 以下为±5cm；全高在 1~3m 为±20cm；全高在 3m 以上为±50cm。

二、重盐碱、重黏土地土壤改良

土壤全盐含量大于或等于 0.5% 的重盐碱地和土壤为重黏土地区的绿化栽植工程应实施土壤改良。

重盐碱、重黏土地土壤改良的原因和工程措施基本相同，土壤改良工程应由具备相应资质的专业施工单位施工。

重盐碱、重黏土地的排盐（渗水）、隔淋（渗水）层施工应符合国家相关规范要求。

三、坡面绿化防护栽植基层工程

土壤坡面、岩石坡面、混凝土覆盖面的坡面等在进行绿化栽植时，应有防止水土流失的措施。

混凝土格构、固土网垫、格栅、土工合成材料、喷射基质等施工做法应符合设计和规范要求。

第二节 栽植工程

一、草坪种植

(一)草坪用地

1. 草坪用地的清理

(1)在有树木的场地上,要全部或者有选择地把树和灌丛移走,也要把影响下一步草坪建植的岩石、碎砖瓦块以及所有对草坪草生长的不利因素清除掉,还要控制草坪建植中或建植后可能与草坪草竞争的杂草。

(2)对木本植物进行清理,包括树木、灌丛、树桩及埋藏树根的清理。

(3)还要清除裸露石块、砖瓦等。在35cm以内表层土壤中,不应当有大的砾石瓦块。

2. 草坪用地的整形

(1)草坪用地应有利于地表水的排放;地形上至少需要有15cm厚的覆土层。体育场草坪一般应设计成中间高、四周低的地形。

(2)为了确保整出的地面平滑,使整个地块达到所需的高度,可按设计要求每相隔一定距离设置木桩标记。

(3)在土壤松软的地方填土时,土壤会沉实下降,填土的高度要高出所设计的高度:用细质地土壤充填时,大约要高出15%;用粗质土时可低些。在填土量大的地方,每填30cm就要镇压,以加速沉实。

(4)在进一步整平地面坪床时,也可把底肥均匀地施入表层土壤中。

1)在种植面积小、大型设备工作不方便的场地上,常用铁耙人工整地。为了提高效率,也可用人工拖把耙平。

2)种植面积大,应用专用机械来完成。与耕作一样,细整也要在适宜的土壤水分范围内进行,以保证良好的效果。

第十一章 市政绿化工程施工技术

3. 草坪用地的翻耕

(1)草坪用地面积大时,可先用机械犁耕,再用圆盘犁耕,最后耙地。

(2)草坪用地面积小时,用旋耕机耕一两次也可达到同样的效果,一般耕深10~15cm。

(3)耕作时要注意土壤的含水量,土壤过湿或太干都会破坏土壤的结构。看土壤水分含量是否适于耕作,可用手紧握一小把土,然后用大拇指使之破碎,如果土块易于破碎,则说明适宜耕作。土太干会很难破碎,太湿则会在压力下形成泥条。

4. 草坪用地的改良

土壤改良是把改良物质加入土壤中,从而改善土壤理化性质的过程。保水性差、养分贫乏、通气不良等都可以通过土壤改良得到改善。

大部分草坪草适宜的酸碱度在6.5~7.0之间。土壤过酸过碱,一方面会严重影响养分有效性;另一方面有些矿质元素含量过高而对草坪草产生毒害,从而大大降低草坪质量。因此,对过酸过碱的土壤要进行改良。对过酸的土壤,可通过施用石灰来降低酸度。对于过碱的土壤,可通过加入硫酸镁等来调节。

(二)草坪草种的选择

影响草坪草种选择的因素很多,应在掌握各草坪植物的生物学特性和生态适应性的基础上,根据当地的气候、土壤、用途、对草坪质量的要求及管理水平等因素,进行综合考虑后加以选择。

(1)在冷季型草坪草中,草坪型高羊茅抗热能力较强,在我国东部沿海可向南延伸到上海地区,但是向北达到黑龙江南部地区即会产生冻害。

(2)多年生黑麦草的分布范围比高羊茅要小,其适宜范围在沈阳和徐州之间的广大过渡地带。

(3)草地早熟禾则主要分布在徐州以北的广大地区,是冷季型草坪草中抗寒性最强的草种之一。

(4)正常情况下,多数紫羊茅类草坪草在北京以南地区难以度过炎热的夏季。

(5)暖季型草坪草中,狗牙根适宜在黄河以南的广大地区栽植,但狗牙根种内抗寒性变异较大。

(6)结缕草是暖季型草坪草中抗寒性较强的草种,沈阳地区有天然结缕草的广泛分布。

(7)野牛草是良好的水土保持用草坪草,同时也具有较强的抗寒性。

(8)在冷季型草坪草中,匍匐翦股颖对土壤肥力要求较高,而细羊茅较耐瘠薄;暖季型草坪草中,狗牙根对土壤肥力要求高于结缕草。

> 用于水土保持和护坡的草坪,要求草坪草出苗快,根系发达,能快速覆盖地面,以防止水土流失,但对草坪外观质量要求较低,管理粗放,在北京地区高羊茅和野牛草均可选用。

(三)草坪种植

草坪植物的建植方法有种子建植和营养体(无性)建植两种。无论选择哪一种建植方法,均需依据建植费用、建植时间、现有草坪建植材料及其生长特性而定,其中,直铺草皮的费用较高,但速度最快。

1. 种子种植

(1)撒播法。播种草坪草时要求把种子均匀地撒于坪床上,并把它们混入6mm深的表土中。播深取决于种子大小,种子越小,播种越浅。播得过深或过浅都会导致出苗率低。如播得过深,在幼苗进行光合作用和从土壤中吸收营养元素之前,胚胎内储存的营养不能满足幼苗的营养需求而导致幼苗死亡。播得过浅,没有充分混合时,种子会被地表径流冲走、被风刮走或发芽后干枯。

(2)喷播法。喷播是一种把草坪草种子、覆盖物、肥料等混合后加入液流中进行喷射播种的方法。喷播机上安装有大功率、大出水量单嘴喷射系统,把预先混合均匀的种子、粘结剂、覆盖物、肥料、保湿剂、染色剂和水的浆状物,通过高压喷到土壤表面。施肥、播种与覆盖一次操作完成,特别适宜陡坡场地等大面积草坪的建植。该方法中,混合材料选择及其配比是保证播种质量效果的关键。喷播使种子留在

第十一章 市政绿化工程施工技术

表面，不能与土壤混合和进行滚压，通常需要在上面覆盖植物（秸秆或无纺布）才能获得满意的效果。当气候干旱、土壤水分蒸发太大、太快时，应及时喷水。

> **知识链接**
>
> ### 草种播种数量
>
> 　　草种播种量的多少受多种因素限制，包括草坪草种类及品种、发芽率、环境条件、苗床质量、播后管理水平和种子价格等。一般由两个基本要素决定：生长习性和种子大小。
>
> 　　每个草坪草种的生长特性各不相同，匍匐茎型和根茎型草坪草一旦发育良好，其蔓伸能力将强于母体。因此，相对低的播种量也能够达到所要求的草坪密度，成坪速度要比种植丛生型草坪草快得多。草地早熟禾具有较强的根茎生长能力，在草地早熟禾草皮生产中，播种量常低于推荐的正常播种量。

2. 营养体建植

在市政工程中，营养体繁殖方法包括铺草皮、栽草块、栽枝条和匍匐茎。除铺草皮之外，以上方法仅限于在强匍匐茎或强根茎生长习性的草坪植物。

（1）草皮铺栽法。采用草皮铺栽法施工时，可以很快就形成草坪，而且可以在任何时候（北方封冻期除外）进行，且栽后管理容易，缺点是成本高，并要求有丰富的草源。

1）起草皮时，厚度应该越薄越好，所带土壤以 1.5～2.5cm 为宜，草皮中无或有少量枯草层形成。也可以把草皮上的土壤洗掉以减轻重量，促进扎根，减少草皮土壤与移植地土壤质地差异较大而引起土壤层次形成的问题。

2）为了避免草皮（特别是冷季型草皮）受热或脱水而造成损伤，起卷后应尽快铺植，一般要求在 24～48h 内铺植好。

3）草皮堆积在一起，由于草皮植物呼吸产出的热量不能排出，使温度升高，能导致草皮损伤或死亡。在草皮堆放期间，气温高、叶片较长、植株体内含氮量高、病害、通风不良等都可加重草皮发热产生的危害,应采取降温措施。

4)草皮铺栽施工时,常用的草皮铺栽方法主要有以下三种:

①无缝铺栽,是不留间隔全部铺栽的方法。草皮紧连,不留缝隙,相互错缝,要求快速造成草坪时常使用这种方法。草皮的需要量和草坪面积相同(100%),如图 11-1(a)所示。

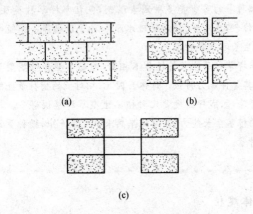

图 11-1　草坪的铺栽方法
(a)无缝铺栽;(b)有缝铺栽;(c)方格形花纹铺栽

②有缝铺栽,各块草皮相互间留有一定宽度的缝进行铺栽。缝的宽度为 4~6cm,当缝宽为 4cm 时,草皮必须占草坪总面积的 70% 以上,如图 11-1(b)所示。

③方格形花纹铺栽,草皮的需用量只需占草坪面积的 50%,建成草坪较慢,如图 11-1(c)所示。注意密铺应互相衔接不留缝,间铺间隙应均匀,并填以种植土。草块铺设后应滚压、灌水。

5)铺草皮时,要求坪床潮而不湿。如果土壤干燥,温度高,应在铺草皮前稍微浇水,润湿土壤,铺后立即灌水。坪床浇水后,人或机械不可在上行走。

6)铺设草皮时,应把所铺的相接草皮块调整好,使相邻草皮块首尾相接,尽量减少由于收缩而出现的裂缝。要把各个草皮块与相邻的草皮块紧密相接,并轻轻夯实,以便与土壤均匀接触。

7)在草皮块之间和各暴露面之间的裂缝用过筛的土壤填紧,这样可减少新铺草皮的脱水问题。填缝隙的土壤应不含杂草种子,这样可把杂草减少到最低限度。

8)当把草皮块铺在斜坡上时,要用木桩固定,等到草坪草充分生根,并能够固定草皮时再移走木桩。如坡度大于10%,每块草皮钉两个木桩即可。

(2)直栽法。直栽法是将草块均匀栽植在坪床上的一种草坪建植方法。草块是由草坪或草皮分割成的小的块状草坪,草块上带有约5cm厚的土壤。常用的直栽法有以下三种:

1)栽植正方形或圆形的草坪块。草坪块的大小约为5cm×5cm,栽植行间距为30~40cm,栽植时应注意使草坪块上部与土壤表面齐平。常用此方法建植草坪的草坪草有结缕草,但也可用于其他多匍匐茎或强根茎草坪草。

2)把草皮分成小的草坪草束,按一定的间隔尺寸栽植。这一过程一般可以用人工完成,也可以用机械。机械直栽法是采用带有正方形刀片的旋筒把草皮切成草坪草束,通过机器进行栽植,这是一种高效的种植方法,特别适用于不能用种子建植的大面积草坪中。

3)采用在果岭通气打孔过程中得到的多匍匐茎的草坪草束(如狗牙根和匍匐翦股颖)来建植草坪。把这些草坪草束撒在坪床上,经过滚压使草坪草束与土壤紧密接触和坪面平整。由于草坪草束上的草坪草易于脱水,因而要经常保持坪床湿润,直到草坪草长出足够的根系为止。

(3)枝条匍茎法。枝条和匍匐茎是单株植物或者是含有几个节的植株的一部分,节上可以长出新的植株。

1)插枝条法就是把枝条种在条沟中,相距15~30cm,深5~7cm。每根枝条要有2~4个节,栽植过程中,要在条沟填土后使一部分枝条露出土壤表层。插入枝条后要立刻滚压和灌溉,以加速草坪草的恢复和生长。也可使用直栽法中使用的机械来栽植,它把枝条(而非草坪块)成束地送入机器的滑槽内,并且自动地种植在条沟中。有时也可直接把枝条放在土壤表面,然后用扁棍把枝条插入土壤中。

插枝条法主要用来建植有匍匐茎的暖季型草坪草,但也能用于匍匐翦股颖草坪的建植。

2)匍茎法是指把无性繁殖材料(草坪草匍匐茎)均匀地撒在土壤表面,然后覆土和轻轻滚压的建坪方法。一般在撒匍匐茎之前喷水,使坪床土壤潮而不湿。用人工或机械把打碎的匍匐茎均匀撒到坪床上,而后覆土,使草坪草匍匐茎部分覆盖,或者用圆盘犁轻轻耙过,使匍匐茎部分地插入土壤中。轻轻滚压后立即喷水,保持湿润,直至匍匐茎扎根。

(四)草坪植物的灌溉

对刚完成播种或栽植的草坪,灌溉是一项保证成坪的重要措施。灌溉有利于种子和无性繁殖材料的扎根和发芽。水分供应不足往往是造成草坪建植失败的主要原因。

草坪植物常用的灌溉方法有地面漫灌、喷灌和地下灌溉三种,其主要特点如下:

(1)地面漫灌是最简单的方法。其优点是简单易行;缺点是耗水量大,水量不够均匀,坡度大的草坪不能使用。采用这种灌溉方法的草坪表面应相当平整,且具有一定的坡度,理想的坡度是 $0.5\%\sim1.5\%$。这样的坡度用水量最经济,但大面积草坪要达到以上要求,较为困难,因而有一定的局限性。

(2)喷灌是使用喷灌设备令水像雨水一样淋到草坪上。其优点是能在地形起伏变化大的地方或斜坡使用,灌水量容易控制,用水经济,便于自动化作业;主要缺点是建造成本高。但此法仍为目前国内外采用最多的草坪灌水方法。

(3)地下灌溉是靠毛细管作用从根系层下面设的管道中的水由下向上供水。此法可避免土壤紧实,并使蒸发量及地面流失量减到最低程度。节省水是此法最突出的优点。然而由于设备投资大,维修困难,因而使用此法灌水的草坪甚少。

第十一章　市政绿化工程施工技术

知识链接

灌水时间

在生长季节,根据不同时期的降水量及不同的草种适时灌水是极为重要的。一般可分为三个时期:

(1)返青到雨季前。这一阶段气温高,蒸腾量大,需水量大,是一年中最关键的灌水时期。根据土壤保水性能的强弱及雨期来临的时期可灌水2~4次。

(2)雨期基本停止灌水。这一时期空气湿度较大,草的蒸腾量下降,而土壤含水量已提高到足以满足草坪生长需要的水平。

(3)雨季后至枯黄前这一时期降水量少,蒸发量较大,如不能及时灌水,不但影响草坪生长,还会引起提前枯黄进入休眠,可根据情况灌水4~5次。

二、树木栽植

树木栽植成功与否,受各种因素的制约,如树木本身的质量及其移植期,生长环境的温度、光照、土壤、肥料、水分、病虫害等。

树木有深根性和浅根性两种。种植深根性的树木需有深厚的土壤,在栽植大乔木时比小乔木、灌木需要更厚的土壤。

(一)树木栽植季节的选择

应根据树木的习性和当地的气候条件,选择适宜的种植时期。

1. 春季移植

我国北方地区适宜春季植树,春季是树木休眠期,蒸腾量小,栽后容易达到地上、地下部分的生理平衡。另外,春季也是树木的生长期,树体内贮藏营养物质丰富,生理机制开始活跃,有利于根系再生和植株生长。春季移植适期较短,应根据苗木发芽的早晚,合理安排移植顺序。落叶树早移,常绿树后移。

2. 秋季移植

在树木地上部分生长缓慢或停止生长后进行。北方冬季寒冷的地区,秋季移植植物均需要带土球栽植。

3. 雨季移植

南方在梅雨初期,北方在雨季刚开始时,适宜移植常绿树及萌芽力较强的树种。

4. 非适宜季节移植

不能在适宜季节移植时,可按照不同类别树种采取不同措施。

常绿树种起苗时应带较正常情况大的土球,对树冠进行疏剪、摘叶,做到随掘、随运、随栽,及时灌水,叶面经常喷水,晴热天气应遮阴。冬季应防风防寒,尤其是新栽植的常绿乔木,如雪松、油松、马尾松等。

落叶乔木采取以下技术措施:提前疏枝、环状断根、在适宜季节起苗用容器假植、摘去部分叶片等。另外,夏季可搭棚遮阴、树冠喷雾、树干保湿,也可采用现代科技手段,喷施抗蒸腾剂,树干注射营养液等措施,保持空气湿润;冬季应防风防寒。

(二)种植场地平整

(1)根据设计图纸的要求,将绿化地段与其他用地界限区划开来,整理出预定的地形,使其与周围排水趋向一致。整理工作一般应在栽植前3个月以上的时期内进行。

(2)在施工场地上,凡对施工有碍的一切障碍物如堆放的杂物、违章建筑、坟堆、砖石块等要清除干净。一般情况下已有树木凡能保留的尽可能保留。

(3)对8°以下的平缓耕地或半荒地,应根据植物种植必需的最低土层厚度要求(表11-2),通常翻耕30~50cm深度,以利蓄水保墒。并视土壤情况,合理施肥以改变土壤肥性。平地整地要有一定倾斜度,以利排除过多的雨水。

表11-2　　　　　　绿地植物种植必需的最低土层厚度

植被类型	草木花卉	草坪地被	小灌木	大灌木	浅根乔木	深根乔木
土层厚度/cm	30	30	45	60	90	150

(4)对工程场地宜先清除杂物、垃圾,随后换土。如种植地的土壤

含有建筑废土及其他有害成分,如强酸性土、强碱土、盐碱土、重黏土、沙土等,均应根据设计规定,采用客土或改良土壤的技术措施。

(5)对低湿地区,应先挖排水沟降低地下水位防止返碱。通常在种植前一年,每隔20m左右就挖出一条深1.5~2.0m的排水沟,并将掘起来的表土翻至一侧培成垅台,经过一个生长季,土壤受雨水的冲洗,盐碱减少,杂草腐烂了,土质疏松,不干不湿,即可在垅台上种树。

(6)对新堆土山的整地,应经过一个雨季使其自然沉降,才能进行整地植树。

(7)对荒山整地,应先清理地面,刨出枯树根,搬除可以移动的障碍物,在坡度较平缓、土层较厚的情况下,可以采用水平带状整地。

(三)施工定点与放线

1. 一般规定

(1)定点放线要以设计提供的标准点或固定建筑物、构筑物等为依据。

(2)定点放线应符合设计图纸要求,位置要准确,标记要明显。定点放线后应由设计或有关人员验点,合格后方可施工。

(3)规则式种植,树穴位置必须排列整齐,横平竖直。行道树定点,行位必须准确,大约每50m钉一控制木桩,木桩位置应在株距之间。树位中心可用镐刨坑后放白灰。

(4)孤立树定点时,应用木桩标志于树穴的中心位置上,木桩上写明树种和树穴的规格。

(5)绿篱和色带、色块,应在沟槽边线处用白灰线标明。

2. 行道树定点放线

道路两侧成行列式栽植的树木,称行道树。要求栽植位置准确,株行距相等(在国外有用不等距的)。一般是按设计断面定点。在已有道路旁定点以路牙为依据,然后用皮尺、钢尺或测绳定出行位,再按设计定株距,每隔10株于株距中间钉一木桩(不是钉在所挖坑穴的位置上),作为行位控制标记,以确定每株树木坑(穴)位置的依据,然后用白灰点标出单株位置。

由于道路绿化与市政、交通、沿途单位、居民等关系密切,植树位置的确定,除和规定设计部门配合协商外,在定点后还应请设计人员验点。

3. 自然式定位放线

自然式种植,定点放线应按设计意图保持自然,自然式树丛用白灰线标明范围,其位置和形状应符合设计要求。树丛内的树木分布应有疏有密,不得成规则状,三点不得成行,不得成等腰三角形。树丛中应钉一木桩,标明所种的树种、数量、树穴规格。

(1)坐标定点法。根据植物配置的疏密度先按一定的比例在设计图及现场分别打好方格,在图上用尺量出树木在某方格的纵横坐标尺寸,再按此位置用皮尺量在现场相应的方格内。

(2)仪器测放。用经纬仪或小平板仪依据地上原有基点或建筑物、道路将树群或孤植树依照设计图上的位置依次定出每株的位置。

(3)目测法。对于设计图上无固定点的绿化种植,如灌木丛、树群等可用上述两种方法画出树群树丛的栽植范围,其中每株树木的位置和排列可根据设计要求在所定范围内用目测法进行定点,定点时应注意植株的生态要求并注意自然美观。定好点后,多采用白灰打点或打桩,标明树种、栽植数量(灌木丛树群)、坑径。

(四)穴槽挖掘

(1)挖种植穴、槽的位置应准确,严格以定点放线的标记为依据。

(2)穴、槽的规格,应视土质情况和树木根系大小而定。一般要求树穴直径应较根系和土球直径加大 15~20cm,深度加 10~15cm。树槽宽度应在土球外两侧各加 10cm,深度加 10~15cm,如遇土质不好,需进行客土或采取施肥措施的应适当加大穴槽规格。

(3)挖种植穴、槽应垂直下挖,穴槽壁要平滑,上下口径大小要一致,挖出的表土和底土、好土、坏土分别置放。穴、槽壁要平滑,底部应留一土堆或一层活土。挖穴槽应垂直下挖,上下口径大小应一致,以免树木根系不能舒展或填土不实。

(4)在新垫土方地区挖树穴、槽,应将穴、槽底部踏实。在斜坡挖穴、槽应采取鱼鳞坑和水平条的方法。

(5)挖植树穴、槽时遇障碍物,如市政设施、电信、电缆等应先停止操作,请示有关部门解决。

(6)栽植穴挖好之后,一般即可开始种树。但若种植土太瘦瘠,就先要在穴底垫一层基肥。基肥一定要用经过充分腐熟的有机肥,如堆肥、厩肥等。基肥层以上还应当铺一层壤土,厚5cm以上。

知识链接

土壤要求

树木生长、发育都离不开土壤,因此土壤好坏影响着树木的成活,具体要求如下:

(1)种植树木所必需的最低土层应视树木规格大小而定,一般较树木根系至少加深30~40cm以上。

(2)种植前对土壤进行勘探,化验理化性质和测定土壤肥力。

(3)对不宜树木生长的建筑弃土,或含有害成分的土壤,必须进行客土,换上适宜树木生长的种植土。

(4)如设计规定或有特殊要求还可掺入部分腐殖土,以改良土壤结构和增加肥力,一般可掺入1/5或1/4的腐殖土。

(五)苗木植前修剪

1. 一般规定

(1)为平衡树势,提高植树成活率,树木移植时应进行适度的强修剪。

(2)修剪时应在保证树木成活的前提下,尽量照顾不同品种树木自然生长规律和树形。

(3)修剪的剪口必须平滑,不得劈裂并注意留芽的方位。超过2cm以上的剪口应用刀削平,涂抹防腐剂。

(4)种植前应进行苗木根系修剪,宜将劈裂根、病虫根、过长根剪除,并对树冠进行修剪,保持地上地下平衡。

2. 乔木类植前修剪

(1)具有明显主干的高大落叶乔木应保持原有树形,适当疏枝,对保留的主侧枝应在健壮芽上短截,可剪去枝条 1/5~1/3。

(2)无明显主干、枝条茂密的落叶乔木,对干径 10cm 以上树木,可疏枝保持原树形;对干径为 5~10cm 的苗木,可选留主干上的几个侧枝,保持原有树形进行短截。

(3)枝条茂密具圆头型树冠的常绿乔木可适量疏枝。树叶集生树干顶部的苗木可不修剪。具轮生侧枝的常绿乔木用作行道树时,可剪除基部 2~3 层轮生侧枝。

(4)常绿针叶树,不宜修剪,只剪除病虫枝、枯死枝、生长衰弱枝、过密的轮生枝和下垂枝。

(5)用作行道树的乔木,定干高度宜大于 3m,第一分枝点以下枝条应全部剪除,分枝点以上枝条酌情疏剪或短截,并应保持树冠原型。

(6)珍贵树种的树冠宜作少量疏剪。

3. 灌木及藤蔓类植前修剪

(1)带土球或湿润地区带宿土裸根苗木及上年花芽分化的开花灌木不宜作修剪,当有枯枝、病虫枝时应予剪除。

(2)枝条茂密的大灌木,可适量疏枝。

(3)对嫁接灌木,应将接口以下砧木萌生枝条剪除。

(4)分枝明显、新枝着生花芽的小灌木,应顺其树势适当修剪,促生新枝,更新老枝。

(5)用作绿篱的乔灌木,可在种植后按设计要求整形修剪。苗圃培育成型的绿篱,种植后应加以整修。

(6)攀缘类和蔓性苗木可剪除过长部分。攀缘上架苗木可剪除交错枝、横向生长枝。

(六)苗木定植

(1)定植应根据树木的习性和当地的气候条件,选择最适宜的时期进行。定植时,应先将苗木的土球或根蔸放入种植穴内,使其居中,然后将树干立起扶正,使其保持垂直。

(2)树木扶正后,分层回填种植土,填土后将树根稍向上提一提,使根群舒展开,每填一层土就要用锄把将土压紧实,直到填满穴坑,并使土面能够盖住树木的根茎部位。

(3)检查扶正后,把余下的穴土绕根茎一周进行培土,做成环形的拦水围堰。其围堰的直径应略大于种植穴的直径。堰土要拍压紧实,不能松散。

(4)种植裸根树木时,将原根际埋下3~5cm即可,应将种植穴底填土呈半圆土堆,置入树木填土至1/3时,应轻提树干使根系舒展,并充分接触土壤,随填土分层踏实。

(5)带土球树木必须踏实穴底土层,而后置入种植穴,填土踏实。

(6)绿篱成块种植或群植时,应由中心向外顺序退植。坡式种植时应由上向下种植。大型块植或不同彩色丛植时,宜分区分块。

(7)假山或岩缝间种植,应在种植土中掺入苔藓、泥炭等保湿透气材料。

(8)落叶乔木在非种植季节种植时,应根据不同情况分别采取以下技术措施。

1)苗木必须提前采取疏枝、环状断根或在适宜季节起苗用容器假植等处理。

2)苗木应进行强修剪,剪除部分侧枝,保留的侧枝也应疏剪或短截,并应保留原树冠的1/3,同时必须加大土球体积。

3)可摘叶的应摘去部分叶片,但不得伤害幼芽。

4)夏季可搭棚遮阴、树冠喷雾、树干保湿,保持空气湿润;冬季应防风防寒。

5)干旱地区或干旱季节,种植裸根树木应采取根部喷布生根激素、增加浇水次数等措施。

(9)对排水不良的种植穴,可在穴底铺10~15cm砂砾或铺设渗入管、盲沟,以利排水。

(10)栽植较大的乔木时,在定植后应加支撑,以防浇水后大风吹倒苗木。

特别提示

定植注意事项

(1)树身上、下应垂直。如果树干有弯曲,其弯向应朝当地风方向。行列式栽植必须保持横平竖直,左右相差最多不超过树干一半。

(2)栽植深度,裸根乔木苗,应较原根茎土痕深5~10cm;灌木应与原土痕齐;带土球苗木比土球顶部深2~3cm。

(3)行列式植树,应事先栽好"标杆树"。方法是:每隔20株左右,用皮尺量好位置,先栽好一株,然后以这些标杆树为瞄准依据,全面开展栽植工作。

(4)灌水堰筑完后,将捆拢树冠的草绳解开取下,使枝条舒展。

三、大树移植

(一)大树移植时间

如果掘起的大树带有较大的土球,在移植过程中严格执行操作规程,移植后又注意养护,那么在任何时间都可以进行大树移植。但在实际中,最佳移植时间是早春,因为这时树液开始流动并开始生长、发芽,挖掘时损伤的根系容易愈合和再生,移植后经过从早春到晚秋的正常生长,树木移植的受伤的部分已复原,给树木顺利越冬创造了有利条件。

在春季树木开始发芽而树叶还没全部长成以前,树木的蒸腾还未达到最旺盛时期,此时带土球移植,缩短土球暴露的时间,栽后加强养护也能确保大树的存活。

盛夏季节,由于树木的蒸腾量大,此时移植对大树成活不利,在必要时可加大土球,加强修剪、遮阴,尽量减少树木的蒸腾量,也可成活,但费用较高。

在北方的雨季和南方的梅雨期,由于空气中的湿度较大,因而有利于移植,可带土球移植一些针叶树种。

深秋及冬季,从树木开始落叶到气温不低于−15℃这段时间,也可移植大树,此期间,树木虽处于休眠状态,但地下部分尚未完全停止活动,故移植时被切断的根系能在这段时间进行愈合,给来年春季发芽生长创造良好的条件,但在严寒的北方,必须对移植的树木进行土面保护,才能达到这一目的。南方地区尤其在一些气温不太低、温度较大的地区一年四季可移植,落叶树还可裸根移植。

知识链接

大树的规格

树木的规格符合下列条件之一的均属于大树:

(1)落叶和阔叶常绿乔木:胸径在20cm以上。

(2)针叶常绿乔木:株高在6m以上或地径在18cm以上。

胸径是指乔木主干在1.3m处的树干直径;地径是指树木的树干接近地面处的直径。

(二)大树移植准备

1. 树木移植方法

树木移植方法应根据品种、树木生长情况、土质、移植地的环境条件、季节等因素确定:

(1)生长正常易成活的落叶树木,在移植季节可用带毛泥球灌浆法移植。

(2)生长正常的常绿树,生长略差的落叶树或较难移植的落叶树在移植季节内移植或生长正常的落叶树在非季节移植的均应用带泥球的方法移植。

(3)生长较弱,移植难度较大或非季节移植的,必须放大泥球范围,并用硬材包装法移植。

2. 树木植前修剪

树木修剪方法及修剪量应根据树木品种、树冠生长情况、移植季节、挖掘方式、运输条件、种植地条件等因素来确定:

(1)落叶树可抽稀后进行强截,多留生长枝和萌生的强枝,修剪量可达 6/10～9/10。

(2) 常绿阔叶树，采取收缩树冠的方法，截去外围的枝条，适当稀疏树冠内部不必要的弱枝，多留强的萌生枝，修剪量可达 1/3～3/5。

(3) 针叶树以疏枝为主，修剪量可达 1/5～2/5。

(4) 对易挥发芳香油和树脂的针叶树、香樟等应在移植前一周进行修剪，凡 10cm 以上的大伤口应光滑平整，经消毒，并涂保护剂。

3. 树木切根与扎冠

对于 5 年内未作过移植或切根处理的大树，必须在移植前 1～2 年进行切根处理。切根应分期交错进行，其范围宜比挖掘范围小 10cm 左右。切根时间，可在立春天气刚转暖到萌芽前、秋季落叶前进行。

移植前，可根据树冠形态和种植后造景的要求，应对树木作好定方位的记号。树干、主枝用草绳或草片进行包扎后应在树上拉好浪风绳。收扎树冠时应由上至下，由内至外，依次向内收紧，大枝扎缚处要垫橡皮等软物，不应挫伤树木。

(三) 大树的挖掘

1. 裸根挖掘

(1) 裸根移植仅限于落叶乔木，按规定根系大小，应视根系分布而定，一般为 1.3m 处干径的 8～10 倍。

(2) 裸根移植成活的关键是尽量缩短根部暴露时间。移植后应保持根部湿润，方法是根系掘出后喷保湿剂或沾泥浆，用湿草包裹等。

(3) 沿所留根幅外垂直下挖操作沟，沟宽 60～80cm，沟深视根系的分布而定，挖至不见主根为准。一般为 80～120cm。

(4) 挖掘过程所有预留根系外的根系应全部切断，剪口要平滑不得劈裂。

(5) 从所留根系深度 1/2 处以下，可逐渐向内部掏挖，切断所有主侧根后，即可打碎土台，保留护心土，清除余土，推倒树木，如有特殊要求可包扎根部。

2. 土球挖掘

土球挖掘法主要适用于树木胸径为 10～15cm 或稍大一些的常绿

第十一章 市政绿化工程施工技术

乔木。带土球移植时应保证土球完好,尤其雨期更应注意。

(1)土球的直径和高度应根据树木胸径的大小来确定,土球规格一般按干径 1.3m 处的 7～10 倍,土球高度一般为土球直径的 2/3 左右。

(2)在挖掘过程中要有选择的保留一部分树根际原土,以利于树木萌根。同时,必须在树木移栽半个月前对穴土进行杀菌、除虫处理,用50%托布津或50%多菌灵粉剂拌土杀菌,用50%面威颗粒剂拌土杀虫(以上药剂拌土的比例为 0.1%)。

(3)将包装材料,蒲包、蒲包片、草绳用水浸泡好待用。挖掘高大乔木或冠幅较大的树木前应立好支柱,支稳树木。

(4)掘前以树干为中心,按规定尺寸画出圆圈,在圈外挖 60～80cm 的操作沟至规定深度。挖时先去表土,见表根为准,再行下挖,挖时遇粗根必须用锯锯断再削平,不得硬铲,以免造成散坨。

(5)修坨,用铣将所留土坨修成上大下小呈截头圆锥形的土球。

(6)收底,土球底部不应留的过大,一般为土球直径的 1/3 左右。收底时遇粗大根系应锯断。

(7)围内腰绳,用浸好水的草绳,将土球腰部缠绕紧,随绕随拍打勒紧,腰绳宽度视土球土质而定。一般为土球的 1/5 左右。

(8)开底沟,围好腰绳后,在土球底部向内挖一圈 5～6cm 宽的底沟,以利打包时兜绕底沿,草绳不易松脱。

(9)用包装物(蒲包、蒲包片、麻袋片等)将土球包严,用草绳围接固定。打包时绳要收紧,随绕随敲打,用双股或四股草绳以树干为起点,稍倾斜,从上往下绕到土球底沿沟内再由另一面返到土球上面,再绕树干顺时针方向缠绕,应先成双层或四股草绳,第二层与第一层交叉压花。草绳间隔一般 8～10cm。

(10)围外腰绳,打好包后在土球腰部用草绳横绕 20～30cm 的腰绳,草绳应缠紧,随绕随用木槌敲打,围好后将腰绳上下用草绳斜拉绑紧,避免脱落。

(11)完成打包后,将树木按预定方向推倒,遇有直根应锯断,不得硬推,随后用蒲包片将底部包严,用草绳与土球上的草绳相串联。

3. 木箱挖掘

木箱适用于挖掘方形土台，树木的胸径为 15～25cm 的常绿乔木多采用这种方法。

（1）施工放线时，应先清除表土，露出表面根，按规定以树干为中心，选好树冠观赏面，画出比规定尺寸大 5～10cm 的正方形土台范围，尺寸必须准确。然后在土台范围外 80～100cm 画出一正方形白灰线，为操作沟范围。

（2）立支柱。用 3～4 根将树支稳，呈三角或正方形，支柱应坚固，长度要在分枝点以上，支柱底部可钉小横棍，再埋严、夯实。支柱与树枝干应捆绑紧，但相接处必须垫软物，不得直接磨树皮。为更牢固支柱间还可加横杆相连。

（3）按所画出的操作沟范围下挖，沟壁应规整平滑，不得向内洼陷。挖至规定深度，挖出的土随时平铺或运走。

（4）修整土台。按规定尺寸，四角均应较木箱板大出 5cm，土台面平滑，不得有砖石或粗根等突出土台。修好的土台上面不得站人。

（5）土台修整后先装四面的边板，上边板时板的上口应略低于土台 1～2cm，下口应高于土台底边 1～2cm。靠箱板时土台四角用蒲包片垫好再靠紧箱板，靠紧后暂用木棍与坑边支牢。检查合格后用钢丝绳围起上下两道放置，位置分别置于上下沿的 15～20cm 处。

（6）两道钢丝绳接口分别置于箱板的方向（一东一西或一南一北），钢丝绳接口处套入紧线器挂钩内，注意紧线器应稳定在箱板中间的带上。为使箱板紧贴土台，四面均应用 1～2 个圆木樽垫在绳板之间，放好后两面用驳棍转动，同步收紧钢丝绳，随紧随用木棍敲打钢丝绳，直至发出金属弦音声为止。

（7）钉箱板。用加工好的铁腰子将木箱四角连接，钉铁腰子，应距离两板上下各 5cm 处为上下两道，中间每隔 8～10cm 一道，必须钉牢，圆钉应稍向外倾斜，钉入，钉子不能弯曲，铁皮与木带间应绷紧，敲打出金属颤音后方可撤除钢丝绳。2.5cm 以上木箱也可撤出圆木后再收紧钢丝绳。

（8）掏底。将四周沟槽再下挖 30～40cm 深后，从相对两侧同时向土台内进行掏底,掏底宽度相当安装单板的宽度,掏底时留土略高于箱板下沿 1~2cm。遇粗根应略向土台内将根锯断。

(9)掏好一块板的宽度应立即安装。装时使底板一头顶装在木箱边板的木带上,下部用木墩支紧,另一头用油压千斤顶顶起,待板靠近后,用圆钉钉牢铁腰子,用圆木墩顶紧,撤出油压千斤顶,随后用支棍在箱板上端与坑壁支牢,坑壁一面应垫木板,支好后方可继续向内掏底。

(10)向内掏底时,操作人员的头部、身体严禁进入土台底部,掏底时风速达 4 级以上应停止操作。

(11)遇底土松散时,上底板时应垫蒲包片,底板可封严不留间隙。遇少量亏土脱土处应用蒲包装土或木板等物填充后,再钉底板。

(12)装上板。先将表土铲垫平整,中间略高 1~2cm,上板长度应与边板外沿相等,不得超出或不足。上板前先垫蒲包片,上板放置的方向与底板交叉,上板间距应均匀,一般 15~20cm。如树木多次搬运,上板还可改变方向再加一层呈井字形。

(四)树木的装卸

(1)装卸和运输过程应保护好树木,尤其是根系,土球和木箱应保证其完好。树冠应围拢,树干要包装保护。

(2)装车时根系、土球、木箱向前,树冠朝后。装卸裸根树木时,应特别注意保护好根部,减少根部劈裂、折断,装车后支稳、挤严,并盖上湿草袋或苫布遮盖加以保护。卸车时应顺序吊下。

(3)装卸土球树木应保护好土球完整,不散坨。土球吊装如图 11-2 所示。为此装卸时应用粗麻绳捆绑,同时在绳与土球间,垫上木板,装车后将土球放稳,用木板等物卡紧,不使滚动。

(4)装卸木箱树木,应确保木箱完好,关键是拴绳,起吊,首先用钢丝绳在木箱下端约 1/3 处拦腰围住,绳头套入吊钩内。另再用一根钢丝绳或麻绳按合适的角度一头垫上软物拴在树干恰当的位置,另一头也套入吊钩内,缓缓使树冠向上翘起后,找好重心,保护树身,则可起吊装车。装车时,车厢上先垫较木箱长 20cm 的 10cm×10cm 的方木两根,放箱时注意不得压钢丝绳。

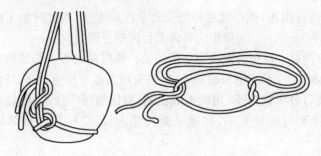

图 11-2 土球的吊装

(五)树木的定植

(1)按设计位置挖种植穴,种植穴的规格应根据根系、土球、木箱规格的大小而定。

> **经验之谈**
>
> **挖圆坑、方坑**
>
> 1)裸根和土球树木的种植穴为圆坑,应较根系或土球的直径加大60~80cm,深度加深20~30cm。坑壁应平滑垂直。掘好后坑底部放20~30cm的土堆。
>
> 2)木箱树木挖方坑,四周均较木箱大出80~100cm,坑深较木箱加深20~30cm。挖出的坏土和多余土壤应运走。将种植土和腐殖土置于坑的附近待用。

(2)种植的深浅应合适,一般与原土痕平或略高于地面5cm左右。种植时应选好主要观赏面的方向,并照顾朝阳面,一般树弯应尽量迎风,种植时要栽正扶植,树冠主尖与根在一垂直线上。

(3)还土。一般用种植土加入腐殖土(肥土制成混合土)使用,其比例为7:3。注意肥土必须充分腐熟,混合均匀。还土时要分层进行,每30cm一层,还后踏实,填满为止。

(4)立支柱。一般3~4根杉木高,或用细钢丝绳拉纤要埋深立牢,绳与树干相接处应垫软物。

(5)开堰。

1)裸根。土球树开圆堰,土堰内径与坑沿相同,堰高为20～30cm左右,开堰时注意不应过深,以免挖坏树根或土球。

2)木箱树木。开双层方堰,内堰里边在土台边沿处,外堰边在方坑边沿处,堰高25cm左右。堰应用细土、拍实,不得漏水。

(6)浇水三遍。第一遍水水量不易过大,水流要缓慢灌,使土下沉;一般栽后两、三天内完成第二遍水,一周内完成第三遍水;此两遍水的水量要足,每次浇水后要注意整堰,填土堵漏。

(7)种植裸根树木根系必须舒展,剪去劈裂断根,剪口要平滑。有条件可施入生根剂。

(8)种植土球树木时,应将土球放稳,随后拆包取出包装物,如土球松散,腰绳以下可不拆除,以上部分则应解开取出。

(9)种植木箱树木。先在坑内用土堆一个高20cm左右、宽30～80cm的一长方形土台。如图11-3所示将树木直立,如土质坚硬,土台完好,可先拆去中间3块底板,用两根钢丝绳兜住底板,绳的两头扣在吊钩上,起吊入坑,置于土台上。注意树木起吊入坑时,树下、吊臂下严禁站人。木箱入坑后,为了校正位置,操作人员应在坑上部作业,不得立于坑内,以免挤伤。树木落稳后,撤出钢丝绳,拆除底板填土。将树木支稳,即可拆除木箱上板及蒲包,坑内填土约1/3处,则可拆除四边箱板,取出,分层填土夯实至地平。

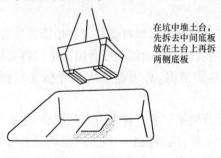

图11-3 栽植程序

(10)支撑与固定。

1)大树的支撑宜用扁担桩十字架和三角撑,低矮树可用扁担桩,高大树木可用三角撑,风大树大的可两种桩结合起来用。

2)扁担桩的竖桩不得小于2.3m,入土深度1.2m,桩位应在根系和土球范围外,水平桩离地1m以上,两水平桩十字交叉位置应在树干的上风方向,扎缚处应垫软物。

3)三角撑宜在树干高2/3处结扎,用毛竹或钢丝绳固定,三角撑的一根撑干(绳)必须在主风向上位,其他两根可均匀分布。

4)发现土面下沉时,必须及时升高扎缚部位,以免吊桩。

四、种草格

1. 植草格施工要求

(1)在铺设支撑层时,特别要注意保证有足够的渗水性,但最主要的还是牢固性。

(2)支撑层的受压情况和厚度由假设的施压物决定(汽车、人行道等),如承载小汽车需30cm厚度。

(3)铺设草坪格前,必须先在支撑层上铺设一层厚2~3cm的砂土混合物。

(4)草坪格既可排成一排,也可梯形排列。各草坪格均应拼接完好,可以用通用工具将其制成弧形或其他造型。可将白色标志块嵌入草坪格。

(5)草坪格底部交错排列可使其很好地固定安装在地基上。按要求可能需要在整块地区外围加框或者用固定钉将其固定,为避免草坪格可能发生的热胀情况,必须在每块草坪格之间预留1~1.5cm的缝隙。

(6)植草要分两步完成。首先填入基层土,然后在土上洒水,使其稳固,接着撒上草籽,最后撒上一些土以使基层土与草坪格顶端等高。

(7)在草籽发芽期间,必须经常浇水,不要在新植草皮上行驶,一旦草皮完全长好,此区域即可投入使用。

(8)经常照看植草路面,如有必要的话,割草、施肥。这样便可长久拥有一个优美的植草环境。

2. 人行道植草格施工

人行道的植草格基层构造,如图 11-4 所示。

图 11-4　用于人行道的植草格基层构造示意

(1)原基土夯实。
(2)在夯实的基土面上铺装植草格。
(3)在植草格的凹槽内撒上 30mm 厚的种植土。
(4)在植草格上铺草皮。铺草皮时需将草皮压实于种植土上。浇水养护待草成活后即可使用。

3. 停车位植草格施工

停车位的植草格基层构造,如图 11-5 所示。

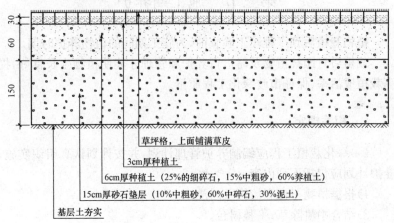

图 11-5　用于停车位的植草格基层构造示意

(1)地基土应分层夯实,密实度应达到 85% 以上;属于软塑—流塑状淤泥层的,建议抛填块石并碾压至密实。

(2)设 150mm 厚砂石垫层。具体做法为:中粗砂 10%、20~40mm 粒径碎石 60%、黏性土 30%混合拌匀,摊平碾压至密实。

(3)设置 60mm 厚稳定层(兼作养殖层)。稳定层做法为:25%粒径为 10~30mm 的碎石、15%中等粗细河砂、60%耕作土并掺入适量有机肥,三者翻拌均匀,摊铺在砂石垫层上,碾压密实,即可作为植草格的基层。

(4)在基层上撒少许有机肥,人工铺装植草格。植草格的外形尺寸是根据停车位的尺寸模数设计的,一般在铺装时不用裁剪;当停车位有特殊形状要求或停车位上有污水井盖时,植草格可作裁剪以适合停车位不同形状的要求。

(5)在植草格的凹植槽内撒上 20mm 厚的种植土。

(6)在植草格种植土层上铺草皮或播草子。铺草皮时需将草皮压实于种植土上。浇水养护待草成活后即可停车。

第三节　施工期养护

植物栽植后到工程竣工验收前,为施工期间的植物养护时期。

栽植后对园林植物及时进行养护和管理才能使植物生长良好,提高栽植成活率,保证市政绿化工程质量。

一、相关规定

(1)绿化栽植工程应编制养护管理计划,并按计划认真组织实施,养护计划应包括下列内容:

1)报据植物习性和墒情及时浇水。

2)结合中耕除草,平整树台。

3)加强病虫害观测,控制突发性病虫害发生,主要病虫害防治应及时。

4)根据植物生长及时追肥、施肥。

5)衬水应及时剥芽、去蘖、疏枝整形。草坪应及时进行修剪。

6)对树木应加强支撑、绑扎及裹干措施,做好防强风、干热、洪涝、越冬防寒等工作。

(2)植物病虫害防治,应采用生物防治方法和生物农药及高效低毒农药,严禁使用剧毒农药。

(3)对生长不良、枯死、损坏、缺株的植物应及时更换或补栽,用于更换及补栽的植物材料应和原植株的种类、规格一致。

二、养护管理措施

1. 灌溉与排水

新栽植的树木应根据不同的树种和不同的立地条件进行适期、适量的灌溉,应保护土壤的有效水分。

栽植成活的树木,在干旱或立地条件较差土壤中,及时进行灌溉。对水分和空气温度要求较高的树种,须在清晨或傍晚进行灌溉。

立地条件差的范围内,灌溉前先松土,夏季灌溉早、晚进行,灌溉一次浇透。

树木周围暴雨后的积水尽快排除,新栽树木周围的积水应尽快排除以免影响根部呼吸。

2. 中耕锄草

这一环节在树木养护中是重要的组成部分,它关系着植物营养的摄取、植物的生存空间、景观的观赏效果。

中耕除草可增加土壤透气性,提高土温,促进肥料的分解,有利于根系生长。中耕宜在晴天,或雨后 2~3d 进行;夏季中耕同时结合除草一举两得,宜浅些;秋后中耕宜深些,且可结合施肥进行。

杂草消耗大量水分和养分,影响园林植物生长,同时传播各种病虫害。除草要本着:"除早、除小、除了"原则。

3. 施肥

根据季节和植物的不同生长期,制定不同的施肥计划。如:开花发育时期,植物对各种营养元素的需要都特别迫切,而钾肥的作用更为重要。树木在春季和夏初需肥多,在生长的后期则对氮和水分的需要一般很少。

4. 整形与修剪

树木在养护阶段中,应该通过修剪调整树形,均衡树势,调节树木通风透光和土壤养分的分配,调整植物群落之间的关系,促进树木生产茁壮。各类苗木的修剪以自然树形为主。

乔木类:在保证树形的前提下主要修除长枝、病虫枝、交叉枝、并生枝、下垂枝、扭伤枝以及枯枝烂头。

灌木类:灌木修剪按照"先上后下、先内后外、去弱留强、去老留新"的原则进行,修剪促使枝叶茂盛,分布匀称,球型圆满,花灌木修剪要有利于促进短枝和花芽的形成。

修剪程度

园林树木的整形修剪常年可进行,但规模整形修剪在休眠期进行为好,以免伤流过多,影响树势。修剪程度可分整冠式、剪枝式和剪干式三种。整冠式原则应保留原有的枝干,只将徒长枝、交叉枝、病虫枯枝及过密枝剪去,适用于萌芽力弱的树种,栽后树冠恢复快,景观效果好。截枝式只保留树冠的三级分枝,将其上部截去,适宜生长较快、萌芽力较强的树种。

5. 病虫害的防治

在引进和输出苗木时,严格遵守国家、地方有关植物检疫法和相关规章制度办事。充分利用园林植物的多样性来保护、抑制病虫危害。

一旦发现病虫害,以生态效益为重,采用物理防治为先,运用化学药剂为辅,使用化学药剂严格参照有关法令安全执行。

▶ **复习思考题** ◀

一、填空题

1. 种植或播种前应对该地区的土壤理化性质进行_____,采取相应的消毒、施肥和客土等措施。

2. 土壤全盐含量大于或等于_____的重盐碱地和土壤为重黏土地区的绿化栽植工程应实施土壤改良。

3. 草坪植物的建植方法有_____、_____两种。

4. 树木栽植应根据树木_____和_____，选择适宜的种植时期。

二、简答题

1. 草坪种植前应如何清理场地？
2. 常用的草皮铺栽方法主要有哪几种？
3. 非适宜季节如何移植树木？
4. 树木修剪方法及修剪量应根据哪些因素来确定？
5. 停车位植草格施工如何设置60mm厚稳定层（兼作养殖层）？
6. 施工期养护管理措施有哪些？

下篇 市政工程施工项目管理

第十二章 市政工程施工组织与进度管理

第一节 市政工程施工组织设计

一、施工组织设计的内容

以市政工程项目为编制对象并用以指导施工的技术、经济和管理的综合性文件称之为市政工程施工组织设计。施工组织设计是一项重要的技术、经济管理性文件,也是施工企业的施工实力和管理水平的综合体现。它对管道工程项目施工全过程的质量、进度、技术、安全、经济和组织管理起着重要的控制作用。

1. 工程概况

(1)工程概况应包括工程主要情况及现场施工条件等内容。

(2)工程主要情况包括工程地理位置、承包范围、各专业工程结构形式、主要工程量、合同要求等。

(3)现场施工条件应包括下列内容:

1)气象、工程地质和水文地质状况。

2)影响施工的构(建)筑物情况。

3)周边主要单位(居民区)、交通道路及交通情况。

4)可利用的资源分布等其他应说明的情况。

2. 施工总体部署

(1)施工总体部署应包括主要工程目标、总体组织安排、总体施工安排、施工进度计划及总体资源配置等。

(2)主要工程目标应包括进度、质量、安全和环境保护等目标。

(3)总体组织安排应确定项目经理部的组织机构及管理层级,明确各层级的责任分工宜采用框图的形式辅助说明。

(4)总体施工安排应根据工程特点,确定施工顺序、空间组织,并对施工作业的衔接进行总体安排。

(5)划分施工阶段,确定施工进度计划及施工进度关键节点,施工进度计划宜采用网络图或横道图及进度计划表等形式编制,并附必要说明。

(6)总体资源配置应确定主要资源配置计划,主要资源配置计划包括下列内容:

1)确定总用工量、各工种用工量及工程施工过程各阶段的各工种劳动力投入计划。

2)确定主要建筑材料、构配件和设备进场计划并明确规格、数量、进场时间等。

3)确定主要施工机具进场计划并明确型号、数量、进出场时间等。

(7)确定专业工程分包的施工安排。

3. 施工现场平面布置

(1)施工现场平面布置应符合下列原则:

1)占地面积少,平面布置合理。

2)总体策划满足工程分阶段管理需要。

3)充分利用既有道路、构(建)筑物,降低临时设施费用。

4)符合安全、消防、文明施工、环境保护及水土保持等相关要求。

5)符合当地主管部门、建设单位及其他部门的相关规定。

(2)施工现场平面布置安排应包括下列内容:

1)生产区、生活区、办公区等各类设施建设方式及动态布置安排。

2)确定临时便道、便桥的位置及结构形式,并对现场交通组织形式进行简要说明。

3)根据工程量和总体施工安排,确定加工厂、材料堆放场、拌合站、机械停放场等辅助施工生产区域并说明位置、面积及结构形式和运铺路径。

4)确定施工现场临时用水、临时用电布置安排,并进行相应的计算和说明。

5)确定现场消防设施的配置并进行简要说明。

(3)依据工程项目施工影响范围内的地形、地貌、地物及拟建工程主体等,绘制施工现场总平面布置图。

4. 施工准备

(1)施工准备应根据施工总体部署确定。

(2)施工准备应包括技术准备、现场准备、资金准备等。

1)技术准备包括技术资料准备及工程测量方案等。

2)现场准备包括现场生产、生活、办公等临时设施的安排与计划。

3)资金准备包括资金使用计划及筹资计划等,并结合图表形式辅助说明。

5. 施工技术方案

(1)各专业工程应通过技术、经济比较编制施工技术方案。

(2)施工技术方案应包括施工工艺流程及施工方法,并满足下列要求:

1)结合工程特点、现行标准、工程图纸和现有的资源,明确施工起点、流向和施工顺序,确定各分部(分项)工程施工工艺流程,宜采用流程图的形式表示。

2)确定各分部(分项)工程的施工方法并结合工程图表形式等进行辅助说明。

6. 主要施工保证措施

(1)根据工程特点编写主要施工保证措施。

(2)可根据工程特点和复杂程度对季节性施工保证措施、交通组织措施、成本控制措施、构(建)筑物及文物保护措施加以取舍。

二、施工方案

1. 工程概况

(1)工程概况应包括工程主要情况、设计简介和现场施工条件等。

(2)工程主要情况应包括分部(分项)工程的名称、施工范围及施工组织设计的重点要求等。

(3)设计简介应说明施工设计内容和相关要求。

(4)工程施工条件应说明与分部(分项)工程相关的内容。

2. 施工安排

(1)应确定工程管理的组织机构,并明确职责和权限。

(2)确定工程施工目标。

(3)应确定施工段的划分及施工顺序。

(4)分部(分项)施工进度计划应满足项目施工进度计划并动态调整,可采用网络图或横道图表示,并附必要的文字说明。

(5)资源配置计划应包括劳动力配置计划和物资配置计划,并满足下列要求:

1)劳动力配置计划应确定各工种用工量并编制各工种劳动力计划表。

2)物资配置计划应包括建筑材料、构配件和设备、施工机具工程检测设备等配置计划等。

知识链接

建筑材料构配件和设备

建筑材料、构配件和设备一般包括以下两部分:一是建筑施工过程中所使用(装配)的各类建筑原材料、经预先加工制作的各类构配件成品或半成品、建筑物功能要求所需设备等所有构成特定建筑产品实体组成部分的产品;二是与施工质量有关的施工措施中所使用的各类建筑原材料、经预先加工制作的各类构配件成品或半成品。

施工机具是指施工企业在生产过程中为满足施工需要而使用的各类机械、设备、工具等,其来源包括施工企业自有、外部租赁和分包方提供等。

> 检测设备是在检测工作中使用的、对检测结果做出判断的计量器具、标准物质以及辅助仪器设备的总称。

3. 施工准备

(1)施工准备应根据施工安排确定。

(2)施工准备应包括技术准备、资金准备并满足下列要求:

1)技术准备应包括施工所需技术资料的准备、图纸深化的要求、工程测量方案、检测工作计划、试验段(首件)制作计划以及与相关单位的技术交接计划等。

2)现场准备包括现场生产、生活、办公等临时设施的安排与计划。

3)资金准备包括资金使用计划及筹资计划等并结合图表形式辅助说明。

4. 施工方法

(1)施工方法应明确工艺流程、工艺要求及质量检验标准。

(2)施工方法应根据相关技术要求进行必要的核算。

5. 主要施工保证措施

(1)应根据工程特点编写分部(分项)工程的主要施工保证措施。

(2)可根据分部(分项)工程特点和复杂程度对季节性施工保证措施、交通组织措施、成本控制措施、构(建)筑物的文物保护措施加以取舍。

三、市政公用工程施工专项方案的编制与内容要求

根据原建设部有关加强安全、质量控制的要求,对于危险性较大的工程、重要部位、关键环节或采用新工艺、新技术、新材料、新方法可能影响质量安全的工程施工项目,要制订专项施工方案,以确保工程施工质量、施工安全。

1. 危险性较大的工程类别

根据《建设工程生产安全管理条例》规定,危险性较大的工程包括

几大类工程，分别为：

(1)基坑支护与降水工程：基坑开挖深度大于5m(含5m)，或深度虽未达到5m但地质条件和周围环境复杂，地下水位在开挖面之上的工程。

(2)土方开挖工程。

(3)模板工程。

(4)起重吊装工程。

(5)脚手架工程。

(6)拆除、爆破工程。

(7)国务院建设行政主管部门或者其他有关部门规定的其他危险性较大的工程。

(8)采用新技术、新材料、新工艺、新方法可能影响工程质量安全，已经过行政许可，尚无技术标准的施工项目。

2. 专项施工方案编写要点

(1)充分分析工程规模、特点及设计意图，抓住工程的特点、难点，分析内容包括工程影响范围内的水文、地质、结构断面及尺寸、地下障碍物、工期及参建单位等。详细考虑危及工程安全、质量的每一个因素，抓住工程施工的主要矛盾，作为编制专项方案依据。

(2)专项设计与计算验算：对于模板及支架、基坑支护、降水、施工便桥、构筑物推进、沉井、软基处理、预应力张拉、大型构件吊装、混凝土浇筑、设备安装、管道吹洗等分项工程，应按规范标准进行结构稳定性、强度等内容的核算，并做出相应的施工专项设计，配备必要的施工详图。

(3)对施工方法和施工工艺进行技术经济比选，对关键环节应详细分析、论证，确定工艺操作方法、材料要求、技术质量控制指标和安全保障措施，以便能指导工程施工。同时，考虑季节性施工的影响，制定冬、雨期施工措施。

(4)对工程进行危险源识别评价和分级，实行危险源分级管理，针对重大危险源必须制订切实可行的应急预案。

(5)制定工程变形监测控制、支护检测控制措施，确保工程施工安全。

(6)制定工程试验检验方法和计划,详细列出工程的质量控制点,并制订质量控制、技术复核措施,落实到人,以控制工程质量通病,提高工程质量管理水平。

(7)制定切实可行的安全措施,确定工程安全管理目标和分目标,建立工程安全管理体系,并制定针对工程实际情况和重大危险源的控制措施、安全监督检查制度方法,落实到人。

3. 专项方案的编制与审核

专项方案由施工单位专业工程技术人员编制,施工企业技术部门的专业技术人员和监理工程师进行审核,审核合格后,由施工企业技术负责人、监理单位总监理工程师签认后实施。

4. 论证审核

对于危险性较大的工程,还需组织专家进行论证审查,专家组应不少于5人,根据专家组的书面结论审查报告,施工企业进行完善,施工企业技术负责人、总监理工程师签认后方可实施。

需组织专家进行论证审查的工程

(1)深基坑工程:基坑开挖深度大于5m(含5m),或深度虽未达到5m但地质条件和周围环境复杂,地下水位在开挖面之上的工程。

(2)地下暗挖工程:暗挖工程遇到溶洞、暗河、瓦斯、岩爆、淤泥、断层等地质复杂或周边管线复杂工程。

(3)高大模板工程:水平混凝土构建模板支撑体系高度超过8m,或跨度大于18m,施工总荷载大于$10kN/m^2$,或集中线荷载大于$15kN/m^2$的模板支撑系统。

(4)30m及以上高空作业的工程。

(5)大江、大河深水作业工程。

(6)土石方爆破工程、城市房屋拆除爆破工程。

四、施工保证措施

1. 进度保证措施

(1)进度保证措施应包括管理措施和技术措施等。

(2)管理措施应包括下列内容：

1)资源保证措施。

2)资金保障措施。

3)沟通协调措施等。

(3)技术措施应包括下列内容：

1)分析影响施工进度的关键工作,制定关键节点控制措施。

2)充分考虑影响进度的各种因素,进行动态管理,制定必要的纠偏措施。

2. 质量保证措施

(1)质量保证措施应包括管理措施、技术措施等。

(2)管理措施应包括下列内容：

1)建立质量管理组织机构、明确职责和权限。

2)建立质量管理制度。

3)制定对资源供方及分包方的质量管理措施等。

(3)技术措施应包括下列内容：

1)施工测量误差控制措施。

2)建筑材料、构配件和设备、施工机具、成品(半成品)进场检验措施。

3)重点部位段关键工序的保证措施。

4)建筑材料、构配件和设备,成品(半成品)保护措施。

5)质量通病预防和控制措施。

6)工程检测保证措施。

3. 安全管理措施

(1)根据工程特点,项目经理部应建立安全施工管理组织机构,明确职责和权限。

(2)应根据工程特点建立安全施工管理制度。

(3)应根据危险源辨识和评价的结果,按工程内容和岗位职责对安全目标进行分解并制定必要的控制措施。

(4)应根据工程特点和工方法编制安全专项施工方案目录及需专家论证的安全专项施工方案目录。

(5)确定安全施工管理资源配置计划。

降低风险的举措

在制定控制措施时应按如下优先顺序考虑降低风险:

(1)消除:改变设计以消除危险源。

(2)替代:用低危害材料替代或降低系统能量。

(3)工程控制措施:高处作业安全控制措施;机械设备、起重设备安全控制措施;现场用电、现场交通、消防、保卫安全控制措施;清淤、疏通地下管线防止中毒、窒息安全控制措施;脚手架、支架施工安全控制措施;沟槽、基坑安全控制措施;季节性、夜间施工安全控制措施;主要分项工程施工等安全控制措施。

(4)标示、警告和(或)管理控制措施;安全标志、安全防护、安全警示控制措施。

(5)个体防护装备:安全防护眼镜、听力保护器具、面罩、安全带和安全索、口罩和手套。

4. 环境保护与文明施工管理措施

(1)根据工程特点,建立环境保护及文明施工管理组织机构明确职责和权限。

(2)建立环境保护及文明施工管理检查制度。

(3)施工现场环境保护措施应包括下列内容:

1)扬尘、烟尘防治措施。

2)噪声防治措施。

3)生活、生产污水排放控制措施。

4)固体废弃物管理措施。

5)水土流失防治措施等。

(4)施工现场文明施工管理措施应包括下列内容：

1)封闭管理措施。

2)办公、生活、生产、辅助设施等临时设施管理措施。

3)施工机具管理措施。

4)建筑材料、构配件和设备管理措施。

5)卫生管理措施。

6)便民措施等。

(5)确定环境保护厦文明施工资源配置计划。

5. 成本控制措施

(1)应建立成本控制体系，对成本控制目标进行分解。

(2)应根据工程规模和特点进行技术经济分析并制定管理和技术措施，控制人工费、材料费、机械费、管理费等成本。

1)人工费的控制。通过合理安排施工顺序，工序连接紧凑，提高工效。通过劳务合同，按照内部施工图预算、钢筋翻样单或模板量计算出定额人工工日，并考虑将文明施工及零星用工按定额工日的一定比例一起发包。

2)材料费的控制。

①材料用量的控制，在保证符合设计规格和质量标准的前提下，合理使用材料和节约使用材料，通过定额管理、计量管理等手段以及施工质量控制避免返工等，有效控制材料物资的消耗。

②材料价格的控制。由于材料价格是由买价、运杂费、运输中的合理损耗等组成，因此控制材料价格，主要是通过市场信息、询价，应用竞争机制和经济合同手段等控制材料、设备、工程用品的采购价格，包括买价、运费和耗损等。

3)机械费的控制。施工机械配置要经济、合理配套。在工程施工过程中，由于流水施工和工序搭接的需要，往往会出现某些必然或偶然的施工间隙，影响施工机械设备的连续作业。有时，又因为加快施工进度和工种配合的需要,造成施工机械设备日夜不停地运转。因此,必须以满足施工进度为前提,加强机械设备的平衡调度,提高机械设备的利用效率。另外,机械利用率的提高,还会受到机械设备完好率的制约。因此,除加强施工机械设备的合理使用和平衡高度外,还要提高机械的完好率。

4)管理费的控制。现场施工管理费在项目成本中占有一定比例,其控制与核算都较难把握,在使用和开支时弹性较大。可根据现场施工管理费占施工项目计划总成本的比重确定施工管理费总额,制定开支标准和范围,严格执行施工管理费使用的审批、报销程序。

6. 季节性施工保证措施

(1)依据当地气候、水文地质和工程地质条件、施工进度计划等制定雨期、低(高)温及其他季节性施工保证措施。

(2)针对雨期对分部(分项)工程施工的影响,应制定雨期施工保证措施,并编制施工资源配置计划。

(3)针对低(高)温对分部(分项)工程施工的影响应制定低(高)温施工保证措施,并编制施工资源配置计划。

(4)制定其他季节性施工保证措施。

7. 交通组织措施

(1)应针对施工作业区域内及周边交通编制交通组织措施,交通组织措施应包括交通现状情况、交通组织安排等。

(2)交通现状情况应包括施工作业区域内及周边的主要道路、交通流量及其他影响因素。

(3)交通组织安排应包括下列内容:

1)依据总体施工安排划分交通组织实施阶段,并确定各实施阶段的交通组织形式及人员配置,绘制各实施阶段交通组织平面示意图。交通组织平面示意图应包括下列内容:

①施工作业区域内及周边的现状道路。

②围挡布置、施工临时便道及便桥设置。

③车辆及行人通行路线。
④现场临时交通标志,交通设施的设置。
⑤图例及说明。
⑥其他应说明的相关内容。

2)确定施工作业影响范围内的主要交通路口及重点区域的交通疏导方式,并绘制交通疏导示意图。交通疏导示意图应包括下列内容:

①车辆及行人通行路线。
②围挡布置及施工区域出入口设置。
③现场临时交通标志交通设施的设置。
④图例及说明。
⑤其他应说明的相关内容。

(4)有通航要求的工程,应制定通航保障措施。

8. 构(建)筑物及文物保护措施

(1)应对施工影响范围内的构(建)筑物及地表文物进行调查,调查情况宜采用文字、表格或平面布置图等形式说明。

(2)分析工程施工作业对施工影响范围内构(建)筑物的影响,并制定保护、监测和管理措施。

(3)应制定构(建)筑物发生意外情况时的应急处理措施。

(4)针对施工过程中发现的文物制定现场保护措施。

9. 应急措施

(1)应急措施应针对施工过程中可能发生事故的紧急情况编制。

(2)应急措施应包括下列内容:

1)建立应急救援组织机构,组建应急救援队伍,并明确职责和权限。

2)分析评价事故可能发生的地点和可能造成的后果,制定事故应急处置程序、现场应急处理措施及定期演练计划。

3)应急物资和装备保障。

第二节　市政工程进度管理

一、进度管理的基本概念与任务

市政工程进度管理是根据工程施工的进度目标,编制经济、合理的进度计划,并据以检查工程项目进度计划的执行情况,若发现实际执行情况与计划进度不一致,应及时分析原因,并采取必要的措施对原工程进度计划进行调整或修正的过程。工程施工进度管理的目的就是实现最优工期,多快好省地完成任务。

市政工程施工进度管理是一个动态、循环、复杂的过程,也是一项效益显著的工作。

施工进度管理的主要任务是编制施工总进度计划并控制其执行,按期完成整个施工任务;编制单位工程施工进度计划并控制其执行,按期完成单位工程的施工任务;编制分部分项工程施工进度计划,并控制其执行,按期完成分部分项工程的施工任务;编制季度、月(旬)作业计划,并控制其执行,完成规定的目标等。

二、施工进度管理程序、措施及方法

1. 市政工程施工进度管理程序

(1)根据施工合同的要求确定施工进度目标,明确计划开工日期、计划总工期和计划竣工日期,确定项目分期分批的开竣工日期。

(2)编制施工进度计划,具体安排实现计划目标的工艺关系、组织关系、搭接关系、起止时间、劳动力计划、材料计划、机械计划及其他保证性计划。分包人负责根据项目施工进度计划编制分包工程施工进度计划。

(3)进行计划交底,落实责任,并向监理工程师提出开工申请报告,按监理工程师开工令确定的日期开工。

第十二章 市政工程施工组织与进度管理

影响市政工程施工进度的因素

影响市政工程施工进度的因素较多。编制计划和执行控制施工进度计划时必须充分认识和估计这些因素，才能克服其影响，使施工进度尽可能按计划进行。当出现偏差时，应考虑有关影响因素，分析产生的原因。其主要影响因素见表12-1。

表12-1　　　影响市政工程进度的因素

种　类	影　响　因　素	相　应　对　策
项目经理部内部因素	(1)施工组织不合理，人力、机械设备调配不当，解决问题不及时； (2)施工技术措施不当或发生事故； (3)质量不合格引起返工； (4)与相关单位关系协调不善等； (5)项目经理部管理水平低	项目经理部的活动对施工进度起决定性作用，因而要做到以下几点： (1)提高项目经理部的组织管理水平和技术水平； (2)提高施工作业层的素质； (3)重视与内外关系的协调
相关单位因素	(1)设计图纸供应不及时或有误； (2)业主要求设计变更； (3)实际工程量增减变化； (4)材料供应、运输等不及时或质量、数量、规格不符合要求； (5)水、电通信等部门和分包单位没有认真履行合同或违约； (6)资金没有按时拨付等	相关单位的密切配合与支持，是保证施工项目进度的必要条件，项目经理部应做好以下几点： (1)与有关单位以合同形式明确双方协作配合要求，严格履行合同，寻求法律保护，减少和避免损失； (2)编制进度计划时，要充分考虑向主管部门和职能部门进行申报、审批所需的时间，留有余地
不可预见因素	(1)施工现场水文地质状况比设计合同文件预计的要复杂得多； (2)严重自然灾害； (3)战争、社会动荡等政治因素等	(1)该类因素一旦发生就会造成较大影响，应做好调查分析和预测； (2)有些因素可通过参加保险，规避或减少风险

(4)实施施工进度计划。项目经理应通过施工部署、组织协调、生产调度和指挥、改善施工程序和方法的决策等,应用技术、经济和管理手段实现有效的进度管理。

(5)全部任务完成后,进行进度管理总结并编写进度管理报告。

2. 市政工程施工进度控制措施

桥梁工程施工进度管理采取的主要措施有组织措施、技术措施、合同措施和经济措施,见表12-2。

表12-2 桥梁工程施工进度管理措施

序号	管理措施	释义
1	组织措施	组织措施主要是指落实各层次的进度控制的人员、具体任务和工作责任;建立进度管理的组织系统;按照工程项目的结构、进展阶段或合同结构等进行项目分解,确定其进度目标,建立控制目标体系;确定进度控制工作制度,如检查时间、方法、协调会议时间、参加人等;对影响进度的因素进行分析和预测
2	技术措施	技术措施主要是指采取加快施工进度的技术方法
3	合同措施	合同措施是指对分包单位签订施工合同的合同工期与有关进度计划目标相协调
4	经济措施	经济措施是指实现进度计划的资金保证措施

3. 市政工程施工进度管理方法

市政工程施工进度管理方法主要是规划、控制和协调。规划是指确定施工项目总进度管理目标和分进度管理目标,并编制其进度计划;控制是指在施工项目实施的全过程中,比较施工实际进度和施工计划进度,出现偏差及时采取措施调整;协调是指协调与施工进度有关的单位、部门和工作队组之间的进度关系。

三、施工进度计划编制

市政工程施工进度计划应根据合同文件、项目管理规划文件、资源条件、内部与外部约束条件进行编制,有时,还需要根据具体工程提供其他特殊的依据。

1. 编制内容

市政工程施工进度计划包括控制性进度计划和实施性进度计划。控制性进度计划包括整个施工项目的总进度计划、分阶段进度计划、子项目进度计划或单体工程进度计划、年(季)度计划。上述各项计划依次细化且被上层计划所控制。其作用是对进度目标进行论证、分解,确定里程碑事件进度目标,作为编制实施性进度计划和其他各种计划以及动态控制的依据。作业性进度计划包括分部分项工程进度计划、月度作业计划和旬度作业计划。作业性进度计划是项目作业的依据,确定具体的作业安排和相应对象或时段的资源需求。作业性进度计划应由项目经理部编制。项目经理部必须按计划实施作业,完成每一道工序和每一项分项工程。

各类进度计划的内容都应包括:编制说明、进度计划表、资源需要量及供应平衡表。编制说明主要包括进度计划关键目标的说明,实施中的关键点和难点,保证条件的重点,要采取的主要措施等。进度计划表是最主要的内容,包括分解的计划子项名称(如作业计划的分项工程或工序)、进度目标或进度图等。资源需要量及供应平衡表是实现进度表的进度安排所需要的资源保证计划。

2. 编制程序

(1)确定进度计划的目标、性质和任务。

(2)进行工作分解。

(3)收集编制依据。

(4)确定工作的起止时间及里程碑。

(5)处理各工作之间的逻辑关系。

(6)编制进度表。

(7)编制进度说明书。

(8)编制资源需要量及供应平衡表。

(9)报有关部门批准。

3. 编制方法

进度计划编制前,应对编制的依据和应考虑的因素进行综合研

究。其编制方法如下:

(1)划分施工过程。编制进度计划时,应按照设计图纸、文件和施工顺序把拟建工程的各个施工过程列出,并结合具体的施工方法、施工条件、劳动组织等因素,加以适当整理。

(2)确定施工顺序。在确定施工顺序时,应考虑以下几点:

1)各种施工工艺的要求。

2)各种施工方法和施工机械的要求。

3)施工组织合理的要求。

4)确保工程质量的要求。

5)工程所在地区的气候特点和条件。

6)确保安全生产的要求。

(3)计算工程量。工程量计算应根据施工图纸和工程量计算规则进行。

(4)确定劳动力用量和机械台班数量。应根据各分项工程、分部工程的工程量、施工方法和相应的定额,并参考施工单位的实际情况和水平,计算各分项工程、分部工程所需的劳动力用量和机械台班数量。

(5)确定各分项工程、分部工程的施工天数,并安排进度。当有特殊要求时,可根据工期要求,倒排进度;同时,在施工技术和施工组织上采取相应的措施,如在可能的情况下,组织立体交叉施工、水平流水施工,增加工作班次,提高混凝土早期强度等。

(6)施工进度图表。施工进度图表是施工项目在时间和空间上的组织形式。目前表达施工进度计划的常用方法有网络图和流水施工水平图(又称横道图)。

(7)进度计划的优化。进度计划初稿编制以后,需再次检查各分部(子分部)工程、分项工程的施工时间和施工顺序安排是否合理,总工期是否满足合同规定的要求,劳动力、材料、施工机械设备所需用量是否出现不均衡的现象,主要施工机械设备是否充分利用。经过检查,对不符合要求的部分予以改正和优化。

四、施工进度计划实施

1. 向执行者进行交底并落实责任

要把计划贯彻到项目经理部的每一个岗位,每一个职工,要保证进度的顺利实施,就必须做好思想发动工作和计划交底工作。项目经理部要把进度计划讲解给广大职工,让他们心中有数,并且要提出贯彻措施,针对贯彻进度计划中的困难和问题,同时提出克服这些困难和解决这些问题的方法和步骤。

为保证进度计划的贯彻执行,项目管理层和作业层都要建立严格的岗位责任制,要严肃纪律、奖罚分明,项目经理部内部积极推行生产承包经济责任制,贯彻按劳分配的原则,使职工群众的物质利益同项目经理部的经营成果结合起来,激发群众执行进度计划的自觉性和主动性。

2. 制定实施计划方案

进度计划执行者应制定工程项目进度计划的实施计划方案,具体来讲,就是编制详细的施工作业计划。

由于施工活动的复杂性,在编制施工进度计划时,不可能考虑到施工过程中的一切变化情况,因而不可能一次安排好未来施工活动中的全部细节,所以施工进度计划还只能是比较概括的,很难作为直接下达施工任务的依据。因此,还必须有更为符合当时情况、更为细致具体的、短时间的计划,这就是施工作业计划。施工作业计划是根据施工组织设计和现场具体情况,灵活安排,平衡调度,以确保实现施工进度和上级规定的各项指标任务的具体的执行计划。

> **特别提示**
>
> **施工作业计划**
>
> 施工作业计划一般可分为月作业计划和旬作业计划。施工作业计划一般应包括明确本月(旬)应完成的施工任务,确定其施工进度;根据本月(旬)施工任务及其施工进度,编制相应的资源需要量计划;结合月(旬)作业计划的具体实施情况,落实相应的提高劳动生产率和降低成本的措施。

3. 跟踪记录，收集实际进度数据

在计划任务完成的过程中，各级施工进度计划的执行者都要跟踪做好施工记录，记载计划中的每项工作开始日期、工作进度和完成日期，为施工项目进度检查分析提供信息，因此要求实事求是记载，并填好有关图表。

收集数据的方式有两种：一是以报表的方式；二是进行现场实地检查。收集的数据质量要高，不完整或不正确的进度数据将导致不全面或不正确的决策。

4. 将实际数据与计划进度对比

主要是将实际的数据与计划的数据进行比较，如将实际的完成量、实际完成的百分率与计划的完成量、计划完成的百分率进行比较。通常可利用表格形成各种进度比较报表或直接绘制比较图形来直观地反映实际与计划的差距。通过比较了解实际进度比计划进度拖后、超前还是与计划进度一致。

5. 做好施工中的调度工作

施工调度是指在施工过程中不断组织新的平衡，建立和维护正常的施工条件及施工程序所做的工作。其主要任务是督促、检查工程项目计划和工程合同执行情况，调度物资、设备、劳力，解决施工现场出现的矛盾，协调内外部的配合关系，促进和确保各项计划指标的落实。

> **经验之谈**
>
> **有关施工调度应涉及多方面的工作**
>
> (1)执行施工合同中对进度、开工及延期开工、暂停施工、工期延误、工程竣工的承诺。
>
> (2)落实控制进度措施应具体到执行人、目标、任务、检查方法和考核办法。
>
> (3)监督检查施工准备工作、作业计划的实施，协调各方面的进度关系。
>
> (4)督促资料供应单位按计划供应劳动力、施工机具、材料构配件、运输车辆等，并对临时出现问题采取相应措施。

(5) 由于工程变更引起资源需求的数量变更和品种变化时，应及时调整供应计划。

(6) 按施工平面图管理施工现场，遇到问题作必要的调整，保证文明施工。

(7) 及时了解气候和水、电供应情况，采取相应的防范和调整保证措施。

(8) 及时发现和处理施工中各种事故和意外事件。

(9) 协助分包人解决项目进度控制中的相关问题。

(10) 定期、及时召开现场调度会议，贯彻项目主管人的决策，发布调度令。

(11) 当发包人提供的资源供应进度发生变化不能满足施工进度要求时，应督促发包人执行原计划，并对造成的工期延误及经济损失进行索赔。

五、施工进度计划检查

市政工程施工过程中，可以通过定期、经常地收集由承包单位提交的有关进度报表资料或由驻地监理人员现场跟踪、检查工程实际情况的方式获得项目施工实际进展情况。市政工程施工进度检查的主要方法是比较法。常用的检查比较方法有横道图、S形曲线、香蕉形曲线、前锋线和列表比较法等。

市政工程施工进度检查应包括工作量的完成情况、工作时间的执行情况、资源使用及进度的互配情况、上次检查提出问题的处理情况等。

市政工程施工进度计划检查后应按下列内容编制进度报告：
(1) 进度执行情况的综合描述。
(2) 实际进度与计划进度的对比资料。
(3) 进度计划的实施问题及原因分析。
(4) 进度执行情况对质量、安全和成本等的影响情况。
(5) 采取的措施和对未来计划进度的预测。

六、施工进度计划调整

当市政工程施工实际进度影响到后续工作和总工期时,应对进度计划进行调整时,通常采用以下两种方法:

(1)改变某些工作间的逻辑关系。当工程项目实施中产生的进度偏差影响到总工期,且有关工作的逻辑关系允许改变时,可以改变关键线路和超过计划工期的非关键线路上的有关工作之间的逻辑关系,达到缩短工期的目的。

(2)缩短某些工作的持续时间。这种方法是不改变工作之间的逻辑关系,而是缩短某些工作的持续时间,而使施工进度加快,并保证实现计划工期的方法。这些被压缩持续时间的工作是位于由于实际施工进度的拖延而引起总工期增长的关键线路和某些非关键线路上的工作。同时,这些工作又是可压缩持续时间的工作。这种方法实际上就是网络计划优化中的工期优化方法和工期与费用优化的方法。具体步骤是:

1)研究后续各工作持续时间压缩的可能性,以及其极限工作持续时间。

2)确定由于计划调整,采取必要措施,而引起的各工作的费用变化率。

3)选择直接引起拖期的工作及紧后工作优先压缩,以免拖期影响扩大。

4)选择费用变化率最小的工作优先压缩,以求花费最小代价,满足既定工期要求。

5)综合考虑上述3)、4),确定新的调整计划。

▶ 复习思考题 ◀

一、填空题

1. 施工总体部署主要工程目标应包括_____、_____、_____、_____及_____等目标。

第十二章　市政工程施工组织与进度管理

2. 施工准备应包括_____、_____、_____等。

3. 市政工程施工进度管理方法主要是_____、_____、_____。

4. 进度计划编制前,应对_____和应考虑的因素进行综合研究。

5. 施工进度计划检查常用的检查比较方法有_____、_____、香蕉形曲线、前锋线和列表比较法等。

二、简答题

1. 市政工程施工组织设计包括哪些内容?

2. 什么情况下应制订专项施工方案?

3. 施工现场环境保护措施应包括哪些内容?

4. 影响市政工程施工进度的主要因素有哪些?

5. 施工进度计划的实施包括哪几个步骤?

6. 当市政工程施工实际进度影响到后续工作和总工期时,进行调整的方法是什么?

第十三章 市政工程施工质量管理

第一节 建设工程质量管理制度和责任体系

一、工程质量的概念

建设工程质量简称工程质量,是指建设工程满足相关标准规定和合同约定要求的程度,包括其在安全、使用功能及其在耐久性能、节能与环境保护等方面所有明示和隐含的固有特性。

建设工程作为一种特殊的产品,除具有一般产品共有的质量特性外,还具有特定的内涵。建设工程质量的特性主要表现在适用性、耐久性、安全性、可靠性、经济性、节能性及与环境的协调性七个方面。

二、影响工程质量的因素

影响施工项目质量的因素主要有五大方面,即 4M1E:人(Man)、材料(Material)、机械(Machine)、方法(Method)和环境(Environment)。事前对这五方面的因素严加控制,是保证施工项目质量的关键。

(1)人的控制。人是生产活动的主体,是参与工程建设的决策者、组织者、指挥者和操作者,其总体素质和个体能力将决定着一切质量活动的成果。以人为核心是搞好质量控制的一项重要原则。

(2)材料的控制。材料是工程施工的物质条件,材料的质量是保证工程施工质量的必要条件之一,材料不符合要求,工程质量就不会合格。

第十三章 市政工程施工质量管理

(3)施工机械设备的控制。施工机械设备是现代建筑施工必不可少的设施,是反映一个施工企业力量强弱的重要方面,对工程项目的施工进度和质量有直接影响。施工时,要根据不同工艺特点和技术要求,选用合适的机械设备,正确使用、管理和保养好机械设备。

> 要健全"人机固定"制度、"操作证"制度、岗位责任制度、交接班制度、"技术保养"制度、"安全使用"制度、机械设备检查制度等,确保机械设备处于最佳使用状态。

(4)方法的控制。方法是实现工程建设的重要手段,施工方法集中反映在承包商为工程施工所采用的技术方案、工艺流程、检测手段、施工程序安排等,它主要是通过施工方案表现出来的。

(5)环境的控制。良好的施工环境,对于保证工程质量和施工安全等起着很重要的作用。

三、工程质量控制主体

工程质量控制贯穿于工程项目实施的全过程,其侧重点是按照既定目标、准则、程序,使产品和过程的实施保持受控状态,预防不合格的发生,持续稳定地生产合格品。

工程质量控制按其实施主体不同,分为自控主体和监控主体。前者是指直接从事质量职能的活动者;后者是指对他人质量能力和效果的监控者,主要包括以下五个方面:

1. 政府的工程质量控制

政府属于监控主体,它主要是以法律法规为依据,通过抓工程报建、施工图设计文件审查、施工许可、材料和设备准用、工程质量监督、工程竣工验收备案等主要环节实施监控。

2. 建设单位的工程质量控制

建设单位属于监控主体,建设单位的质量控制包括建设全过程各阶段:

(1)决策阶段的质量控制,主要是通过项目的可行性研究,选择最佳建设方案，使项目的质量要求符合业主的意图，并与投资目标相协调，与所在地区环境相协调。

(2)工程勘察设计阶段的质量控制，主要是要选择好勘察设计单位，要保证工程设计符合决策阶段确定的质量要求，保证设计符合有关技术规范和标准的规定，要保证设计文件、图纸符合现场和施工的实际条件，其深度能满足施工的需要。

(3)工程施工阶段的质量控制，一是择优选择能保证工程质量的施工单位；二是择优选择服务质量好的监理单位，委托其严格监督施工单位按设计图纸进行施工，并形成符合合同文件规定质量要求的最终建设产品。

3. 工程监理单位的质量控制

工程监理单位属于监控主体，主要是受建设单位的委托，根据法律法规、工程建设标准、勘察设计文件及合同，制定和实施相应的监理措施，采用旁站、巡视、平行检验和检查验收等方式，代表建设单位在施工阶段对工程质量进行监督和控制，以满足建设单位对工程质量的要求。

4. 勘察、设计单位的质量控制

勘察、设计单位属于自控主体，它是以法律、法规及合同为依据，对勘察、设计的整个过程进行控制，包括工作质量和成果文件质量的控制，确保提交的勘察、设计文件所包含的功能和使用价值，满足建设单位工程建造的要求。

5. 施工单位的质量控制

施工单位属于自控主体，它是以工程合同、设计图纸和技术规范为依据，对施工准备阶段、施工阶段、竣工验收交付阶段等施工全过程的工作质量和工程质量进行的控制，以达到施工合同文件规定的质量要求。

四、工程参建各方的质量责任

在工程项目建设中，参与工程建设的各方，应根据《建设工程质量管理条例》以及合同、协议及有关文件的规定承担相应的质量责任。

1. 建设单位的质量责任

(1)建设单位要根据工程特点和技术要求,按有关规定选择相应资质等级的勘察、设计单位和施工单位,在合同中必须有质量条款,明确质量责任,并真实、准确、齐全地提供与建设工程有关的原始资料。凡法律法规规定建设工程勘察、设计、施工、监理以及工程建设有关重要设备材料采购实行招标的,必须实行招标,依法确定程序和方法,择优选定中标者。不得将应由一个承包单位完成的建设工程项目肢解成若干部分发包给几个承包单位;不得迫使承包方以低于成本的价格竞标;不得任意压缩合理工期;不得明示或暗示设计单位或施工单位违反建设强制性标准,降低建设工程质量。建设单位对其自行选择的设计、施工单位发生的质量问题承担相应责任。

(2)建设单位应根据工程特点,配备相应的质量管理人员。对国家规定强制实行监理的工程项目,必须委托有相应资质等级的工程监理单位进行监理。建设单位应与工程监理单位签订监理合同,明确双方的责任和义务。

(3)建设单位在工程开工前,负责办理有关施工图设计文件审查、工程施工许可证和工程质量监督手续,组织设计和施工单位认真进行设计交底;在工程施工中,应按现行国家有关工程建设法规、技术标准及合同规定,对工程质量进行检查,建设单位应在施工前委托原设计单位或者相应资质等级的设计单位提出设计方案,经原审查机构审批后方可施工。工程项目竣工后,应及时组织设计、施工、工程监理等有关单位进行施工验收,未经验收备案或验收备案不合格的,不得交付使用。

(4)建设单位按合同的约定负责采购供应的建筑材料、建筑构配件和设备,应符合设计文件和合同要求,对发生的质量问题,应承担相应的责任。

2. 勘察、设计单位的质量责任

(1)勘察、设计单位必须在其资质等级许可的范围内承揽相应的勘察设计任务,不许承揽超越其资质等级许可范围以外的任务,不得将承揽工程转包或违法分包,也不得以任何形式用其他单位的名义承揽业务或允许其他单位或个人以本单位的名义承揽业务。

(2)勘察、设计单位必须按照现行国家的有关规定、工程建设强制性标准和合同要求进行勘察、设计工作,并对所编制的勘察、设计文件的质量负责。

勘察单位提供的地质、测量、水文等勘察成果文件应当符合国家规定的勘察深度要求,必须真实、准确。勘察单位应参与施工验槽,及时解决工程设计和施工中与勘察工作有关的问题;参与建设工程质量事故的分析,对因勘察原因造成的质量事故,提出相应的技术处理方案。勘察单位的法定代表人、项目负责人、审核人、审定人等相应人员,应在勘察文件上签字或盖章并对勘察质量负责。勘察单位的法定代表人对本企业的勘察质量全面负责,项目负责人对项目勘察文件负主要质量责任,项目审核人、审定人对其审核、审定项目的勘察文件负审核、审定的质量责任。

设计单位提供的设计文件应当符合国家规定的设计深度要求,注明工程合理使用年限。设计文件中选用的材料、构配件和设备,应当注明规格、型号、性能等技术指标,其质量必须符合国家规定的标准。除有特殊要求的建筑材料、专用设备、工艺生产线外,不得指定生产厂、供应商。设计单位应就审查合格的施工图文件向施工单位做出详细说明,解决施工中对设计提出的问题,负责设计变更。参与工程质量事故分析,并对因设计造成的质量事故,提出相应的技术处理方案。

3. 施工单位的质量责任

(1)施工单位必须在其资质等级许可的范围内承揽相应的施工任务,不许承揽超越其资质等级业务范围以外的任务,不得将承接的工程转包或违法分包,也不得以任何形式用其他施工单位的名义承揽工程或允许其他单位或个人以本单位的名义承揽工程。

(2)施工单位对所承包的工程项目的施工质量负责。应当建立健全质量管理体系,落实质量责任制,确定工程项目的项目经理、技术负责人和施工管理负责人。实行总承包的工程,总承包单位应对全部建设工程质量负责。建设工程勘察、设计、施工、设备采购的一项或多项实行总承包的,总承包单位应对其承包的建设工程或采购的设备的质量负责;实行总分包的工程,分包单位应按照分包合同约定对其分包工程的质量向总承包单位负责,总承包单位对分包工程的质量承担连带责任。

(3)施工单位必须按照工程设计图纸和施工技术规范标准组织施工。未经设计单位同意,不得擅自修改工程设计。在施工中,必须按照工程设计要求、施工技术规范标准和合同约定,对建筑材料、构配件、设备和商品混凝土进行检验;不得偷工减料,不使用不符合设计和强制性标准要求的产品,不使用未经检验和试验或检验和试验不合格的产品。

工程项目总承包是指从事工程总承包的企业受建设单位委托,按照合同约定对工程项目的勘察、设计、采购、施工、试运行(竣工验收)等实行全过程或若干阶段的承包。设计采购施工总承包是指工程总承包企业按照合同约定,承担工程项目的设计、采购、施工等工作。

工程项目总承包企业按照合同约定承包内容(设计、采购、施工)对工程项目的(设计、材料及设备采购、施工)质量向建设单位负责。工程总承包企业可依法将所承包工程中的部分工作发包给具有相应资质的分包企业,分包企业按照分包合同的约定对总承包企业负责。

4. 工程监理单位的质量责任

(1)工程监理单位应按其资质等级许可的范围承担工程监理业务,不许超越本单位资质等级许可的范围或以其他工程监理单位的名义承担工程监理业务,不得转让工程监理业务,不许其他单位或个人以本单位的名义承担工程监理业务。

(2)工程监理单位应依照法律、法规以及有关技术标准、设计文件和建设工程承包合同,与建设单位签订监理合同,代表建设单位对工程质量实施监理,并对工程质量承担监理责任。监理责任主要有违法责任和违约责任两个方面。

有关违法责任和违约责任规定

如果工程监理单位故意弄虚作假，降低工程质量标准，造成质量事故的，要承担法律责任。如果工程监理单位与承包单位串通，谋取非法利益，给建设单位造成损失的，应当与承包单位承担连带赔偿责任。如果监理单位在责任期内，不按照监理合同约定履行监理职责，给建设单位或其他单位造成损失的，属违约责任，应当按监理合同约定向建设单位赔偿。

第二节 市政工程施工质量控制

一、工程施工质量控制的依据

项目监理机构施工质量控制的依据，大体上有以下四类：

1. 工程合同文件

建设工程监理合同、建设单位与其他相关单位签订的合同，包括与施工单位签订的施工合同，与材料设备供应单位签订的材料设备采购合同等。项目监理机构既要履行建设工程监理合同条款，又要监督施工单位、材料设备供应单位履行有关工程质量合同条款。因此，项目监理机构监理人员应熟悉这些相应条款，据以进行质量控制。

2. 工程勘察设计文件

工程勘察包括工程测量、工程地质和水文地质勘查等内容，工程勘察成果文件为工程项目选址、工程设计和施工提供科学可靠的依据；也是项目监理机构审批工程施工组织设计或施工方案、工程地基基础验收等工程质量控制的重要依据。经过批准的设计图纸和技术说明书等设计文件，是质量控制的重要依据。施工图审查报告与审查批准书、施工过程中设计单位出具的工程变更设计都属于设计文件的范畴，是项目监理机构进行质量控制的重要依据。

3. 有关质量管理方面的法律法规、部门规章与规范性文件

(1)法律:《中华人民共和国建筑法》、《中华人民共和国刑法》、《中华人民共和国防震减灾法》、《中华人民共和国节约能源法》、《中华人民共和国消防法》等。

(2)行政法规:《建设工程质量管理条例》、《民用建筑节能条例》等。

(3)部门规章:《建筑工程施工许可管理办法》、《实施工程建设强制性标准监督规定》、《房屋建筑和市政基础设施工程质量监督管理规定》等。

(4)规范性文件:《房屋建筑工程施工旁站监理管理办法(试行)》、《建设工程质量责任主体和有关机构不良记录管理办法(试行)》、关于《建设行政主管部门对工程监理企业履行质量责任加强监督的若干意见》等。国家发改委颁发的规范性文件——关于《加强重大工程安全质量保障措施》的通知等。

另外,其他各行业如交通、能源、水利、冶金、化工等和省、市、自治区的有关主管部门,也均根据本行业及地方的特点,制定和颁发了有关的法规性文件。

4. 质量标准与技术规范(规程)

质量标准与技术规范(规程)是针对不同行业、不同质量控制对象而制定的,包括各种有关的标准、规范或规程。根据适用性,标准分为国家标准、行业标准、地方标准和企业标准。它们是建立和维护正常的生产和工作秩序应遵守的准则,也是衡量工程、设备和材料质量的尺度。对于国内工程,国家标准是必须执行与遵守的最低要求,行业标准、地方标准和企业标准的要求不能低于国家标准的要求。企业标准是企业生产与工作的要求与规定,适用于企业的内部管理。

在工程建设国家标准与行业标准中,有些条文用粗体字表达,它们被称为工程建设强制性标准(条文),是直接涉及工程质量、安全、卫生及环境保护等方面的工程建设标准强制性条文。国家规定,在中华人民共和国境内从事新建、扩建、改建等工程建设活动,必须执行工程

建设强制性标准。工程质量监督机构对工程建设施工、监理、验收等执行强制性标准的情况实施监督,项目监理机构在质量控制中不得违反工程建设标准强制性条文的规定。《实施工程建设强制性标准监督规定》第十九条规定:工程监理单位违反强制性标准,将不合格的建设工程以及建筑材料、建筑构配件和设备按照合格签字的,责令改正,处50万元以上100万元以下的罚款,降低资质等级或者吊销资质证书;有违法所得的,予以没收;造成损失的,承担连带赔偿责任。

二、工程施工准备阶段的质量控制

(一)图纸会审与设计交底

1. 图纸会审

图纸会审是指承担施工阶段监理的监理单位组织施工单位以及建设单位、材料、设备供货等相关单位,在收到审查合格的施工图设计文件后,在设计交底前进行的全面细致熟悉和审查施工图纸的活动。其目的有两个,一是使施工单位和各参建单位熟悉设计图纸,了解工程特点和设计意图,找出需要解决的技术难题,并制订解决方案;二是为了解决图纸中存在的问题,减少图纸的差错,将图纸中的质量隐患消灭在萌芽之中。

工程图纸会审的主要内容包括:

(1)是否无证设计或越级设计,图纸是否经设计单位正式签署。

(2)地质勘探资料是否齐全。

(3)设计图纸与说明是否齐全,有无分期供图的时间表。

(4)设计地震烈度是否符合当地要求。

(5)图纸中有无遗漏、差错或相互矛盾之处,如尺寸标注有错误,平面图与相应的剖面图相同部位的标高不一致,工艺管道、电气线路、设备装置等相互干扰,设计不合理等。

(6)图纸中是否存在不便于施工之处,能否保证质量要求。

(7)施工图或说明书中所涉及的各种标准、图册、规范、规程等,施工单位是否具备。

第十三章 市政工程施工质量管理

(8)施工单位对图纸在技术上是否可行、合理,是否符合现场情况等,是否提出要求澄清某些问题、要求作某些技术修改、要求作设计变更等问题。

(9)几个设计单位共同设计的图纸相互间有无矛盾,专业图纸之间、平立剖面图之间有无矛盾,标注有无遗漏。

> 施工单位对图纸提出的某些问题,其中有一部分仅是从便于施工的角度出发。故需经过监理工程师研究后从全局观点出发提出意见,共同讨论后决定。

(10)总平面图与施工图的几何尺寸、平面位置、标高等是否一致。

(11)防火、消防是否满足要求。

(12)建筑结构与各专业图纸本身是否有差错及矛盾,结构图与建筑图的平面尺寸及标高是否一致,建筑图与结构图的表示方法是否清楚,是否符合制图标准,预埋件是否表示清楚,有无钢筋明细表,钢筋的构造要求在图中是否表示清楚。

(13)材料来源有无保证,能否代换,图中所要求的条件能否满足,新材料、新技术的应用有无问题。

(14)地基处理方法是否合理,建筑与结构构造是否存在不便于施工的技术问题,或容易导致质量、安全、工程费用增加等方面的问题。

(15)施工安全、环境卫生有无保证。

2. 设计交底

设计交底是指在施工图完成并经审查合格后,设计单位在设计文件交付施工时,按法律规定的义务就施工图设计文件向施工单位和监理单位做出详细的说明。其目的是使施工单位和监理单位正确贯彻设计意图,加深对设计文件特点、难点、疑点的理解,掌握关键工程部位的质量要求,确保工程质量。

工程设计交底的主要内容包括:

(1)有关的地形、地貌、水文气象、工程地质及水文地质等自然条件。

(2)施工图设计依据:初步设计文件、主管部门及其他部门的要求、采用的主要设计规范。

(3)设计意图方面:设计思想、设计方案比较的情况,基础开挖及基础处理方案,结构设计意图,设备安装和调试要求。

(二)施工组织设计审查

施工组织设计是指导施工单位进行施工的实施性文件。项目监理机构应审查施工单位报审的施工组织设计,符合要求时,应由总监理工程师签认后报建设单位。项目监理机构应要求施工单位按已批准的施工组织设计组织施工。施工组织设计需要调整时,项目监理机构应按程序重新审查。

1. 审查的基本内容

施工组织设计审查应包括下列基本内容:
(1)编审程序应符合相关规定。
(2)施工进度、施工方案及工程质量保证措施应符合施工合同要求。
(3)资金、劳动力、材料、设备等资源供应计划应满足工程施工需要。
(4)安全技术措施应符合工程建设强制性标准。
(5)施工总平面布置应科学合理。

2. 审查的程序要求

施工组织设计的报审应遵循下列程序及要求:
(1)施工单位编制的施工组织设计经施工单位技术负责人审核签认后,与施工组织设计报审表一并报送项目监理机构。
(2)总监理工程师应及时组织专业监理工程师进行审查,需要修改的,由总监理工程师签发书面意见退回修改;符合要求的,由总监理工程师签认。
(3)已签认的施工组织设计由项目监理机构报送建设单位。
(4)施工组织设计在实施过程中,施工单位如需做较大的变更,应经总监理工程师审查同意。

3. 审查质量控制要点

(1)受理施工组织设计。施工组织设计的审查必须是在施工单位编审手续齐全(即有编制人、施工单位技术负责人的签名和施工单位公章)的基础上,由施工单位填写施工组织设计报审表,并按合同约定时间报送项目监理机构。

(2)总监理工程师应在约定的时间内,组织各专业监理工程师进行审查,专业监理工程师在报审表上签署审查意见后,总监理工程师审核批准。需要施工单位修改施工组织设计时,由总监理工程师在报审表上签署意见,发回施工单位修改。施工单位修改后重新报审,总监理工程师应组织审查。

(3)项目监理机构宜将审查施工单位施工组织设计的情况,特别是要求发回修改的情况及时向建设单位通报,应将已审定的施工组织设计及时报送建设单位。涉及增加工程措施费的项目,必须与建设单位协商,并征得建设单位的同意。

(4)经审查批准的施工组织设计,施工单位应认真贯彻实施,不得擅自任意改动。若需进行实质性的调整、补充或变动,应报项目监理机构审查同意。如果施工单位擅自改动,监理机构应及时发出监理通知单,要求按程序报审。

(三)现场施工准备质量控制

1. 施工现场质量管理检查

工程开工前,项目监理机构应审查施工单位现场的质量管理组织机构、管理制度及专职管理人员和特种作业人员的资格。

2. 分包单位资质的审核确认

分包工程开工前,项目监理机构应审核施工单位报送的分包单位资格报审表及有关资料,专业监理工程师进行审核并提出审查意见,符合要求后,应由总监理工程师审批并签署意见。

> **知识链接**
>
> **分包单位资格审核应包括的基本内容**
>
> (1)营业执照、企业资质等级证书。
> (2)安全生产许可文件。
> (3)类似工程业绩。
> (4)专职管理人员和特种作业人员的资格。

3. 查验施工控制测量成果

专业监理工程师应检查、复核施工单位报送的施工控制测量成果及保护措施,签署意见,并应对施工单位在施工过程中报送的施工测量放线成果进行查验。施工控制测量成果及保护措施的检查、复核,包括:①施工单位测量人员的资格证书及测量设备检定证书;②施工平面控制网、高程控制网和临时水准点的测量成果及控制桩的保护措施。

4. 工程材料、构配件、设备的质量控制

(1)对用于工程的主要材料,在材料进场时专业监理工程师应核查厂家生产许可证、出厂合格证、材质化验单及性能检测报告,审查不合格者一律不准用于工程。

(2)在现场配制的材料,施工单位应进行级配设计与配合比试验,经试验合格后才能使用。

(3)对于进口材料、构配件和设备,专业监理工程师应要求施工单位报送进口商检证明文件,并会同建设单位、施工单位、供货单位等相关单位有关人员按合同约定进行联合检查验收。联合检查由施工单位提出申请,项目监理机构组织,建设单位主持。

(4)对于工程采用新设备、新材料,还应核查相关部门鉴定证书或工程应用的证明材料、实地考察报告或专题论证材料。

(5)原材料、(半)成品、构配件进场时,专业监理工程师应检查其尺寸、规格、型号、产品标志、包装等外观质量,并判定其是否符合设计、规范、合同等要求。

(6)工程设备验收前,设备安装单位应提交设备验收方案,包括验收方法、质量标准、验收的依据,经专业监理工程师审查同意后实施。

(7)对进场的设备,专业监理工程师应会同设备安装单位、供货单位等的有关人员进行开箱检验,检查其是否符合设计文件、合同文件和规范等所规定的厂家、型号、规格、数量、技术参数等,检查设备图纸、说明书、配件是否齐全。

(8)由建设单位采购的主要设备则由建设单位、施工单位、项目监理机构进行开箱检查,并由三方在开箱检查记录上签字。

(9)质量合格的材料、构配件进场后,到其使用或安装时通常要经过一定的时间间隔。在此时间里,专业监理工程师应对施工单位在材料、半成品、构配件的存放、保管及使用期限实行监控。

5. 工程开工条件审查与开工令的签发

总监理工程师应组织专业监理工程师审查施工单位报送的工程开工报审表及相关资料,同时具备下列条件时,应由总监理工程师签署审查意见,并应报建设单位批准后,总监理工程师签发工程开工令:

(1)设计交底和图纸会审已完成。

(2)施工组织设计已由总监理工程师签认。

(3)施工单位现场质量、安全生产管理体系已建立,管理及施工人员已到位,施工机械具备使用条件,主要工程材料已落实。

(4)进场道路及水、电、通信等已满足开工要求。

总监理工程师应在开工日期 7d 前向施工单位发出工程开工令。工期自总监理工程师发出的工程开工令中载明的开工日期起计算。

三、工程施工过程质量控制

(一)巡视与旁站

1. 巡视工作

巡视就是指监理人员对正在施工的部位或工序在现场进行的定期或不定期的监督活动。它是监理工程师对工程项目实施监理的重要手段之一。

监理工程师应根据受监项目的技术特点和要求,在编制监理实施细则时,就要对受监工程需要在施工过程实施重点巡视的部位和巡视工作的重点做出安排,制订详细的巡视计划;在整个施工过程中,严格按照制定的巡视计划对重点巡视的部位实施有效的监控,并将巡视工作形成记录归档。

经验之谈

监理人员应重点巡视的内容

(1)正在施工的工序、部位工程是否已批准开工。

(2)质量检测、安全管理人员是否按规定到岗。

(3)特种作业人员是否持证上岗。

(4)现场使用的原材料或混合料、外购产品、施工机械设备及采用的施工方法与工艺是否与批准的一致。

(5)质量、安全及环保措施是否实施到位。

(6)试验检测仪器、设备是否按规定进行了校准(计量检定)。

(7)是否按规定进行了施工自检和工序交接。

2. 旁站工作

旁站是指在关键部位或关键工序施工过程中,由监理人员在现场进行的监督活动。它是除见证、巡视和平行检验外,监理工程师对工程项目实施监理的另一重要手段。

在接受监理任务后,相应的专业监理工程师应当根据工程的技术特点和要求,制订详细可行的旁站方案,并严格按此方案开展旁站工作,形成旁站记录归档。监理工程师在编制旁站方案和实施旁站工作时,应按下列要求进行:

(1)监理人员应对试验工程、重要隐蔽工程和完工后无法检测其质量或返工会造成较大损失的工程进行旁站。

(2)旁站监理人员应重点对旁站项目的工艺过程进行监督,对发现的问题应责令施工单位立即整改;可能危及工程质量、安全时,应予以制止并及时向总监理工程师报告。

(3)旁站监理人员应按规定的格式如实、准确、详细地做好旁站记录。

(4)旁站项目完工后,监理工程师应组织检查验收,验收合格的方可进行下道工序施工。

(二)见证取样与平等检验

1. 见证取样

见证取样是指项目监理机构对施工单位进行的涉及结构安全的试块、试件及工程材料现场取样、封样、送检工作的监督活动。

(1)见证取样的方法和责任。见证取样和送检制度是指在建设监理单位或建设单位见证下,对进入施工现场的有关建筑材料,由施工单位专职材料试验人员在现场取样或制作试件后,送至符合资质资格管理要求的试验室进行试验的工作程序。

(2)见证取样应符合有关规定。

1)建设工程施工过程中使用的所有须进行试验的结构用钢材及焊接试件、水泥、混凝土试块、砌筑砂浆试块、防水材料等土建类材料,必须实行见证取样和送检制度。建筑设备类材料、配件实行见证取样和送检具体范围另行规定。

2)见证取样人应由监理人员担任,或由建设单位具有初级以上专业技术职称并具有施工试验专业知识的技术人员担任。见证人员必须经培训考核取得《见证员证书》后,并由建设单位于书面形式授权委派。建设工程主管部门负责组织编写培训教材和见证人员的统一考核及发证工作。

3)施工现场的见证取样送检工作除应遵守上述文件外,还应遵守《建筑工程检测试验技术管理规范》(JGJ 190)的相关规定,试验人员和见证人员对见证取样和送验的代表性和真实性负责。因玩忽职守或弄虚作假使样品失去代表性和真实性造成质量事故的,应依法承担相应的责任。

4)见证取样按以下程序进行:

①建设单位到工程质量监督机构办理监督手续时,应向工程质量监督机构递交见证单位及见证人员授权书,写明本工程现场委托的见证单位名称和见证人姓名及见证员证件号,单位工程见证人员不得少于2人。见证单位及见证人员授权书(副本)应同时递交该工程的试验室,以便于监督机构和试验室检查有关资料时进行核对。

②有关试验室在接受见证取样试验任务时,应由送检单位填写见证试验委托书;见证人应出示《见证员证书》,并在见证试验委托书上签字。

③施工企业材料试验人员在现场进行原材料取样和试件制作时,必须有见证人在旁见证。见证人有责任对试样制作及送检进行监护,试件送检前,见证人应在试样或其包装上做出标识、封志,并填写见证记录。

④有关试验室在接受试样时应做出是否有见证取样和送检的判定,并对判定结果负责;试验室在确认试样的见证标识、封志无误后才能进行试验。

⑤在见证取样和送检试验报告中,试验室应在报告备注栏中注明见证人,加盖"有见证检验"专用章,不得再加盖"仅对来样负责"的印章;一旦发生试验不合格情况,应立即通知监督该工程的建设工程质量监督机构和见证单位;在出现试验不合格而需要按有关规定重新加倍取样复试时,按相关规定执行。

5)见证取样的试验资料必须真实、完整,符合试验管理规定。由施工单位将见证取样试验资料及见证试验汇总表一并列入该工程质量保证资料。

6)未注明见证人和无"有见证检验"章的试验报告,不得作为质量保证资料和竣工验收资料。

7)在测试报告中弄虚作假的有关建设、施工、监理单位、试验室和个人,以及玩忽职守者,由建设行政主管部门按有关规定严肃查处;构成犯罪的,依法追究刑事责任。

(3)见证取样的范围和比例。建设部(建建[2000]211号)文件《房屋建筑工程和市政基础设施工程实现见证取样和送检的规定》中规定:涉及结构安全的试块、试件和材料见证取样和送检比例不得低于有关技术标准中规定的应取样数量的30%。

(4)做好见证取样工作要求:

1)见证取样的项目应按相关文件、标准的规定确定。

2)见证人员应由具有建筑施工检测试验知识的监理人员担任,并

第十三章 市政工程施工质量管理

经过培训。未监理的工程由建设单位按照要求配备见证人员。

3)见证人员确定后,应由建设单位填写《见证检验见证人授权委托书》,并及时告知该工程的质量监督机构和承担相应见证试验的检测机构。

4)见证人员发生变化时,监理单位应通过建设单位通知检测机构和监督机构,见证人员的更换不得影响见证取样和送检工作。

5)需要见证取样送检的项目,施工单位应在取样送检前24h通知见证人员,见证人员应按时到场进行见证。

6)见证人员应对取样送检的全过程进行见证,并填写见证记录。试验人员或取样人员应当在见证记录上签字。

7)见证人员应核查所见证的项目、数量、比例是否满足有关规定。

知识链接

见证过程中见证人员做好见证记录要求

项目监理机构应按照施工单位制定的《建筑材料见证取样及送检计划》及时安排见证人员到场,对试验人员的取样和送检过程进行见证,督促、检查试验人员做好样品的成型、保养、存放、封存、送检全过程工作。并对见证过程做出记录,设置专门建筑材料见证取样及送检登记台账。

试样或其包装上应有标识、封志。标识和封志应至少标明试件编号、取样日期等信息,并由见证人员和试验人员签字。见证人员应填写见证记录,由施工单位将见证记录归入施工技术档案。

施工现场的见证取样和送检工作应遵守《建筑工程检测试验技术管理规范》(JGJ 190)的规定。

2. 平行检验

平行检验是项目监理机构利用一定的检查或检测手段,在承包单位自检的基础上,按照一定的比例独立进行检查或检测的活动。

平行检验的项目、数量、频率和费用等应符合建设工程监理合同的约定。对平行检验不合格的施工质量,项目监理机构就签发监理通知单,要求施工单位在指定的时间内整改并重新报验。

工程监理单位应按工程建设监理合同约定组建项目监理中心试验室进行平行检验工作。市政工程检验试验可分为验证试验、标准试验、工艺试验、抽样试验和验收试验。项目监理中心试验室进行平行检验试验的是:

(1)验证试验。材料或商品构件运入现场后,应按规定的批量和频率进行抽样试验,不合格的材料或商品构件不准用于工程。

(2)标准试验。在各项工程开工前合同规定或合理的时间内,应由施工单位先完成标准试验。监理中心试验室应在施工单位进行标准试验的同时或以后,平行进行复核(对比)试验,以肯定、否定或调整施工单位标准试验的参数或指标。

(3)抽样试验。在施工单位的工地试验室(流动试验室)按技术规范的规定进行全频率抽样试验的基础上,监理中心试验室应按规定的频率独立进行抽样试验,以鉴定施工单位的抽样试验结果是否真实可靠。当施工现场的监理人员对施工质量或材料产生疑问并提出要求时,监理中心试验室随时进行抽样试验。

(三)监理通知单、工程暂停令、工程复工令的签发

1. 监理通知单的签发

在工程质量控制方面,项目监理机构发现施工存在质量问题的,或施工单位采用不适当的施工工艺,或施工不当,造成工程质量不合格的,应及时签发监理通知单,要求施工单位整改。

监理工程师签发监理通知单时,应要求施工单位在发文本上签字,并注明签收时间。

2. 工程暂停令的签发

(1)总监理工程师在签发工程暂停令时,应根据暂停工程的影响范围和影响程度,按照施工合同和委托监理合同的约定签发。在签发工程暂停令前,应就有关工期和费用等事宜与承包单位进行协商。

(2)总监理工程师在签发工程暂停令时,应根据停工原因的影响范围和影响程度,确定工程项目停工范围。

(3)由于建设单位原因,或其他非承包单位原因导致工程暂停时,

项目监理机构应如实记录所发生的实际情况。总监理工程师应在施工暂停原因消失并具备复工条件时,及时签署工程复工报审表,指令承包单位继续施工。

(4)由于承包单位原因导致工程暂停,在具备恢复施工条件时,项目监理机构应审查承包单位报送的复工申请及有关材料,同意后由总监理工程师签署工程复工报审表,指令承包单位继续施工。

(5)总监理工程师在签发工程暂停令到签发工程复工报审表之间的时间内,宜会同有关各方按照施工合同的约定,处理因工程暂停引起的与工期、费用等有关的问题。

> **经验之谈**
>
> **总监理工程师可签发工程暂停令的情况**
>
> 在发生下列情况之一时,总监理工程师可签发工程暂停令:
> (1)建设单位要求暂停施工且工程需要暂停施工。
> (2)为了保证工程质量而需要进行停工处理。
> (3)施工出现了安全隐患,总监理工程师认为有必要停工以消除隐患。
> (4)发生了必须暂时停止施工的紧急事件。
> (5)承包单位未经许可擅自施工,或拒绝项目监理机构管理。

3. 工程复工令的签发

因建设单位原因或非施工单位原因引起工程暂停的,在具备复工条件时,应及时签发工程复工令,指令施工单位复工。

(1)审核工程复工报审表。总监理工程师应及时指定监理工程师进行审查,工程暂停是由非承包单位原因引起的,签认《工程复工报审表》(表 B.0.3)时,只需要看引起暂停施工的原因是否还存在;工程暂停是由承包单位的原因引起的,复工审查时不仅要审查其停工因素是否消除,还要审查其是否查清了导致停工因素产生的原因和制定了针对性的整改措施、预防措施,还要复核其各项措施是否得到了贯彻落实。

(2)签发工程复工令。总监理工程师根据审查情况,应当在收到《工程复工报审表》后48h内完成对复工申请的审批。项目监理机构未在收到承包人复工申请后48h内提出审查意见,承包单位可自行复工。

(四)工程变更控制

工程变更是指工程实施过程中由于工程项目自身的性质和特点,或设计图纸的深度不够,或不可预见的自然因素与环境情况的变化,对第三方的干预和要求或合同双方当事人出于对工程进展有利着想,对合同中部分工程项目进展形式、工程数量、工程质量要求及标准等方面的变更。

> **知识链接**
>
> **工程变更的条件**
>
> 设计文件一经批准,不得任意变更,符合下列条件之一的,可以考虑工程变更。
>
> (1)因自然条件包括水文、地形、地质情况与设计文件出入较大的;因施工条件所限,材料规格、品种、质量难以达到设计要求的。
>
> (2)不降低原设计技术标准,而能节省原材料,或者可少占用耕地,并便利施工,缩短工期和节省投资的。
>
> (3)能提高技术标准,减少工程病害,便于采用新技术,提高工程使用年限或者提高服务等级,而不增加投资或者增加较小数量投资的。
>
> (4)由于铁路、水利、农田、矿工、环保、文物以及地方工作等方面不可预见的因素,需要变更设计的。
>
> (5)上级交通行政主管部门和筹建处对工程提出新的要求。

(1)施工单位提出工程变更:施工单位提出要求澄清某些问题,技术修改、图纸修改、施工方法改变等变更。为了有效地控制造价,当承包方提出工程变更,需由工程师确认并签发工程变更指令,其变更指令应以书面的形式发出。发生工程变更,若合同中有适用于变更工程的价格,可以依此计算价款。

第十三章　市政工程施工质量管理

(2)建设单位提出工程变更：施工过程中建设单位（业主）为加快工程进度、提高使用功能或为了降低工程造价等原因，对原设计图纸及使用材料方面提出与图纸或设计说明不符的要求。

(3)处理工程变更的要求。

1)项目监理机构可在工程变更实施前与建设单位、施工单位等协商确定工程变更的计价原则、计价方法或价款。

2)建设单位与施工单位未能就工程变更费用达成协议时，项目监理机构可提出一个暂定价格并经建设单位同意，作为临时支付工程款的依据。工程变更款项最终结算时，应以建设单位与施工单位达成的协议为依据。

3)项目监理机构可对建设单位要求的工程变更提出评估意见，并应督促施工单位按照会签后的工程变更单组织施工。

(五)质量记录资料的管理

质量资料是施工单位进行工程施工或安装期间，实施质量控制活动的记录，还包括对这些质量控制活动的意见及施工单位对这些意见的答复，它详细地记录了工程施工阶段质量控制活动的全过程。

质量记录资料包括以下三方面内容：施工现场质量管理检查记录资料、工程材料质量记录和施工过程作业活动质量记录资料。

质量记录资料应在工程施工或安装开始前，由项目监理机构和施工单位一起，根据建设单位的要求及工程竣工验收资料组卷归档的有关规定，研究列出各施工对象的质量资料清单。以后，随着工程施工的进展，施工单位应不断补充和填写关于材料、构配件及施工作业活动的有关内容，记录新的情况。当每一阶段（如检验批，一个分项或分部工程）施工或安装工作完成后，相应的质量记录资料也应随之完成，并整理组卷。

施工质量记录资料应真实、齐全、完整，相关各方人员的签字齐备、字迹清楚、结论明确，与施工过程的进展同步。在对作业活动效果的验收中，如缺少资料和资料不全，项目监理机构应拒绝验收。

监理资料的管理应由总监理工程师负责，并指定专人具体实施。总监理工程师作为项目监理机构的负责人应根据合同要求，结合监理项目的大小、工程复杂程度配置一至多名专职熟练的资料管理人员具体实施资料的管理工作。对于建设规模较小、资料不多的监理项目,可以结合工程实际,指定一名受过资料管理业务培训,懂得资料管理的监理人员兼职完成资料管理工作。

第三节　市政工程质量改进

一、基本规定

(1)项目经理部应定期对施工质量状况进行检查、分析,向组织提出质量报告,提出目前质量状况、发包人及其他相关方满意程度、产品要求的符合性以及项目经理部的质量改进措施。

(2)组织应对项目经理部进行检查、考核,定期进行内部审核,并将审核结果作为管理评审结果输入,促进项目经理部的质量改进。

(3)组织应了解发包人及其他相关方对质量的意见,对质量管理体系进行审核,确定改进目标,提出相应措施并检查落实。

二、质量改进方法

(1)质量改进应坚持全面质量管理的 PDCA 循环方法。随着质量管理循环的不停进行,原有的问题解决了,新的问题又产生了,问题不断产生而又不断被解决,如此循环不止,每一次循环都把质量管理活动推向一个新的高度。

(2)坚持"三全"管理:"全过程"质量管理指的就是在产品质量形成全过程中,把可以影响工程质量的环节和因素控制起来;"全员"质量管理就是上至项目经理下至一般员工,全体人员行动起来参加质量管理;"全面质量管理"就是要对项目各方面的工作质量进行管理。这个任务不仅由质量管理部门来承担,而且项目的各部门都要参加。

(3)质量改进要运用先进的管理办法、专业技术和数理统计方法。

第十三章　市政工程施工质量管理

三、质量预防与纠正措施

1. 质量预防措施

(1)项目经理部应定期召开质量分析会,对影响工程质量潜在原因,采取预防措施。

(2)对可能出现的不合格现象,应制订防止再发生的措施并组织实施。

(3)对质量通病应采取预防措施。

(4)对潜在的严重不合格现象,应实施预防措施控制程序。

(5)项目经理部应定期评价预防措施的有效性。

2. 质量纠正措施

(1)对发包人或监理工程师、设计人、质量监督部门提出的质量问题,应分析原因,制订纠正措施。

(2)对已发生或潜在的不合格信息,应分析并记录结果。

(3)对检查发现的工程质量问题或不合格报告提及的问题,应由项目技术负责人组织有关人员判定不合格程度,制订纠正措施。

(4)对严重不合格或重大质量事故,必须实施纠正措施。

(5)实施纠正措施的结果应由项目技术负责人验证并记录;对严重不合格或等级质量事故的纠正措施和实施效果应验证,并应报企业管理层。

(6)项目经理部或责任单位应定期评价纠正措施的有效性。

▶ **复习思考题** ◀

一、填空题

1. 影响施工项目质量的因素主要有五大方面,即＿＿＿＿＿＿、＿＿＿＿＿＿、＿＿＿＿＿＿、＿＿＿＿＿＿、＿＿＿＿＿＿。

2. 工程勘察包括＿＿＿＿＿、＿＿＿＿＿、＿＿＿＿＿等内容。

3. 总监理工程师应在开工日期＿＿＿＿＿向施工单位发出工程开工令。

二、简答题
1. 建设单位的质量控制包括哪些阶段？
2. 简述工程监理单位的质量责任。
3. 项目监理机构施工质量控制的依据，大体可分为哪几类？
4. 工程图纸会审包括哪些主要内容？
5. 施工组织设计审查应包括哪些内容？
6. 监理人员巡视时应重点巡视哪些方面？
7. "三全"管理指的是什么？

第十四章 市政工程施工成本管理

第一节 成本管理概论

一、成本的概念

成本一般是指为进行某项生产经营活动（如材料采购、产品生产、劳务供应、工程建设等）所发生的全部费用。成本可以分为广义成本和狭义成本两种。广义成本是指企业为实现生产经营目的而取得各种特定资产（固定资产、流动资产、无形资产和制造产品）或劳务所发生的费用支出，它包含了企业生产经营过程中一切对象化的费用支出；狭义成本是指为制造产品而发生的支出。这里讨论狭义成本的概念。

狭义成本即产品成本，它有多种表述形式。具体如下：

（1）产品成本是以货币形式表现的、生产产品的全部耗费或花费在产品上的全部生产费用。

（2）产品成本是为生产产品所耗费的资金总和。生产产品需要耗费占用在劳动对象上的资金，如原材料的耗费；需要耗费占用在劳动手段上的资金，如设备的折旧；需要耗费占用在劳动者身上的资金，如生产工人的工资及福利费。为生产产品所耗费的资金总和即为产品成本。

> 企业在一定期间内的生产耗费称为生产费用，生产费用不等于产品成本，只有具体发生在一定数量产品上的生产费用，才能构成该产品的成本，生产费用是计算产品成本的基础。

(3)产品成本是企业在一定时期内为生产一定数量的合格产品所支出的生产费用。这个定义有时间条件约束和数量条件约束,比较严谨,不同时期发生的费用属于不同时期的产品,只有在本期间内为生产本产品而发生的费用才能构成该产品成本(即符合配比原则)。

二、成本管理的原则

(1)领导者推动原则。企业的领导者是企业成本的责任人,必然是工程项目施工成本的责任人。领导者应该制订项目成本管理的方针和目标,组织项目成本管理体系的建立和保持,创造企业全体员工能充分参与项目施工成本管理、实现企业成本目标的良好内部环境。

(2)以人为本,全员参与原则。项目成本管理工作是一项系统工程,项目的进度管理、质量管理、安全管理、施工技术管理、物资管理、劳务管理、计划统计、财务管理等一系列管理工作都关系到项目成本,项目成本管理是项目管理的中心工作,必须让企业全体人员共同参与。只有如此,才能保证项目成本管理工作顺利进行。

(3)目标分解,责任明确原则。建筑工程项目成本管理的工作业绩最终要转化为定量指标,而这些指标的完成是通过上述各级各个岗位的具体工作实现的,为明确各级各岗位的成本目标和责任,就必须进行指标分解。

(4)管理层次与管理内容的一致性原则。相应的管理层次,它相对应的管理内容和管理权力必须相称和匹配,否则会发生责、权、利的不协调,从而导致管理目标和管理结果的扭曲。

(5)动态性、及时性、准确性原则。由于项目成本的构成是随着工程施工的进展而不断变化的,因而动态性是项目成本管理的属性之一。项目成本管理需要及时、准确地提供成本核算信息,不断反馈,为上级部门或项目经理进行项目成本管理提供科学的决策依据。项目成本管理所编制的各种成本计划、消耗量计划,统计的各项消耗、各项费用支出,必须是实事求是的、准确的。如果计划的编制不准确,各项成本管理就失去了基准;如果各项统计不实事求是、不准确,成本核算就不能反映真实情况,出现虚盈或虚亏,只能导致决策失误。因此,确保项目成本管理的动态性、及时性、准确性是项目成本管理的灵魂。

(6)过程控制与系统控制原则。项目成本是由施工过程的各个环节的资源消耗形成的。因此,项目成本的控制必须采用过程控制的方法,分析每一个过程影响成本的因素,制订工作程序和控制程序,使之时时处于受控状态。

项目成本形成的每一个过程又是与其他过程互相关联的,一个过程成本的降低,可能会引起关联过程成本的提高。因此,项目成本的管理,必须遵循系统控制的原则,进行系统分析,制订过程的工作目标必须从全局利益出发,不能因为小团体的利益而损害整体利益。

三、成本管理的组织和职责

(一)成本管理的层次划分

1. 公司管理层

这里所说的"公司"是广义的公司,是指直接参与经营管理的一级机构,并不一定是公司法所指的法人公司。这一级机构可以在上级公司的领导和授权下独立开展经营和施工管理活动。它是项目施工的直接组织者和领导者,对项目成本负责,对项目施工成本管理负领导、组织、监督、考核责任。各企业可以根据自己的管理体制,决定它的名称。

2. 项目管理层

项目管理层是公司根据承接的工程项目施工的需要,组织起来的针对该项目施工的一次性管理班子,一般称"项目经理部"。经公司授权在现场直接管理工程项目的施工。它根据公司管理层的要求,结合本项目实际情况和特点确定本项目部成本管理的组织及人员,在公司管理层的领导和指导下,负责本项目部所承担工程的施工成本管理,对本项目的施工成本及成本降低率负责。

3. 岗位管理层

岗位管理层是指项目经理部的各管理岗位。它在项目经理部的领导和组织下,执行公司及项目部制定的各项成本管理制度和成本管理程序,在实际管理过程中,完成本岗位的成本责任指标。

公司管理层、项目管理层、岗位管理层这三个管理层次之间是互相联系、互相制约的关系。岗位管理层是项目施工成本管理的基础,项目管理层是项目施工成本管理的主体,公司管理层是项目施工成本管理的龙头。项目管理层和岗位管理层在公司管理层的控制和监督下行使成本管理的职能。岗位管理层对项目管理层负责,项目管理层对公司管理层负责。

(二)项目成本管理的职责

1. 公司管理层的职责

公司管理层是项目成本管理的最高层次,负责全公司的项目成本管理工作,对项目成本管理工作负领导和管理责任。

(1)负责制订项目成本管理的总目标及各项目(工程)的成本管理目标。

(2)负责本单位成本管理体系的建立及运行情况的考核、评定工作。

(3)负责对项目成本管理工作进行监督、考核及奖罚兑现工作。

(4)负责制定本单位有关项目成本管理的政策、制度、办法等。

2. 项目管理层的职责

公司管理层对项目成本的管理是宏观的。项目管理层对项目成本的管理则是具体的,是对公司管理层项目成本管理工作意图的落实。项目管理层既要对公司管理层负责,又要对岗位管理层进行监督、指导。因此,项目管理层是项目成本管理的主体。项目管理层的成本管理工作的好坏是公司项目成本管理工作成败的关键。项目管理层对公司确定的项目责任成本及成本降低率负责。

(1)遵守公司管理层次制定的各项制度、办法,接受公司管理层次的监督和指导。

(2)在公司项目成本管理体系中,建立本项目的成本管理体系,并保证其正常运行。

(3)根据公司制订的项目成本目标制订本项目的目标成本和保证

措施、实施办法。

(4)分解成本指标,落实到岗位人员身上,并监督和指导岗位成本的管理工作。

3. 岗位管理层的职责

岗位管理层对岗位成本负责,是项目成本管理的基础。项目管理层将本工程的施工成本指标分解时,要按岗位进行分解,然后落实到岗位,落实到人。

(1)遵守公司及项目管理层制定的各项成本管理制度、办法,自觉接受公司和项目管理层的监督、指导。

(2)根据岗位成本目标,制订具体的落实措施和相应的成本降低措施。

(3)按施工部位或按月对岗位成本责任的完成及时总结并上报,发现问题要及时汇报。

(4)按时报送有关报表和资料。

第二节 成本预测与成本决策

一、成本预测

项目成本预测是根据成本信息和工程项目的具体情况,运用一定的专门方法,对未来的成本水平及其发展趋势做出科学的估计,其实质就是在施工以前对成本进行核算。通过成本预测,可以使项目经理部在满足建设单位和企业要求的前提下,选择成本低、效益好的最佳成本方案,并能够在项目成本形成过程中,针对薄弱环节,加强成本控制,克服盲目性,提高预见性。因此,项目成本预测是项目成本决策与计划的依据。

科学、准确的预测必须遵循合理的预测程序,项目成本预测程序如图 14-1 所示。

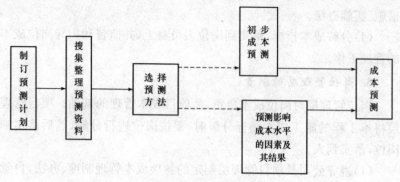

图 14-1　成本预测程序示意图

1. 制订预测计划

制订预测计划是预测工作顺利进行的保证。预测计划的内容主要包括:组织领导及工作布置,配合的部门,时间进度,搜集材料范围等。

2. 搜集整理预测资料

根据预测计划,搜集预测资料是进行预测的重要条件。预测资料一般有纵向和横向两方面的数据。纵向资料是企业成本费用的历史数据,据此分析其发展趋势;横向资料是指同类工程项目、同类施工企业的成本资料,据此分析所预测项目与同类项目的差异,并做出估计。

3. 选择预测方法

成本的预测方法可以分为定性预测法和定量预测法。

(1)定性预测法指成本管理人员根据专业知识和实践经验,通过调查研究,利用已有资料,对成本的发展趋势及可能达到的水平所作的分析和推断的一种预测方法。由于定性预测主要依靠管理人员的素质和判断能力,因而这种方法必须建立在对项目成本耗费的历史资料、现状及影响因素深刻了解的基础之上。

在项目成本预测的过程中,经常采用的定性预测方法主要有:经验评判法、专家会议法、德尔菲法、主观概率法等。

(2)定量预测方法也称统计预测方法,是根据已掌握的比较完备的历史统计数据,运用一定的数学方法进行科学的加工整理,借以揭示有关变量之间的规律性联系,用于预测和推测未来发展变化情况的预测方法。

> **特别提示**
>
> **定性预测注意事项**
>
> 定性预测偏重于对市场行情的发展方向和施工中各种影响项目成本因素的分析,发挥专家经验和主观能动性,比较灵活,可以较快地提出预测结果。但进行定性预测时,也要尽可能地搜集数据,运用数学方法,其结果通常也是从数量上测算。这种方法简便易行,在资料不多、难以进行定量预测时最为适用。

定量预测时,通常需要积累和掌握历史统计数据。如果把某种统计指标的数值,按时间先后顺序排列起来,便得到一个动态数列,它便于研究统计指标发展变化的水平和速度。这种预测,就是对时间序列进行加工整理和分析,利用数列所反映出来的客观变动过程、发展趋势和发展速度,进行外推和延伸,借以预测今后可能达到的水平。

定量预测基本上可以分为两类:一类是时间序列预测。它是以一个指标本身的历史数据的变化趋势,去寻找市场的演变规律来作为预测的依据,即把未来作为过去历史的延伸;另一类是回归预测。它是从一个指标与其他指标的历史和现实变化的相互关系中,探索它们之间的规律性联系来作为预测未来的依据。

> **特别提示**
>
> **定量预测注意事项**
>
> 定量预测偏重于数量方面的分析,重视预测对象的变化程度,能做出变化程度在数量上的准确描述;它主要把历史统计数据和客观实际资料作为预测的依据,运用数学方法进行处理分析,受主观因素的影响较少;它可以利用现代化的计算方法,来进行大量的计算工作和数据处理,求出适应工程进展的最佳数据曲线。但是它比较机械,不易灵活掌握,对信息资料质量要求较高。

定量预测的具体方法主要有简单平均法、回归分析法、指数平滑法、高低点法和量本利分析法等。

4. 初步成本预测

根据定性预测的方法及一些横向成本资料的定量预测，对成本进行初步估计。这一步的结果往往比较粗糙，需要结合现在的成本水平进行修正，才能保证预测结果的准确性。

5. 预测影响成本水平的因素预测

预测影响成本水平的因素主要有物价变化、劳动生产率、物料消耗指标、项目管理费开支、企业管理层次等。可根据近期内工程实施情况、本企业及分包企业情况、市场行情等，推测未来哪些因素会对成本费用水平产生影响，其结果如何。

6. 成本预测

根据初步成本预测以及对成本水平变化因素预测的结果，确定成本情况。

7. 分析预测误差

成本预测往往与实施过程中及其后的实际成本有出入，而产生预测误差。预测误差大小，反映预测准确程度的高低。如果误差较大，应分析产生误差的原因，并积累经验。

二、成本决策

项目成本决策是对工程施工生产活动中与成本相关的问题做出判断和选择的过程。项目施工生产活动中的许多问题涉及成本，为了提高各项施工活动的可行性和合理性，或者为了提高成本管理方法和措施的有效性，在项目成本管理过程中，需要对涉及成本的有关问题做出决策。项目成本决策是项目成本管理的重要环节，也是成本管理的重要职能，它贯穿于施工生产的全过程。项目成本决策的结果直接影响到未来的工程成本，正确的成本决策对成本管理极为重要。

项目成本决策应按以下程序进行：

(1)认识分析问题。

(2)明确项目成本目标。
(3)情报信息收集与沟通。
(4)确认可行的替代方案。
(5)选择判断最佳方案的标准。
(6)建立成本、方案、数据和成果之间的相互关系。
(7)预测方案结果并优化。
(8)选择达到成本最低的最佳方案。
(9)决策方案的实施与反馈。

第三节 成本计划

项目成本计划是项目经理部对项目施工成本进行计划管理的工具。它是以货币形式编制工程项目在计划期内的生产费用、成本水平、成本降低率以及为降低成本所采取的主要措施和规划的书面方案,它是建立项目成本管理责任制、开展成本控制和核算的基础。一般来说,一个项目成本计划应包括从开工到竣工所必需的施工成本,它是降低项目成本的指导文件,是设定目标成本的依据。

一、成本计划的内容

工程成本计划的内容包括直接成本计划和间接成本计划。

1. 直接成本计划

直接成本计划的具体内容如下:
(1)编制说明。指对工程的范围、投标竞争过程及合同条件、承包人对项目经理提出的责任成本目标、项目成本计划编制的指导思想和依据等的具体说明。
(2)项目成本计划的指标。项目成本计划的指标应经过科学的分析预测确定,可以采用对比法、因素分析法等进行测定。
(3)按工程量清单列出的单位工程计划成本汇总表,见表14-1。

表 14-1　　　　　　　　单位工程计划成本汇总表

	清单项目编码	清单项目名称	合同价格	计划成本
1				
2				
……				

(4)按成本性质划分的单位工程成本汇总表,根据清单项目的造价分析,分别对人工费、材料费、机械费、措施费、企业管理费和税费进行汇总,形成单位工程成本计划表。

(5)项目计划成本应在项目实施方案确定和不断优化的前提下进行编制,因为不同的实施方案将导致直接工程费、措施费和企业管理费的差异。成本计划的编制是项目成本预控的重要手段,因此,应在工程开工前编制完成,以便将计划成本目标分解落实,为各项成本的执行提供明确的目标、控制手段和管理措施。

2. 间接成本计划

间接成本计划主要反映施工现场管理费用的计划数、预算收入数及降低额。间接成本计划应根据工程项目的核算期,以项目总收入费中的管理费为基础,制订各部门费用的收支计划,汇总后作为工程项目的管理费用的计划。在间接成本计划中,收入应与取费口径一致,支出应与会计核算中管理费用的二级科目一致。间接成本计划的收支总额,应与项目成本计划中管理费一栏的数额相符。各部门应按照节约开支、压缩费用的原则,制定"管理费用归口包干指标落实办法",以保证该计划的实施。

二、成本计划的编制

1. 项目成本计划编制的依据

(1)承包合同。合同文件除包括合同文本外,还包括招标文件、投标文件、设计文件等,合同中的工程内容、数量、规格、质量、工期和支付条款都将对工程的成本计划产生重要的影响,因此,承包方在签订合同前应进行认真的研究与分析,在正确履约的前提下降低工程成本。

(2)项目管理实施规划。其中以工程项目施工组织设计文件为核心的项目实施技术方案与管理方案,是在充分调查和研究现场条件及有关法规条件的基础上制订的,不同实施条件下的技术方案和管理方案,将导致工程成本的不同。

(3)可行性研究报告和相关设计文件。

(4)生产要素的价格信息。

(5)反映企业管理水平的消耗定额(企业施工定额)以及类似工程的成本资料等。

2. 项目成本计划编制的程序

编制成本计划的程序,因项目的规模大小、管理要求不同而不同。大中型项目一般采用分级编制的方式,即先由各部门提出部门成本计划,再由项目经理部汇总编制全项目工程的成本计划;小型项目一般采用集中编制方式,即由项目经理部先编制各部门成本计划,再汇总编制全项目的成本计划。项目成本计划编制程序如图14-2所示。

3. 项目成本计划编制的方法

(1)施工预算法。施工预算法是指以施工图中的工程实物量,套以施工工料消耗定额,计算工料消耗量,并进行工料汇总,然后统一以货币形式反映其施工生产耗费水平。以施工工料消耗定额所计算的施工生产耗费水平,基本是一个不变的常数。一个工程项目要实现较高的经济效益(即较大降低成本水平),就必须在这个常数基础上采取技术节约措施,以降低单位消耗量和价格等来达到成本计划的成本目标水平。因此,采用施工预算法编制成本计划时,必须考虑结合技术节约措施计划,以进一步降低施工生产耗费水平。用公式表示如下:

$$\text{施工预算法的计划成本} = \text{施工预算施工生产耗费水平(工料消耗费用)} - \text{技术节约措施计划节约额}$$

(2)技术节约措施法。技术节约措施法是指以工程项目计划采取的技术组织措施和节约措施所能取得的经济效果为项目成本降低额,然后求工程项目的计划成本的方法。用公式表示如下:

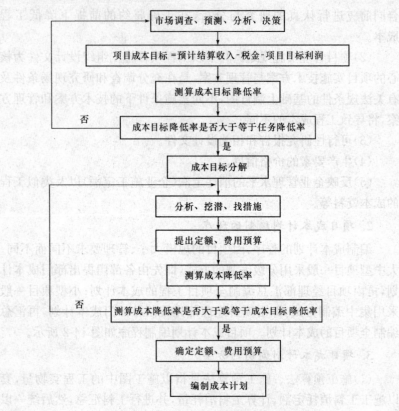

图14-2 项目成本计划编制程序图

$$\frac{工程项目}{计划成本} = \frac{工程项目}{预算成本} - \frac{技术节约措施计划}{节约额(成本降低额)}$$

(3)成本习性法。成本习性法是固定成本和变动成本在编制成本计划中的应用,主要按照成本习性,将成本分成固定成本和变动成本两类,以此计算计划成本。具体划分可采用按费用分解的方法。

1)材料费:与产量有直接联系,属于变动成本。

2)人工费:在计时工资形式下,生产工人工资属于固定成本,因为不管生产任务完成与否,工资照发,与产量增减无直接联系。如果采用计件超额工资形式,其计件工资部分属于变动成本,奖金、效益工资和浮动工资部分,亦应计入变动成本。

3)机械使用费:其中有些费用随产量增减而变动,如燃料费、动力费等,属变动成本。有些费用不随产量变动,如机械折旧费、大修理费、机修工和操作工的工资等,属于固定成本。此外还有机械的场外运输费和机械组装拆卸、替换配件、润滑擦拭等经常修理费,由于不直接用于生产,也不随产量增减成正比例变动,而是在生产能力得到充分利用、产量增长时,所分摊的费用就少些;在产量下降时,所分摊的费用就要多一些,所以这部分费用为介于固定成本和变动成本之间的半变动成本,可按一定比例划为固定成本和变动成本。

4)措施费:水、电、风、汽等费用以及现场发生的其他费用,多数与产量发生联系,属于变动成本。

5)施工管理费:其中大部分在一定产量范围内与产量的增减没有直接联系,如工作人员工资、生产工人辅助工资、工资附加费、办公费、差旅交通费、固定资产使用费、职工教育经费、上级管理费等,基本上属于固定成本。检验试验费、外单位管理费等与产量增减有直接联系,则属于变动成本范围。此外,劳动保护费中的劳保服装费、防暑降温费、防寒用品费,劳动部门都有规定的领用标准和使用年限,基本上属于固定成本范围。技术安全措施费、保健费,大部分与产量有关,属于变动成本。工具用具使用费中,行政使用的家具费属固定成本。工人领用工具,随管理制度不同而不同,有些企业对机修工、电工、钢筋、车工、钳工、刨工的工具按定额配备,规定使用年限,定期以旧换新,属于固定成本;而对瓦工、木工、抹灰工、油漆工的工具采取定额人工数、定价包干,则又属于变动成本。

在成本按习性划分为固定成本和变动成本后,可用下列公式计算:

工程项目计划成本＝工程项目变动成本总额＋工程项目固定成本总额

(4)按实计算法。按实计算法就是工程项目经理部有关职能部门(人员)以该项目施工图预算的工料分析资料作为控制计划成本的依据,根据工程项目经理部执行施工定额的实际水平和要求,由各职能部门归口计算各项计划成本。

1)人工费的计划成本,由项目管理班子的劳资部门(人员)计算。

人工费的计划成本＝计划用工量×实际水平的工资率

式中,计划用工量＝$\sum$(分项工程量×工日定额);工日定额可根据实际水平,考虑先进性,适当提高定额。

2)材料费的计划成本,由项目管理班子的材料部门(人员)计算。

$$\begin{aligned}材料费的\\计划成本\end{aligned} = \sum \begin{pmatrix}主要材料的\\计划用量\end{pmatrix} \times 实际价格 + \sum \begin{pmatrix}装饰材料的\\计划用量\end{pmatrix} \times 实际价格 + \sum \begin{pmatrix}周转材料\\的使用量\end{pmatrix} \times 使用期 \times 租赁价格 + \sum \begin{pmatrix}构配件的\\计划用量\end{pmatrix} \times 实际价格 + \begin{aligned}工程用水\\的水费\end{aligned}$$

3)机械使用费的计划成本,由项目管理班子的机械管理部门(人员)计算。

$$\begin{aligned}机械使用的\\计划成本\end{aligned} = \sum \begin{pmatrix}施工机械的\\计划台班数\end{pmatrix} \times 规定的台班单价$$

$$或 = \sum \begin{pmatrix}施工机械计划\\使用台班数\end{pmatrix} \times \begin{pmatrix}机械\\租赁费\end{pmatrix} + \begin{aligned}机械施工用\\电的电费\end{aligned}$$

4)措施费的计划成本,由项目管理班子的施工生产部门和材料部门(人员)共同计算。

计算的内容包括现场二次搬运费、临时设施摊销费、生产工具用具使用费、工程定位复测费以及场地清理费等项费用的测算。

> (1)由项目经理部负责编制,报组织管理层批准。
> (2)自下而上分级编制并逐层汇总。
> (3)反映各成本项目指标和降低成本指标。

5)间接费用的计划成本,由工程项目经理部的财务成本人员计算。

一般根据工程项目管理部内的计划职工平均人数,按历史成本的间接费用以及压缩费用的人均支出数进行测算。

第十四章 市政工程施工成本管理

第四节 成本控制

项目成本控制是指在施工过程中,对影响项目成本的各种因素加强管理,并采取各种有效措施,将施工中实际发生的各种消耗和支出严格控制在成本计划范围内,随时揭示并及时反馈,严格审查各项费用是否符合标准,计算实际成本和计划成本之间的差异并进行分析,消除施工中的损失浪费现象,发现和总结先进经验。通过成本控制,使之最终实现甚至超过预期的成本节约目标。项目成本控制应贯穿在工程项目从招标投标阶段开始直到项目竣工验收的全过程,它是企业全面成本管理的重要环节。

一、成本控制的程序

成本发生和形成过程的动态性,决定了成本的过程控制必然是一个动态的过程。根据成本过程控制的原则和内容,重点控制的是进行成本控制的管理行为是否符合要求,作为成本管理业绩体现的成本指标是否在预期范围之内,因此,要搞好成本的过程控制,就必须有标准化、规范化的过程控制程序。

1. 管理控制程序

管理的目的是确保每个岗位人员在成本管理过程中的管理行为是按事先确定的程序和方法进行的。从这个意义上讲,首先要明白企业建立的成本管理体系是否能对成本形成的过程进行有效的控制,其次是体系是否处在有效的运行状态。管理控制程序就是为规范项目施工成本的管理行为而制定的约束和激励机制,内容如下:

(1)建立项目施工成本管理体系的评审组织和评审程序。成本管理体系的建立不同于质量管理体系,质量管理体系反映的是企业的质量保证能力,由社会有关组织进行评审和认证;成本管理体系的建立是企业自身生存发展的需要,没有社会组织来评审和认证。因此,企业必须建立项目施工成本管理体系的评审组织和评审程序,定期进行评审和总结,以便持续改进。

(2)建立项目施工成本管理体系的运行机制。项目施工成本管理体系的运行具有"变法"的性质,往往会遇到习惯势力的阻力和管理人员素质跟不上的影响,有一个逐步推行的渐进过程。一个企业的各分公司、项目部的运行质量往往是不平衡的。一般采用点面结合的做法,面上强制运行,点上总结经验,再指导面上的运行。因此,必须建立专门的常设组织,依照程序不间断地进行检查和评审。发现问题,总结经验,促进成本管理体系的保持和持续改进。

(3)目标考核,定期检查。管理程序文件应明确每个岗位人员在成本管理中的职责,确定每个岗位人员的管理行为,如应提供的报表、提供的时间和原始数据的质量要求等。

要把每个岗位人员是否按要求去行使职责作为一个目标来考核。为了方便检查,应将考核指标具体化,并设专人定期或不定期地检查。

(4)制定对策,纠正偏差。对管理工作进行检查的目的是为了保证管理工作按预定的程序和标准进行,从而保证项目施工成本管理能够达到预期的目的。因此,对检查中发现的问题,要及时进行分析,然后根据不同的情况,及时采取对策。

2. 指标控制程序

项目的成本目标是进行成本管理的目的,能否达到预期的成本目标,是项目施工成本管理能否成功的关键。在成本管理过程中,对各岗位人员的成本管理行为进行控制,就是为了保证成本目标的实现。可见,项目的成本目标是衡量项目施工成本管理业绩的主要标志。项目成本目标控制程序如下:

(1)确定施工成本目标及月度成本目标。在工程开工之初,项目经理部应根据公司与项目签订的《项目承包合同》确定项目的成本管理目标,并根据工程进度计划确定月度成本计划目标。

(2)搜集成本数据,监测成本形成过程。过程控制的目的就在于不断纠正成本形成过程中的偏差,保证成本项目的发生是在预定范围之内,因此,在施工过程中要定时搜集反映施工成本支出情况的数据,并将实际发生情况与目标计划进行对比,从而保证成本整个形成过程在有效地控制之下。

(3)分析偏差原因,制定对策。施工过程是一个多工种、多方位立体交叉作业的复杂活动,成本的发生和形成是很难按预定的理想目标进行的,因此,需要对产生的偏差及时分析原因,分清是客观因素(如市场调价)还是人为因素(如管理失控),及时制定对策并予以纠正。

(4)用成本指标考核管理行为,用管理行为来保证成本指标。管理行为的控制程序和成本指标的控制程序是对项目施工成本进行过程控制的主要内容,这两个程序在实施过程中是相互交叉、相互制约又相互联系的。在对成本指标的控制过程中,一定要有标准规范的管理行为和管理业绩,并要把成本指标是否能够达到作为一个主要的标准。只有把成本指标的控制程序和管理行为的控制程序结合起来,才能保证成本管理工作有序、富有成效地进行下去。

二、成本控制方案的实施

1. 成本控制方案的实施内容

(1)工程投标阶段成本控制方案的实施内容:

1)根据工程概况和招标文件,联系建筑市场和竞争对手的情况,进行成本预测,提出投标决策意见。

2)中标以后,应根据项目的建设规模,组建与之相适应的项目经理部,同时,以"标书"为依据确定项目的成本目标,并下达给项目经理部。

(2)施工准备阶段成本控制方案的实施内容:

1)根据设计图纸和有关技术资料,对施工方法、施工顺序、作业组织形式、机械设备选型、技术组织措施等进行认真的研究分析,并运用价值工程原理,制订出科学先进、经济合理的施工方案。

2)根据企业下达的成本目标,以分部分项工程实物工程量为基础,联系劳动定额、材料消耗定额和技术组织措施的节约计划,在优化的施工方案的指导下,编制明细的成本计划,并按照部门、施工队和班组的分工进行分解,作为部门、施工队和班组的责任成本落实下去,为今后的成本控制做好准备。

3)间接费用预算的编制及落实。根据项目建设时间的长短和参加建设人数的多少,编制间接费用预算,并对上述预算进行明细分解,以项目经理部有关部门(或业务人员)责任成本的形式落实下去,为今后的成本控制和绩效考评提供依据。

(3)施工阶段成本控制方案的实施内容:

1)加强施工任务单和限额领料单的管理,特别要做好每一个分部分项工程完成后的验收(包括实际工程量的验收和工作内容、工程质量、文明施工的验收),以及实耗人工、实耗材料的数量核对,以保证施工任务单和限额领料单的结算资料绝对正确,为成本控制提供真实可靠的数据。

2)将施工任务单和限额领料单的结算资料与施工预算进行核对,计算分部分项工程的成本差异,分析差异产生的原因,并采取有效的纠偏措施。

3)做好月度成本原始资料的收集和整理,正确计算月度成本,分析月度预算成本与实际成本的差异。对于一般的成本差异要在充分注意不利差异的基础上,认真分析有利差异产生的原因,以防对后续作业成本产生不利影响或因质量低劣而造成返工损失;对于盈亏比例异常的现象,则要特别重视,并在查明原因的基础上,采取果断措施,尽快加以纠正。

4)在月度成本核算的基础上,实行责任成本核算。也就是利用原有会计核算的资料,重新按责任部门或责任者归集成本费用,每月结算一次,并与责任成本进行对比,由责任部门或责任者自行分析成本差异和产生差异的原因,自行采取措施纠正差异,为全面实现责任成本创造条件。

5)经常检查对外经济合同的履约情况,为顺利施工提供物质保证。如遇拖期或质量不符合要求时,应根据合同规定向对方索赔;对缺乏履约能力的单位,要采取断然措施,立即中止合同,并另找可靠的合作单位,以免影响施工,造成经济损失。

第十四章　市政工程施工成本管理

6) 定期检查各责任部门和责任者的成本控制情况,检查成本控制责、权、利的落实情况(一般为每月一次)。发现成本差异偏高或偏低的情况,应会同责任部门或责任者分析产生差异的原因,并督促他们采取相应的对策来纠正差异;如有因责、权、利不到位而影响成本控制工作的情况,应针对责、权、利不到位的原因,调整有关各方的关系,落实责、权、利相结合的原则,使成本控制工作得以顺利进行。

(4) 竣工验收阶段成本控制方案的实施内容:

1) 精心安排,干净利落地完成工程竣工扫尾工作,把竣工扫尾时间缩短到最低限度。

2) 重视竣工验收工作,顺利交付使用。在验收以前,要准备好验收所需要的各种书面资料(包括竣工图)送甲方备查;对验收中甲方提出的意见,应根据设计要求和合同内容认真处理,如果涉及费用,应请甲方签证,列入工程结算。

3) 及时办理工程结算。一般来说:

$$工程结算造价 = 原施工图预算 \pm 增减账$$

工程结算时为防止遗漏,在办理工程结算以前,要求项目预算员和成本员进行一次认真全面的核对。

4) 在工程保修期间,应由项目经理指定保修工作的责任者,并责成保修责任者根据实际情况提出保修计划(包括费用计划),以此作为控制保修费用的依据。

知识链接

成本控制的要求

(1) 要按照计划成本目标值来控制生产要素的采购价格,并认真做好材料、设备进场数量和质量的检查、验收与保管。

(2) 要控制生产要素的利用效率和消耗定额,如任务单管理、限额领料、验工报告审核等。同时,要做好不可预见成本风险的分析和预控,包括编制相应的应急措施等。

(3) 控制影响效率和消耗量的其他因素(如工程变更等)所引起的成本增加。

(4)把项目成本管理责任制度与对项目管理者的激励机制结合起来,以增强管理人员的成本意识和控制能力。

(5)承包人必须有一套健全的项目财务管理制度,按规定的权限和程序对项目资金的使用和费用的结算支付进行审核、审批,使其成为项目成本控制的一个重要手段。

2. 成本控制方案的实施步骤

在确定了项目施工成本计划之后,必须定期地进行施工成本计划值与实际值的比较,当实际值偏离计划值时,分析产生偏差的原因,采取适当的纠偏措施,以确保施工成本控制目标的实现。其实施步骤如下。

(1)比较:按照某种确定的方式将施工成本计划值与实际值逐项进行比较,以发现施工成本是否已超支。

(2)分析:在比较的基础上,对比较的结果进行分析,以确定偏差的严重性及偏差产生的原因。这一步是施工成本控制工作的核心,其主要目的在于找出产生偏差的原因,从而采取有针对性的措施,减少或避免相同原因的再次发生或减少由此造成的损失。

(3)预测:根据项目实施情况估算整个项目完成时的施工成本。预测的目的在于为决策提供支持。

(4)纠偏:当工程项目的实际施工成本出现了偏差,应当根据工程的具体情况、偏差分析和预测的结果,采取适当的措施,以期达到使施工成本偏差尽可能小的目的。纠偏是施工成本控制中最具实质性的一步。只有通过纠偏,才能最终达到有效控制施工成本的目的。

(5)检查:它是指对工程的进展进行跟踪和检查,及时了解工程进展状况以及纠偏措施的执行情况和效果,为今后的工作积累经验。

3. 成本控制方案的实施方法

成本控制的方法很多,应该说只要在满足质量、工期、安全的前提下,能够达到成本控制目的的方法都是好方法。但是,各种方法都有一定的随机性,究竟在什么样的情况下,应该采取什么样的办法,这是

第十四章 市政工程施工成本管理

由控制内容所确定的,因此,需要根据不同的情况,选择与之相适应的控制手段和控制方法。下面介绍几种常用的项目成本控制实施方法。

(1)以项目成本目标控制成本支出。在项目的成本控制中,可根据项目经理部制定的成本目标控制成本支出,实行"以收定支",或者叫"量入为出",这是最有效的方法之一。具体的处理方法如下:

1)人工费的控制。在企业与业主的合同签订后,应根据工程特点和施工范围确定劳务队伍。劳务分包队伍一般应通过招标投标方式确定。一般情况下,应按定额工日单价或平方米包干方式一次包死,尽量不留活口,以便管理。在施工过程中,必须严格按合同核定劳务分包费用,严格控制支出,并每月预结一次,发现超支现象应及时分析原因。同时,在施工过程中,要加强预控管理,防止合同外用工现象的发生。

2)材料费的控制。对材料费的控制主要是通过控制消耗量和进场价格来进行的。

3)施工机械使用费的控制。凡是在确定成本目标时单独列出租赁的机械,在控制时也应按使用数量、使用时间、使用单价逐项进行控制。小型机械及电动工具购置及修理费采取由劳务队包干使用的方法进行控制,包干费应低于成本目标的要求。

4)构件加工费和分包工程费的控制。在市场经济体制下,木制成品、混凝土构件、金属构件和成型钢筋的加工,以及打桩、土方、吊装、安装、装饰和其他专项工程(如屋面防水等)的分包,都要通过经济合同来明确双方的权利和义务。在签订这些经济合同的时候,特别要坚持"以施工图预算控制合同金额"的原则,绝不允许合同金额超过施工图预算。根据部分工程的历史资料综合测算,上述各种合同金额的总和占全部工程造价的 55%~70%。由此可见,将构件加工和分包工程的合同金额控制在施工图预算以内,是十分重要的。如果能做到这一点,实现预期的成本目标,就有了相当大的把握。

(2)以施工方案控制资源消耗。资源消耗数量的货币表现大部分是成本费用。因此,资源消耗的减少,就等于成本费用的节约;控制了资源消耗,就等于控制了成本费用。以施工方案控制资源消耗的实施步骤和方法如下:

1)在工程项目开工以前,根据施工图纸和工程现场的实际情况,制订施工方案,包括人力物资需用量计划、机具配置方案等,以此作为指导和管理施工的依据。在施工过程中,如需改变施工方法,则应及时调整施工方案。

2)组织实施。施工方案是进行工程施工的指导性文件,但是,针对某一个项目而言,施工方案一经确定,则应是强制性的。有步骤、有条理地按施工方案组织施工,可以避免盲目性,可以合理配置人力和机械,可以有计划地组织物资进场,从而可以做到均衡施工,避免资源闲置或积压造成浪费。

3)采用价值工程,优化施工方案。对同一工程项目的施工,可以有不同的方案,选择最合理的方案是降低工程成本的有效途径。采用价值工程,可以解决施工方案优化的难题。

(3)用工期与成本同步对应。长期以来,国内的施工企业编制施工进度计划是为安排施工进度和组织流水作业服务,很少与成本控制结合。实质上,成本控制与施工计划管理,成本与进度之间有着必然的同步关系。因为成本是伴随着施工的进行而发生的,施工到什么阶段就应该有什么样的费用。如果成本与进度不对应,则必然会出现虚盈或虚亏的不正常现象。

1)通过适时更新进度计划进行成本控制。项目成本的开支与计划不相符,往往是由两个因素引起的:一是在某道工序上的成本开支超出计划;二是某道工序的施工进度与计划不符。因此,要想找出成本变化的真正原因,实施良好有效的成本控制措施,必须与进度计划的适时更新相结合。

2)利用偏差分析法进行成本控制。

①在项目成本控制中,把施工成本的实际值与计划值的差异叫作施工成本偏差,即:

施工成本偏差=已完工程实际施工成本-已完工程计划施工成本

已完工程实际施工成本=已完工程量×实际单位成本

已完工程计划施工成本=已完工程量×计划单位成本

结果为正,表示施工成本超支,结果为负,表示施工成本节约。必须特别指出,进度偏差对施工成本偏差分析的结果有重要影响,如果不加考虑,就不能正确反映施工成本偏差的实际情况。

进度偏差(Ⅰ)=已完工程实际时间-已完工程计划时间

为了与施工成本偏差联系起来,进度偏差也可表示为:

进度偏差(Ⅱ)=拟完工程计划施工成本-已完工程计划施工成本

所谓拟完工程计划施工成本,是指根据进度计划安排在某一确定时间内所应完成的工程内容的计划施工成本。即:

拟完工程计划施工成本=拟完工程量(计划工程量)×计划单位成本

进度偏差为正值,表示工期拖延;结果为负值,表示工期提前。用上式来表示进度偏差,其思路是可以接受的,但表达并不十分严密。在实际应用时,为了便于工期调整,还需将用施工成本差额表示的进度偏差转换为所需要的时间。

②偏差分析可采用不同的方法,常用的有表格法、横道图法和曲线法。

a. 表格法。表格法是进行偏差分析最常用的一种方法。它将项目编号、名称、各施工成本参数以及施工成本偏差数综合归纳入一张表格中,并且直接在表格中进行比较。由于各偏差参数都在表中列出,使得施工成本管理者能够综合地了解并处理这些数据。

b. 横道图法。用横道图法进行项目成本偏差分析,是用不同的横道标识已完工程计划施工成本、拟完工程计划施工成本和已完工程实际施工成本,横道的长度与其金额成正比例。

c. 曲线法。曲线法,又称赢值法,是用项目成本累计曲线来进行施工成本偏差分析的一种方法。

(4)加强质量成本控制。项目质量成本是指工程项目为保证和提高产品质量而支出的一切费用,以及未达到质量指标而发生的一切损失费用之和。

质量成本包括两个方面:控制成本和故障成本。控制成本包括预防成本和鉴定成本,属于质量成本保证费用,与质量水平成正比关系,即工程质量越高,鉴定成本和预防成本就越大;故障成本包括内部故障成本和外部故障成本,属于损失性费用,与质量水平成反比关系,即工程质量越高,故障成本越低。

知识链接

影响质量成本较大的关键因素的控制

在项目成本管理中,对影响质量成本较大的关键因素,应采取有效措施,进行质量成本控制。质量成本控制见表14-2。

表14-2 　　　　　　　　质量成本控制表

关键因素	措　施	执行人、检查人
降低返工、停工损失,将其控制在占预算成本的1%以内	(1)对每道工序事先进行技术质量交底。 (2)加强班组技术培训。 (3)设置班组质量干事,把好第一道关。 (4)设置作业队技监点,负责对每道工序进行质量复检和验收。 (5)建立严格的质量奖罚制度,调动班组积极性	
减少质量过剩支出	(1)施工员要严格掌握定额标准,力求在保证质量的前提下,使人工和材料水平不超过定额水平。 (2)施工员和材料员要根据设计要求和质量标准,合理使用人工和材料	
健全材料验收制度,控制劣质材料额外损失	(1)材料员在对现场材料和构配件进行验收时,发现劣质材料时要拒收,退货,并向供应单位索赔。 (2)根据材料质量的不同,合理加以利用以减少损失	
增加预防成本、强化质量意识	(1)建立从班组到施工队的质量QC攻关小组。 (2)定期进行质量培训。 (3)合理地增加质量奖励,调动职工积极性	

第十四章　市政工程施工成本管理

第五节　成本核算

项目成本核算是指项目施工过程中所发生的各种费用所形成的项目成本的核算。一是按照规定的成本开支范围对施工费用进行归集,计算出施工费用的实际发生额;二是根据成本核算对象,采用适当的方法,计算出该工程项目的总成本和单位成本。项目成本核算所提供的各种成本信息,是成本预测、成本计划、成本控制、成本分析和成本考核等各个环节的依据。因此,加强项目成本核算工作,对降低项目成本、提高企业的经济效益有积极的作用。

一、成本核算的对象

项目成本核算一般以每一独立编制施工图预算的单位工程为对象,但也可以按照承包工程项目的规模、工期、结构类型、施工组织和施工现场等情况,结合成本控制的要求,灵活划分成本核算对象。一般说来有以下几种划分核算对象的方法:

(1)一个单位工程由几个施工单位共同施工时,各施工单位都应以同一单位工程为成本核算对象,各自核算自行完成的部分。

(2)规范大规模、工期长的单位工程,可以将工程划分为若干部位,以分部位的工程作为成本核算对象。

(3)同一建设项目,由同一施工单位施工,并在同一施工地点,属于同一建设项目的各个单位工程合并作为一个成本核算对象。

(4)改建、扩建的零星工程,可根据实际情况和管理需要,以一个单项工程为成本核算对象,或将同一施工地点的若干个工程量较少的单项工程合并作为一个成本核算对象。

二、成本核算的程序

成本的核算过程实际上也是各成本项目的归集和分配的过程。

成本的归集是指通过一定的会计制度,以有序的方式进行成本数据的搜集和汇总;而成本的分配是指将归集的间接成本分配给成本对象的过程,也称间接成本的分摊或分派。对于不同性质的成本项目,分配的方法也不尽相同。

成本核算的任务

(1)执行国家有关成本开支范围,费用开支标准,工程预算定额和企业施工预算,成本计划的有关规定。控制费用,促使项目合理、节约地使用人力、物力和财力,是项目成本核算的先决条件和首要任务。

(2)正确及时地核算施工过程中发生的各项费用,计算工程项目的实际成本。这是项目成本核算的主体和中心任务。

(3)反映和监督项目成本计划的完成情况,为项目成本预测和参与项目施工生产、技术和经营决策提供可靠的成本报告和有关资料,促进项目改善经营管理、降低成本、提高经济效益。这是项目成本核算的根本目的。

1. 人工费的归集和分配

(1)内包人工费。指企业所属的劳务分公司(内部劳务市场自有劳务)与项目经理签订的劳务合同结算的全部工程价款。适用于类似外包工式的合同定额结算支付办法,按月结算计入项目单位工程成本。当月结算,隔月不予结算。

(2)外包人工费。按项目经理部与劳务基地(内部劳务市场外来劳务)或直接与外单位施工队伍签订的包清工合同,以当月验收完成的工程实物量计算出定额工日数,然后乘以合同人工单价确定人工费。并按月凭项目经济员提供的"包清工工程款月度成本汇总表"(分外包单位和单位工程)预提计入项目单位工程成本。当月结算,隔月不予结算。

2. 材料费的归集和分配

(1)工程耗用的材料,根据限额领料单、退料单、报损报耗单,大堆材料耗用计算单等,由项目材料员按单位工程编制"材料耗用汇总表",据以计入项目成本。

(2)钢材、水泥、木材高进高出价差核算。

(3)一般价差核算。

3. 周转材料的归集和分配

(1)周转材料实行内部租赁制,以租费的形式反映其消耗情况,按"谁租用谁负担"的原则,核算其项目成本。

(2)按周转材料租赁办法和租赁合同,由出租方与项目经理部按月结算租赁费。租赁费按租用的数量、时间和内部租赁单价计算计入项目成本。

(3)周转材料在调入移出时,项目经理部都必须加强计量验收制度,如有短缺、损坏,一律按原价赔偿,计入项目成本(缺损数=进场数-退场数)。

(4)租用周转材料的进退场运费,按其实际发生数,由调入项目负担。

(5)对U形卡、脚手扣件等零件除执行项目租赁制外,考虑到其比较容易散失的因素,按规定实行定额预提摊耗,摊耗数计入项目成本,相应减少次月租赁基数及租赁费。单位工程竣工,必须进行盘点,盘点后的实物数与前期逐月按控制定额摊耗后的数量差,按实调整清算计入成本。

(6)实行租赁制的周转材料,一般不再分配负担周转材料差价。退场后发生的修复整理费用,应由出租单位做出租成本核算,不再向项目另行收费。

4. 结构件的归集和分配

(1)项目结构件的使用必须要有领发手续,并根据这些手续,按照单位工程使用对象编制"结构件耗用月报表"。

(2)项目结构件的单价,以项目经理部与外加工单位签订的合同为准,计算耗用金额计入成本。

(3)根据实际施工形象进度、已完施工产值的统计、各类实际成本报耗三者在月度时点上的三同步原则(配比原则的引申与应用),结构件耗用的品种和数量应与施工产值相对应。结构件数量金额账的结存数,应与项目成本员的账面余额相符。

(4)结构件的高进高出价差核算同材料费的高进高出价差核算一致。结构件内三材数量、单价、金额均按报价书核定,或按竣工结算单的数量据实结算。报价内的节约或超支由项目自负盈亏。

(5)如发生结构件的一般价差,可计入当月项目成本。

(6)部位分项分包,按照企业通常采用的类似结构件管理和核算方法,项目经济员必须做好月度已完工程部分验收记录,正确计报部位分项分包产值,并书面通知项目成本员及时、正确、足额计入成本。预算成本的折算、归类可与实际成本的出账保持相同口径。分包合同价可包括制作费和安装费等有关费用,工程竣工依据部位分包合同结算书按实调整成本。

(7)在结构件外加工和部位分包施工过程中,项目经理部通过自身努力获取的经营利益或转嫁压价让利风险所产生的利益,均应受益于工程项目。

5. 机械使用费的归集和分配

(1)机械设备实行内部租赁制,以租赁费形式反映其消耗情况,按"谁租用谁负担"的原则,核算其项目成本。

(2)按机械设备租赁办法和租赁合同,由企业内部机械设备租赁市场与项目经理部按月结算租赁费。租赁费根据机械使用台班,停置台班和内部租赁单价计算,计入项目成本。

(3)机械进出场费,按规定由承租项目负担。

(4)项目经理部租赁的各类大中小型机械,其租赁费全额计入项目机械费成本。

> 机械租赁费结算,尤其是大型机械租赁费及进出场费应与产值对应,防止只有收入无成本的不正常现象,或形成收入与支出不配比状况。

(5)根据内部机械设备租赁市场运行规则要求,结算原始凭证由项目指定专人签证开班和停班数,据以结算费用。现场机、电、修等操作工奖金由项目考核支付,计入项目机械费成本并分配到有关单位工程。

(6)向外单位租赁机械,按当月租赁费用全额计入项目机械费成本。

6. 施工措施费的归集和分配

(1)施工过程中的材料二次搬运费,按项目经理部向劳务分公司汽车队托运汽车包天或包月租费结算,或以运输公司的汽车运费计算。

(2)临时设施摊销费按项目经理部搭建的临时设施总价(包括活动房)除以项目合同工期求出每月应摊销额,临时设施使用一个月摊销一个月,摊完为止,项目竣工搭拆差额(盈亏)按实调整实际成本。

(3)生产工具用具使用费。大型机动工具、用具等可以套用类似内部机械租赁办法以租费形式计入成本,也可按购置费用一次摊销法计入项目成本,并做好在用工具实物借用记录,以便反复利用。在用工具的修理费按实际发生数计入成本。

(4)除上述以外的措施费内容,均应按实际发生的有效结算凭证计入项目成本。

7. 施工间接费的归集和分配

(1)要求以项目经理部为单位编制工资单和奖金单列支工作人员薪金。项目经理部工资总额每月必须正确核算,以此计提职工福利费、工会经费、教育经费、劳保统筹费等。

(2)劳务分公司所提供的炊事人员代办食堂承包服务,警卫人员提供区域岗点承包服务以及其他代办服务费用计入施工间接费。

(3)内部银行的存贷款利息,计入"内部利息"(新增明细子目)。

(4)施工间接费,先在项目"施工间接费"总账归集,再按一定的分配标准计入受益成本核算对象(单位工程)"工程施工—间接成本"。

8. 分包工程成本的归集和分配

项目经理部将所管辖的个别单位工程双包或以其他分包形式发包给外单位承包,其核算要求包括:

(1) 包清工工程，如前所述纳入人工费——外包人工费内核算。

(2) 部位分项分包工程，如前所述纳入结构件费内核算。

(3) 双包工程，是指将整幢建筑物以包工包料的形式分包给外单位施工的工程。可根据承包合同取费情况和发包（双包）合同支付情况，即上下合同差，测定目标盈利率。月度结算时，以双包工程已完工程价款作收入，应付双包单位工程款作支出，适当负担施工间接费预结降低额。为稳妥起见，拟控制在目标盈利率的 50% 以内，也可月结成本时做收支持平处理，竣工结算时，再按实调整实际成本，反映利润。

(4) 机械作业分包工程，是指利用分包单位专业化施工优势，将打桩、吊装、大型土方、深基础等工程项目分包给专业单位施工的形式。对机械作业分包产值统计时只统计分包费用，而不统计物耗价值。

> 双包工程和机械作业分包工程由于收入和支出比较容易辨认（计算），所以项目经理部也可以对这两项分包工程采用竣工点交办法，即月度不结盈亏。

同双包工程一样，总分包企业合同差，包括总包单位管理费、分包单位让利收益等，在月结成本时，可先预结一部分，或月结时做收支持平处理，到竣工结算时，再作为项目效益反映。

(5) 项目经理部应增设"分建成本"成本项目，核算反映双包工程、机械作业分包工程的成本状况。

(6) 各类分包形式（特别是双包），对分包单位领用、租用、借用本企业物资、工具、设备、人工等费用，必须根据项目经管人员开具的且经分包单位指定专人签字认可的专用结算单据，如"分包单位领用物资结算单"及"分包单位租用工用具设备结算单"等结算依据入账，抵作已付分包工程款。同时，要注意对分包资金的控制，分包付款、供料控制主要应依据合同及用料计划实施制约，单据应及时流转结算，账上支付额（包括抵作额）不得突破合同规定额。要注意阶段控制，防止资金失控、成本亏损。

三、成本核算的方法

1. 表格核算法

表格核算法是建立在内部各项成本核算基础之上,各要素部门和核算单位定期采集信息,填制相应的表格,并通过一系列的表格,形成项目成本核算体系,作为支撑项目成本核算平台的方法。

表格核算法一般有以下几个过程:

(1)确定项目责任成本总额。首先确定"项目成本责任总额",项目成本收入的构成。

(2)项目编制内控成本和落实岗位成本责任。在控制项目成本开支和落实岗位成本考核指标的基础上,制定"项目内控成本"。

(3)项目责任成本和岗位收入调整。工程施工过程中的收入调整和签证而引起的工程报价变化或项目成本收入的变化,而且后者更为重要。

(4)确定当期责任成本收入。在已确认的工程收入的基础上,按月确定本项目的成本收入。这项工作一般由项目统计员或合约预算人员与公司合约部门或统计部门,依据项目成本责任合同中有关项目成本收入确认的方法和标准,进行计算。

(5)确定当月的分包成本支出。项目依据当月分部分项的完成情况,结合分包合同和分包商提出的当月完成产值,确定当月的项目分包成本支出,编制"分包成本支出预估表"。这项工作的一般程序是:由施工员提出,预算合约人员初审,项目经理确认,公司合约部门批准。

(6)材料消耗的核算。以经审核的项目报表为准,由项目材料员和成本核算员计算后,确认其主要材料消耗值和其他材料消耗值。在分清岗位成本责任的基础上,编制材料耗用汇总表。由材料员依据各施工员开具的领料单而汇总计算的材料费支出,经项目经理确认后,报公司物资部门批准。

(7)周转材料租用支出的核算。以施工员提供的或财务转入项目的租费确认单为基础,由项目材料员汇总计算,在分清岗位成本责任的前提下,经公司财务部门审核后,落实周转材料租用成本支出,项目经理批准后,编制其费用预估成本支出。如果是租用外单位的周转材料,还要经过公司有关部门审批。

(8)水、电费支出的核算。以机械管理员或财务转入项目的租费确认单为基础,由项目成本核算员汇总计算,在分清岗位成本责任的前提下,经公司财务部门审核后,落实周转材料租用成本支出,项目经理批准后,编制其费用成本支出。

(9)项目外租机械设备的核算。所谓项目从外租入机械设备,是指项目从公司或公司从外部租入用于项目的机械设备,不管此机械设备具有公司的产权还是公司从外部临时租入用于项目施工的,对于项目而言都是从外部获得,周转材料也是这个性质,真正属于项目拥有的机械设备,往往只有部分小型机械设备或部分大型工器具。

(10)项目自有机械设备、大小型工器具摊销、CI费用分摊、临时设施摊销等费用开支的核算。由项目成本核算员按公司规定的摊销年限,在分清岗位成本责任的基础上,计算按期进入成本的金额。经公司财务部门审核并经项目经理批准后,按月计算成本支出金额。

(11)现场实际发生的措施费开支的核算。由项目成本核算员按公司规定的核算类别,在分清岗位成本责任的基础上,按照当期实际发生的金额,计算进入成本的相关明细。经公司财务部门审核并经项目经理批准后,按月计算成本支出金额。

(12)项目成本收支核算。按照已确认的当月项目成本收入和各项成本支出,由项目会计编制,经项目经理同意,公司财务部门审核后,及时编制项目成本收支计算表,完成当月的项目成本收支确认。

(13)项目成本总收支的核算。首先由项目预算合约人员与公司相关部门根据项目成本责任总额和工程施工过程中的设计变更,以及工程签证等变化因素,落实项目成本总收入。由项目成本核算员与公司财务部门,根据每月的项目成本收支确认表中所反映的支出与耗费,经有关部门确认和依据相关条件调整后,汇总计算并落实项目成本总支出。在以上基础上由成本核算员落实项目成本总的收入、总的

第十四章 市政工程施工成本管理

支出和项目成本降低水平。

> **表格核算法的优缺点**
>
> 表格核算法是依靠众多部门和单位支持,专业性要求不高。一系列表格,由有关部门和相关要素提供单位,按有关规定填写,完成数据比较、考核和简单的核算。它的优点是简洁明了,直观易懂,易于操作,实时性较好;缺点是覆盖范围较窄,较难实现科学的、严密的审核制度,有可能造成数据失真,精度较差。

2. 会计核算法

会计核算法是指建立在会计核算基础上,利用会计核算所独有的借贷记账法和收支全面核算的综合特点,按项目成本内容和收支范围,组织项目成本核算的方法。

会计核算法主要是以传统的会计方法为主要手段,组织进行核算。有核算严密、逻辑性强、人为调节的可能因素较小、核算范围较大的特点。会计核算法之所以严密,是因为它建立在借贷记账法基础上。收和支,进和出,都由另一方做备抵。如购进的材料进入成本少,那这该进而未进成本的部分,就会一直挂在项目库存的账上。会计核算不仅核算项目施工直接成本,而且还要核算项目的施工生产过程中出现的债权债务,项目为施工生产而自购的料具、机具摊销,向业主的结算,责任成本的计算和形成过程、收款、分包完成和分包付款等。对专业人员的专业水平要求较高,而且要求成本会计的专业水平和职业经验较丰富。

使用会计法核算项目成本时,项目成本直接在项目上进行核算称为直接核算,不直接在项目上进行核算的称为间接核算,介于直接核算与间接核算之间的是列账核算。

3. 两种核算方法的并行运用

由于表格核算法便于操作和表格格式自由的特点,它可以根据不同的管理方式和要求设置各种表式。使用表格法核算项目岗位成本责任,能较好地解决核算主体和载体的统一、和谐问题,便于项目成本核算工作的开展。并且随着项目成本核算工作的深入发展,表格的种类、数量、格式、内容、流程都在不断地发展和改进,以适应各个岗位的成本控制和考核。

随着项目成本管理的深入开展,要求项目成本核算内容更全面、结论更权威。表格核算由于它的局限性,显然不能满足。于是,采用会计核算法进行项目成本核算提到了会计部门的议事日程。

基于近年来对项目成本核算方法的认识已趋于统一,计算机及其网络技术的使用和普及以及财务软件的迅速发展,为开展项目成本核算的自动化和信息化提供了可能,已具备了采用会计核算法开展项目成本核算的条件。将工程成本核算和项目成本核算从收入上做到统一,在支出中再将项目非责任成本的支出利用一定的手段单独列出来,其成本收支就成了项目成本的收支范围。会计核算项目成本,也就成了很平常的事情,所以从核算方法上进行调整,是会计核算项目成本的主要手段。

第六节 成本分析

项目成本分析是在成本形成过程中,对项目成本进行的对比评价和剖析总结工作,它贯穿于项目成本管理的全过程,也就是说项目成本分析主要利用工程项目的成本核算资料(成本信息),与目标成本(计划成本)、预算成本以及类似的工程项目的实际成本等进行比较,了解成本的变动情况,同时,也要分析主要技术经济指标对成本的影响,系统地研究成本变动的因素,检查成本计划的合理性,并通过成本分析,深入揭示成本变动的规律,寻找降低项目成本的途径,以便有效地进行成本控制。

一、成本分析的原则

(1)实事求是的原则。在成本分析中,必然会涉及一些人和事,因此要注意人为因素的干扰。成本分析一定要有充分的事实依据,对事物进行实事求是的评价。

(2)用数据说话的原则。成本分析要充分利用统计核算和有关台账的数据进行定量分析,尽量避免抽象的定性分析。

(3)注重时效的原则。工程项目成本分析贯穿于工程项目成本管理的全过程。这就要及时进行成本分析,及时发现问题,及时予以纠正,否则,就有可能贻误解决问题的最好时机,造成成本失控、效益流失。

(4)为生产经营服务的原则。成本分析不仅要揭露矛盾,而且要分析产生矛盾的原因,提出积极有效的解决矛盾的合理化建议。这样的成本分析,必然会深得人心,从而受到项目经理部有关部门和人员的积极支持与配合,使工程项目的成本分析更健康地开展下去。

二、成本分析的内容

工程项目成本分析的内容就是对工程项目成本变动因素的分析。影响工程项目成本变动的因素有两个方面:一是外部的,属于市场经济的因素;二是内部的,属于企业经营管理的因素。这两方面的因素在一定条件下又是相互制约和相互促进的。影响工程项目成本变动的市场经济因素主要包括施工企业的规模和技术装备水平,施工企业专业化和协作的水平以及企业员工的技术水平和操作的熟练程度等几个方面,这些因素不是在短期内所能改变的。因此,应将工程项目成本分析的重点放在影响工程项目成本升降的内部因素上。一般来说,工程项目成本分析的内容主要包括以下几个方面。

1. 人工费用水平的合理性

在实行管理层和作业层两层分离的情况下,工程项目施工需要的人工和人工费,由项目经理部与施工队签订劳务承包合同,明确承包范围、承包金额和双方的权利、义务。对项目经理部来说,除按合同规定支付劳务费外,还可能发生一些其他人工费支出,这些费用支出主要有:

(1) 因实物工程量增减而调整的人工和人工费。

(2) 定额人工以外的估点工工资（已按定额人工的一定比例由施工队包干,并已列入承包合同的,不再另行支付）。

(3) 对在进度、质量、节约、文明施工等方面做出贡献的班组和个人进行奖励的费用。

项目经理部应分析上述人工费用水平的合理性。人工费用水平的合理性是指人工费既不过高,也不过低。如果人工费过高,就会增加工程项目的成本;而人工费过低,工人的积极性不高,工程项目的质量就有可能得不到保证。

2. 材料、能源的利用效果

在其他条件不变的情况下,材料、能源消耗定额的高低直接影响材料、燃料成本的升降。材料、燃料价格的变动,也直接影响产品成本的升降。可见,材料、能源利用的效果及其价格水平是影响产品成本升降的重要因素。

3. 机械设备的利用效果

施工企业的机械设备有自有和租用两种。在机械设备的租用过程中,存在着两种情况：一种是按产量进行承包,并按完成产量计算费用。如土方工程,项目经理部只要按实际挖掘的土方工程量结算挖土费用,而不必过问挖土机械的完好程度和利用程度。另一种是按使用时间（台班）计算机械费用。如塔式起重机、搅拌机、砂浆机等,如果机械完好率差或在使用中调度不当,必然会影响机械的利用率,从而延长使用时间,增加使用费用。自有机械也要提高机械的完好率和利用率,因为自有机械停用,仍要负担固定费用。因此,项目经理部应该给予一定的重视。

4. 施工质量水平的高低

对施工企业来说,提高工程项目质量水平就可以降低施工中的故障成本,减少未达到质量标准而发生的一切损失费用,但这也意味着为保证和提高项目质量而支出的费用就会增加。可见,施工质量水平的高低也是影响工程项目成本的主要因素之一。

第十四章 市政工程施工成本管理

5. 其他影响项目成本变动的因素

其他影响项目成本变动的因素,包括除上述四项以外的措施费用以及为施工准备、组织施工和施工管理所需要的费用。

三、工程成本分析方法

1. 工程项目成本分析的基本方法

在工程项目成本分析活动中,常用的基本方法包括比较法、因素分析法、差额计算法、"两算对比"法、比率法等。

(1)比较法。比较法又称"指标对比分析法",就是通过技术经济指标的对比,检查目标的完成情况,分析产生差异的原因,进而挖掘内部潜力的方法。比较法的应用,通常有下列形式:

1)实际指标与目标指标对比。以此检查目标完成情况,分析影响目标完成的积极因素和消极因素,以便及时采取措施,保证成本目标的实现。在进行实际指标与目标指标对比时,还应注意目标本身有无问题。如果目标本身出现问题,则应调整目标,重新正确评价实际工作的成绩。

2)本期实际指标与上期实际指标对比。通过这种对比,可以看出各项技术经济指标的变动情况,反映施工管理水平的提高程度。

3)与本行业平均水平、先进水平对比。通过这种对比,可以反映本项目的技术管理和经济管理与行业的平均水平和先进水平的差距,进而采取措施赶超先进水平。

(2)因素分析法。因素分析法是把工程项目施工成本综合指标分解为各个项目联系的原始因素,以确定引起指标变动的各个因素的影响程度的一种成本费用分析方法,可用来分析各种因素对成本的影响程度。在进行分析时,首先要假定众多因素中的一个因素发生了变化,而其他因素不变,然后逐个替换,分别比较其计算结果,以确定各个因素的变化对成本的影响程度。因素分析法的计算步骤如下:

1)确定分析对象,并计算出实际数与目标数的差异。

2)确定该指标是由哪几个因素组成的,并按其相互关系进行排序。

3)以目标数为基础,将各因素的目标数相乘,作为分析替代的基数。

4)将各个因素的实际数按照上面的排列顺序进行替换计算,并将替换后的实际数保留下来。

5)将每次替换计算所得的结果,与前一次的计算结果相比较,两者的差异即为该因素对成本的影响程度。

6)各个因素的影响程度之和,应与分析对象的总差异相等。

它可以衡量各项因素影响程度的大小,以便查明原因,明确主要问题所在,提出改进措施,达到降低成本的目的。

连环代替法

在运用因素分析法分析各项因素影响程度大小时,常采用连环代替法。

1)以各个因素的计划数为基础,计算出一个总数。

2)逐项以各个因素的实际数替换计划数。

3)每次替换后,实际数就保留下来,直到所有计划数都被替换成实际数为止。

4)每次替换后,都应求出新的计算结果。

5)最后将每次替换所得结果,与其相邻的前一个计算结果比较,其差额即为替换的那个因素对总差异的影响程度。

(3)差额计算法。差额计算法是因素分析法的一种简化形式,它利用各个因素的目标与实际的差额来计算其对成本的影响程度。

(4)"两算对比"法。两算对比,是指施工预算和施工图预算对比。具体参见本书第四章第三节中的相关内容。

(5)比率法。比率法是指用两个以上的指标的比例进行分析的方法。它的基本特点是:先把对比分析的数值变成相对数,再观察其相互之间的关系。常用的比率法有以下几种:

1)相关比率法。由于项目经济活动的各个方面相互联系、相互依存、相互影响,因而可以将两个性质不同而又相关的指标加以对比,求出比率,并以此来考察经营成果的好坏。

2)构成比率法。又称比重分析法或结构对比分析法。通过构成比率,可以考察成本总量的构成情况及各成本项目占成本总量的比重,同时,也可看出量、本、利的比例关系(即预算成本、实际成本和降低成本的比例关系),从而为寻求降低成本的途径指明方向。

3)动态比率法。是将同类指标不同时期的数值进行对比,求出比率,用以分析该项指标的发展方向和发展速度。

2. 工程项目综合成本的分析方法

这里所说的综合成本是指涉及多种生产要素,并受多种因素影响的成本费用,如分部分项工程成本、月(季)度成本、年度成本等。由于这些成本都是随着项目施工的进展而逐步形成的,与生产经营有着密切的关系。因此,做好成本分析的上述工作,无疑将促进项目的生产经营管理,提高项目的经济效益。

(1)分部分项工程成本分析。分部分项工程成本分析是项目成本分析的基础。分部分项工程成本分析的对象为已完成的分部分项工程。分析的方法是:进行预算成本、成本目标和实际成本的"三算"对比,分别计算实际偏差和目标偏差,分析偏差产生的原因,为今后的分部分项工程成本寻求节约途径。

(2)月(季)度成本分析。月(季)度成本分析,是工程项目定期、经常性的中间成本分析。它对于有一次性特点的工程项目来说,有着特别重要的意义。因为,通过月(季)度成本分析,可以及时发现问题,以便按照成本目标指示的方向进行监督和控制,保证项目成本目标的实现。

(3)年度成本分析。企业成本要求一年结算一次,不得将本年成本转入下一年度。而项目成本则以项目的寿命周期为结算期,要求从开工、竣工到保修期结束连续计算,最后结算出成本总量及其盈亏。由于项目的施工周期一般较长,除进行月(季)度成本核算和分析外,还要进行年度成本的核算和分析。这不仅是为了满足企业汇编年度成本报表的需要,同时也是项目成本管理的需要。通过年度成本的综合分析,可以总结一年来成本管理的成绩和不足,为今后的成本管理提供经验和教训,从而可对项目成本进行更有效的管理。

(4)竣工成本的综合分析。凡是有几个单位工程而且是单独进行成本核算(即成本核算对象)的工程项目,其竣工成本分析应以各单位工程竣工成本分析资料为基础,再加上项目经理部的经营效益(如资金调度、对外分包等所产生的效益)进行综合分析。如果工程项目只有一个成本核算对象(单位工程),就以该成本核算对象的竣工成本资料作为成本分析的依据。

3. 工程项目专项成本的分析方法

(1)成本盈亏异常分析。对工程项目来说,成本出现盈亏异常情况,必须引起高度重视,彻底查明原因,立即加以纠正。

检查成本盈亏异常的原因,应从经济核算的"三同步"入手。因为项目经济核算的基本规律是:在完成多少产值、消耗多少资源、发生多少成本之间,有着必然的同步关系。如果违背这个规律,就会发生成本的盈亏异常。

"三同步"检查是提高项目经济核算水平的有效手段,不仅适用于成本盈亏异常的检查,也可用于月度成本的检查。"三同步"检查可以通过以下五方面的对比分析来实现:

1)产值与施工任务单的实际工程量和形象进度是否同步?

2)资源消耗与施工任务单的实耗人工、限额领料单的实耗材料,当期租用的周转材料和施工机械是否同步?

3)其他费用(如材料价差、超高费、井点抽水的打拔费和台班费等)的产值统计与实际支付是否同步?

4)预算成本与产值统计是否同步?

5)实际成本与资源消耗是否同步?

实践证明,把以上五方面的同步情况查明以后,成本盈亏的原因便会一目了然。

(2)资金成本分析。资金与成本的关系,就是工程收入与成本支出的关系。根据工程成本核算的特点,工程收入与成本支出有很强的

第十四章 市政工程施工成本管理

配比性。在一般情况下,都希望工程收入越多越好,成本支出越少越好。

进行资金成本分析,通常应用"成本支出率"指标,即成本支出占工程款收入的比例。其计算公式如下:

$$成本支出率 = \frac{计算期实际成本支出}{计算期实际工程款收入} \times 100\%$$

通过对"成本支出率"的分析,可以看出资金收入中用于成本支出的比重有多大;也可通过加强资金管理来控制成本支出;还可联系储备金和结存资金的比重,分析资金使用的合理性。

(3)工期成本分析。一般来说,工期越长费用支出越多,工期越短费用支出越少。特别是固定成本的支出,基本上是与工期长短成正比增减的,它是进行工期成本分析的重点。工期成本分析,就是计划工期成本与实际工期成本的比较分析。

工期成本分析的方法一般采用比较法,即将计划工期成本与实际工期成本进行比较,然后应用"因素分析法"分析各种因素的变动对工期成本差异的影响程度。

(4)技术组织措施执行效果分析。技术组织措施是工程项目降低工程成本、提高经济效益的有效途径。因此,在开工以前都要根据工程特点编制技术组织措施计划,列入施工组织设计。在施工过程中,为了落实施工组织设计所列技术组织措施计划,可以结合

> 根据施工图预算和施工组织设计进行量本利分析,计算工程项目的产量、成本和利润的比例关系,然后用固定成本除以合同工期,求出每月支用的固定成本。

月度施工作业计划的内容编制月度技术组织措施计划,同时,还要对月度技术组织措施计划的执行情况进行检查和考核。

在实际工作中,往往有些措施已按计划实施,有些措施并未实施,还有一些措施则是计划以外的。因此,在检查和考核措施计划执行情况的时候,必须分析未按计划实施的具体原因,做出正确的评价,以免挫伤有关人员的积极性。

(5)其他有利因素和不利因素对成本影响的分析。在工程项目施

工过程中，必然会有很多有利因素，同时也会碰到不少不利因素。不管是有利因素还是不利因素，都将对工程项目成本产生影响。

这些有利因素和不利因素，包括工程结构的复杂性和施工技术上的难度，施工现场的自然地理环境（如水文、地质、气候等），以及物资供应渠道和技术装备水平等。它们对项目成本的影响，需要具体问题具体分析。

对待这些有利因素和不利因素，项目经理首先要有预见，有抵御风险的能力；同时，还要把握机遇充分利用有利因素，积极争取转换不利因素。这样，就会更有利于项目施工，也更有利于项目成本的降低。

4. 工程项目成本目标差异分析方法

成本目标差异是指项目的实际成本与成本目标之间的差额。成本目标差异的目的是为了找出并分析成本目标产生差异的原因，从而尽可能降低成本项目施工。

（1）人工费分析。人工费分析的主要依据是工程预算工日和实际人工的对比，分析出人工费的节约或超支的原因，影响人工费节约或超支的主要因素有两个：人工费量差和人工费价差。

（2）材料分析。材料分析主要可以从四方面进行：主要材料和结构件费用的分析、周转材料使用费分析、采购保管费分析以及材料储备资金分析。

（3）机械使用费分析。机械使用费分析主要通过实际成本与成本目标之间的差异分析，成本目标分析主要列出超高费和机械费补差收入。施工机械有自有和租赁两种。租赁的机械在使用时要支付使用台班费，停用时要支付停班费，因此，要充分利用机械，以减少台班使用费和停班费的支出。自有机械也要提高机械完好率和利用率，因为自有机械停用，仍要负担固定费用。机械完好率与机械利用率的计算公式如下：

$$机械完好率 = \frac{报告期机械完好台班数 + 加班台班}{报告期制度台班数 + 加班台班} \times 100\%$$

$$机械利用率 = \frac{报告期机械实际工作台班数 + 加班台班}{报告期制度台班数 + 加班台班} \times 100\%$$

第十四章 市政工程施工成本管理

完好台班数,是指机械处于完好状态下的台班数,它包括修理不满一天的机械,但不包括待修、在修、送修在途的机械。在计算完好台班数时,只考虑是否完好,不考虑是否在工作。制度台班数是指本期内全部机械台班数与制度工作天的乘积,不考虑机械的技术状态和是否工作。

机械使用费的分析要从租赁机械和自有机械两方面入手。使用大型机械的要着重分析预算台班数、台班单价及金额,同实际台班数、台班单价及金额相比较,通过量差、价差进行分析。

(4)施工措施费分析。措施费的分析,主要应通过预算与实际数的比较来进行。如果没有预算数,可以计划数代替预算数。

(5)间接费用分析。间接费用是指为施工设备、组织施工生产和管理所需要的费用,主要包括现场管理人员的工资和进行现场管理所需要的费用。应将其实际成本和成本目标进行比较,将其实际发生数逐项与目标数加以比较,就能发现超额完成施工计划对间接费用的节约或浪费及其发生的原因。

(6)工程项目成本目标差异汇总分析。用成本目标差异分析方法分析完各成本项目后,再将所有成本差异汇总进行分析,成本目标差异汇总表的格式见表14-3。

表 14-3　　　　　　　成本目标差异汇总表

部位：　　　　　　　　　　　　　　　　　　　　　　　　　万元

成本项目	实际成本	成本目标	差异金额	差异率(%)
人　工　费				
材　料　费				
结　构　件				
周转材料费				
机械使用费				
措　施　费				
施工间接成本				
合计				

第七节　成本考核

成本考核是指在项目完成后,对项目成本形成中的各责任者,按项目成本目标责任制的有关规定,将成本的实际指标与计划、定额、预算进行对比和考核,评定项目成本计划的完成情况和各责任者的业绩,并依此给予相应的奖励和处罚。通过成本考核,做到有奖有惩,赏罚分明,才能有效地调动企业的每一个职工在各自的岗位上努力完成目标成本的积极性,为降低项目成本和增加企业的积累做出自己的贡献。

一、成本考核的原则

(1)按照项目经理部人员分工,进行成本内容确定。每个项目有大有小,管理人员投入量也有不同,项目大的,管理人员就多一些,项目有几个栋号施工时,还可能设立相应的栋号长,分别对每个单体工程或几个单体工程进行协调管理。工程体量小时,项目管理人员就相应减少,一个人可能兼几份工作,所以成本考核以人和岗位为主,没有岗位就计算不出管理目标,同样没有人,就会失去考核的责任主体。

(2)简单易行、便于操作。项目的施工生产每时每刻都在发生变化,考核项目的成本,必须让项目相关管理人员明白,由于管理人员对一些相关概念不可能很清楚,所以我们确定的考核内容必须简单明了,要让项目管理人员一看就能明白。

(3)及时性原则。岗位成本是项目成本要考核的实时成本,如果以传统的会计核算对项目成本进行考核,就偏离了考核的目的,所以时效性是项目成本考核的生命。

二、成本考核的内容

项目成本考核,可以分为两个层次:一是企业对项目经理的考核;

二是项目经理对所属部门、施工队和班组的考核。通过层层考核,督促项目经理、责任部门和责任者更好地完成自己的责任成本,从而形成实现项目成本目标的层层保证体系。

1. 企业对项目经理考核的内容

(1)项目成本目标和阶段成本目标的完成情况。

(2)建立以项目经理为核心的成本管理责任制的落实情况。

(3)成本计划的编制和落实情况。

(4)对各部门、各作业队和班组责任成本的检查和考核情况。

(5)在成本管理中贯彻责、权、利相结合原则的执行情况。

2. 项目经理对所属各部门、各作业队和班组考核的内容

(1)对各部门的考核内容:

1)本部门、本岗位责任成本的完成情况。

2)本部门、本岗位成本管理责任的执行情况。

(2)对各作业队的考核内容:

1)对劳务合同规定的承包范围和承包内容的执行情况。

2)劳务合同以外的补充收费情况。

3)对班组施工任务单的管理情况,以及班组完成施工任务后的考核情况。

(3)对生产班组的考核内容(平时由作业队考核)。

以分部分项工程成本作为班组的责任成本。以施工任务单和限额领料单的结算资料为依据,与施工预算进行对比,考核班组责任成本的完成情况。

三、工程项目成本考核的实施

1. 工程项目成本考核采取评分制

工程项目成本考核是工程项目根据责任成本完成情况和成本管理工作业绩确定权重后,按考核的内容评分。

具体方法为:先按考核内容评分,然后按 7:3 的比例加权平均。即:责任成本完成情况的评分为 7,成本管理工作业绩的评分为 3。这是一个假设的比例,具体的工程项目可以根据自己的具体情况进行调整。

2. 工程项目的成本考核要与相关指标的完成情况相结合

工程项目成本的考核评分要考虑相关指标的完成情况,予以嘉奖或扣罚。与成本考核相结合的相关指标,一般有进度、质量、安全和现场标准化管理。

3. 强调工程项目成本的中间考核

工程项目成本的中间考核,一般有月度成本考核和阶段成本考核。成本的中间考核,能更好地带动今后成本的管理工作,保证项目成本目标的实现。

(1)月度成本考核。一般是在月度成本报表编制以后,根据月度成本报表的内容进行考核。在进行月度成本考核的时候,不能单凭报表数据,还要结合成本分析资料和施工生产、成本管理的实际情况才能做出正确的评价,带动今后的成本管理工作,保证项目成本目标的实现。

(2)阶段成本考核。项目的施工阶段,一般可分为基础、结构、装饰、总体四个阶段。如果是高层建筑,可对结构阶段的成本进行分层考核。

阶段成本考核能对施工告一段落后的成本进行考核,可与施工阶段其他指标(如进度、质量等)的考核结合得更好,也更能反映工程项目的管理水平。

4. 正确考核工程项目的竣工成本

工程项目的竣工成本,是在工程竣工和工程款结算的基础上编制的,它是竣工成本考核的依据,也是项目成本管理水平和项目经济效益的最终反映,也是考核承包经营情况、实施奖罚的依据。必须做到核算无误,考核正确。

5. 工程项目成本的奖罚

工程项目的成本考核,可分为月度考核、阶段考核和竣工考核三种。为贯彻责、权、利相结合原则,应在项目成本考核的基础上,确定

第十四章 市政工程施工成本管理

成本奖罚标准,并通过经济合同的形式明确规定,及时兑现。

由于月度成本考核和阶段成本考核属假设性的,因此,实施奖罚应留有余地,待项目竣工成本考核后再进行调整。

项目成本奖罚的标准,应通过经济合同的形式明确规定。因为经济合同规定的奖罚标准具有法律效力,任何人都无权中途变更,或者拒不执行。另外,通过经济合同明确奖罚标准以后,职工群众就有了奋斗目标,因而也会在实现项目成本目标中发挥更积极的作用。

在确定项目成本奖罚标准的时候,必须从本项目的客观情况出发,既要考虑职工的利益,又要考虑项目成本的承受能力。具体的奖罚标准,应该经过认真测算再行确定。

除此之外,企业领导和项目经理还可对完成项目成本目标有突出贡献的部门、作业队、班组和个人进行随机奖励。这是项目成本奖励的另一种形式,显然不属于上述成本奖罚的范围,但往往能起到很好的效果。

> **知识链接**
>
> ### 工程项目成本考核的要求
>
> 工程项目成本考核是项目落实成本控制目标的关键。项目施工成本总计划支出是在结合项目施工方案、施工手段和施工工艺,讲究技术进步和成本控制的基础上提出的,针对项目不同的管理岗位人员而做出的成本耗费目标要求。具体要求如下:
>
> (1)组织应建立和健全项目成本考核制度,对考核的目的、时间、范围、对象、方式、依据、指标、组织领导、评价与奖惩原则等做出规定。
>
> (2)组织应以项目成本降低额和项目成本降低率作为成本考核的主要指标。项目经理部应设置成本降低额和成本降低率等考核指标。发现偏离目标时,应及时采取改进措施。
>
> (3)组织应对项目经理部的成本和效益进行全面审核、审计、评价、考核和奖惩。

▶ 复习思考题 ◀

一、填空题

1. 公司管理层、项目管理层、岗位管理层这三个管理层次之间是_____、_____的关系。

2. 成本决策是对工程施工生产活动中与_____相关的问题做出判断和选择的过程。

3. 工程成本计划的内容包括_____、_____。

4. 在工程项目成本分析活动中,常用的基本方法包括比较法、_____、_____、"两算对比"法、比率法等。

二、简答题

1. 狭义的成本是如何定义的?

2. 工程项目成本管理需要遵循哪些原则?

3. 成本预测必须遵循怎样的预测程序?

4. 在项目成本预测的过程中,经常采用的定性预测方法有哪些?

5. 直接成本计划的具体内容包括哪些?

6. 成本计划的编制方法有哪些?

7. 实施成本控制方案的步骤有哪些?

8. 成本核算的常用方法有哪些?

9. 成本考核的原则有哪些?

第十五章 市政工程施工安全管理

第一节 概述

安全生产是指消除或控制生产过程中的危险、有害因素,保障人身安全健康、设备完好无损及生产顺利进行。安全生产除对直接生产过程的控制外,还包括劳动保护和职业卫生及不可接受的损害风险(危险)的状态。

安全控制是通过对生产过程中涉及的计划、组织、指挥、监控、调节和改进等一系列致力于满足生产安全的管理活动。

一、安全管理基本要求

施工管理及工程专业技术人员应熟悉燃气热力工程建筑安装的安全技术工作规程的各项规定,不同工种施工者必须熟悉本工种的安全操作规程。现场施工人员必须按规定穿戴好防护用品和必要的安全防护用具,严禁穿拖鞋、高跟鞋或赤脚工作。严禁在铁路、公路、洞口或山坡下等不安全地区停留和休息。

> **特别提示**
>
> **高处作业人员要求**
>
> 对于患有高血压、心脏病、贫血、精神病及其他不适于高处作业病症的人员,不得从事高处作业。在坝顶、陡坡、屋顶、悬崖、杆塔、吊桥脚手架及其他危险边沿进行悬空高处作业时,临空一面必须搭设安全网或防护栏杆。工作人员必须拴好安全带,戴好安全帽。

在带电体附近进行高处作业时,须满足距带电体的最小安全距离;如遇特殊情况,则必须采取可靠的措施确保作业安全。

1. 施工设施(设备)管理

施工现场存放的材料、设备,应做到场地安全可靠、存放整齐,必要时设专人看护;各种施工设施、管道线路等,应符合防火、防爆、防洪、防风、防坍塌及工业卫生等要求。施工现场电气设备和线路应配置触电防护器,以防止因潮湿漏电和绝缘损坏引起触电及设备事故。

挖掘机工作时,任何人不得进入挖掘机的危险半径以内。搬运器材和使用工具时,须注意自身安全和四周人员的安全。起重机使用前须试车,检查挂钩、钢丝绳及电气等;使用时禁止任何人员站在吊运物品上或下面停留、行走;物件悬空时,驾驶人员不得离开操作岗位。

另外,施工现场排水设施应进行规划,排水通畅且不妨碍正常交通。

2. 施工防火安全管理

工程施工中,施工现场的用火作业区与所建的建筑物和其他区域的距离应不小于 25m,与生活区的距离不小于 15m。修建仓库和选择易燃、可燃材料堆集场时,应确保其与已修建的建筑物或其他区域的距离大于 20m。易燃废品堆集产生意外事故的可能性更大,易燃废品集中站与所建的建筑物和其他区域的距离应大于 30m。

防火间距中,不应堆放易燃和可燃物质。如在仓库、易燃、可燃材料堆集场与建筑物之间堆放易燃和可燃物质,应确保建筑物与易燃和可燃物质最近的距离大于防火安全距离。汽油库必须选在安全地点,周围设置围墙,设置"严禁烟火"警示牌,库顶设避雷装置。

3. 施工用电安全管理

施工照明及线路应符合安全技术规程规定的要求。施工现场一般不允许架设高压电线;必须架设时,应与建筑物、工作地点保持安全距离。

施工现场及作业地点应有足够的照明,主要通道应设有路灯。大规模露天施工现场宜采用大功率、高效能灯具。在高温、潮湿、易于导电触电的作业场所使用照明灯具距地面高度低于 2.2m 时,其照明电源电压不得大于 24V。

在存有易燃、易爆等危险物品的场所,或有瓦斯和粉尘的巷道,微小火星都有可能引起火灾、爆炸等危害,照明设备必须采取防爆措施。

4. 警示性标志

工程施工现场较为复杂,应对工程现场的危险处或地带进行防护与标示。在施工现场的洞(孔)、井、坑、升降口、漏斗等危险处,应有防护设施或明显标志,特别是在夜间,以防人员和机械设备掉入。在交通频繁的交叉路口,应设置交通指挥亭,并设专人指挥。在有塌方等危险的地段,应悬挂"危险"或"禁止通行"的夜光标志牌。

二、安全管理基本内容

1. 建立安全生产制度

安全生产责任制,是根据"管生产必须管安全","安全工作、人人有责"的原则,以制度的形式,明确规定各级领导和各类人员在生产活动中应负的安全职责。它是施工企业岗位责任制的一个重要组成部分,是企业安全管理中最基本的制度,是所有安全规章制度的核心。

安全生产制度的制定,必须符合国家和地区的有关政策、法规、条例和规程,并结合施工项目的特点,明确各级各类人员安全生产责任制度,要求全体人员必须认真贯彻执行。

2. 贯彻安全技术管理

编制施工组织设计时,必须结合工程实际,编制切实可行的安全技术措施,要求全体人员必须认真贯彻执行。执行过程中发现问题,应及时采取妥善的安全防护措施。要不断积累安全技术措施在执行过程中的技术资料,进行研究分析,总结提高,以利于以后工程的借鉴。

3. 坚持安全教育和安全技术培训

组织全体人员认真学习国家、地方和本企业的安全生产责任制、安全技术规程、安全操作规程和劳动保护条例等。新工人进入岗位之前要进行安全纪律教育,特种专业作业人员要进行专业安全技术培训,考核合格后方能上岗。要使全体职工经常保持高度的安全生产意识,牢固树立"安全第一"的思想。

4. 组织安全检查

为了确保安全生产,必须严格安全督察,建立健全安全督察制度。安全检查员要经常查看现场,及时排除施工中的不安全因素,纠正违章作业,监督安全技术措施的执行,不断改善劳动条件,防止工伤事故的发生。

5. 进行事故处理

人身伤亡和各种安全事故发生后,应立即进行调查,了解事故产生的原因、过程和后果,提出鉴定意见。在总结经验教训的基础上,有针对性地制定防止事故再次发生的可靠措施。

三、安全控制方针与目标

1. 安全控制方针

安全控制的目的是安全生产,因此,安全控制的方针也应符合安全生产的方针,即:"安全第一,预防为主"。

"安全第一"是把人身的安全放在首位,安全为了施工,施工必须保证人身安全,充分体现了"以人为本"的理念。"安全第一"的方针,就是要求所有参与工程建设的人员,包括管理者和操作人员以及工程建设活动进行监督管理的人员都必须树立安全的观念,不能为了经济的发展牺牲安全,当安全与生产发生矛盾时,必须先解决安全问题,在保证安全的前提下从事生产活动,也只有这样才能使生产正常进行,促进经济的发展,保持社会的稳定。

"预防为主"是实现安全第一的最重要的手段,在工程建设活动中,根据工程建设的特点,对不同的生产要素采取相应的管理措施,从而减少甚至消除事故隐患,尽量把事故消灭在萌芽状态,这是安全生产管理的最重要的思想。

市政工程的安全施工执行的是国家监督、企业负责、劳动者遵章守纪的原则。安全施工必须以预防为主,明确企业法定代表人是企业安全施工的第一责任人,项目经理是本项目安全生产第一责任人。为了防止和减少安全事故的发生,要对法定代表人、项目经理、施工管理人员进行定期的安全教育培训考核。对新工人必须实行三级安全教育制度,即公司安全教育、项目安全教育和班组安全教育。

> **知识链接**
>
> **公司安全教育的主要内容**
>
> 公司安全教育的主要内容是:国家和地方有关安全生产的方针、政策、法规、标准规定和企业的安全规章制度等。项目安全教育的主要内容是:工地安全制度、施工现场环境、工程施工特点及可能存在的不安全因素。班组安全教育的主要内容是:本工程的安全操作规程、事故安全剖析、劳动纪律和岗位讲评等。

2. 安全控制目标

安全控制的目标是减少和消除生产过程的事故,保证人员健康安全和财产免受损失。具体可包括:
(1)减少或消除人的不安全行为的目标。
(2)减少或消除设备、材料的不安全状态的目标。
(3)改善生产环境和保护自然环境的目标。
(4)安全管理的目标。

第二节 市政工程安全控制措施

一、施工现场不安全因素

1. 物的不安全状态

(1)物的不安全状态是指能导致事故发生的物质条件,包括机械设备等物质或环境所存在的不安全因素。物的不安全状态的类型有:

1)防护等装置缺乏或有缺陷。
2)设备、设施、工具、附件有缺陷。
3)个人防护用品用具缺少或有缺陷。
4)施工生产场地环境不良。
(2)物的不安全状态的内容。
1)物(包括机器、设备、工具、物质等)本身存在的缺陷。
2)防护保险方面的缺陷。
3)物的放置方法的缺陷。
4)作业环境场所的缺陷。
5)外部的和自然界的不安全状态。
6)作业方法导致的物的不安全状态。
7)保护器具信号、标志和个体防护用品的缺陷。

2. 人的不安全因素

人的不安全因素是指影响安全的人的因素,即能够使系统发生故障或发生性能不良的事件的人员个人的不安全因素和违背设计和安全要求的错误行为。人的不安全因素可分为个人的不安全因素和人的不安全行为两个大类。

个人的不安全因素是指人员的心理、生理、能力中所具有不能适应工作、作业岗位要求的影响安全的因素。个人的不安全因素主要包括:

(1)心理上的不安全因素,是指人在心理上具有影响安全的性格、气质和情绪,如懒散、粗心等。

(2)生理上的不安全因素,包括视觉、听觉等感觉器官、体能、年龄、疾病等不适合工作或作业岗位要求的影响因素。

(3)能力上的不安全因素,包括知识技能、应变能力、资格等不能适应工作和作业岗位要求的影响因素。

人的不安全行为在施工现场的类型,按《企业职工伤亡事故分类标准》(GB 6441),可分为13个大类:

1)操作失误、忽视安全、忽视警告。
2)造成安全装置失效。

3）使用不安全设备。
4）手代替工具操作。
5）物体存放不当。
6）冒险进入危险场所。
7）攀坐不安全位置。
8）在起吊物下作业、停留。
9）在机器运转时进行检查、维修、保养等工作。
10）有分散注意力行为。
11）没有正确使用个人防护用品、用具。
12）不安全装束。
13）对易燃易爆等危险物品处理错误。

> **经验之谈**
>
> **人的不安全行为产生的原因与原因分析**
>
> 不安全行为产生的主要原因是：系统、组织的原因；思想责任心的原因；工作的原因。其中，工作原因产生不安全行为的影响因素包括：工作知识的不足或工作方法不适当；技能不熟练或经验不充分；作业的速度不适当；工作不当，但又不听或不注意管理指示。
>
> 同时，分析事故原因，绝大多数事故不是因技术解决不了造成的，都是违章所致。由于没有安全技术措施，缺乏安全技术措施，不作安全技术交底，安全生产责任制不落实，违章指挥，违章作业造成的，所以必须重视和防止产生人的不安全因素。

3. 管理上的不安全因素

管理上的不安全因素也称为管理上的缺陷，也是事故潜在的不安全因素，作为间接的原因共有以下几个方面：

（1）技术上的缺陷。

（2）教育上的缺陷。

（3）生理上的缺陷。

（4）心理上的缺陷。

(5)管理工作上的缺陷。

(6)教育和社会、历史上的原因造成的缺陷。

4. 消除不安全因素的基本思想

人的不安全行为与物的不安全状态在同一时间和空间相遇就会导致事故出现。因此,预防事故可采取的方式无非是:

(1)消除物的不安全状态。

1)安全防护管理制度,包括土方开挖、基坑支护、脚手架工程、临边洞口作业、高处作业及料具存放等的安全防护要求。

2)机械安全管理制度,包括塔吊及主要施工机械的安全防护技术及管理要求。

3)临时用电安全管理制度,包括临时用电的安全管理、配电线路、配电箱、各类用电设备和照明的安全技术要求。

(2)约束人的不安全行为。

1)建立安全生产责任制度,包括各级、各类人员的安全生产责任及各横向相关部门的安全生产责任。

2)建立安全生产教育制度。

3)执行特种作业管理制度,包括特种作业人员的分类、培训、考试、取证及复审等。

(3)同时约束人的不安全行为,消除物的不安全状态,即通过安全技术管理,包括安全技术措施和施工方案的编制、审核、审批,安全技术交底,各类安全防护用品、施工机械、设施、临时用电工程等的验收等来予以实现。

(4)采取隔离防护措施。使人的不安全行为与物的不安全状态不相遇,如各种劳动防护管理制度。

二、施工安全技术措施

(1)安全技术措施是以保护从事工作的员工健康和安全为目的的一切技术措施。在建设工程项目施工中,安全技术措施是施工组织设计的重要内容之一,是改善劳动条件和安全卫生设施,防止工伤事故和职业病,搞好安全施工的一项行之有效的重要措施。

(2)建设工程施工安全技术措施计划的主要内容包括:工程概况,控制目标,控制程序,组织机构,职责权限,规章制度,资源配置,安全措施,检查评价,奖惩制度等。

(3)对结构复杂、施工难度大、专业性较强的工程项目,除制定项目总体安全保证计划外,还必须制定单位工程或分部分项工程安全技术措施。

(4)对高处作业、井下作业等专业性强的作业,电器、压力容器等特殊工种作业,应制定单项安全技术规程,并应对管理人员和操作人员的安全作业资格和身体状况进行合格检查。

(5)制定和完善施工安全操作规程,编制各施工工种,特别是危险性较大工种的安全施工操作要求,作为规范、检查和考核员工安全生产行为的依据。

三、安全教育制度

安全教育主要包括安全生产思想教育、知识教育、技能教育和法制教育四个方面的内容。

(1)安全生产思想教育。安全思想教育的目的是为安全生产奠定思想基础。通常从加强思想认识、方针政策和劳动纪律教育等方面进行。

(2)安全生产知识教育。企业所有职工必须具备安全基本知识。因此,全体职工都必须接受安全知识教育和每年按规定学时进行安全培训。安全基本知识教育的主要内容是:企业的基本生产概况;施工(生产)流程、方法;企业施工(生产)危险区域及其安全防护的基本知识和注意事项;机械设备、厂(场)内运输的有关安全知识;有关电气设备(动力照明)的基本安全知识;高处作业安全知识;生产(施工)中使用的有毒、有害物质的安全防护基本知识;消防制度及灭火器材应用的基本知识;个人防护用品的正确使用知识等。

思想认识、方针政策和劳动纪律教育的基本内容

1）思想认识和方针政策的教育。一是提高各级管理人员和广大职工群众对安全生产重要意义的认识。从思想上、理论上认识社会主义制度下搞好安全生产的重要意义，以增强关心人、保护人的责任感，树立牢固的群众观点；二是通过安全生产方针、政策教育，提高各级技术、管理人员和广大职工的政策水平，使他们正确、全面地理解党和国家的安全生产方针、政策并严肃认真地执行。

2）劳动纪律教育。主要是使广大职工懂得严格执行劳动纪律对实现安全生产的重要性，企业的劳动纪律是劳动者进行共同劳动时必须遵守的法则和秩序。反对违章指挥、违章作业，严格执行安全操作规程，遵守劳动纪律是贯彻安全生产方针，减少伤害事故，实现安全生产的重要保证。

（3）安全生产技能教育。安全技能教育就是结合本工种专业特点，实现安全操作、安全防护所必须具备的基本技术知识要求。每个职工都要熟悉本工种、本岗位专业安全技术知识。安全技能知识是比较专门、细致和深入的知识。它包括安全技术、劳动卫生和安全操作规程。国家规定登高架设、起重、焊接、电气、爆破、压力容器、锅炉等特种作业人员必须进行专门的安全技术培训。宣传先进经验，既是教育职工找差距的过程，又是学、赶先进的过程；事故教育可以从事故教训中吸取有益的东西，防止今后类似事故的重复发生。

（4）安全生产法制教育。法制教育就是要采取各种有效形式，对全体职工进行安全生产法规和法制教育，从而提高职工遵法、守法的自觉性，以达到安全生产的目的。

四、安全检查

为了全面提高项目安全生产管理水平，及时消除安全隐患，落实各项安全生产制度和措施，在确保安全的情况下正常地进行施工、生产，施工项目实行逐级安全检查制度，其中：公司对项目实施定期检查和重点作业部位巡检制度。项目经理部每月由现场经理组织，安全总监配合,对施工现场进行一次安全大检查。区域责任工程师每半个月组织专业责任工程师(工长),分包商(专业公司),行政、技术负责人、工长对所管辖的区域进行安全大检查。专业责任工程师(工长)实行日巡检制度。项目安全总监对上述人员的活动情况实施监督与检查。项目分包单位必须建立各自的安全检查制度,除参加总包组织的检查外,必须坚持自检,及时发现、纠正、整改本责任区的违章、隐患。对危险和重点部位要跟踪检查,做到预防为主。施工(生产)班组要做好班前、班中、班后和节假日前后的安全自检工作,尤其作业前必须对作业环境进行认真检查,做到身边无隐患,班组不违章。各级检查都必须有明确的目的,做到"四定",即定整改责任人、定整改措施、定整改完成时间、定整改验收人,并做好检查记录。

1. 安全检查的类型

安全检查的形式多样,主要有上级检查、定期检查、专业性检查、经常性检查、季节性检查以及自行检查等。

(1)上级检查。上级检查是指主管各级部门对下属单位进行的安全检查。这种检查,能发现本行业安全施工存在的共性和主要问题,具有针对性、调查性,也有批评性。同时,通过检查总结,扩大(积累)安全施工经验,对基层推动作用较大。

(2)定期检查。施工单位内部必须建立定期安全检查制度。公司级定期安全检查可每季度组织一次,工程处可每月或每半月组织一次检查,施工队要每周检查一次。每次检查都要由主管安全的领导带队,同工会、安全、动力设备、保卫等部门一起,按照事先计划的检查方式和内容进行检查。定期检查属全面性和考核性的检查。

(3)专业性检查。专业安全检查应由公司有关业务分管部门单独组织,有关人员针对安全工作存在的突出问题,对某项专业(如施工机械、脚手架、电气、塔吊、锅炉、防尘防毒等)存在的普遍性安全问题进行单项检查。这类检查针对性强,能有的放矢,对帮助提高某项专业安全技术水平有很大作用。

(4)经常性检查。经常性的安全检查主要是要提高大家的安全意识,督促员工时刻牢记,在施工中安全操作,及时发现安全隐患,消除隐患,保证施工的正常进行。经常性安全检查有:班组进行班前、班后岗位安全检查;各级安全员及安全值班人员日常巡回安全检查;各级管理人员在检查施工同时检查安全等。

(5)季节性检查。季节性和节假日前后的安全检查。季节性安全检查是针对气候特点(如夏季、冬季、风季、雨季等)可能给施工安全和施工人员健康带来危害而组织的安全检查。节假日(如元旦、劳动节、国庆节等)前后的安全检查,主要是防止施工人员在这一段时间思想放松、纪律松懈而容易发生事故。检查应由单位领导组织有关部门人员进行。

(6)自行检查。施工人员在施工过程中还要经常进行自检、互检和交接检查。自检是施工人员工作前、后对自身所处的环境和工作程序进行安全检查,以随时消除安全隐患。互检是指班组之间、员工之间开展的安全检查,以便互相帮助,共同防事故。交接检查是指上道工序完毕,交给下道工序使用前,在工地负责人组织工长、安全员、班组及其他有关人员参加情况下,由上道工序施工人员进行安全交底并一起进行安全检查和验收,认为合格后,才能交给下道工序使用。

2. 安全检查的内容与要求

安全检查的内容主要是查思想、查制度、查机械设备、查安全设施、查安全教育培训、查操作行为、查劳保用品使用、查伤亡事故的处理等。

各种安全检查都应根据检查要求配备足够的资源。特别是大范围、全面性的安全检查。应明确检查负责人,选调专业人员,并明确分工、检查内容、标准等要求。

每种安全检查都应有明确的检查目的、检查项目、内容及标准。特殊过程、关键部位应重点检查。检查时应尽量采用检测工具,用数据说话。对现场管理人员和操作人员要检查是否有违章指挥和违章作业的行为,还应进行应知应会知识的抽查,以便了解管理人员及操作工人的安全素质。

记录是安全评价的依据,要做到认真详细,真实可靠,特别是对隐患的检查记录要具体。如隐患的部位、危险程度及处理意见等。采用安全检查评分表的,应记录每项扣分的原因。

安全检查记录要用定性定量的方法,认真进行系统分析安全评价。哪些检查项目已达标,哪些项目没有达标,哪些方面需要进行改进,哪些问题需要进行整改,受检单位应根据安全检查评价及时制定改进的对策和措施。

3. 安全检查的方法

安全检查的方法主要包括"看"、"量"、"测"、"现场操作"四方面。

(1)"看":主要查看管理记录,持证上岗,现场标识,交接验收资料,"三宝"使用情况,"洞口"、"临边"防护情况,设备防护装置等。

(2)"量":主要是用尺实测实量。

(3)"测":用仪器、仪表实地进行测量。

(4)"现场操作":由司机对各种限位装置进行实际动作,检验其灵敏程度。

第三节 施工安全事故管理

一、事故的定义与分类

1. 伤亡事故定义

事故是指人们在进行有目的的活动过程中,发生了违背人们意愿的不幸事件,使其有目的的行动暂时或永久地停止。伤亡事故是指职工在劳动生产过程中发生的人身伤害、急性中毒事故。

工程项目所发生的伤亡事故大体可分为两类:一是因工伤亡,即在施工项目生产过程中发生的;二是非因工伤亡,即与施工生产活动无关造成的伤亡。

2. 伤亡事故类别

按照直接致使职工受到伤害的原因(即伤害方式)分类:

(1)物体打击,指落物、滚石、锤击、碎裂崩块、碰伤等伤害,包括因爆炸而引起的物体打击。

(2)提升、车辆伤害,包括挤、压、撞、倾覆等。

(3)机械伤害,包括绞、碾、碰、割、戳等。

(4)起重伤害,指起重设备或操作过程中所引起的伤害。

(5)触电,包括雷击伤害。

(6)淹溺。

(7)灼烫。

(8)火灾。

(9)高处坠落,包括从架子、屋顶上坠落以及从平地坠入地坑等。

(10)坍塌,包括建筑物、堆置物、土石方倒塌等。

(11)冒顶串帮。

(12)透水。

(13)放炮。

(14)火药爆炸,指生产、运输、储藏过程中发生的爆炸。

(15)瓦斯煤尘爆炸,包括煤粉爆炸。

(16)其他爆炸,包括锅炉爆炸、容器爆炸、化学爆炸、炉膛、钢水包爆炸等。

(17)煤与瓦斯突出。

(18)中毒和窒息,指煤气、油气、沥青、化学、一氧化碳中毒等。

(19)其他伤害,如扭伤、跌伤、野兽咬伤等。

知识链接

伤亡事故等级

根据《生产安全事故报告和调查处理条例》,按照事故的严重程度,伤亡事故分为:

(1)特别重大事故,是指造成30人以上死亡,或者100人以上重伤(包括急性工业中毒,下同)或者1亿元以上直接经济损失的事故。

(2)重大事故,是指造成10人以上30人以下死亡,或者50人以上100人以下重伤,或者5000万元以上1亿元以下直接经济损失的事故。

(3)较大事故:是指造成3人以上10人以下死亡,或者10人以上50人以下重伤,或者1000万元以上5000万元以下直接经济损失的事故。

(4)一般事故:是指造成3人以下死亡,或者10人以下重伤,或1000万元以下直接经济损失的事故。

二、安全事故处理程序

1. 迅速抢救伤员、保护事故现场

事故发生后,现场人员要有组织、听指挥,迅速做好两件事:

(1)抢救伤员,排除险情,制止事故蔓延扩大。抢救伤员时,要采取正确的救助方法,避免二次伤害;同时,遵循救助的科学性和实效性,防止抢救阻碍或事故蔓延;对于伤员救治医院的选择要迅速、准确,减少不必要的转院,贻误治疗时机。

(2)为了事故调查分析需要,保护好事故现场。由于事故现场是提供有关物证的主要场所,是调查事故原因不可缺少的客观条件,要求现场各种物件的位置、颜色、形状及其物理、化学性质等尽可能保持事故结束时的原来状态。因此,在事故排险、伤员抢救过程中,要保护好事故现场,确因抢救伤员或为防止事故继续扩大而必须移动现场设备、设施时,现场负责人应组织现场人员查清现场情况,做出标志和记明数据,绘出现场示意图,任何单位和个人不得以抢救伤员等名义故意破坏或者伪造事故现场。必须采取一切可能的措施,防止人为或自然因素的破坏。

发生事故的项目,其生产作业场所仍然存在危及人身安全的事故隐患,要立即停工,进行全面的检查和整改。

2. 伤亡事故报告

(1)报告程序。施工项目发生伤亡事故,负伤者或者事故现场有关人员应立即直接或逐级报告。

1)针对轻伤事故,立即报告工程项目经理,项目经理报告企业主管部门和企业负责人。

2)针对重伤事故、急性中毒事故、死亡事故,立即报告项目经理和企业主管部门、企业负责人,并由企业负责人立即以最快速的方式报告企业上级主管部门、政府安全监察部门、行业主管部门,以及工程所在地的公安部门。

3)针对重大事故由企业上级主管部门逐级上报。

伤亡事故处理

涉及两个以上单位的伤亡事故,由伤亡人员所在单位报告,相关单位也应向其主管部门报告。

事故报告要以最快捷的方式立即报告,报告时限不得超过地方政府主管部门的规定时限。

(2)伤亡事故报告内容。

1)事故发生(或发现)的时间、详细地点。

2)发生事故的项目名称及所属单位。

3)事故类别、事故严重程度。

4)伤亡人数、伤亡人员基本情况。

5)事故简要经过及抢救措施。

6)报告人情况和联系电话。

3. 组织事故调查组

(1)组织调查组。在接到事故报告后,企业主管领导,应立即赶赴现场组织抢救,并迅速组织调查组开展事故调查:

1)轻伤事故:由项目经理牵头,项目经理部生产、技术、安全、人事、保卫、工会等有关部门的成员组成事故调查组。

2)重伤事故:由企业负责人或其指定人员牵头,企业生产、技术、安全、人事、保卫、工会、监察等有关部门的成员,会同上级主管部门负责人组成事故调查组。

3)死亡事故:由企业负责人或其指定人员牵头,企业生产、技术、安全、人事、保卫、工会、监察等有关部门的成员,会同上级主管部门负责人、政府安全监察部门、行业主管部门、公安部门、工会组织组成事故调查组。

4)重大死亡事故,按照企业的隶属关系,由省、自治区、直辖市企业主管部门或者国务院有关主管部门会同同级行政安全管理部门、公安部门、监察部门、工会组成事故调查组,进行调查。重大死亡事故调查组应邀请人民检察院参加,还可邀请有关专业技术人员参加。

(2)事故调查组成员条件。
1)与所发生事故没有直接利害关系。
2)具有事故调查所需要的某一方面业务的专长。
3)满足事故调查中涉及企业管理范围的需要。

4. 现场勘察

现场勘察是技术性很强的工作,涉及广泛的科技知识和实践经验,调查组对事故的现场勘察必须做到及时、全面、准确、客观,其主要内容如下:

(1)现场笔录。
1)发生事故的时间、地点、气象等。
2)现场勘察人员姓名、单位、职务。
3)现场勘察起止时间、勘察过程。
4)能量失散所造成的破坏情况、状态、程度等。
5)设备损坏或异常情况及事故前后的位置。
6)事故发生前劳动组合、现场人员的位置和行动。
7)散落情况。
8)重要物证的特征、位置及检验情况等。

(2)现场拍照。
1)方位拍照,能反映事故现场在周围环境中的位置。
2)全面拍照,能反映事故现场各部分之间的联系。
3)中心拍照,反映事故现场中心情况。
4)细目拍照,提示事故直接原因的痕迹物、致害物等。
5)人体拍照,反映伤亡者主要受伤和造成死亡的伤害部位。

(3)现场绘图。据事故类别和规模以及调查工作的需要应绘出下列示意图:
1)建筑物平面图、剖面图。
2)事故时人员位置及活动图。
3)破坏物立体图或展开图。
4)涉及范围图。
5)设备或工具、器具构造简图等。

(4)事故资料。
1)事故单位的营业证照及复印件。
2)有关经营承包经济合同。
3)安全生产管理制度。
4)技术标准、安全操作规程、安全技术交底。
5)安全培训材料及安全培训教育记录。
6)项目安全施工资质和证件。
7)伤亡人员证件(包括特种作业证、就业证、身份证)。
8)劳务用工注册手续。
9)事故调查的初步情况(包括:伤亡人员的自然情况、事故的初步原因分析等)。
10)事故现场示意图。

5. 分析事故原因

(1)事故性质。
1)责任事故,是指由于人的过失造成的事故。
2)非责任事故,即由于人们不能预见或不可抗力的自然条件变化所造成的事故,或是在技术改造、发明创造、科学试验活动中,由于科学技术条件的限制而发生的无法预料的事故。但是,对于能够预见并可以采取措施加以避免的伤亡事故,或没有经过认真研究解决技术问题而造成的事故,不能包括在内。
3)破坏性事故,即为达到既定目的而故意制造的事故。对已确定为破坏性事故的,由公安机关认真追查破案,依法处理。

(2)事故原因。
1)直接原因。直接导致伤亡事故发生的机械、物质和环境的不安全状态,以及人的不安全行为,是事故的直接原因。
2)间接原因。事故中属于技术和设计上的缺陷,教育培训不够,未经培训、缺乏或不懂安全操作技术知识,劳动组织不合理,对现场工作缺乏检查或指导错误,没有安全操作规程或不健全,没有或不认真实施事故防范措施,对事故隐患整改不力等原因,是事故的间接原因。
3)主要原因。导致事故发生的主要因素,是事故的主要原因。

第十五章 市政工程施工安全管理

(3)事故分析的步骤。

1)整理和阅读调查材料。

2)根据《企业职工伤亡事故分类标准》(GB 6441—1986)附录A,按七项内容进行分析:受伤部位;受伤性质;起因物;致害物;伤害方法;不安全状态;不安全行为。

3)确定事故的直接原因。

4)确定事故的间接原因。

5)确定事故的责任者。

> **特别提示**
>
> **确定事故主要责任者**
>
> 在分析事故原因时,应根据调查所确认的事实,从直接原因入手,逐步深入到间接原因,从而掌握事故的全部原因。通过对直接原因和间接原因的分析,确定事故中的直接责任者和领导责任者,再根据其在事故发生过程中的作用,确定主要责任者。

6. 制定事故预防措施

根据对事故原因的分析,制定防止类似事故再次发生的预防措施,在防范措施中,应把改善劳动生产条件、作业环境和提高安全技术措施水平放在首位,力求从根本上消除危险因素,切实做到"四不放过"。

第四节 施工现场环境保护管理

一、环境管理

1. 环境管理原则

(1)凡实施对环境有影响的工程建设项目,都必须执行环境影响报告书的审批制度,执行"三同时"制度,即防治污染及其他公害的设施与主体工程同时设计、同时施工、同时投产使用。

(2)凡改建、扩建和进行技术改造的工程,都必须在经济合理的条件下对与建设项目有关的原有污染进行治理。

(3)工程项目建成后,其污染物的排放必须达到国家或地方规定的标准和符合环境保护的有关法规。

(4)对外经济开放地区现有的不合理布局,应当结合城市改造、工业调整逐步加以解决。在生活居住区、水源保护区、疗养区、自然保护区、风景游览区、名胜古迹和其他需要特殊保护的地区,不得建设污染环境的项目;已建成的,要限期治理、调整或搬迁。

2. 环境管理程序

企业应根据批准的建设项目环境影响报告,通过对环境因素的识别和评估,确定管理目标及主要指标,并在各个阶段贯彻实施。工程项目的环境管理应遵循下列程序:

(1)确定施工环境管理目标。

(2)进行施工环境管理策划。

(3)实施施工环境管理策划。

(4)验证并持续改进。

3. 环境管理体系内容

(1)环境方针。环境方针的内容必须包括对遵守法律及其他要求、持续改进和污染预防的承诺,并作为制订与评审环境目标和指标的框架。

(2)环境因素。识别环境因素时要考虑到"三种状态"(正常、异常、紧急)、"三种时态"(过去、现在、将来)、向大气排放、向水体排放、废弃物处理、土地污染、原材料和自然资源的利用、其他当地环境问题,及时更新环境方面的信息,以确保环境因素识别的充分性和重要环境因素评价的科学性。

(3)法律和其他要求。组织应建立并保持程序以保证活动、产品或服务中环境因素遵守法律和其他要求,还应建立获得相关法律和其他要求的渠道,包括对变动信息的跟踪。

(4)目标和指标。

1)组织内部各管理层次、各有关部门和岗位在一定时期内均有相应的目标和指标,并用文本表示。

2)组织在建立和评审目标时,应考虑的因素主要有:环境影响因素、遵守法律法规和其他要求的承诺、相关方要求等。

3)目标和指标应与环境方针中的承诺相呼应。

(5)环境管理方案。组织应制订一个或多个环境管理方案,其作用是保证环境目标和指标的实现。方案的内容一般可以有:组织的目标、指标的分解落实情况,使各相关层次与职能在环境管理方案与其所承担的目标、指标相对应,并应规定实现目标、指标的职责、方法和时间表等。

(6)组织结构和职责。

1)环境管理体系的有效实施要靠组织的所有部门承担相关的环境职责,必须对每一层次的任务、职责、权限做出明确规定,形成文件并给予传达。

2)最高管理者应指定管理者代表并明确其任务、职责、权限,应为环境管理体系的实施提供各种必要的资源。

3)管理者代表应对环境管理体系建立、实施、保持负责,并向最高管理者报告环境管理体系运行情况。

(7)培训、意识和能力。组织应明确培训要求和需要特殊培训的工作岗位和人员,建立培训程序,明确培训应达到的效果,并对可能产生重大影响的工作,要有必要的教育、培训、工作经验、能力方面的要求,以保证他们能胜任所负担的工作。

(8)信息交流。组织应建立对内、对外双向信息交流的程序,其功能是:能在组织的各层次和职能间交流有关环境因素和管理体系的信息,以及外部相关方信息的接收、成文、答复,特别注意涉及重要环境因素的外部信息的处理并记录其决定。

(9)环境管理体系文件。环境管理体系文件应充分描述环境管理体系的核心要素及其相互作用,应给出查询相关文件的途径,明确查找的方法,使相关人员易于获取有效版本。

(10)文件控制。

1)组织应建立并保持有效的控制程序,保证所有文件的实施,注明日期(包括发布和修订日期)、字迹清楚、标志明确,妥善保管并在规定期间予以保留等要求;还应及时从发放和使用场所收回失效文件,防止误用,建立并保持有关制订和修改各类文件的程序。

2)环境管理体系重在运行和对环境因素的有效控制,应避免文件过于烦琐,以利于建立良好的控制系统。

(11)运行控制。

1)组织的方针、目标和指标及重要环境因素有关的运行和活动,应确保它们在程序的控制下运行;当某些活动有关标准在第三层文件中已有具体规定的,程序可予以引用。

2)对缺乏程序指导可能偏离方针、目标、指标的运行应建立运行控制程序,但并不要求所有的活动和过程都建立相应的运行控制程序。

3)应识别组织使用的产品或服务中的重要环境因素,并建立和保持相应的文件程序,将有关程序与要求通报供方和承包方,以促使他们提供的产品或服务符合组织的要求。

(12)应急准备和响应。

1)组织应建立并保持一套程序,使之能有效确定潜在的事故或紧急情况,并在其发生前予以预防,减少可能伴随的环境影响;一旦紧急情况发生时做出响应,尽可能地减少由此造成的环境影响。

2)组织应考虑可能会有的潜在事故和紧急情况,采取预防和纠正的措施,应针对潜在的和发生的原因,必要时特别是在事故或紧急情况发生后,应对程序予以评审和修订,确保其切实可行。

3)可行时,定期按程序有关规定定期进行试验或演练。

(13)监测和测量。对环境管理体系进行例行监测和测量,既是对体系运行状况的监督手段,又是发现问题及时采取纠正措施,实施有效运行控制的首要环节。

知识链接

监测内容与相关规定

(1)监测的内容,通常包括:组织的环境绩效(如组织采取污染预防措施收到的效果,节省资源和能源的效果,对重大环境因素控制的结果等),有关的运行控制(对运行加以控制,监测其执行程序及其运行结果是否偏离目标和指标),目标、指标和环境管理方案的实现程度,为组织评价环境管理体系的有效性提供充分的客观依据。

(2)对监测活动,在程序中应明确规定:如何进行例行监测,如何使用、维护、保管监测设备,如何记录和如何保管记录,如何参照标准进行评价,什么时候、向谁报告监测结果和发现的问题等。

(3)组织应建立评价程序,定期检查有关法律、法规的持续遵循情况,以判断环境方针有关承诺的符合性。

(14)不符合、纠正与预防措施。

1)组织应建立并保持文件程序,用来规定有关的职责和权限,对不符合进行处理与调查,采取措施减少由此产生的影响,采取纠正与预防措施并予以完成。

2)对于旨在消除已存在和潜在不符合所采取纠正或预防措施,应分析原因并与该问题的严重性和伴随的环境影响相适应。

3)对于纠正与预防措施所引起的对程序文件的任何更改,组织均应遵守实施并予以记录。

(15)记录。

1)组织应建立对记录进行管理的程序,明确对环境管理的标识、保存、处置的要求。

2)程序应规定记录的内容。

3)对记录本身的质量要求是字迹清楚、标识清楚、可追溯。

(16)环境管理体系审核。

1)组织应制订、保持定期开展环境管理体系内部审核的程序、方案。

2)审核程序和方案的目的是判定其是否满足符合性(即环境管理

体系是否符合对环境管理工作的预定安排和规范要求)和有效性(即环境管理体系是否得到正确实施和保持),向管理者报告管理结果。

3)对审核方案的编制依据和内容要求,应立足于所涉及活动的环境的重要性和以前审核的结果。

4)审核的具体内容,应规定审核的范围、频次、方法,对审核组的要求和审核报告的要求等。

(17)管理评审。

1)组织应按规定的时间间隔进行,评审过程要记录,结果要形成文件。

2)评审的对象是环境管理体系,目的是保证环境管理体系的持续适用性、充分性、有效性。

3)评审前要充分收集必要的信息,作为评审依据。

二、环境保护

1. 防止大气污染措施

(1)施工现场道路采用焦渣、级配砂石、粉煤灰级配砂石、沥青混凝土或水泥混凝土等,有条件的可利用永久性道路,并指定专人定期洒水清扫,形成制度,防止道路扬尘。

(2)袋装水泥、白灰、粉煤灰等易飞扬的细颗散粒材料,应于库内存放。室外临时露天存放时,必须下垫上盖,严密遮盖,防止扬尘。

(3)散装水泥、粉煤灰、白灰等细颗粒粉状材料,应存放在固定容器(散灰罐)内。没有固定容器时,应设封闭式专库存放,并具备可靠的防扬尘措施。

(4)运输水泥、粉煤灰、白灰等细颗粉状材料时,要采取遮盖措施,防止沿途遗洒、扬尘。卸运时,应采取措施,以减少扬尘。

(5)使车辆不带泥沙的现场措施。可在大门口铺一段石子,定期过筛清理;作一段水沟冲刷车轮;人工拍土,清扫车轮、车帮;挖土装车不超装;车辆行驶不猛拐,不急刹车,防止洒土;卸土后注意关好车厢门;场区和场外安排人清扫洒水,基本做到不洒土、不扬尘,减少对周

第十五章 市政工程施工安全管理

围环境污染。

(6)除设有符合规定的装置外,禁止在施工现场焚烧油毡、橡胶、塑料、皮革、树叶、枯草、各种包皮等,以及其他会产生有毒、有害烟尘和恶臭气体的物质。

(7)机动车都要安装 PCA 阀,对那些尾气排放超标的车辆要安装净化消声器,确保不冒黑烟。

(8)工地茶炉、大灶、锅炉,尽量采用消烟除尘型茶炉、锅炉和消烟节能回风灶,烟尘降至允许排放为止。

(9)工地搅拌站除尘是治理的重点。有条件要修建集中搅拌站,由计算机控制进料、搅拌、输送全过程,在进料仓上方安装除尘器,可使水泥、砂、石中的粉尘降低 99% 以上。采用现代化先进设备是解决工地粉尘污染的根本途径。

(10)拆除旧有建筑物时,应适当洒水,防止扬尘。

2. 防止水污染措施

(1)禁止将有毒、有害废弃物作为土方回填。

(2)施工现场搅拌站废水,现制水磨石的污水、电石(碳化钙)的污水须经沉淀池沉淀后再排入城市污水管道或河流。最好将沉淀水用于工地洒水降尘采取措施回收利用。上述污水未经处理不得直接排入城市污水管道或河流中去。

(3)现场存放油料,必须对库房地面进行防渗处理。如采用防渗混凝土地面,铺油毡等。使用时,要采取措施,防止油料跑、冒、滴、漏,污染水体。

(4)施工现场 100 人以上的临时食堂,污染排放时可设置简易有效的隔油池,定期掏油和杂物,防止污染。

(5)工地临时厕所、化粪池应采取防渗漏措施。中心城市施工现场的临时厕所可采取水冲式厕所,蹲坑上加盖,并有防蝇、灭蝇措施,防止污染水体和环境。

(6)化学药品、外加剂等要妥善保管,库内存放,防止污染环境。

3. 防止噪声污染措施

(1)严格控制人为噪声,进入施工现场不得高声喊叫、无故甩打模板、乱吹哨，限制高音喇叭的使用，最大限度地减少噪声扰民。

（2）凡在人口稠密处进行强噪声作业时，须严格控制作业时间，一般晚 10 点到次日早 6 点之间停止强噪声作业。确系特殊情况必须昼夜施工时，尽量采取降低噪声措施，并会同建设单位同当地居委会、村委会或当地居民协调，出示安民告示，求得群众谅解。

（3）尽量选用低噪声设备和工艺代替高噪声设备与加工工艺。如低噪声振捣器、风机、电动空压机、电锯等。

（4）在声源处安装消声器消声。即在通风机、鼓风机、压缩机燃气轮机、内燃机及各类排气放空装置等进出风管的适当位置设置消声器。常用的消声器有阻性消声器、抗性消声器、阻抗复合消声器、穿微孔板消声器等。具体选用哪种消声器，应根据所需消声量、噪声源频率特性和消声器的声学性能及空气动力特性等因素而定。

（5）采取吸声、隔声、隔振和阻尼等声学处理的方法来降低噪声。

知识链接

降低噪声的方法

（1）吸声：吸声是利用吸声材料（如玻璃棉、矿渣棉、毛毡、泡沫塑料、吸声砖、木丝板、干遮板等）和吸声结构（如穿孔共振吸声结构、微穿孔板吸声结构、薄板共振吸声结构等）吸收通过的声音，减少室内噪声的反射来降低噪声。

（2）隔声：隔声是把发声的物体、场所用隔声材料（如砖、钢筋混凝土、钢板、厚木板、矿棉被等）封闭起来与周围隔绝。常用的隔声结构有隔声间、隔声机罩、隔声屏等。有单层隔声和双层隔声结构两种。

（3）隔振：隔振就是防止振动能量从振源传递出去。隔振装置主要包括金属弹簧、隔振器、隔振垫（如剪切橡胶、气垫）等。常用的材料还有软木、矿渣棉、玻璃纤维等。

（4）阻尼：阻尼就是用内摩擦损耗大的一些材料来消耗金属板的振动能量并变成热能散失掉，从而抑制金属板的弯曲振动，使辐射噪声大幅度地削减。常用的阻尼材料有沥青、软橡胶和其他高分子涂料等。

三、环境卫生管理

1. 环境卫生管理责任区

为创造舒适的工作环境,养成良好的文明施工作风,保证职工身体健康、施工区域和生活区域应有明确划分,把施工区和生活区分成若干片,分片包干,建立责任区。从道路交通、消防器材、材料堆放到垃圾、厕所、厨房、宿舍、火炉、吸烟等都有专人负责,做到责任落实到人(名单上墙),使文明施工、环境卫生工作保持经常化、制度化。

2. 环境卫生管理措施

(1)施工现场要天天打扫,保持整洁卫生,场地平整,各类物品堆放整齐,道路平坦畅通,无堆放物、无散落物,做到无积水、无黑臭、无垃圾,有排水措施。生活垃圾与建筑垃圾要分别定点堆放,严禁混放,并应及时清运。

(2)施工现场严禁大小便,发现有随地大小便现象要对责任区负责人进行处罚。施工区、生活区有明确划分,设置标志牌,标牌上注明责任人姓名和管理范围。

(3)卫生区的平面图应按比例绘制,并注明责任区编号和负责人姓名。

(4)施工现场零散材料和垃圾,要及时清理,垃圾临时堆放不得超过3d,如违反本条规定要处罚工地负责人。

(5)办公室内做到天天打扫,保持整洁卫生,做到窗明地净,文具摆放整齐,达不到要求,对当天卫生值班员罚款。

(6)职工宿舍铺上、铺下做到整洁有序,室内和宿舍四周保持干净,污水和污物、生活垃圾集中堆放,及时外运,发现不符合此条要求,处罚当天卫生值班员。

(7)冬季办公室和职工宿舍取暖炉,必须有验收手续,合格后方可使用。

(8)楼内清理出的垃圾,要用容器或小推车,用塔吊或提升设备运下,严禁高空抛撒。

(9)施工现场的厕所,做到有顶、门窗齐全并有纱,坚持天天打扫,每周撒白灰或打药一两次,消灭蝇蛆,便坑须加盖。

(10)为了广大职工身体健康,施工现场必须设置保温桶(冬期)和开水(水杯自备),公用杯子必须采取消毒措施,茶水桶必须有盖并加锁。

(11)施工现场的卫生要定期进行检查,发现问题,限期改正。

◀ 复习思考题 ▶

一、填空题

1. 安全生产除对直接生产过程的控制外,还包括_____和职业卫生及不可接受的损害风险的状态。

2. 工程项目所发生的伤亡事故大体可分为两类,即_____、_____。

二、简答题

1. 实现安全管理的基本要求有哪些?
2. 物的不安全状态的类型有哪些?
3. 导致人的不安全行为产生的主要原因有哪些?
4. 各级安全检查的"四定"指哪四定?
5. 简述安全事故处理的程序。
6. 识别环境因素时要考虑哪些信息?
7. 防止大气污染的主要措施有哪些?

附录 《市政施工员专业与实操》模拟试卷

模拟试卷 A

第一部分 专业基础知识

一、填空题

1. 施工员应严格按图施工，规范作业。不使用_____和未经抽样检验的产品，不偷工减料。

2. 施工组织设计或施工方案，是指导施工的全面性技术经济文件，_____是其中的重要内容。

3. 碳酸钙（$CaCO_3$）为主要成分的石灰石，经 800～1000℃ 高温煅烧而成的块灰状气硬性胶凝材料叫_____。

4. 一般给水管道施工图包括平面图、纵剖面图、_____和节点详图四种。

5. 拌合物的_____是指拌和物因各组成材料分离而造成不均匀和失去连续性的现象。

二、单项选择题

1. 下列不属于道路硅酸盐水泥强度等级的是（　　）。
   A. 32.5　　B. 42.5　　C. 52.5　　D. 62.5

2. 按照压头和压力的不同，下列不属于测定钢材硬度的方法有（　　）。
   A. 压入法　　B. 布氏法　　C. 洛氏法　　D. 维氏法

3. 道路工程横断面图是垂直于道路中心线剖切而得到的断面图，相当于三视图中的（　　）。

A. 右视图　　B. 左视图　　C. 主视图　　D. 俯视图
4. 路面厚度应采用（　　）表示。
   A. 粗实线　　B. 细实线　　C. 中粗实线　　D. 虚线
5. （　　）是编制单位估价表和施工图预算，合理确定工程造价的基本依据。
   A. 施工定额　　B. 预算定额　　C. 概算定额　　D. 企业定额
6. 为使浆体具有施工要求的可塑性，须加入建筑石膏用量（　　）的用水量。
   A. 20%～40%　　　　　　B. 40%～60%
   C. 60%～80%　　　　　　D. 80%～100%
7. 混凝土拌合物的坍落度尽可能选用（　　）的坍落度。
   A. 较小　　B. 较大　　C. 固定　　D. 变换
8. 抗渗等级是以（　　）龄期的抗渗标准试件，在标准试验方法下所能承受最大的水压力来确定的。
   A. 12d　　B. 24d　　C. 28d　　D. 32d
9. 当采用计算机绘制实物时，可用数条间距相等的（　　）组成与实物外形相近的图样。
   A. 细实线　　B. 粗实线　　C. 中粗实线　　D. 实线
10. 道路纵断面图的图样应布置在（　　）。
    A. 图幅上部　　　　　　B. 图幅下部
    C. 图幅左侧　　　　　　D. 图幅右侧
11. 在坡桥立面图的桥面上应标注（　　）。
    A. 标高　　B. 坡度　　C. 坐标线　　D. 投影
12. （　　）以分部分项工程量的单价为直接费，直接费以人工、材料、机械的消耗量及其相应价格与措施费确定。
    A. 实物法　　　　　　B. 单价法
    C. 综合单价法　　　　D. 工料单价法
13. 利用（　　）主要是编制材料净用量定额。
    A. 现场测定法　　　　B. 试验法
    C. 统计法　　　　　　D. 计算法

14. 编制招标控制价时,( )由招标人按有关计价规定填写并计算合价。
   A. 项目名称　　　　　　　B. 计量单位
   C. 暂估数量　　　　　　　D. 人工、材料、机械台班单价
15. 工程造价管理机构应当在受理投诉的( )内完成复查,特殊情况下可适当延长。
   A. 8d　　　B. 10d　　　C. 15d　　　D. 21d

三、多项选择题

1. 市政施工员的重要地位体现在( )。
   A. 施工员是施工现场动态管理的体现者
   B. 施工员是密切联系施工现场基层专业管理人员、劳务人员等各方面关系的纽带
   C. 施工员是其分管工程施工现场对外联系的枢纽
   D. 施工员不是单位施工现场的信息集散中心
   E. 施工员是单位工程生产要素合理投入和优化组合的组织者
2. 市政施工员质量安全环境管理方面的职责体现在( )。
   A. 参与质量、环境与职业健康安全的预控
   B. 参与做好施工现场组织协调工作,合理调配生产资源;落实施工作业计划
   C. 负责施工作业的质量、环境与职业健康安全过程控制
   D. 参与质量、环境与职业健康安全问题的调查
   E. 参与隐蔽、分项、分部和单位工程的质量验收
3. 成品的保护措施有( )。
   A. 堆放　　　B. 包裹　　　C. 防护　　　D. 封闭
   E. 覆盖
4. 矿渣硅酸盐水泥、火山灰质硅酸盐水泥、粉煤灰硅酸盐水泥、复合硅酸盐水泥的强度等级分为( )。
   A. 42.5　　　B. 42.5R　　　C. 52.5　　　D. 52.5R
   E. 62.5
5. 石灰按质量可分为( )。

A. 特等品 B. 优等品 C. 一等品 D. 合格品
E. 次品

6. 碳化作用对混凝土有不利的影响体现在(　　)。
   A. 减弱对钢筋的保护作用
   B. 使钢筋表面的氧化膜被破坏而开始生锈
   C. 降低混凝土的抗折强度
   D. 引起混凝土的收缩
   E. 不会使混凝土表面碳化层产生拉应力

7. 下列有关钢材的缺点说法正确的有(　　)。
   A. 容易生锈   B. 维护费用高
   C. 能耗及成本较高   D. 防火性能好
   E. 韧性较好

8. 钢筋末端的标准弯钩可分为(　　)。
   A. 35°   B. 65°   C. 90°   D. 135°
   E. 180°

9. 施工图预算是指在施工图设计阶段,根据(　　)等资料,计算和确定工程预算造价的经济文件。
   A. 施工图纸   B. 基础定额
   C. 概算定额   D. 市场价格
   E. 各项取费标准

10. 材料消耗定额是通过施工生产过程中对材料消耗进行(　　)等方法制定的。
    A. 观测   B. 试验   C. 统计   D. 分析
    E. 计算

四、判断题

1. 混凝土的强度包括抗压强度、抗拉强度、抗折强度、抗剪强度和与钢筋的粘结强度等。其中抗拉强度最大,抗压强度最小。(　　)
2. 建筑结构钢的屈强比一般为 0.5~0.75。(　　)
3. 道路沿线的构造物、交叉口,可在道路设计线的上方,用竖直引出线标注。(　　)

4. 地下管线横断面无图例时可自拟图例,并应在图纸中说明。( )
5. 车行道边缘线应采用粗实线表示。( )
6. 出口标线应采用指向匝道的黑粗单边箭头表示。( )
7. 在一般构造图中,外轮廓线应以粗实线表示,钢筋构造图中的轮廓线应以细实线表示。( )
8. 实物法是用事先编制好的分项工程的单位估价表来编制施工图预算的方法。( )
9. 劳动定额的时间定额与产量定额互为倒数关系。( )
10. 规范中的计量单位均为基本单位,与定额中所采用的基本单位扩大一定的倍数不同。( )

第二部分 市政工程施工技术

一、填空题

1. ＿＿＿＿＿＿＿是城镇的交通干路,另兼有服务功能,与主干路构成城镇的道路系统。
2. 道牙是为了行人和交通安全,将人行道与路面分开的一种设置,又称＿＿＿＿＿＿＿。
3. ＿＿＿＿＿＿＿用于降低地下水位或拦截地下水,设置在地面以下。
4. 采用砂垫层置换时,砂垫层应宽出路基边脚 0.5～1.0m,两侧以＿＿＿＿＿＿＿护砌。
5. 碾压程序一般分为＿＿＿＿＿＿＿、＿＿＿＿＿＿＿、＿＿＿＿＿＿＿。

二、单项选择题

1. ( )是构成道路网的骨架,是连接城市各主要分区的交通干道即全布性的干道。
   A. 快速路   B. 主干路   C. 次干路   D. 支路
2. 截水沟长度以( )为宜。
   A. 100～200m   B. 200～300m
   C. 200～400m   D. 200～500m

3. 土工材料铺设完后,应立即铺筑上层填料,其间隔时间不应超过( )。
   A. 12h　　　　B. 24h　　　　C. 36h　　　　D. 48h
4. ( )适用于地下水丰富的强透水地层或承压水地层,可避免产生流砂和管涌现象。
   A. 现浇混凝土护圈　　　　B. 喷射混凝土护圈
   C. 钢套管护圈　　　　　　D. 预制混凝土护圈
5. 矩形沉井的定位垫木,一般设置在( )。
   A. 两长边　　　　　　　　B. 两短边
   C. 一长边一短边　　　　　D. 无规定
6. ( )适用于大量涌水、翻砂、土质不稳定的土层。
   A. 排水开挖下沉　　　　　B. 不排水开挖下沉
   C. 不排水下沉　　　　　　D. 射水下沉
7. 模板、支架和拱架拆除应按设计要求的程序和措施进行,遵循( )的原则。
   A. 先支后拆　　　　　　　B. 后支先拆
   C. 先支后拆、后支先拆　　D. 无要求
8. 中等跨径实腹式拱桥宜在( )完成后卸落拱架。
   A. 拱上结构　　　　　　　B. 护拱
   C. 腹拱横墙　　　　　　　D. 未砌腹拱圈
9. 自混凝土浇筑后至钢管抽拔,每隔( )应将钢管转动一次。
   A. 5~10min　　　　　　　B. 5~15min
   C. 10~15min　　　　　　 D. 10~25min
10. ( )施工适用于只有换桥跨结构的旧桥改建工程。
    A. 悬臂拼装法　　　　　　B. 支架法
    C. 拖拉法　　　　　　　　D. 横移法
11. 跨径小于 16m 的拱圈或拱肋混凝土,应按拱圈全宽从拱脚向拱顶对称( )。
    A. 连续浇筑　　　　　　　B. 分段浇筑
    C. 纵向分隔浇筑　　　　　D. 横向分隔浇筑

12. 盾构衬砌时,浆料灌入量应为计算孔隙量的(　　)。
   A. 60%～80%　　　　　　B. 80%～100%
   C. 100%～130%　　　　　D. 130%～150%
13. 当河水流速较大或管子浮力较大时可采用(　　)。
   A. 船运法　　B. 浮运法　　C. 围堰法　　D. 拖运法
14. (　　)应在试验段内的管道接口防腐、保温施工及设备安装前进行。
   A. 严密性试验　　　　　B. 强度试验
   C. 试运行　　　　　　　D. 管网清洗
15. 下列不属于草坪植物常用灌溉方法的是(　　)。
   A. 地面漫灌　B. 喷灌　　C. 地下漫灌　D. 地下灌溉

三、多项选择题

1. 道路根据它们不同的组成和功能特点可分为(　　)。
   A. 公路　　　B. 快速路　　C. 城市道路　D. 林区道路
   E. 乡村道路
2. 道路路线的线形,由于(　　)的限制,在平面上有转折,纵断面上有起伏。
   A. 地貌　　　B. 地形　　　C. 地物　　　D. 地质条件
   E. 风土人情
3. 路基边桩测设的常用方法有(　　)。
   A. 图解法　　B. 解析法　　C. 坐标法　　D. 经验法
   E. 分析法
4. 下部结构包括(　　)。
   A. 桥墩　　　B. 桥台　　　C. 支座　　　D. 基础
   E. 附属设施
5. 常用的清孔施工方法包括(　　)等。
   A. 换浆清孔法 B. 灌浆清孔法 C. 掏渣清孔法 D. 喷射清孔法
   E. 砂浆置换清孔法
6. 沉井制作一般有(　　)等几种方法,一般可根据不同情况

· 617 ·

采用。
A. 湿地制作 B. 旱地制作
C. 人工筑岛制作 D. 机械制作
E. 基坑中制作

7. 穿束后至孔道灌浆完成应控制在（　　）时间以内，否则应对预应力筋采取防锈措施。
A. 空气湿度大于70%或盐分过大时 7d
B. 空气湿度大于70%或盐分过大时 15d
C. 空气湿度 40%~70%时 13d
D. 空气湿度 40%~70%时 15d
E. 空气湿度小于40%时 20d

8. 钢梁架设的方法主要包括（　　）和浮运法等。
A. 悬臂拼装法 B. 支架法
C. 拖拉法 D. 整孔架设法
E. 斜拉杆法

9. 如果索盘是由驳船运来，放索时也可以将索盘吊运到桥面上进行，或直接在船上进行，采用（　　）等。
A. 水平转盘法 B. 移动平车法
C. 滚筒法 D. 导索法
E. 垫层法

10. 水处理构筑物常用的处理方法有（　　）等。
A. 沉淀 B. 过滤 C. 澄清 D. 化验
E. 消毒

四、判断题

1. 道牙的放线，一般和路面放线同时进行，也可与人行道放线同时进行。（　　）
2. 填筑反滤层时，各层间用隔板隔开，依次填筑。（　　）
3. 超挖回填部分，应严格控制填料的质量，以防渗水软化。（　　）
4. 处于常水位以下部分的填土，不得使用非透水性土壤。（　　）

5. 砂袋的渗透系数应小于所用砂的渗透系数。（　　）
6. 石灰稳定土类基层施工纵向接缝宜设在路中线处。（　　）
7. 在城镇人口密集区，应使用厂拌石灰土，不得使用路拌石灰土。（　　）
8. 沥青混合料的出厂温度宜控制在110～150℃。（　　）
9. 设有支撑的基坑，在回填土时，应随土方填筑高度分次由上往下拆除，严禁采取一次拆除后填土作业。（　　）
10. 抽浆清孔法是用抽渣筒、大锅锥或冲抓锥清掏孔粗钻渣，掏渣前可投入1～2袋水泥，再以冲锥冲成钻渣和水泥的混合物，提高掏渣工效。（　　）

第三部分　市政工程施工项目管理

一、填空题

1. 安全管理措施应根据_____建立安全施工管理制度。
2. 为保证进度计划的贯彻执行，项目管理层和作业层都要建立严格的_____，要严肃纪律、奖罚分明。
3. 工程质量控制按其实施主体不同，分为_____和_____。
4. 管理控制程序就是为规范项目施工成本的管理行为而制定的_____和_____机制。
5. 安全控制的目标是_____，保证人员健康安全和财产免受损失。

二、单项选择题

1. 对于需组织专家进行论证审查的工程，专家组应不少于（　　）人。
   A. 3　　　　B. 5　　　　C. 7　　　　D. 8
2. （　　）应与工程监理单位签订监理合同，明确双方的责任和义务。
   A. 建设单位　　B. 设计单位　　C. 施工单位　　D. 政府
3. 设计单位提供的设计文件应当符合国家规定的设计深度要求，注明工程（　　）。

A. 选用的材料 B. 构配件和设备
   C. 规格、型号 D. 合理使用年限
4. 设计交底的目的是使( )和监理单位正确贯彻设计意图。
   A. 设计单位 B. 施工单位 C. 建设单位 D. 勘测单位
5. 总监理工程师应在开工日期( )前向施工单位发出工程开工令。
   A. 3d B. 5d C. 7d D. 10d
6. ( )是指在关键部位或关键工序施工过程中,由监理人员在现场进行的监督活动。
   A. 巡视 B. 旁站 C. 见证取样 D. 平行检验
7. 建设单位到工程质量监督机构办理监督手续时,应向工程质量监督机构递交见证单位及见证人员授权书,单位工程见证人员不得少于( )人。
   A. 2 B. 3 C. 4 D. 5
8. ( )是把工程项目施工成本综合指标分解为各个项目联系的原始因素,以确定引起指标变动的各个因素的影响程度的一种成本费用分析方法。
   A. 比较法 B. 差额计算法
   C. 比率法 D. 因素分析法
9. 质量记录资料不包括下列( )。
   A. 施工准备阶段资料
   B. 施工过程作业活动质量记录资料
   C. 施工现场质量管理检查记录资料
   D. 工程材料质量记录
10. 下列不属于对各作业队的考核内容有( )。
    A. 对劳务合同规定的承包范围和承包内容的执行情况
    B. 本部门、本岗位成本管理责任的执行情况
    C. 劳务合同以外的补充收费情况
    D. 对班组施工任务单的管理情况,以及班组完成施工任务后的考核情况

11. 工程项目成本的中间考核,一般有月度成本考核和( )。
    A. 旬度成本考核　　　　　B. 季度成本考核
    C. 阶段成本考核　　　　　D. 年度成本考核
12. 施工现场用火作业区与所建的建筑物和其他区域的距离应不小于( )m。
    A. 15　　　　　　　　　　B. 25
    C. 30　　　　　　　　　　D. 35
13. 物的不安全状态的类型不包括( )。
    A. 手代替工具操作
    B. 防护等装置缺乏或有缺陷
    C. 设备、设施、工具、附件有缺陷
    D. 施工生产场地环境不良
14. 下列有关伤亡事故的报告程序描述有误的一项是( )。
    A. 针对轻伤事故,立即报告工程项目经理,项目经理报告企业主管部门和企业负责人
    B. 针对重伤事故、急性中毒事故,立即报告工程项目经理,项目经理报告企业主管部门和企业负责人
    C. 针对死亡事故,立即报告项目经理和企业主管部门、企业负责人
    D. 针对重大事故由企业上级主管部门逐级上报
15. 施工现场( )以上的临时食堂,污染排放时可设置简易有效的隔油池,定期掏油和杂物,防止污染。
    A. 30人　　　　　　　　　B. 50人
    C. 80人　　　　　　　　　D. 100人

三、多项选择题

1. 下列属于危险性较大的工程有( )。
    A. 土方开挖工程　　　　　B. 模板工程
    C. 混凝土工程　　　　　　D. 脚手架工程
    E. 拆除、爆破工程
2. 交通组织平面示意图应包括( )内容。

A. 地形图

B. 施工作业区域内及周边的现状道路

C. 围挡布置、施工临时便道及便桥设置

D. 车辆及行人通行路线

E. 现场临时交通标志,交通设施的设置

3. 施工作业计划一般可分为(   )。

A. 月作业计划   B. 旬作业计划

C. 季作业计划   D. 半年作业计划

E. 年作业计划

4. 下列属于监控主体的有(   )。

A. 政府   B. 建设单位   C. 监理单位   D. 供货单位

E. 施工单位

5. 项目监理机构施工质量控制的依据有(   )。

A. 工程合同文件

B. 工程勘察设计文件

C. 工程概况

D. 有关质量管理方面的法律法规、部门规章与规范性文件

E. 质量标准与技术规范(规程)

6. 工程质量监督机构对工程建设(   )等执行强制性标准的情况实施监督。

A. 立项   B. 设计   C. 施工   D. 监理

E. 验收

7. 分包单位资格审核应包括的基本内容(   )。

A. 营业执照、企业资质等级证书

B. 安全生产许可文件

C. 类似工程业绩

D. 专职管理人员资格

E. 管理制度

8. 由建设单位采购的主要设备则由(   )进行开箱检查,并由这几方在开箱检查记录上签字。

A. 设计单位　B. 施工单位　　C. 建设单位　　D. 监理机构

E. 设备供应商

9. 监理人员应重点巡视(　　)。

A. 正在施工的工序、部位工程是否已批准开工

B. 质量检测、安全管理人员是否按规定到岗

C. 特种作业人员是否持证上岗

D. 质量、安全及环保措施是否实施到位

E. 试验工程、重要隐蔽工程

10. 市政工程检验试验可分为(　　)。

A. 检测试验　B. 标准试验　　C. 工艺试验　　D. 抽样试验

E. 验收试验

四、判断题

1. 30 m 及以上高空作业的工程需组织专家进行论证审查。(　　)

2. 不得明示或暗示设计单位或施工单位违反建设强制性标准,降低建设工程质量。(　　)

3. 施工单位可不经设计单位同意,自行修改工程设计。(　　)

4. 在见证取样和送检试验报告中,试验室应在报告备注栏中注明见证人,加盖"有见证检验"专用章,再加盖"仅对来样负责"的印章。(　　)

5. 监理通知单可由监理工程师代表签发。(　　)

6. 监理资料的管理应由监理工程师代表负责,并指定专人具体实施。(　　)

7. 岗位管理层是项目施工成本管理的基础,项目管理层是项目施工成本管理的主体。(　　)

8. 预测计划的内容主要包括:组织领导及工作布置,配合的部门,时间进度,搜集材料范围,选择预测方法等。(　　)

9. 定量预测时,通常需要积累和掌握历史统计数据。(　　)

10. 项目成本计划是项目成本管理的重要环节,也是成本管理的重要职能,它贯穿于施工生产的全过程。(　　)

模拟试卷 B

第一部分 专业基础知识

一、填空题

1. 施工员应以实事求是、认真负责的态度准确签证，_____ 工程量和材料数量，不虚报冒领，不拖拖拉拉，完工即签证。
2. 施工准备的基本任务就是为施工项目建立_____，确保施工生产顺利进行，确保工程质量符合要求。
3. 用石膏土作填料时，应先破坏其_____结构。
4. _____是混凝土的一项重要性质，它除关系到混凝土的挡水作用外，还直接影响抗冻性和抗侵蚀性的强弱。
5. _____是指混凝土拌合物在自重或施工机械振捣的作用下，能产生流动，并均匀密实地填满模板的性能。

二、单项选择题

1. 下列有关道路水泥的技术要求描述有误的一项是( )。
   A. 道路水泥中氧化镁含量不得超过 5.0%
   B. 道路水泥中三氧化硫含量不得超过 3.5%
   C. 道路水泥中烧失量不得大于 3.0%
   D. 道路水泥熟料中铝酸三钙的含量不得大于 3.0%
2. 下列有关石膏的性质描述有误的一项( )。
   A. 凝结硬化快   B. 防火性好
   C. 耐火性好   D. 孔隙率大
3. 原有地面线应采用( )表示。
   A. 粗实线   B. 细实线   C. 中粗实线   D. 虚线
4. 在同一张图纸上的路基横断面，应按桩号的顺序排列，并从图纸的( )开始，先由下向上，再由左向右排列。
   A. 左下方   B. 右下方   C. 正下方   D. 上方

5. （　　）是市政工程施工企业进行科学管理的基础。
   A. 施工定额　　　　　　　　B. 预算定额
   C. 概算定额　　　　　　　　D. 企业定额
6. 道路水泥的初凝不得早于1.5h,终凝不得迟于(　　)。
   A. 6h　　　B. 8h　　　C. 10h　　　D. 12h
7. 抗冻等级等于或大于(　　)级的混凝土称为抗冻混凝土。
   A. F25　　　B. F50　　　C. F100　　　D. F150
8. 屈强比越小,表示钢材受力超过屈服点工作时的可靠性(　　)。
   A. 越大　　　B. 越小　　　C. 越弱　　　D. 无关系
9. 道路沿线的构造物、交叉口,可在道路设计线的(　　)。
   A. 上方　　　B. 下方　　　C. 左侧　　　D. 右侧
10. 减速让行线应采用两条粗虚线表示,粗虚线间净距宜采用(　　)。
    A. 1.5mm　　　B. 2mm　　　C. 1.5~2mm　　　D. 2mm以上
11. 斑马线拐角尖的方向应与双边箭头的方向(　　)。
    A. 相同　　　B. 相反　　　C. 垂直　　　D. 无要求
12. （　　）是以分部分项工程量的单价为全费用单价。
    A. 实物法　　　　　　　　B. 单价法
    C. 综合单价法　　　　　　D. 工料单价法
13. 利用(　　)主要是编制材料损耗定额,也可以提供编制材料净用量定额的数据。
    A. 现场测定法　　　　　　B. 试验法
    C. 统计法　　　　　　　　D. 计算法
14. 编制工程量清单时,(　　)由招标人填写。
    A. 人工费　　　　　　　　B. 材料费
    C. 机械台班单价　　　　　D. 暂估数量
15. 当招标控制价复查结论与原公布的招标控制价误差大于(　　)时,应当责成招标人改正。
    A. ±3%　　　B. ±5%　　　C. ±7%　　　D. ±9%

三、多项选择题

1. 市政施工员的权利体现在( )。
   A. 对劳动力、施工机具和材料等,有权合理使用和调配
   B. 对上级已批准的施工组织设计、施工方案和技术安全措施等文件,要求施工班组认真贯彻执行
   C. 发现不按施工程序施工,有权加以制止
   D. 对不服从领导和指挥、违反劳动纪律和违反操作规程人员,可以说服教育,但无权停止其工作
   E. 检查验收施工班组的施工任务书,及时发现问题并进行处理

2. 市政施工员施工进度成本控制方面的职责体现在( )。
   A. 参与制定并调整施工进度计划、施工资源需求计划,编制施工作业计划
   B. 参与做好施工现场组织协调工作,合理调配生产资源;落实施工作业计划
   C. 参与现场经济技术签证、成本控制及成本核算
   D. 负责施工平面布置的动态管理
   E. 参与隐蔽、分项、分部和单位工程的质量验收

3. 施工员在工程收尾阶段的工作有( )。
   A. 对该工程的所有财产和物质进行清理
   B. 做好竣工结算
   C. 将各分部工程编制成单项工程竣工综合结算书
   D. 认真审核,并重新核定各单位工程和单位工程造价
   E. 计算节约或超支的数额并分析原因

4. 普通硅酸盐水泥的强度等级分为( )。
   A. 42.5 B. 42.5R C. 52.5 D. 52.5R
   E. 62.5

5. 混凝土的强度包括( )等。
   A. 抗压强度 B. 抗拉强度 C. 抗弯强度 D. 抗剪强度
   E. 与钢筋的粘结强度

6. 下列有关钢材的主要优点正确的有( )。
   A. 强度高   B. 塑性好
   C. 韧性较好   D. 防火性能好
   E. 维护费用低
7. 沥青混合料主要由( )组成。
   A. 沥青   B. 粗集料   C. 涂料   D. 细集料
   E. 矿粉
8. 当钢筋的规格、形状、间距完全相同时,可仅用两根钢筋表示,但应将( )示出。
   A. 钢筋的布置范围   B. 钢筋的数量
   C. 钢筋的直径   D. 钢筋的长度
   E. 钢筋的间距
9. 施工定额由( )组成。
   A. 劳动定额   B. 时间定额
   C. 产量定额   D. 材料消耗量定额
   E. 机械台班定额
10. 其他项目清单应按照( )列项。
    A. 暂列金额   B. 安全施工文明费
    C. 暂估价   D. 计日工
    E. 总承包服务费

四、判断题

1. 抗渗等级等于或大于 P6 级的混凝土称为抗渗混凝土。( )
2. 在潮湿环境或水中使用的砂浆则必须选用水泥作为胶结材料。( )
3. 道路工程纵断面图是顺着道路中心线剖切得到的展开断面图,相当于三视图中的俯视图。( )
4. 长链较长而不能利用原纵断面图时,应另绘制长链部分的纵断面图。( )
5. 人行横道线应采用数条间隔 1～2mm 的平行细实线表示。( )

6. 停车位标线的中线采用两条粗虚线表示,边线采用一条粗虚线表示。(   )

7. 在横断面图中,当标注位置足够时,可将编号标注在直径为4～7mm的圆圈内。(   )

8. 与实物法编制施工图预算相比,用单价法编制施工图预算,是采用工程所在地的当时人工、材料、机械台班价格,较好地反映了实际价格水平。(   )

9. 机械的时间定额与产量定额也互为倒数关系。(   )

10. 两算对比是指施工预算和施工图预算对比。(   )

第二部分　市政工程施工技术

一、填空题

1. _____是联系次干路之间的道路,一般指居住区道路与连通路。

2. 渗沟内部用坚硬的碎、卵石或片石等_____填充。

3. 土基的有效深度取决于施压面的最小尺寸、_____和土层的湿度。

4. 最佳含水量是个相对值,它是土质、压实机具和压实功的_____。

5. 沥青路面施工必须接缝紧密,连接平顺,不得产生明显的_____。

二、单项选择题

1. 道路中线位置的偏差应控制在每100m不应大于(   )。
   A. 3mm　　　B. 5mm　　　C. 7mm　　　D. 10mm

2. 截水沟一般采用梯形断面,沟壁坡度为(   )。
   A. 1∶1.0～1∶1.3　　　B. 1∶1.0～1∶1.5
   C. 1∶1.3～1∶1.5　　　D. 1∶1.0～1∶2.5

3. (   )是在线路中断时跨越障碍的主要承重结构,是桥梁支座以上跨越桥孔的总称。
   A. 上部结构　　B. 下部结构　　C. 支座　　　D. 附属设施

4. 开挖桩孔一般以（　　）为一个施工段,挖土过程中要随时检查桩孔尺寸和平面位置,防止误差。
   A. 0.3～0.5m   B. 0.8～1.0m
   C. 0.8～1.2m   D. 1.2～1.5m
5. （　　）适用于桩孔较深,土质相对较差,出水量较大或遇流砂等情况。
   A. 现浇混凝土护圈   B. 喷射混凝土护圈
   C. 钢套管护圈   D. 预制混凝土护圈
6. （　　）的沉井,在刃脚下,已掏空仍不下沉时,可在井内抽水而减少浮力,使沉井下沉。
   A. 排水开挖下沉   B. 不排水开挖下沉
   C. 不排水下沉   D. 射水下沉
7. 闪光对焊时,调伸长度的选择,应随着钢筋牌号的提高和钢筋直径的加大而（　　）。
   A. 增长   B. 减短   C. 不变   D. 无要求
8. 跨径小于（　　）的拱桥宜在拱上结构全部完成后卸落拱架。
   A. 4m   B. 6m   C. 8m   D. 10m
9. 砌体墩台施工顺序为（　　）。
   A. 先镶面,再角石,后填腹   B. 先填腹,再角石,后镶面
   C. 先角石,再镶面,后填腹   D. 先角石,再填腹,后镶面
10. 钢桁架拱架（　　）是在桥跨内两端拱脚上,垂直地拼成两半孔骨架,再以绕拱脚铰旋转的方法放至设计位置进行合拢。
    A. 悬臂拼装法   B. 浮运安装法
    C. 半拱旋转法   D. 竖立安装法
11. 工作坑的宽度与（　　）和坑深有关。
    A. 管道的外径   B. 管道的内径
    C. 管道的长度   D. 管道的壁厚
12. 盾构衬砌后,部分砌块应留有灌注孔,直径应不小于（　　）。
    A. 12mm   B. 24mm   C. 36mm   D. 48mm
13. 燃气管道跨越点应在河流与其支流汇合处的（　　）。

A. 上游　　　　　　　　　B. 下游
C. 支流出口　　　　　　　D. 推移泥砂沉积带
14. 截止阀的安装,有着严格的方向限制,其原则是(　　)。
A. 高进低出　B. 低进高出　C. 平起平落　D. 高起低落
15. 为避免草坪格可能发生的热胀情况,必须在每块草坪格之间预留(　　)的缝隙。
A. 0.5～1cm　B. 1～1.5cm　C. 1.5～2cm　D. 2～2.5cm

三、多项选择题

1. 按照城市道路在道路系统中的地位、交通功能以及沿街建筑的服务功能等来划分城市道路,一般分为(　　)。
   A. 快速路　　B. 慢速路　　C. 主干路　　D. 次干路
   E. 支路
2. 对路面的基本要求是具有(　　)等。
   A. 足够的强度　B. 稳定性　C. 平整度　　D. 抗滑性能
   E. 抗压性能
3. 路面结构一般由(　　)组成。
   A. 面层　　　B. 基层　　　C. 底基层　　D. 垫层
   E. 防护层
4. 渗沟分为(　　)等几种结构形式。
   A. 填土渗沟　B. 填石渗沟　C. 管式渗沟　D. 洞式渗沟
   E. 孔式渗沟
5. 桥梁的基本附属设施,包括(　　)等。
   A. 桥面系
   B. 桥梁与路堤衔接处的桥头搭板
   C. 伸缩缝
   D. 锥形护坡
   E. 基础
6. 模板、支架和拱架的设计中应设施工预拱度,施工预拱度应考虑(　　)因素。
   A. 设计文件规定的结构预拱度

B. 支架和拱架承受全部施工荷载引起的弹性变形
C. 支架和拱架承受全部施工荷载引起的非弹性变形
D. 受载后由于杆件接头处的挤压和卸落设备压缩而产生的非弹性变形
E. 受载后由于杆件接头处的挤压和卸落设备压缩而产生的弹性变形

7. 预应力筋的张拉顺序应符合设计要求；当设计无规定时,可采取分批、分阶段对称张拉,宜(　　)。
 A. 先中间 　　　　　　　　B. 后上、下或两侧
 C. 先上、下或两侧 　　　　D. 后中间
 E. 无要求

8. 钢桁架拱架的安装方法较多,主要包括(　　)等。
 A. 悬臂拼装法 　　　　　　B. 浮运安装法
 C. 半拱旋转法 　　　　　　D. 竖立安装法
 E. 横立安装法

9. 桥面防水层应按设计要求设置,主要由(　　)几部分组成。
 A. 基层　　B. 垫层　　C. 防(隔)水层　　D. 面层
 E. 保护层

10. 工作坑位置应根据(　　)等因素确定。
 A. 地形　　B. 地理环境　　C. 地下水情况　　D. 管线设计
 E. 地面障碍物情况

四、判断题

1. 排水沟沟壁外侧应填以粗粒透水材料或土工合成材料作反滤层。(　　)
2. 渗沟应尽量布置成与渗流方向平行。(　　)
3. 施工时,土的天然湿度总是恰好等于最佳值,所以,无须采取任何措施。(　　)
4. 水泥稳定土类基层施工宜采用人工摊铺。(　　)
5. 水泥稳定土类基层碾压应在含水量等于或略大于最佳含水量时进行。(　　)

6. 级配砂砾及级配砾石可作为城市次干路及其以下道路基层。（ ）

7. 石油沥青的加热温度宜为 130～160℃，不宜超过 4h。（ ）

8. 做好的基础应立即回填封闭，不宜间歇。（ ）

9. 桩的复打应达到最终贯入度且不大于停打贯入度。（ ）

10. 开挖桩孔一般采用机械开挖，根据土壁保持直立的状态的能力分为若干个施工段。（ ）

第三部分　市政工程施工项目管理

一、填空题

1. 安全管理措施应根据危险源辨识和评价的结果，按_____和_____对安全目标进行分解并制定必要的控制措施。

2. 进度计划执行者应制定工程项目进度计划的实施计划方案，具体来讲，就是编制_____。

3. 见证人员必须经培训考核取得_____后，并由建设单位于书面形式授权委派。

4. 岗位管理层对_____负责，是项目成本管理的基础。

5. 安全教育主要包括安全生产思想教育、知识教育、_____和法制教育四个方面的内容。

二、单项选择题

1. 基坑开挖深度大于（   ）需组织专家进行论证审查。
   A. 3 m(含 3m)　　　　　B. 5 m(含 5 m)
   C. 7m(含 7 m)　　　　　D. 8m(含 8 m)

2. 市政工程施工进度检查的主要方法是（   ）。
   A. 横道图　　B. 香蕉形曲线　C. 比较法　　D. S形曲线

3. 决策阶段的质量控制，主要是通过项目的（   ），选择最佳建设方案。
   A. 立项　　　B. 可行性研究　C. 施工设计　　D. 施工计划

4. 工程监理单位属于监控主体，主要是受（   ）的委托。
   A. 设计单位　　B. 施工单位　　C. 建设单位　　D. 勘测单位

5. （　　）就是指监理人员对正在施工的部位或工序在现场进行的定期或不定期的监督活动。
   A. 巡视　　B. 旁站　　C. 见证取样　　D. 平行检验
6. 见证取样人应由（　　）担任，或由建设单位具有初级以上专业技术职称并具有施工试验专业知识的技术人员担任。
   A. 设计人员　　B. 施工人员　　C. 监理人员　　D. 政府人员
7. 需要见证取样送检的项目，施工单位应在取样送检前（　　）通知见证人员。
   A. 8h　　B. 12h　　C. 16h　　D. 24h
8. 总监理工程师根据审查情况，应当在收到《工程复工报审表》后（　　）内完成对复工申请的审批。
   A. 12h　　B. 16h　　C. 24h　　D. 48h
9. （　　）可以考察成本总量的构成情况及各成本项目占成本总量的比重，同时也可看出量、本、利的比例关系。
   A. 相关比率法　　　　B. 构成比率法
   C. 动态比率法　　　　D. 静态比率法
10. 下列不属于企业对项目经理考核的内容有（　　）。
    A. 对劳务合同规定的承包范围和承包内容的执行情况
    B. 项目成本目标和阶段成本目标的完成情况
    C. 建立以项目经理为核心的成本管理责任制的落实情况
    D. 对各部门、各作业队和班组责任成本的检查和考核情况
11. 工程项目成本考核划分不包括（　　）。
    A. 月度考核　　B. 季度考核　　C. 阶段考核　　D. 竣工考核
12. 临空（　　）必须搭设安全网或防护栏杆。
    A. 一面　　B. 二面　　C. 三面　　D. 四面
13. 人的不安全行为的类型不包括（　　）。
    A. 造成安全装置失效　　　　B. 物体存放不当
    C. 使用不安全设备　　　　　D. 生理上的不安全因素
14. （　　）有班组进行班前、班后岗位安全检查；各级安全员及安全值班人员日常巡回安全检查。

A. 上级检查 B. 定期检查
C. 经常性安全检查 D. 季节性检查

15. 凡在人口稠密处进行强噪声作业时,须严格控制作业时间,一般晚( )到次日早6点之间停止强噪声作业。
A. 9点 B. 10点 C. 11点 D. 12点

三、多项选择题

1. 进度保证措施应包括管理措施和技术措施等,其中管理措施应包括( )内容。
A. 资源保证措施 B. 资金保障措施
C. 沟通协调措施 D. 制定关键节点控制措施
E. 制定必要的纠偏措施

2. 依据( )等制定雨期、低(高)温受其他季节性施工保证措施。
A. 当地气候 B. 水文地质
C. 工程地质条件 D. 地形、地物
E. 施工进度计划

3. 市政工程施工进度计划检查后应按( )内容编制进度报告。
A. 进度计划的目标、性质和任务
B. 实际进度与计划进度的对比资料
C. 进度计划的实施问题及原因分析
D. 进度执行情况对质量、安全和成本等的影响情况
E. 采取的措施和对未来计划进度的预测

4. 当市政工程施工实际进度影响到后续工作和总工期时,应对进度计划进行调整时,通常采用( )方法。
A. 改变某些工作间的逻辑关系 B. 延长某些工作的持续时间
C. 缩短某些工作的持续时间 D. 减少一些施工工艺
E. 缩短施工工期

5. 工程项目竣工后,应及时组织( )设计、施工、工程监理等有关单位进行施工验收。
A. 政府 B. 建设单位 C. 监理单位 D. 设计单位

E. 施工单位

6. 勘察单位提供的（　　）等勘察成果文件应当符合国家规定的勘察深度要求必须真实、准确。
   A. 地质　　　B. 测量　　　C. 地形　　　D. 地貌
   E. 水文

7. 工程图纸会审的主要内容包括（　　）。
   A. 是否无证设计或越级设计，图纸是否经设计单位正式签署
   B. 设计意图是否符合要求
   C. 设计图纸与说明是否齐全，有无分期供图的时间表
   D. 设计地震烈度是否符合当地要求
   E. 图纸中有无遗漏、差错或相互矛盾之处

8. 旁站是除（　　）外，监理工程师对工程项目实施监理的另一重要手段。
   A. 见证　　　B. 巡视　　　C. 检验　　　D. 测定
   E. 平行检验

9. 监理工程师在编制旁站方案和实施旁站工作时，应按（　　）进行。
   A. 对试验工程、重要隐蔽工程和完工后无法检测其质量或返工会造成较大损失的工程进行旁站
   B. 重点对旁站项目的工艺过程进行监督
   C. 按规定的格式如实、准确、详细地做好旁站记录
   D. 组织检查验收
   E. 校准试验检测仪器、设备

10. 平行检验的（　　）等应符合建设工程监理合同的约定。
    A. 项目　　　B. 数量　　　C. 人员　　　D. 频率
    E. 费用

四、判断题

1. 大江、大河深水作业工程需组织专家进行论证审查。（　　）
2. 不得将应由一个承包单位完成的建设工程项目肢解成若干部分发包给几个承包单位。（　　）

3. 工程项目总承包企业按照合同约定承包内容对工程项目的质量向监理单位负责。（　　）

4. 监理责任主要有违法责任和违约责任两个方面。（　　）

5. 未注明见证人和无"有见证检验"章的试验报告，也可作为质量保证资料和竣工验收资料。（　　）

6. 工程暂停令可由监理工程师签发。（　　）

7. 公司管理层对项目成本的管理是宏观的，项目管理层对项目成本的管理则是具体的。（　　）

8. 定量预测偏重于对市场行情的发展方向和施工中各种影响项目成本因素的分析。（　　）

9. 直接成本计划主要反映施工现场管理费用的计划数、预算收入数及降低额。（　　）

10. 对结构复杂、施工难度大、专业性较强的工程项目，除制定项目总体安全保证计划外，还必须制定单位工程或分部分项工程安全技术措施。（　　）

参考文献

[1] 中华人民共和国住房和城乡建设部. CJJ 1—2008 城镇道路工程施工与质量验收规范[S]. 北京：中国建筑工业出版社，2008.

[2] 中华人民共和国住房和城乡建设部. CJJ 2—2008 城市桥梁工程施工与质量验收规范[S]. 北京：中国建筑工业出版社，2009.

[3] 中华人民共和国住房和城乡建设部. GB 50268—2008 给水排水管道工程施工及验收规范[S]. 北京：中国建筑工业出版社，2008.

[4] 中华人民共和国住房和城乡建设部. GB 50141—2008 给水排水构筑物工程施工及验收规范[S]. 北京：中国建筑工业出版社，2008.

[5] 中华人民共和国建设部. CJJ 33—2005 城镇燃气输配工程施工及验收规范[S]. 北京：中国建筑工业出版社，2005.

[6] 杨春风. 道路工程[M]. 北京：中国建材工业出版社，2000.

[7] 天津市市政工程局. 道路桥梁工程施工手册[M]. 北京：中国建筑工业出版社，2003.

[8] 黄绳武. 桥梁施工及组织管理[M]. 北京：中国建筑工业出版社，2000.

[9] 白建国. 市政管道工程施工[M]. 北京：中国建筑工业出版社，2007.

[10] 李公藩. 燃气工程便携手册[M]. 北京：机械工业出版社，2003.

[11] 姜湘山，张晓明. 市政工程管道工实用技术[M]. 北京：机械工业出版社，2005.

我们提供

图书出版、图书广告宣传、企业/个人定向出版、设计业务、企业内刊等外包、代选代购图书、团体用书、会议、培训,其他深度合作等优质高效服务。

编辑部	宣传推广	出版咨询	图书销售	设计业务
010-68343948	010-68361706	010-68343948	010-88386906	010-68361706

邮箱:jccbs-zbs@163.com　　网址:www.jccbs.com.cn

发展出版传媒　　服务经济建设
传播科技进步　　满足社会需求

(版权专有,盗版必究。未经出版者预先书面许可,不得以任何方式复制或抄袭本书的任何部分。举报电话:010-68343948)